人工智能前沿技术丛书

总主编：焦李成

智能机器人导论

焦李成　赵嘉璇　刘　旭　李玲玲　陈璞花　黄钟健　编著

西安电子科技大学出版社

内 容 简 介

随着自动化和人工智能技术的迅猛发展，智能机器人技术已经成为推动社会各个领域进步的关键引擎。在这一背景下，本书从扎实的理论基础出发，结合领域内经典案例及实践性强的实验实践系统，全面阐述了智能机器人的发展历程、基本理论和经典方法等内容。本书共分为12章。第1章概述了智能机器人的发展历程和基本研究内容，旨在为读者提供宏观的认知。第2章至第4章侧重介绍了智能机器人的基础理论和前沿研究，结合经典算法进行深入探讨。第5章至第11章选取了多个经典智能机器人应用案例，从背景、原理分析到实践仿真操作及步骤，详细解释了智能机器人实验的方方面面。第12章则结合智能机器人领域的关键技术和国内外发展现状，对未来发展趋势以及可能面临的挑战进行了深入探讨。

通过本书，读者可以建立扎实的智能机器人理论基础，还能深入了解到该领域的实际应用和操作方法。本书适用于智能科学与技术、计算机科学与技术、机器人技术等专业领域的本科生和研究生，也为科研人员和工程师提供了丰富的参考资料，是一本极具实用价值的学习指南。

图书在版编目（CIP）数据

智能机器人导论 / 焦李成等编著. -- 西安 ：西安电子科技大学出版社，2024. 7. -- ISBN 978-7-5606-7144-4

Ⅰ. TP242.6

中国国家版本馆 CIP 数据核字第 2024AZ9465 号

策　　划　刘芳芳
责任编辑　于文平
出版发行　西安电子科技大学出版社（西安市太白南路 2 号）
电　　话　(029) 88202421　88201467　　邮　　编　710071
网　　址　www.xduph.com　　电子邮箱　xdupfxb001@163.com
经　　销　新华书店
印刷单位　陕西天意印务有限责任公司
版　　次　2024 年 7 月第 1 版　2024 年 7 月第 1 次印刷
开　　本　787 毫米×1092 毫米　1/16　印张 24
字　　数　492 千字
定　　价　68.00 元
ISBN 978-7-5606-7144-4
XDUP 7446001-1

主要作者简介

焦李成，欧洲科学院院士，IEEE Fellow、西安电子科技大学“华山学者”杰出教授。现任西安电子科技大学人工智能研究院院长、智能感知与图像理解教育部重点实验室主任、智能感知与计算国际联合研究中心主任、智能感知与计算国际合作联合实验室主任、智能信息处理科学与技术国家创新引智基地主任、教育部科技委学部委员、教育部人工智能科技创新专家组专家、“一带一路”人工智能创新联盟理事长、陕西省人工智能产业技术创新战略联盟理事长、西安市人工智能产业发展联盟理事长、中国人工智能学会第六和第七届副理事长、全国高校人工智能与大数据创新联盟副理事长、亚洲计算智能学会主席、IET 西安分会主席、IEEE 西安分会奖励委员会主席、IEEE CIS 西安分会主席、IEEE GRSS 西安分会主席，当选 IEEE/IET/CSIG/CAAI/CCF/CIE/CAA/AAIA/ACIS/AIIA Fellow，连续十年入选爱思唯尔高被引学者榜单，并入选科睿唯安高被引科学家，斯坦福大学前 2%科学家，担任 IEEE TCYB、IEEE TNNLS、IEEE TGRS、Research 等期刊 AE。曾任第八届全国人大代表、国务院学位委员会学科评议组成员、人社部博士后管委会评议组专家。1991 年被批准为享受国务院政府津贴的专家，1996 年首批入选国家级领军人才，陕西省首批“三五人才”第一层次。当选为全国模范教师、陕西省突出贡献专家、陕西省师德标兵和陕西省西迁精神传承人。

焦李成教授的主要研究方向为智能感知与图像理解、深度学习与类脑计算、进化优化与遥感解译，培养的十余名博士获全国优秀博士学位论文奖、提名奖及陕西省优秀博士论文奖。研究成果获包括国家自然科学奖二等奖、吴文俊人工智能杰出贡献奖、中国青年科技奖、霍英东青年教师奖及省部级一等奖以上科技奖励十余项，出版了国内第一部《神经网络系统理论》，撰写出版了《免疫优化计算、学习与识别》《图像多尺度几何分析理论与应用》《深度学习、识别与优化》《深度神经网络 FPGA 设计与实现》等专著二十余部，五次获全国优秀科技图书奖及全国首届“三个一百”优秀图书奖。所发表的论著 H 指数为 109。

前言 PREFACE

随着人工智能技术的发展，智能机器人技术水平也有了长足进步，当今的智能机器人具有感知环境、理解和分析信息并做出决策的能力。机器人技术的发展为制造业发展带来了新动能，也为人类的生活提供了新便利。智能机器人产业逐渐成为衡量一个国家技术创新和高端制造水平的标准，越来越受到世界的关注。我国颁布的《中国制造 2025》和《新一代人工智能发展规划纲要》提出要大力推进智能机器人发展，为国民经济和国家重大战略、国家重大工程服务。培养能够适应未来机器人产业发展以及智能制造升级过程的人才是领域当务之急。

智能机器人学科具有典型的人工智能、机械、自动化、计算机等诸多学科和领域交叉融合的特点，在医护应用、智能驾驶、家用服务、物流运输、智慧农业等关键应用领域中起着重要的作用，是培养具有专业素养、实践与开拓能力人才的优良载体，同时它又是一门充满想象力的学科。因此，智能机器人学科的人才培养教育应更加注重学生的理论和动手实践相结合的能力，锻炼学生的前瞻性思维。我们在智能机器人课程教学实践中发现，能够在人工智能技术飞速发展的当下为智能机器人理论与实践有机结合的“教”与“学”提供系统指导的教材十分缺乏。因此，我们总结团队多年的实验教学经验与该领域科研经验，在此基础上编撰本书，以此抛砖引玉，希望为推动学科教材繁荣，推动智能机器人学科实验课程建设及体系研究，推进智能机器人相关学科与产业融合发展奉献绵薄之力。

本书从理论基础出发，结合领域经典案例及实操性强的实验实践以及团队多年来关于机器人理论与实验课程的教学经验和参与全国多种大赛的获奖经验，对智能机器人技术进行全方位、多层次的剖析。全书内容共包括 12 章。第 1 章从智能机器人概述出发，阐述智能机器人的基本定义、发展历史及其主要研究内容；第 2 章至第 4 章围绕智能机器人基础理论及前沿理论展开，包括机器人数学基础、视觉学习以及规则学习，结合具体实例以及代码实践，对智能机器人算法的主要原理进行详细剖析和解读；第 5 章至第 11 章从生活中耳熟能详的经典应用案例选取素材，从背景、原理分析和实践仿真操作与步骤对智能机器人实验部分进行精细入微的讲解说明，其中第 6 章至第 11 章的内容都是在团队实际自研案例的基础上对智能机器人进行论述的；第 12 章结合智能机器人的关键技术与国内外发展现状，对未来发展趋势以及挑战进行讨论。本书具有如下主要特点：

（1）理论和实践有机结合。本书在详细讲述原理的基础上，围绕硬件系统设计与软件仿真实现，选取生活典型实例进行深度剖析以及实践介绍，内容按章节由浅至深，设置合理，在加深读者对理论基础理解的同时，也帮助读者从实践出发，更好地掌握智能机器人的感知、控制、分析及决策系统。

（2）经典与前沿并重。本书首先介绍智能机器人的数学基础、运动学基础、控制学基础，以及软件基础和硬件基础等智能机器人的传统重要理论；在此基础上结合人工智能领域前沿的视觉学习、规则学习等理论内容，讲解现有智能机器人领域中的前沿研究内容以及创新方法，帮助读者夯实智能机器人的基础理论，紧跟国际学术前沿，拓宽专业视野，强化科研素养，为进一步深入学习智能机器人打下坚实的基础。

（3）具有实操性及实用性。本书理论与实践部分紧紧围绕智能机器人发展中的经典应用展开，注重理论与实践呼应，对每个实验的原理、硬件和软件的组成进行细致完整的描述，具有很强的可操作性、实用性和趣味性。如选取“迷宫寻宝”算法实践、智能聊天机器人、智能循迹车等内容激发读者兴趣，利用五子棋机器人、象棋机器人、智能眼控移动机器人、导盲机器人、自动驾驶智能汽车等复杂智能机器人实验内容进一步提升读者的实践能力，培养读者的创新能力。此外，本书设置了讨论智能机器人未来发展趋势的章节，对现有智能机器人发展前沿存在的挑战和难点进行阐述，期望能激发读者的研究兴趣。

（4）题材新颖，具有较高的可读性。本书适合系统、顺序地学习和阅读，适用于机器人工程、机械工程、人工智能、智能科学与技术、自动化、电子信息工程、计算机科学与技术等专业的本科生和研究生，也可以为相关专业技术人员及兴趣爱好者提供参考，具有很强的适用性。

本书内容及体系结构由焦李成、赵嘉璇、刘旭、李玲玲、陈璞花、黄钟健等整体统筹策划、设计、统稿及修改完成。同时，特别感谢李超、高樱嘉、邱灿、何文鑫、董倬君、左谊、王子韬、王浩、高子涵、马天植、王姝涵、张珂欣、高敏、王丹、邵奕霖、马成聪慧、冯拓等同学所付出的辛勤劳动与努力。

由于作者水平有限，书中不妥之处在所难免，恳请广大读者批评指正。

作者
2023 年 9 月
西安电子科技大学

目录 CONTENTS

第1章 智能机器人概述

智能机器人的发展可以追溯到20世纪60年代，早期的机器人更多地应用在工业制造领域。在工业机器人的帮助下，人们可以解放双手，避免部分重复性机械的工作。随着计算机技术和人工智能技术的飞速发展，“有感觉”的智能机器人随之而来，它们对周围环境有一定的感知能力，并且可以处理接收到的信号进而更改自己的行为。随着智能化程度越来越高，智能机器人逐渐具有了识别、推理、规划和学习等智能机制。

本章将对智能机器人的发展历程进行回溯，介绍智能机器人的基本组成、分类与特性，并对智能机器人现今的主要应用领域与研究热点进行叙述，结构框架如图1.1所示。

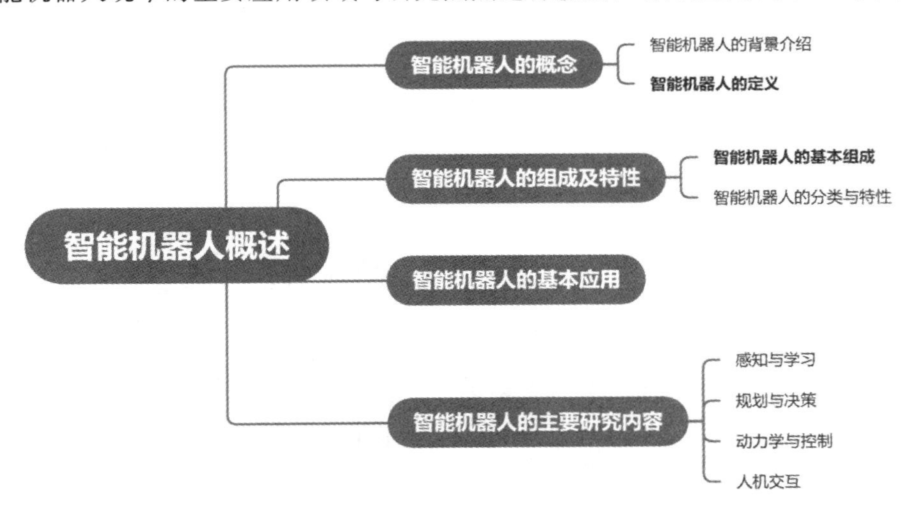

图1.1　智能机器人概述结构框架图

1.1　智能机器人的概念

1.1.1　智能机器人的背景介绍

“机器人(robot)”一词来自1920年捷克作家Karel Capek的科幻戏剧《罗苏姆的万能机

器人》中的 robotnik(捷克语，译为“奴隶”)，该词源自 robota(强制劳动、苦工、奴役)。原著中的人形工作机械是最早的关于工业机器人的设想。后来，只要具有一定柔性或某种生物特征的机器都被统称为机器人，这类机器人并不具有人工智能，仅能够根据命令重复执行操作，主要用于汽车等工业生产。

自 20 世纪 60 年代起，随着计算机技术和人工智能技术的不断发展，人们开始研究智能机器人。1956 年在达特茅斯会议上，马文·明斯基提出了他对智能机器的看法：“智能机器能够创建周围环境的抽象模型，如果遇到问题，能够从抽象模型中寻找解决方法。”这个定义影响到以后 30 年智能机器人的研究方向。

虽然计算机为 AI 提供了必要的技术基础，但直到 20 世纪 50 年代早期人们才注意到人类智能与机器之间的联系。从机器人到智能机器人的发展历史大概可以分为以下三个阶段：

第一阶段是工业机器人阶段。它们对外界环境没有感知。计算机设定程序发出指令，机器人按照事先设定好的程序再现动作。在机械结构上，这样的机器人有类似人的腿部、腰、大臂、小臂、手腕、手等部分，被广泛应用于工业制造，并逐渐被投入到电子、机械装配和非生产性行业。第一台工业机器人诞生于 1959 年，约瑟夫·恩格尔伯格创立了世界上第一家机器人制造工厂——Unimation 公司，并发明了一台用于压铸的五轴液压驱动机器人，其手臂的控制由一台计算机完成，第一台工业机器人(如图 1.2 所示)由此诞生。该机器人采用了分离式固体数控元件，并装有存储信息的磁鼓，能够记忆完成 180 个工作步骤。恩格尔伯格的发明改变了工业生产，他由此也被称为“机器人之父”。

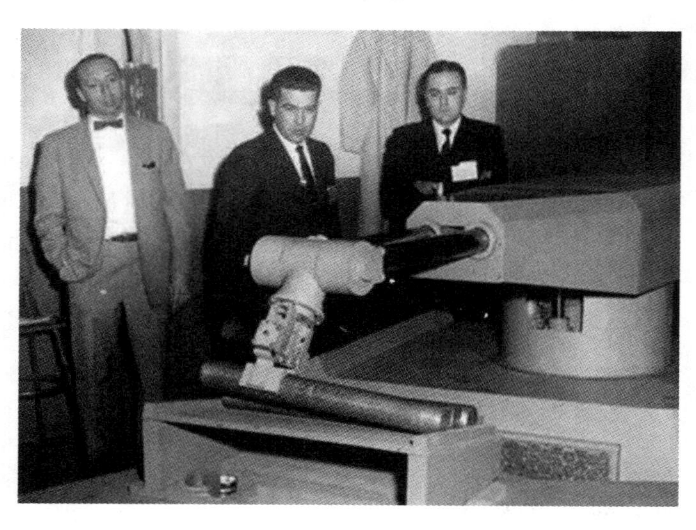

图 1.2　第一台工业机器人

第二阶段是具有感知的机器人阶段。从 20 世纪 60 年代中期开始，美国麻省理工学院、斯坦福大学、英国爱丁堡大学等陆续成立了机器人实验室。美国兴起了第二代带传感器、“有感觉”的机器人的研究，并向人工智能进发。行业的需求促使了机器人的更新换代。最初由于科技的限制而没有视觉和触觉的机器人已经无法满足人们的需要，这时人们根据新的计算机技术和传感器技术研制出了新一代机器人。这种带感觉的机器人能实现以类似人的感觉(如力觉、触觉、听觉)来判断力的大小和滑动的情况。新一代机器人具有一定的识别和判断能力，是智能机器人的早期形态。1968 年，美国斯坦福研究所公布了他们研发成功的机器人 Shakey。它带有视觉传感器，能根据人的指令发现并抓取积木，不过控制它的计算机有一个房间那么大，可以算是世界第一台智能机器人，如图 1.3 所示。

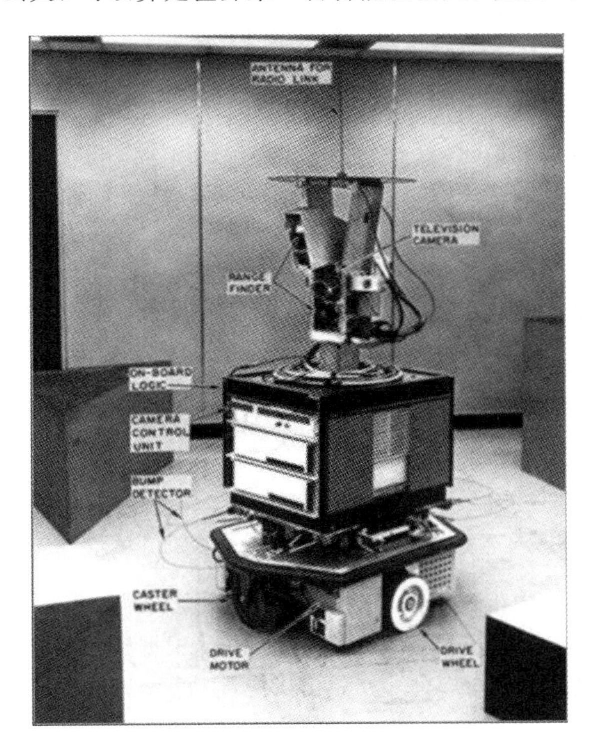

图 1.3　世界第一台智能机器人

第三阶段是人工智能机器人阶段。这样的机器人具有识别、推理、规划和学习等智能机制，它可以把感知和行动智能化结合起来，因此能在非特定的环境下作业，故称之为智能机器人。进入 20 世纪 90 年代后，机器人的智能化程度不断提高，应用领域不断扩大，用途也更加广泛，如用于火星科考的“旅居者”探测器、“发现号”航天器携带的智能人形机器人等。人们对智能机器人的理想化期待就是只要告诉它需要做什么，它就能完成，目前的发展还是相对地停留在局部的概念和含义上。

1.1.2 智能机器人的定义

目前，对智能机器人的定义在世界范围内还没有统一的说法。自20世纪80年代以来，人们将具有感觉、思考、决策和动作能力的系统称为智能机器人。国际标准化组织(ISO)将机器人定义为一种自动的、位置可控的、具有编程能力的多功能机械手，这种机械手有几个轴，能够借助可编程程序来处理各种材料、零件、工具和专用装置，以执行各种任务。

智能机器人在传统机器人的基础上，在感知、决策、效应等方面进行了全面提升，能够在行为、情感和思维上模拟人类，它具有相当发达的“大脑”，是智能与机器人的结合。中央处理器使得机器人拥有“智力”，这里的“智力”指的是一种学习能力，从无到有，从推理到理解，从概括到转移，从一般到特殊。通过与环境的相互作用和对环境的适应，这样的智能机器人既可以听从人类的指令，按照程序运行完成任务，又可以与人友好地进行交互，并在交互过程中不断地学习和改进。

具体而言，智能机器人主要依靠以下三个要素来区别于普通机器人：一是用于了解周围环境状态的感知传感器，包括视觉、声学等传感器，以及感知压力和触摸的传感器；二是做出响应外界变化的决策，即机器人需要对外界做出反应性动作；三是思维要素，能够根据从感官要素中获得的信息来考虑应该采取什么行动，包括判断、归纳、分析、理解和学习等功能。

1.2 智能机器人的组成及特性

1.2.1 智能机器人的基本组成

从智能机器人的定义中不难看出，一个完整的智能机器人一般由以下四部分组成：一是感知部分，用来感知周围环境状态；二是控制部分，根据感知部分所得到的信息，思考采用什么样的动作；三是运动部分，对外界做出反应性动作；四是驱动部分，为机器人的运动提供动力支撑。

1. 感知部分

感知部分相当于人的五官，用于获取机器人的内部信息和外部环境信息，并把这些信息反馈给控制系统。感知部分主要由内部传感器与外部传感器组成。内部传感器用于检测各关节的位置、速度等变量，为控制系统提供反馈信息。外部传感器包括能感知视觉、接近程度、距离等的非接触型传感器和能感知力、压觉、触觉等的接触型传感器，用来认识周围环境状态。此部分功能可以利用诸如摄像机、图像传感器、超声波传感器、激光器、导电橡胶、压电元件、气动元件、行程开关等机电元器件来实现。

2. 控制部分

控制部分相当于人的大脑，也可以称为智能部分，是四个部分中十分关键、人们要赋予机器人必备能力（包括判断、逻辑分析、学习能力、思维能力和决策能力）的部分。控制部分主要由计算机硬件和控制软件组成，控制软件一般由人与机器人进行联系的人机交互系统和控制算法组成。控制系统可以根据是否具备信息反馈环节分为闭环控制与开环控制两类。此部分功能通常要依靠计算机来实现。

3. 运动部分

运动部分相当于人的身体（如手、臂和腿等）。为了适应诸如平地、台阶、墙壁、楼梯、坡道等不同的地理环境，机器人需要有一个无轨道型的移动机构，包括行走机构、机械手、手爪和末端操作器等部件，每个部件都有若干自由度，从而构成了一个多自由度的运动系统。在运动过程中要对移动机构进行实时控制，这种控制不仅要包括位置控制，还要有力度控制、位置与力度混合控制、伸缩率控制等。可以根据是否具备行走机构和腰转机构将机器人分为行走机器人与单臂机器人。若机器人具备行走机构，则构成行走机器人；若机器人不具备行走机构和腰转机构，则构成单臂机器人。末端操作器是直接装在手腕上的一个重要部件，它可以是两手指或多手指的手爪，也可以是喷漆枪、焊枪等作业工具。

4. 驱动部分

驱动部分相当于人的肌肉，主要是指驱动机械系统动作的装置。根据驱动源的不同，驱动部分可分为电气、液压和气压三种驱动系统，以及这三种驱动系统构成的综合驱动系统。电气驱动系统在机器人中的应用比较普遍，这种系统可采用步进电机、直流伺服电机和交流伺服电机。液压驱动系统的运动平稳，且负载能力大，对用于重载搬运和零件加工的机器人，采用液压驱动系统比较合适。但液压驱动系统存在管道复杂、清洁困难等缺点，因此限制了它在装配作业中的应用。无论采用电气驱动系统，还是采用液压驱动系统的机器人，其手爪的开合都采用气压驱动系统。气压驱动系统具有结构简单、动作迅速、价格低廉等优点。由于空气具有可压缩性，因而其工作速度的稳定性较差，但是空气的可压缩性可提高手爪在抓取或卡紧物体时的柔顺性，可防止受力过大而造成被抓物体或手爪本身的破坏。

智能机器人由感知部分感知外界环境的状况，产生相应的信息，并由计算机进行识别。计算机中存储有许多知识，也就是存储有许多规则和数据。计算机根据已有的知识对得到的外界信号进行分析、判断、推理，最后做出决策，产生控制信号，驱动机器人的行走机构、机械手和手爪运动，完成操作。这样机器人不但能适应外界环境的变化，还能完成复杂的任务。

尽管机器人外形各异，但它们都由感知、控制、运动与驱动四大部分组成。越来越多的智能机器人进入到了人们的视野。

拟人智能机器人是人类梦想的机器人。如图 1.4 所示，由本田汽车公司设计的仿人机器人 ASIMO 身高 130 cm，外壳为白色，行走速度是 0～9 km/h。这种机器人不但能跑能走，上下阶梯，踢足球，还会拧开瓶盖倒水。

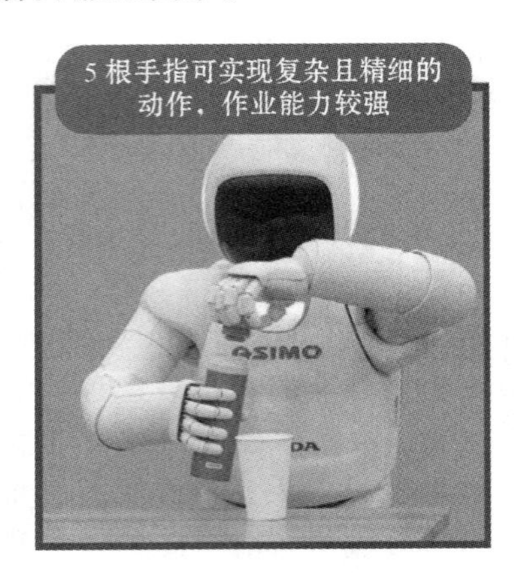

图 1.4　ASIMO 机器人

国内第一个可量产的大型服务机器人产品优友（见图 1.5(a)）是继日本 Pepper 机器人（见图 1.5(b)）之后全球第二个可真正商用的服务机器人。

(a) 优友机器人

(b) Pepper 机器人

图 1.5　服务机器人

优友身高 1.28 m，重 60 kg，外形与电影中的机器战警类似，外壳采用白色环保 ABS 材料，腿部采用轮式驱动，双手五指俱全，每根指头都可以独立运动，手臂具有 10 个自由度，能展示多种姿态。在技术上，机器人优友采用自主研发的 myrobot 系统，操作系统平台可以整合视频技术、图像技术、语音技术和智能情感识别处理技术，因此，优友可以和人进行友好交互，实现导览、咨询、陪护等服务功能。

1.2.2 智能机器人的分类与特性

关于智能机器人如何分类，国际上没有统一的标准。这里主要介绍三种分类方法，即按照其形态、应用环境与智能程度的分类。

1. 按形态分类

智能机器人从形态上分类是最容易辨别的，可分为拟物智能机器人和仿人智能机器人。

（1）拟物智能机器人：采用非智能或智能的系统，仿照各种各样的生物、日常使用物品、建筑物、交通工具等做出的方便人类生活的机器人，如机器宠物狗，六脚机器昆虫，轮式、履带式机器人。

（2）仿人智能机器人：模仿人的形态和行为而设计制造的机器人，一般分别或同时具有仿人的四肢和头部。机器人根据不同的应用需求被设计成不同的形状及具备不同的功能，如步行机器人、写字机器人、奏乐机器人、玩具机器人等。仿人机器人研究集机械、电子、计算机、材料、传感器、控制技术等于一体，代表着一个国家的高科技发展水平。

2. 按应用环境分类

智能机器人从应用环境的角度划分，可分为工业智能机器人、农业智能机器人、探索智能机器人和服务智能机器人四大类。

（1）工业智能机器人：按照 ISO 8373 的定义，它是面向工业领域的多关节机械手或多自由度机器人，是自动执行工作的机器装置，是靠自身动力和控制能力实现各种功能的一种机器。它接收人类的指令后，将按照设定的程序执行运动路径和作业，包括焊接、喷涂、组装、采集、放置、产品检测和测试等。

（2）农业智能机器人：随着机器人技术的进步，以定型物、无机物为作业对象的工业机器人正在向更高层次的以动、植物之类复杂作业对象为目标的农业机器人发展，农业机器人或机器人化的农业机械的应用范围正在逐步扩大。农业机器人的应用不仅能够大大减轻以致代替人们的生产劳动、解决劳动力不足的问题，而且可以提高劳动生产率，改善农业的生产环境，防止农药、化肥等对人体的伤害，提高作业质量。

（3）探索智能机器人：机器人除了在工农业上广泛应用之外，还越来越多地用于极限探索，即在恶劣或不适于人类工作的环境中执行任务。例如，在水下（海洋）、太空以及在放射性（有毒或高温等）环境中进行作业。人类借助潜水器具潜入到深海之中探秘，已有很长的历史。然而，由于潜水危险很大、费用极高，因此水下机器人就成了代替人在这一危险的环境中工作的最佳工具。空间机器人是指在大气层内和大气层外从事各种作业的机器人，包括在内层空间飞行并进行观测、可完成多种作业的飞行机器人，到外层空间其他星球上进行探测作业的星球探测机器人和在各种航天器里使用的机器人。

（4）服务智能机器人：一种半自主或全自主工作的机器人（不包括从事生产的设备），它能完成有益于人类的服务工作。在我国《国家中长期科学和技术发展规划纲要（2006—2020年）》中对智能服务机器人给予了明确定义：智能服务机器人是在非结构环境下为人类提供必要服务的多种高技术集成的智能化装备。

3. 按智能程度分类

智能机器人根据其智能程度的不同，可分为初级智能机器人与高级智能机器人两类。

（1）初级智能机器人：与早期的工业机器人不一样，初级智能机器人具有像人一样的感受、识别、推理和判断能力，可以根据外界条件的变化，在一定范围内自行修改程序，也就是它能适应外界条件的变化。不过，修改程序的原则由人预先规定。这种初级智能机器人已拥有一定的智能，虽然还没有自动规划能力，但这种初级智能机器人也开始走向成熟，达到实用水平。

（2）高级智能机器人：与初级智能机器人一样，高级智能机器人具有感受、识别、推理和判断能力，可以根据外界条件的变化，在一定范围内自行修改程序。不同的是，修改程序的原则不是由人规定的，而是机器人自己通过学习，总结经验来获得修改程序的原则，所以它的智能程度高于初级智能机器人。这种机器人已拥有一定的自动规划能力，能够自己安排自己的工作，并且可以在没有人照料的情况下完全独立地工作，故称之为高级自律机器人。这种机器人也开始走向实用。

从上面的分类已经可以看出智能机器人具备的一些重要特征。智能机器人的动作结构具有类似于人或其他生物体某些器官（如肢体、感官等）的功能；智能机器人具有通用性，工作种类多样，动作程序灵活易变，是柔性加工的主要组成部分之一；智能机器人具有交互性，可以与人、外部环境以及其他机器人之间进行信息交流；智能机器人具有不同程度的智能，如感知、决策、执行、学习等；部分高级智能机器人具有独立完整的机器人系统，在工作中可以不依赖人的干预，有着极高的自主性与适应性。

1.3 智能机器人的基本应用

科技的发展使得智能机器人技术日渐成熟，人们对智能机器人的预期也越来越高，智能机器人真正地进入到了人们的生活，无人驾驶、家用服务这些智能机器人在现实中的需求也越来越广泛。针对这一现状，科学家们正努力研制不同功能的智能机器人以满足人们对智能产品的需要。这些机器人中，有给人带来便利的扫地机器人，有具有强大威慑力的军用机器人，有可以自动在空中飞翔的无人机，有似钢铁巨人般的工业机器人，还有在农事上各显神通的农业机器人等。

1.3.1 智能驾驶

智能驾驶技术涵盖了一系列功能，从辅助驾驶到完全自动驾驶。这包括在司机的监控和控制下辅助驾驶的功能，以及在特定情况下能够完全取代人类驾驶员的无人驾驶技术。无人驾驶汽车利用车载传感器系统感知周围环境，自动规划行车路线，并控制车辆以达到预定目的地。如图 1.6 所示，无人驾驶汽车通过收集的道路、车辆位置和障碍物信息，自动控制车辆的转向和速度，确保车辆能够安全、可靠地在道路上行驶。智能驾驶的概念比纯粹的无人驾驶更广泛，包括了从部分自动化到完全自动化的各种级别。比如自动刹车系统在探知前方有异物或者行人时，会自动帮助驾驶员刹车；自适应巡航系统会实时监测与前车的安全距离，在极大程度上减少了高速公路上的交通事故。智能驾驶大大提升了生产效率和交通效率，智能驾驶汽车将由交通工具演变成智能平台，为乘客提供丰富的生活服务。

图 1.6　无人驾驶汽车

1.3.2 家用服务

家用服务，即专门设计为人类服务的智能机器人，能够代替人完成家庭服务工作。它包括行进装置、感知装置、接收装置、发送装置、控制装置、执行装置、存储装置、交互装置等。感知装置将在家庭居住环境内感知到的信息传送给控制装置，控制装置指示执行装置做出响应，并进行防盗监测、安全检查、清洁卫生、物品搬运、家电控制、家庭娱乐、病况监视、儿童教育、报时催醒及家用统计等工作。智能机器人在生活服务方面的应用种类非常多，这些应用不仅便利了人们的生活，更在情感需求方面下足了功夫，按照形态可以将它们分为保姆型与宠物型智能机器人。

(1) 保姆型智能机器人：外形十分接近人类，具备类似人类的四肢和部分感觉器官。只要人们有需求，保姆型智能机器人都可以效劳。现有的保姆型智能机器人不仅可以记住1万个单词，还能识别10个人的面孔并与人交流，它们能在生活中同时扮演“保姆”“秘书”等多个角色，是一种能与人交流的家用智能机器人。例如，由本田汽车公司研发的“阿西莫”智能机器人的行进速度最高可达2.5 km/h，十分适用于家庭环境。人们可以利用工作站发出的信号，或者是遥控发出的信号来命令“阿西莫”智能机器人做出相应的行动。“阿西莫”智能机器人不仅继承了原先的行走功能、肢体运动功能，还可以由人提前设定各种所需动作，它可以记住诸如“主人衣服放置的位置”之类的问题，还能在主人下班回家后，为主人替换轻便的鞋子，并能辨识出哪只是左脚的鞋子，哪只是右脚的鞋子。新版的“阿西莫”智能机器人已经抛弃了传统遥控装置，取而代之的是先进的智能语音识别和图片识别系统，利用这两种系统，“阿西莫”机器人可以“听懂”主人的话，还能根据主人的手势来理解要做的事情。

(2) 宠物型智能机器人：通常以被当作宠物养的动物的形象为原型制造，如宠物鸟、宠物狗、宠物猫等。宠物机器人也可能包括一些通常不被认为是宠物的对象，如模拟机器恐龙。有些人甚至把这些机器人当作真正的宠物。图1.7所示的是日本索尼公司推出的机器狗Aibo。这款机器狗以广泛灵活的动作和积极的反应为特征，还会随着其与主人越来越亲密的关系发展出自己独特的个性，可以说是一种能够自主进化的机器狗。

图1.7 机器狗Aibo

为满足人们的爱心需求，北京初创公司ROOBO发明了一款宠物机器人，这款机器人被命名为Domgy，如图1.8所示。其体内安装了先进的人工智能系统，并附有5K高清相机。在人工智能系统的支持下，Domgy可以利用自己的5K相机“眼睛”从众人中辨认出自己的主人，并喊出主人的名字。当主人向Domgy发出语音指令时，比如“能来点音乐吗”，Domgy就会立刻会意并唱起歌来。同时，Domgy还可以根据其他语音指令，做出可爱的动作逗主人开心。当主人在房间中走动时，Domgy会自动跟在他的身后；当主人离开后，

Domgy 能像一只忠实的小狗一样看门护院，一旦家中出现陌生人，Domgy 就会利用自己的5K 相机“眼睛”拍摄该陌生人的照片或视频，并立刻通过网络传输到主人的手机里。在先进的 Android 系统支持下，Domgy 还能利用谷歌地图帮助主人打车。Domgy 在被主人抚摸头部时，不仅可以像真正的宠物一样颤动，还能通过 5K 相机“眼睛”表现出不同的表情，如心形图案和星形图案等。Domgy 的外形和电影《WALL・E》里的 Eve 一样，显得十分呆萌可爱，受到很多年轻人的喜爱。Domgy 不仅会“卖萌”“撒娇”，还会说中英双语，且男女声可选。当 Domgy 的电量处于较弱状态时，它还可以自动走到充电座旁进行充电，经过 4～6 个小时，Domgy 就可以重新走到人们面前继续嬉戏玩耍。

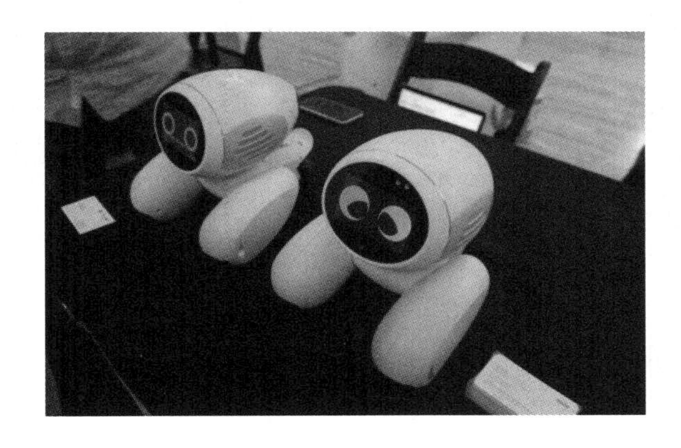

图 1.8　Domgy 智能宠物机器人

1.3.3　物流运输

目前，我国物流业正努力从劳动密集型向技术密集型转变，由传统模式向现代化、智能化升级，各种先进技术和装备的应用和普及也随之而来。物流机器人是指应用于仓库、分拣中心以及运输途中等场景的进行货物转移、搬运等操作的机器人。物流机器人(又可理解为自动引导车，automated guided vehicle，AGV)在整个智能物流系统中起着关键性的作用，其中仓储 AGV 被广泛应用于物流行业及各大主流电商的仓库存储、分拣中心和运输等操作场景，主要完成装卸、搬运、存储、分拣和运输等工作。智能化的物流装备在节省仓库面积、降低人力成本、提高物流效率等方面的优势日渐突出。当下，具备搬运、码垛、分拣等功能的智能机器人已成为物流行业中的一大热点。应用于物流中的机器人发展到今天，大致可分为三代。第一代物流机器人主要是以传送带及相关机械为主的设备，为机器人原型，实现了从人工化向自动化的转变。第二代机器人主要是以 AGV 为代表的设备，通过自主移动的小车实现搬运等功能。

2012 年亚马逊以 6.78 亿美元买下了自动化物流提供商 Kiva 的机器人仓储业务后，利用机器人来处理仓库的货物盘点以及配货等工作。目前在亚马逊的几十个仓库里，有超过15 000 个 Kiva 机器人(见图 1.9)在辛勤工作。亚马逊将仓库工作分解成两部分：员工只需要在固定的位置进行盘点或配货，而 Kiva 机器人则负责将货物(连同货架)搬到员工面前。

图 1.9　亚马逊 Kiva 机器人

第三代物流运输机器人在第二代的基础上，增加了替换人工的机械手、机械臂、视觉系统和智能系统，提供了更友好的人机交互界面，并且与现有物流管理系统的对接更完善，具有更高的执行效率和准确性。例如，硅谷机器人公司 FetchRoboTIcs 的仓储机器人 Fetch 和 Freight 实现了从自动化到智能化的转变，机器人 Fetch 可以根据订单把货架上的商品拿下来，放到机器人 Freight 里运回打包。Fetch 相当于 Kiva 的升级版，具备自动导航功能，可以在货架间移动，以及识别产品并将其取下货架并运送到 Freight 里，Freight 的作用则与 Kiva 相当。机器人可以自助规划路线和充电，从而保证整个仓储系统的无缝运行。

国内目前只有两个物流仓库有分拣机器人应用，天猫超市的“曹操”就是其中之一。这是一种可承重 50 kg、速度可达 2 m/s 的智能机器人，造价高达上百万，所用的系统都是由阿里自主研发的。“曹操”接到订单后，可以迅速定位出商品在仓库中的位置，并且规划最优捡货路径，拣货完成后会自动把货物送到打包台，因此能在一定程度上节省一线工人的劳动力。在“曹操”们的共同努力下，天猫超市在北京地区已经可以实现当日达。

1.3.4　极端环境探测

机器人可以代替人类在极端环境中工作，比如极寒、深海、高温噪音环境以及核污染地域等。探测机器人要能保证探测的范围足够广，对复杂的外部环境要有很好的适应性，具有稳定高效的行驶能力，并有一定的避障能力、爬坡越障能力和耐磨损能力等。比如，在现有的技术条件下，人类要实现长时间载人太空航行，还是一件比较困难的事情。如果用机器人来代替人类，长时间地进行太空旅行，登陆其他星球进行环境探测，并将所得数据传回地球，深入研究各天体的地质特性和所处的空间环境，探索行星系统的形成和演化历史，将会大大方便人类的探索。在我国第 34 次南极科考中，由中国科学院沈阳自动化研究所自主研发的探冰机器人成功执行了“南极埃默里冰架地形勘测”项目地面勘察现场试验任务，这是我国地面机器人首次投入极地考察冰盖探路应用。

该探冰机器人是安全有效地进行冰盖未知区域安全路线探测的技术装备，将在未来建立中山站至埃默里冰架冰上安全运输路线中发挥重要作用。埃默里冰架是南极三大冰架之一，它既是东南极冰盖物质流向海洋的主要通道，又是内陆冰盖发生变化的关键性“指示器”，在南极及全球变化研究领域具有十分重要的地位。探冰机器人针对南极天气条件和环境特点进行专门设计，采用全地形底盘悬挂，具有轮式和履带两种驱动形式，控制速度可达 20 km/h。采用燃油提供能源和动力，续航能力大于 30 km。其装载的探冰雷达任务载荷，可对冰盖表面以下深 100 m 冰盖结构进行探测。

2017 年，我国攻克了强辐射环境可靠通信、辐射防护加固等核用机器人关键技术，成功自主研发了耐核辐射机器人。我国的耐核辐射机器人可以承受 65℃的高温，它携带的相机等传感器可在每小时 1 万西弗(Sv)的核辐射环境中工作，特别是其水下高清耐辐射摄像系统采用独特的辐射屏蔽技术，可在水平方向 360°旋转无盲区，即便在水下 100 m 工作也仍然稳定可靠。

1.3.5 军事应用

军用机器人是机器人在军事领域的特殊应用，主要是用机器人替代人类完成一些军事任务，通过预先制定一套战略目标，在智能化信息处理系统以及远程通信系统的辅助下，能在一定程度上取代军人完成预先设定的战略任务。按照使用环境和军事用途来分类，军用机器人主要有以下四大类：地面军用机器人、空中机器人、水下机器人和空间机器人。相较于普通的军人，军用机器人在军事方面具有一些天然的优势。

首先，军用机器人可以全方位、全天候连续作战，无论在多么恶劣的环境下，军用机器人都可以精准地完成任务。

第二，与人类不同，机器人不畏惧疼痛，在战场上具有极其强大的生存能力。

第三，由于其没有情感因素的存在，因此减少了战争中因为人类情感的复杂性而带来的变数。20 世纪 60 年代，美国便已经开始了对军用机器人的研究。军用机器人的发展至今经历了三代演变。第一代军用机器人是依赖人的智慧的“遥控操作器”，延伸了人们军事行动的范围，但主要还是依托于人的存在；第二代机器人则加入了事先编好的程序，机器人可以脱离用户本身，自动重复地完成某项任务，但其智能化程度很低，甚至可以说是没有智能化；第三代机器人则是现代的具有人工智能的机器人，它们利用传感器收集周围环境的信息，通过智能系统对环境信息进行数据处理与分析，最终做出判断与决策。军用机器人在侦察、排雷、防化、进攻、防御以及保障等各个领域有着广泛的运用，目前无人机、机器人步兵则更是多个学科交叉研究的高科技产品，集中了当今科学技术的许多尖端成果。目前，美国已将其研发的无人机应用到战争中，其中非常有代表性的有“死神”无人机和“全球鹰”无人机。

新型战斗机器人军事力量的强弱直接关系到一个国家的军事安全。作为军事力量中的重要组成部分，军用机器人的研发受到了世界上各个国家的重视。目前，军用机器人的研发强国主要以发达国家为主，美德英法意以日韩，这八大国家不仅在军用机器人的技术研发上处于世界先进水平，在成果的输出与军事化的实际应用上也取得了举世瞩目的成就。据统计，目前全球已超过 60 个国家的军队装备了人工智能军用机器人，且机器人的种类超过了 150 种。近年来，我国在机器人领域取得了长足发展，研发了蛟龙号深海探测机器人装备、嫦娥系列深空探测机器人等。

1.3.6 医护应用

随着智能机器人的应用越来越广泛，拥有各种护理知识的机器人逐渐“上岗”。除了针对儿童在不同发育阶段的心理和行为的研究的幼童机器人，还有对老人和小孩进行看护的护理机器人，专门用于照顾老人、抚慰老人心灵的养老机器人，用于疫情期间的抗疫机器人也为医护行业提供了巨大的支持。

新冠疫情发生后，王耀南院士团队领衔，联合湖南大学机器人学院、机器人视觉感知与控制技术国家工程实验室、相关科技公司等多方力量，研制了医用紫外消毒机器人、医用喷洒消毒机器人、医用物资配送机器人等系列防疫机器人。这些机器人“上岗”后，大大减轻了医护人员的工作负担，降低了临床工作人员交叉感染的风险。

一款名叫“瑞金小白”的机器人配备了激光雷达、红外雷达，加以 5G 通信以及机器人集群控制技术，还配有 3D 视觉识别传感器和人工智能 AI 芯片。这位四方脑袋、细长身体的“医疗队员”，灵活地穿梭在病区走道与病房之间，无所畏惧。

目前，智能机器人的广泛应用，仿佛让人们提前进入了“智能时代”。科学家们利用先进的人工智能技术，将人类的实际需求与机器人研究相结合，创造出越来越多的更人性化的智能机器人。随着机器人技术的日益成熟，许多神奇的机器人已经被应用到人类生活的各个领域。这些机器人的功能异常强大，常常给初次使用的人们带来惊喜。

根据人们的需要，科学家们研制出了各种功能的智能机器人。这些功能各异的智能机器人的应用极大地改善了人们的生活，也从整体上提高了人们的生活质量，让人们提前感受到智能时代的气息。这些智能机器人的广泛应用，使其所涉及的领域发生了翻天覆地的变化。人们常说“科技改变生活”，而智能机器人的广泛应用就是对这句话最好的诠释。智能机器人不仅改变了人们的生活方式，也改变了人们的生产方式，无论在生产速度上，还是在生产质量上，都取得了前所未有的飞跃。未来，智能机器人将向着更加智能的方向发展。随着社会分工的逐渐明确，智能机器人的分类将更加细化，功能也将越来越多，机器人将拥有更加广泛的应用领域，在人们的日常生活中，智能机器人将无处不在。

1.4 智能机器人的主要研究内容

随着人工智能、云平台、传感器、机械电子等技术的快速发展，智能机器人产业技术的应用领域不断扩展深化。机器人学是专门研究机器人工程的学科，其最基础的研究内容是机器人的路径规划控制与人机交互。人工智能是研究、开发用于模拟、延伸和扩展人的智能的理论、方法、技术及应用系统的一门系统学科。机器人的研究推动了人工智能思想的发展，在人工智能构建世界状态的模型和描述世界状态变化的过程中起到了至关重要的作用。举例来说，关于机器人动作规划生成和规划监督执行等问题的研究，推动了人工智能这一学科中有关 Robot Planning 规划方法的发展。机器人的智能化发展更是人工智能的研究成果运用的一个重要方面。

机器人学与人工智能的发展存在着千丝万缕的联系。人工智能的主要研究方向有语言识别、图像识别、自然语言处理和专家系统等，这些研究方向对于机器人智能化的实践有着重要的意义。其中，机器翻译、智能控制、专家系统及语言和图像理解不仅是人工智能需要研究的重点，同时也是智能机器人得以实现必须攻克的技术难点。人工智能实际上是将人的智能赋予其他工具，而机器人则为这样的智能化提供了一个很好的容器与载体。

下面，我们将对目前智能机器人的研究核心，即感知与学习、规划与决策、动力学与控制、人机交互等逐一进行介绍。

1.4.1 感知与学习

人们对于感知与学习的研究是从 1990 年开始的，Manuela M. Veloso、Minoru Asada、Marco Dorigo、Cynthia Breazeal 等学者奠定了该研究的发展。

智能机器人感知与学习技术是目前机器人领域研究的热点，旨在充分利用人工智能现有的成果，把人工智能的现有成果和机器人有机结合，从环境感知、知识获取与推理、自主认知和学习等角度开展机器人智能发育的研究，使机器人通过不断地学习和自身积累，能够自我提升。

感知是机器人与人、机器人与环境，以及机器人之间进行交互的基础。简单地定义，“感知”即对周围动态环境的意识。对感知的研究主要有以下目的：首先是对机器人地图构建功能的补充，对环境的重新构建，以满足实时更新所处位置地理信息的需要；其次是帮助智能机器人对周遭物体进行探测、识别和追踪，以做到能够对日常小型物体近乎完美的区分；最后是使机器人能够观察人类、理解人类行动，最终达到机器人能够与人类友好共存的条件。从以上标准可以看出，感知技术作为不可或缺的一部分，与智能机器人的地图构建、运动等功能实现都息息相关。具体来讲，机器人的感知通常需要借助各种传感器来代替人类的感觉，如视觉、触觉、听觉以及动感等。

从感知向认知的跨越一度是区分“第二代”机器人与“第三代”机器人的鸿沟，而认知机器人的定义中最核心之处就在于学习行为的出现。作为机器学习和机器人学的交叉领域，机器人的学习将允许机器人通过学习算法获取新技能或适应其环境的技术。通过学习，机器人可能展示的技能包括运动技能、交互技能以及语言技能等；而这种学习既可以通过自主探索实现，也可以通过人类老师的指导来实现。随着人工智能的快速发展，机器人学习的进步也日新月异。其中，美国加州伯克利大学的人工智能团队一直处于研究前沿。2018年4月11日，伯克利人工智能研究院发布了一篇文章，提出了一个强化学习框架并基于此打造出一款可以自学功夫的虚拟机器人，目前已有相关研究成果。这说明机器人学习技术在未来不仅能够融入人们的现实生活，还将可能在虚拟游戏世界中大放异彩。

1.4.2 规划与决策

路径规划从1990年开始发展，自2005年起进入发展的高速期，大量学者以极大的热情投入该领域的研究。这些学者主要有 Howie Choset、Manuela M. Veloso、Sebastian Thrun 等人。其中，Howie Choset 教授至今仍致力于路径规划领域的研究，并创造出了历史性的研究成果。

而路径规划仅仅是机器人学中规划与决策技术下的一个分支。事实上，规划与决策技术对于机器人系统中自主性的实现至关重要。换句话说，这两项要素是决定机器人在无人操控的状态下通过算法得出满足特定约束条件的最优决策能否成功的关键。尽管这类技术最常见的应用在于无人驾驶汽车的导航问题以及自主飞行器或航海探测器的线路规划问题，但其实它的影响更为广泛，从路径规划到运动规划，再到任务规划都离不开这一技术的应用；而这类技术的应用范围也不止探测器或智能汽车，它还可以应用在人形机器人、移动操作平台甚至多机器人系统等方面，在数字动画角色模拟、人工智能电子游戏、建筑设计、机器人手术以及生物分子研究中都能够发挥作用。具体来说，目前实现规划与决策仍然主要依靠应用算法，其中著名的理论包括人工势场法等。近两年，来自瑞典皇家理工学院的机器人学研究团队提出了新的观点，即运用形式化验证将机器人的行为树模型化，由此能够在实现规划和决策的过程中获得两大优势：首先它能够以一种用户友好却谨慎细致的方式捕捉到复杂的机器人任务信息，其次它能够为机器人决策的正确性提供可真实的保证。

1.4.3 动力学与控制

机器人动力学是对机器人结构的力和运动之间的关系进行研究的学科，主要通过分析机器人的动力学特性来建造模型、研究算法以决定机器人处理对物体的动态响应方式。而机器人控制技术，指的是为使机器人完成各种任务和动作所执行的各种控制手段，既包括各种硬件系统，又包括各种软件系统。

自20世纪70年代以来，随着电子技术与计算机科学的发展，计算机的运算能力大大提高而成本不断下降，这就使得人们越来越重视发展各种考虑机器人动力学模型的计算机实时控制方案，以充分发挥出为完成复杂任务而设计得日益精密从而也越加昂贵的机器人机械结构的潜力。因此，在机器人研究中，控制系统的设计已显得越来越重要，成为提高机器人性能的关键因素。

最早的机器人采用顺序控制方式，而随着计算机的发展，现已通过计算机系统来实现机电装置的功能，并采用示教再现的控制方式。目前机器人控制技术的发展越来越智能化，离线编程、任务级语言、多传感器信息融合、智能行为控制等新技术都可以应用到机器人控制中。作为影响机器人性能的关键部分，机器人控制系统在一定程度上制约着机器人技术的发展。然而传统的机器人控制系统存在结构封闭、功能固定、系统柔性差、可重构性差、缺乏运行时再配置机制、组件的开发和整合限制在某种语言上等问题。如今出现了各种基于网络、PC、人脸识别、实时控制等技术的机器人控制系统，其精度高、功能全、稳定性好，并逐渐向标准化、模块化、智能化方向发展。

智能化的控制系统也为提高机器人的学习能力奠定了基础。2016年，伯克利大学的人工智能团队利用深度学习和强化学习策略向控制软件提供即时视觉和传感反馈，使一个名为BRETT(Berkeley Robot for the Elimination of Tedious Tasks)的机器人通过学习成功地提升了自己的家务技能。这种人工智能与机器人学交叉运用的结果使得机器人能够将从一个任务中获得的经验推广到另一个任务中，从而提高机器人的学习能力，使其能够掌握更多技能。

1.4.4 人机交互

人机交互即人与机器人相互作用的研究，其研究目的是开发合适的算法并指导机器人设计，以使人与机器人之间更自然、高效地共处。最早开始研究人机交互的出发点是学者们希望能够探讨如何才能减轻人类操纵计算机时的疲劳感，由此开启了人机工程学的先河。1969年可谓是人机界面学发展史的里程碑，这一年在英国剑桥大学召开了第一届人机系统国际大会，同年第一份专业杂志IJMMS(International Journal of Mechatronics and Manufacturing Systems，国际人机研究)创刊。到了20世纪80年代初期，学界先后出版了六本专著，从理论和实践两个方面推动了人机交互的发展。20世纪90年代后期以来，随着高速处理芯片、多媒体技术及互联网的飞速发展与普及，人机交互向着智能化的方向发展，这一技术关注的重点也由计算机的反馈转向以人为中心。值得一提的是，2018年ACM新增一本杂志*Interactions*，其主题是人机交互和交互设计，每两个月出版一次，在全球范围内流通，这也说明人机交互技术研究的不断深入并越来越得到重视。

人机交互技术大致可以分为四个阶段：基本交互、图形式交互、语音式交互和感应式交互(体感交互)。基本交互仍然停留在最原始的状态，人与机器的关系仅仅是人工手动输入与机器输出的交互状态，比如早期的按钮式电话、打字机与键盘；图形式交互时期是随着电脑的出现而开始的，以显示屏、鼠标问世为标志，在触屏技术成熟期达到巅峰；语音式交互最开始是单向的，即语音识别，如科大讯飞的语音识别系统，后来微软的 Cortana、小冰，苹果的 Siri 以及 Google 公司的 Google Now 突破了单向交互的壁垒，实现了人机双向语音对话；随着当前机器人的发展越来越强调交互形式的智能化，体感式交互将成为未来交互发展的新方向。体感式交互是直接从人的姿势的识别来完成人与机器的互动，主要是通过摄像系统模拟建立三维世界，同时感应出人与设备之间的距离与物体的大小。目前，索尼发明的触控型投影仪已经实现了体感式交互。未来，这种交互方式将成为先前各种技术的结合，包括即时动态捕捉、图像识别、语音识别、VR 等技术，最终衍生出多样化的交互形式，而机器人有望在未来成为体感式交互的载体。

第2章 智能机器人基础

机器人学是数学、运动学、控制学、计算机、机械电子等学科技术的交叉研究领域。学习智能机器人的基础知识，不但可以让读者深入了解智能机器人的逻辑和结构，还可为读者的实践提供理论指导。

如图 2.1 所示，本章介绍智能机器人设计与实现的过程中所涉及的数学、运动学和控制学基础理论，并且通过两个计算机视觉的深度学习任务介绍智能机器人的软件基础知识，最后对智能机器人的常用硬件进行深入浅出的说明。通过本章的学习，读者能够为理解和研究后续部分章节打下良好的基础。

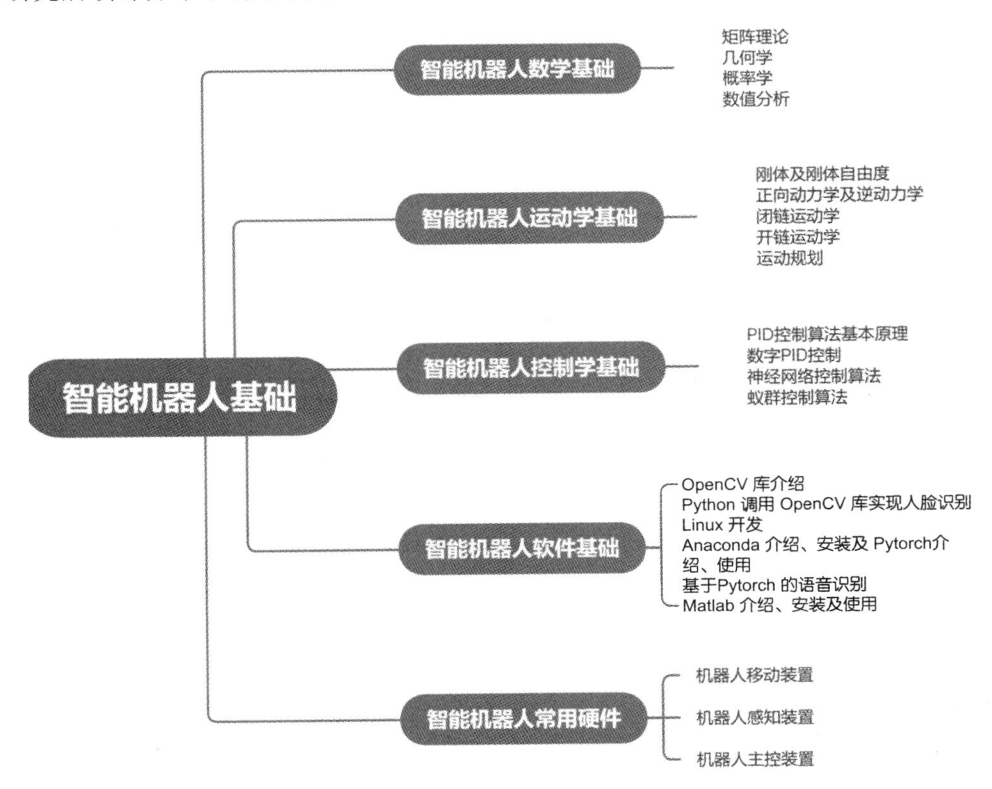

图 2.1　智能机器人基础结构框架图

2.1　智能机器人数学基础

智能机器人包含机构学和智能技术两部分。换句话说，就是在实现机械本体的功能以外，还需要以某种方式实现“智能”。例如，导航机器人需要实现自主导航，情感机器人需要感知人类的实时情感，寻迹机器人需要完成自动避障，垃圾分类机器人需要对垃圾进行自动分类……

无论是机器人机构学还是智能技术，都离不开数学理论的支撑，涉及的数学知识主要有代数学、几何学、概率统计和数值分析等。

2.1.1　矩阵理论

矩阵是许多研究领域的数学基础，在数学和其他科学技术领域有着广泛的应用。经济学可以利用矩阵的线性规划理论寻找企业获得最多利润的最优解，密码学可以利用可逆矩阵的特性设计安全性高、保密性强的密码，计算机学则常利用矩阵的稀疏性来减少内容存储量。受篇幅所限，本节简单介绍典型矩阵、矩阵分解、矩阵函数和矩阵导数等基础内容。

1. 正交(酉)矩阵

定义 2.1.1　若实(复)方阵 $\boldsymbol{Q}(\boldsymbol{U})$满足 $\boldsymbol{Q}^{\mathrm{T}}=\boldsymbol{Q}^{-1}\boldsymbol{U}^{\mathrm{H}}=\boldsymbol{U}^{-1}$，则称 $\boldsymbol{Q}(\boldsymbol{U})$为正交(酉)矩阵。正交(酉)矩阵的任意两个列(行)向量是单位正交的，且具有以下性质：

(1) 若 $\boldsymbol{Q}(\boldsymbol{U})$为正交(酉)矩阵，则保持向量的内积不变：

$$\forall x, y \in \mathbf{R}^n, \langle \boldsymbol{Q}x, \boldsymbol{Q}y \rangle = \langle x, y \rangle, \forall x, y \in \mathbf{C}^n, \langle \boldsymbol{U}x, \boldsymbol{U}y \rangle = \langle x, y \rangle$$

(2) 若 $\boldsymbol{Q}(\boldsymbol{U})$为正交(酉)矩阵，则保持向量间的距离不变：

$$\forall x, y \in \mathbf{R}^n, \| \boldsymbol{Q}x - \boldsymbol{Q}y \|_2 = \| x - y \|_2, \forall x, y \in \mathbf{C}^n, \| \boldsymbol{U}x \|_2 = \| x \|_2$$

(3) 任意两个正交矩阵的积是正交的。

(4) 正交(酉)矩阵的行列式等于± 1.

2. 正规矩阵

定义 2.1.2　设 $\boldsymbol{A}$ 为复矩阵，若 $\boldsymbol{A}^{\mathrm{H}}\boldsymbol{A}=\boldsymbol{A}\boldsymbol{A}^{\mathrm{H}}$，则称 $\boldsymbol{A}$ 为正规矩阵。上面介绍的正交矩阵和酉矩阵均为正规矩阵，除此之外，常见的正规矩阵包括对称矩阵、反对称矩阵、厄米矩阵、反厄米矩阵等。

正规矩阵具有一些特殊的性质，通过这些性质能够建立正规矩阵和一般矩阵之间的桥梁。

(1) 正规上三角矩阵必为对角矩阵。

(2) 若 $\boldsymbol{A}$ 为正规矩阵，则矩阵 $\boldsymbol{A}$ 可以酉对角化。反之，若 $\boldsymbol{A}$ 可以酉对角化，则 $\boldsymbol{A}$ 为正

规矩阵。

设 $\boldsymbol{A}$，$\boldsymbol{B}$ 是复方阵，若存在酉(正交)矩阵 $\boldsymbol{U}$，使得 $\boldsymbol{U}^{\mathrm{H}}\boldsymbol{A}\boldsymbol{U}=\boldsymbol{U}^{-1}\boldsymbol{A}\boldsymbol{U}=\boldsymbol{B}$，则称矩阵 $\boldsymbol{A}$ 酉(正交)相似于 $\boldsymbol{B}$.

3. 正交三角分解

定义 2.1.3 若非奇异矩阵 $\boldsymbol{A}$ 可以表示为正交矩阵 $\boldsymbol{Q}$ 和上三角矩阵 $\boldsymbol{R}$ 的积，即 $\boldsymbol{A}=\boldsymbol{Q}\boldsymbol{R}$，则称此为 $\boldsymbol{A}$ 的 $\boldsymbol{QR}$ 分解。类似地，还有矩阵的 $\boldsymbol{RQ}$ 分解、$\boldsymbol{QL}$ 分解和 $\boldsymbol{LQ}$ 分解，其中 $\boldsymbol{L}$ 表示下三角矩阵。矩阵的 $\boldsymbol{RQ}$、$\boldsymbol{QL}$、$\boldsymbol{LQ}$ 和 $\boldsymbol{QR}$ 分解统称为正交三角分解。

下面以 $\boldsymbol{QR}$ 分解为例介绍矩阵的正交三角分解，其他三种分解可以类似获得。

定理 2.1.1 对于任意非奇异矩阵 $\boldsymbol{A}$ 总存在 $\boldsymbol{QR}$ 分解，当要求 $\boldsymbol{R}$ 的对角元素均为正数时，该分解具有唯一性。

定理 2.1.2 若 $\boldsymbol{A}$ 为任意列满秩矩阵，则 $\boldsymbol{A}$ 可以分解为列正交矩阵 $\boldsymbol{Q}$ 和上三角矩阵 $\boldsymbol{R}$ 的积。当要求 $\boldsymbol{R}$ 的对角元素均为正数时，该分解具有唯一性。

在实际应用中，$\boldsymbol{QR}$ 分解具有三种常用运算方法，分别是 Gram-Schmidt 正交方法、Givens 矩阵方法和 Householder 矩阵方法。

4. 三角分解

定义 2.1.4 若非奇异矩阵 $\boldsymbol{A}$ 可以表示为下三角矩阵 $\boldsymbol{L}$ 和上三角矩阵 $\boldsymbol{U}$ 的乘积，即 $\boldsymbol{A}=\boldsymbol{L}\boldsymbol{U}$，则称此为 $\boldsymbol{A}$ 的三角分解($\boldsymbol{LU}$ 分解)。

5. 奇异值分解

矩阵的奇异值分解在最优化问题、特征值问题、线性最小二乘问题和广义逆问题中具有广泛的应用。在智能机器人的计算机视觉设计中，矩阵的奇异值分解常被用于求解线性最优化问题。因此，矩阵的奇异值分解知识是智能机器人的重要数学基础内容。

定义 2.1.5 设矩阵 $\boldsymbol{A}$ 为 $m\times n$ 矩阵，则 $\boldsymbol{A}^{\mathrm{T}}$ 为 $n\times m$ 阶矩阵。λ_1，λ_2，…，λ_n 是 $\boldsymbol{A}^{\mathrm{T}}\boldsymbol{A}$ 进行降序排列的特征值，则称 $\delta_i=\sqrt{\lambda_i}\,(i=1, 2, \cdots, n)$ 是 A 的奇异值。

定义 2.1.6 对于 $m\times n$ 矩阵 $\boldsymbol{A}$，存在 m 阶和 n 阶正交矩阵 $\boldsymbol{U}$，$\boldsymbol{V}$ 使得下式成立：

$$\boldsymbol{A}=\boldsymbol{U}\begin{bmatrix}\boldsymbol{\Sigma} & 0\\ 0 & 0\end{bmatrix}\boldsymbol{V}^{\mathrm{T}} \tag{2.1}$$

式中：$\boldsymbol{\Sigma}=\mathrm{diag}(\delta_1, \delta_2, \cdots, \delta_n)$。

6. 矩阵导数

定义 2.1.7 若矩阵 $\boldsymbol{A}$ 的所有元素 a_{ij} 均为实变量 t 的函数，即

$$\boldsymbol{A}(t)=\begin{bmatrix}a_{11}(t) & a_{12}(t) & \cdots & a_{1n}(t)\\ a_{21}(t) & a_{22}(t) & \cdots & a_{2n}(t)\\ \vdots & \vdots & & \vdots\\ a_{m1}(t) & a_{m2}(t) & \cdots & a_{mn}(t)\end{bmatrix} \tag{2.2}$$

则称矩阵 $\boldsymbol{A}$ 为函数矩阵。

定义 2.1.8 若矩阵 $\boldsymbol{A}$ 为如定义 2.1.7 所述的函数矩阵，则对于任意 i，j，若 $a_{ij}(t)$在 t_0 处连续，定义矩阵 $\boldsymbol{A}$ 的导数为

$$\boldsymbol{A}'(t)=\left.\frac{\mathrm{d}\boldsymbol{A}(t)}{\mathrm{d}t}\right|_{t_0}=[a'_{ij}(t_0)]_{m\times n} \tag{2.3}$$

2.1.2 几何学

我们知道，在人脑中有无数条视觉神经处理着我们眼球所看到的景象，那么，当智能机器人在行动时，是如何“看到”周围空间的呢？实际上，智能机器人利用摄像机、红外成像仪等设备组成自己的“眼睛”，记录其所看见的空间和空间中的对象，并在其信息处理区域利用几何学原理重构三维景象。

智能机器人涉及的几何学数学基础主要包括平面映射几何、空间映射几何以及非欧几何，此处主要介绍平面映射几何及其在智能机器人中的基础应用。

我们知道，机器人通过计算机视觉模拟人类的视觉感知，而平面映射几何在计算机视觉中有着丰富的应用，如由二维图像场景复原三维几何结构等。

定义 2.1.9 （射影平面） 设欧氏坐标系中齐次坐标为 $x_\infty=(x, y, 0)^{\mathrm{T}}$ 的点为无穷远点，欧氏平面上所有由无穷远点构成的集合称为无穷远直线。由欧氏平面和无穷远直线的并集形成的扩展平面称为射影平面。

定义 2.1.10 （射影变换） 设矩阵 $\boldsymbol{H}=(h_{ij})_{3\times3}$ 为射影变换矩阵，且 $\boldsymbol{H}$ 为可逆矩阵，则射影平面上的可逆齐次线性变换可由 $\boldsymbol{H}$ 来描述：

$$x'=\boldsymbol{H}x \tag{2.4}$$

定义 2.1.11 （变换群） 平面上所有的射影变换构成一个变换群，称为射影变换群。设 $\boldsymbol{U}=\begin{bmatrix}\delta\cos\theta & -\delta\sin\theta\\ \delta\sin\theta & \delta\cos\theta\end{bmatrix}$，以 $\boldsymbol{U}$ 作为影射变换矩阵的变换称为等距变换群，其数学表达如下：$\begin{bmatrix}x'\\ y'\end{bmatrix}=\boldsymbol{U}\begin{bmatrix}x\\ y\end{bmatrix}+\begin{bmatrix}t_1\\ t_2\end{bmatrix}$。特别地，当 $\boldsymbol{U}$ 是一个旋转矩阵时，该等距变换称为欧氏变换。

在平面射影变换中，需要探讨变换群中的不变量，这为应用平面映射几何奠定了理论基础。变换群的不变量是指在变换作用下不发生变化的量和不变的性质，等距变换群中的不变量主要是两点之间的距离、两线之间的夹角和图形面积等。

通过不变量，我们可以探讨计算机视觉应用的一个基本问题：如何从平面场景的中心投影图像恢复场景结构。下面介绍中心投影的概念和三种基本类型的场景结构。

定义 2.1.12 （中心投影） 如图 2.2 所示，中心投影通过投影中心将场景平面上的点投影到像平面上的点。显然，中心投影是射影变换，可用三阶可逆矩阵 $\boldsymbol{H}$ 来表达

$$x'=\boldsymbol{H}x$$

令 $O=\{x_i, i=1, 2, \cdots, n\}$ 是 x 的欧氏坐标，其中心投影 $\boldsymbol{H}^{(t)}$ 的图像为 $U=\{u_i, i=1, 2, \cdots, n\}$。设 $\boldsymbol{H}$ 为射影变换，记 $O'=\{x_i'=\boldsymbol{H}u_i, i=1, 2, \cdots, n\}$。

若 $\boldsymbol{H}$ 为仿射变换 $\boldsymbol{H}^{(a)}$，则称 O' 为 O 的仿射结构。

若 $\boldsymbol{H}$ 为相似变换 $\boldsymbol{H}^{(s)}$，则称 O' 为 O 的相似结构。

若 $\boldsymbol{H}$ 为欧氏变换 $\boldsymbol{H}^{(e)}$，则称 O' 为 O 的欧式结构。

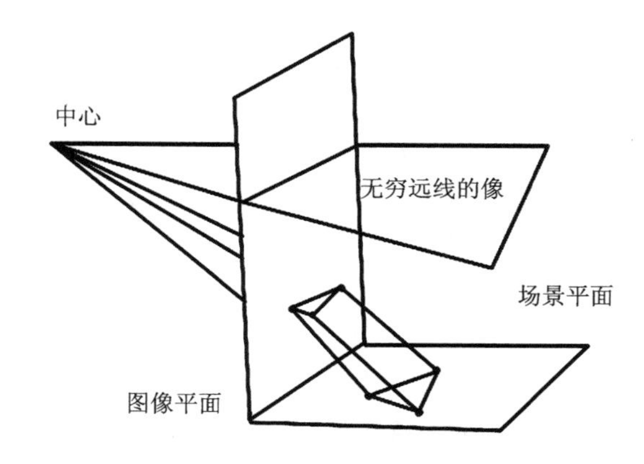

图 2.2　中心投影

2.1.3　概率学

当天气预报显示今日降水概率时，大部分人会在“带雨伞”和“不带雨伞”之间抉择，并根据自己的经验和降水概率的大小作出决定。对于智能机器人来说，所需要选择的场景就更多了，因此，对于概率学理论进行一定的了解和学习，是设计智能机器人必不可少的环节。

概率学历史悠久，为当代数学奠定了许多经典概率模型的基础。当计算机出现之后，由于计算能力大大上升，计算量大、精度高、泛化性能好的概率模型也如雨后春笋一般层出不穷，这也让智能机器人实时判断和选择成为现实。

本节内容主要介绍贝叶斯方法和马尔可夫链模型。

1. 贝叶斯方法

定义 2.1.13　（贝叶斯公式）　设总体 X 的概率函数为 $f(x|\theta)$，获得样本 $X=x$ 后，参数 θ 的后验分布 $\pi(\theta|x)$ 定义为在 $X=x$ 下 θ 的条件分布。

（1）当 θ 为连续随机变量时，$\pi(\theta \mid x)=\dfrac{f(x \mid \theta)\pi(\theta)}{\int f(x \mid \theta)\pi(\theta)\mathrm{d}\theta}$。

（2）当 θ 为离散随机变量时，$\pi(\theta_i \mid x)=\dfrac{f(x \mid \theta_i)\pi(\theta_i)}{\sum_{i=1}^{n} p(x \mid \theta_i)\pi(\theta_i)}$。

（3）当 X 为离散随机变量时，$\pi(\theta \mid x=x_j)=\dfrac{P(x=x_j \mid \theta)\pi(\theta)}{\int P(x=x_j \mid \theta)\pi(\theta)\mathrm{d}\theta}$。

（4）当 X 和 θ 都为离散随机变量时，$\pi(\theta_i \mid x=x_j)=\dfrac{P(x=x_j \mid \theta_i)\pi(\theta_i)}{\sum_{i=1}^{n} P(x=x_j \mid \theta_i)\pi(\theta_i)}$。

以上四个公式统称为贝叶斯公式。可以看出，一切统计和决策的贝叶斯方法都必须从后验分布出发，不过，在利用后验分布的同时，贝叶斯方法还使用先验信息，以提高统计决策的效果。

贝叶斯统计与决策涉及以下问题：

(1) 估计问题。如后验中位数估计、后验众数估计和后验均值估计。

(2) 预测推断。根据历史样本数据，基于后验预测分布对随机变量 X 的未来观测值做出推断。

(3) 假设检验。根据参数 θ 的后验分布，决定是否接受所给假设。

(4) 模型选择。根据备选模型的后验概率，贝叶斯方法选择具有最大后验概率的模型。

2. 马尔可夫链模型

在智能机器人的模式识别、机器学习领域中，马尔可夫链模型占有重要的地位，是智能机器人完成决策和推断必不可少的手段。

定义 2.1.14 设 T 是给定参数集，$X(t)$为随机变量，n 为任意正整数，若随机过程 $X=\{X(t),\ t\in T\}$满足下述条件，则称它具有马尔可夫性质，具有马尔可夫性质的随机过程称为马尔可夫过程：

$$\begin{aligned} &P(X(t_{n+1})\leqslant x_{n+1}\mid X(t_1)=x_1,\ X(t_2)=x_2,\ \cdots,\ X(t_n)=x_n)\\ &\quad =P(X(t_{n+1})\leqslant x_{n+1}\mid X(t_n)=x_n) \end{aligned} \tag{2.5}$$

式(2.5)意味着，已知系统当前的状态，就可以完全确定系统未来所处状态的概率，这一概率与系统过去时刻的状态无关。

当马尔可夫过程中的 T 和 X 的均值函数 E 均能够与自然数集合建立起一一对应的映射(均为可列)时，该马尔可夫过程称为马尔可夫链。

2.1.4 数值分析

想象一个登山爱好者正站在一座山峰的峰顶，此时，他需要找到一条下山的路，让他能够尽可能快速且不迂回地回到山底。对于计算机来说，这是一个非线性优化的数学问题，要想找到这条路，就需要使用数值分析的工具。

本节主要介绍智能机器人在数值分析中所使用的非线性优化方法，包括一维搜索、无约束优化(最速下降法)和约束优化等，其中主要介绍梯度下降法，对其余方法仅作简单介绍。

1. 一维搜索

智能机器人使用搜索算法能够得到实际问题的最优解，如寻找到达目的地的最短路径、自动避障或自动进行垃圾分类等。为了充分利用实际场景的信息，提高搜索效率，通常使用迭代的非线性优化方法。若在迭代优化过程中，假定已知第 k 步迭代点 x_k 和第 $k+1$ 步搜索方向 p_k，则只需确定第 $k+1$ 步搜索步长 t_k，就可以完成本步迭代。像这样求解一维

搜索步长 t_k 的优化问题称为一维搜索。

在一维搜索的过程中，迭代的目的是寻找使目标函数的函数值下降的步长，根据该步长是否能够使目标函数值下降最多，可以分为精确一维搜索与非精确一维搜索。

2. 最速下降法

最速下降法是最古老的无约束非线性优化方法之一，目前在深度学习和模式识别等领域仍有着广泛的应用。

最速下降法的基本思想是，假定函数 $f(x)$连续可微，当前迭代点为 x_k，则第 $k+1$ 步搜索方向 p_k 选取使 $f(x)$在 x_k 处下降最快的方向。设 $f(x)$的导数为$\nabla f(x)$，则 $p_k=-\nabla f(x_k)$。

确定搜索方向后，可以使用精确一维搜索来确定搜索步长，也可以根据实际情况，使用非精确一维搜索。

对于连续可微的目标函数 $f(x)$，最速下降法能够确保其收敛性，但其收敛速度缓慢，计算效率较低。在实际应用中，还有牛顿法、拟牛顿法和共轭方向法等。

3. 约束优化

设 x_1，x_2，…，x_k 是优化迭代过程中的k 个迭代点，若对于任意迭代点 x_i，需满足 x_i 位于可行域D 中，则此类优化问题称为约束优化。

约束优化的一般方法为惩罚法，包括内点惩罚法和外点惩罚法。内点惩罚法的基本思想是，在可行域 D 的边界设置一道“障碍”函数，构造增广目标函数将约束优化转为无约束优化问题。边界“障碍”使得可行域 D 内的迭代点在靠近边界时，增广目标函数值会趋向无穷大，从而满足可行域条件。

外点惩罚法的思想与内点惩罚法类似，引入罚函数，构造增广目标函数将约束优化转为无约束优化问题。由于罚函数的存在，可行域 D 外点的函数值将会趋向无穷大，即被罚函数惩罚，从而满足可行域条件。

2.2 智能机器人运动学基础

机器人通过身体的关节、枝干和轴承等部分支撑身体，不同的构件通过相互作用来提供机器人运动的方向和动力。因此，机器人学的核心之一是运动学，运动是机器人实现与环境交互的主要途径之一。运动学涉及数学、物理力学和组织学等多个学科领域，本节主要介绍刚体运动、正向动力学、逆动力学、闭链运动学、开链运动学和运动规划的基础知识。

2.2.1 刚体及刚体自由度

机器人是由一组称之为构件的物体相互之间通过不同类型的关节机械连接而成，由驱动器(如电机)提供力与力矩使构件产生运动的。通常，组成机器人的构件是形状已知的刚体。

定义 2.2.1 (刚体) 刚体是指在运动中和受力的作用后，形状和大小不变，而且内部各点的相对位置不变的物体。

通过刚体的定义我们可以用有限个参数来确定机器人中所有点的位置，从而确定机器人的位形、状态和运动轨迹等，机器人的自由度就是常用的参数之一。

自由度指的是表示机器人位形所需要的最小实值坐标数，二维平面中的刚体具有 3 个自由度，三维平面中的刚体则具有 6 个自由度。由于机器人的构件是已知刚体，可以由其刚体的数目和运动平面得知机器人的自由度。一个常用于计算平面和空间机器人自由度的公式是 Grübler 公式：

自由度=构件的自由度之和−独立约束数

2.2.2 正向动力学及逆动力学

机器人的正向动力学是指已知机器人的关节坐标，求解末端位置和姿态问题所使用的动力学理论。图 2.3 所示为一个平面 3R 开链机械手，其末端位置坐标(x, y)和姿态角 φ 的计算关系式如下：

$$\begin{cases} x = L_1\cos\theta_1 + L_2\cos(\theta_1+\theta_2) + L_3\cos(\theta_1+\theta_2+\theta_3) \\ y = L_1\sin\theta_1 + L_2\sin(\theta_1+\theta_2) + L_3\sin(\theta_1+\theta_2+\theta_3) \\ \varphi = \theta_1+\theta_2+\theta_3 \end{cases} \tag{2.6}$$

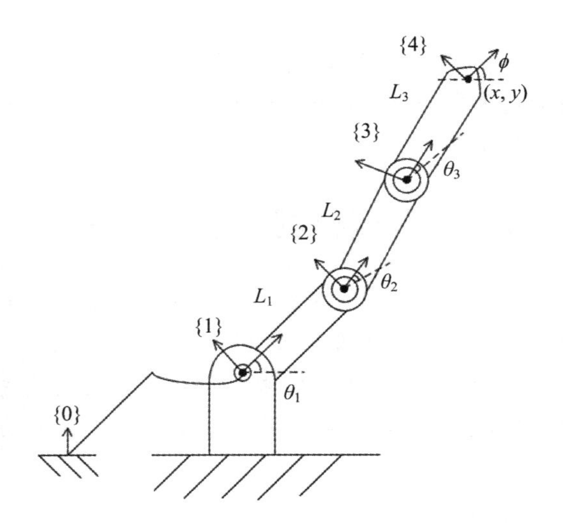

图 2.3 平面 3R 开练机械手示意图

指数积公式采用 $6n$ 个参数来描述机器人 n 个关节轴的运动旋量，另有 n 个参数来表示关节变量。尽管具有繁多的参数，但当采用指数积公式描述机器人时，无须对机器人建立连杆坐标系，因此指数积公式广泛用于建立机器人的正向运动学模型。

如图 2.4 所示，设一种通用的空间开链机器人由 n 个单自由度关节串联组成。

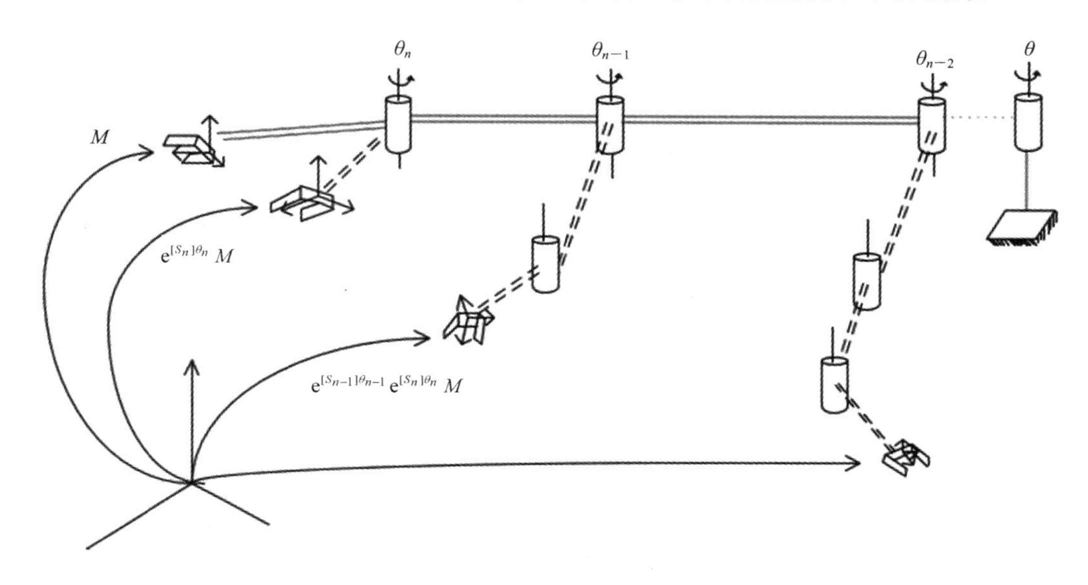

图 2.4　开链机器人示意图

首先设定处于机器人基座的基坐标系 $\{s\}$ 和附着在最后一根杆上的末端坐标系 $\{b\}$。若初始位置机器人所有关节的变量初值为 0，关节 n 对应的关节变量是 θ_n，则末端坐标系的位移可以写成：

$$T = e^{[S_n]\theta_n}M \tag{2.7}$$

式中：T 是末端的新位形，S_n 是基坐标系中关节 n 的旋量坐标，θ_n 是关节移动的距离，M 是末端坐标系相对于基坐标系的初始位形。

现在，假定关节 $n-1$、$n-2$ 乃至关节 1 也允许发生变化，则末端坐标系的位移表示为

$$T(\theta) = e^{[S_1]\theta_1}\cdots e^{[S_{n-1}]\theta_{n-1}} e^{[S_n]\theta_n}M \tag{2.8}$$

与正向运动学相对，逆动力学是研究在给定了齐次变换矩阵 $\boldsymbol{X}$ 后，如何找出满足 $T(\theta)=\boldsymbol{X}$ 的关节角 θ。但是，逆动力学问题可能存在多组解析解，或不存在解析解。面对多组解析解，需要排除位于工作空间之外的解；而对于不存在解析解的情况，可以使用数值迭代的方法求解。利用数值迭代不但可以获得逆动力学问题的解，还可以改善实际工程中的解精度。

2.2.3 闭链运动学

定义 2.2.2 （闭链） 任何包含一个或多个环路的运动链都称为闭链。闭链具有如下两个特征：

（1）并非所有关节都需要驱动。

（2）关节变量必须满足若干独立或非独立的闭环约束方程。

在闭链中，一类较为常见的闭链结构是并联机构。并联机构由一个静止的平台和一个移动的平台构成，平台由多条腿连接，这些腿通常是开链结构。

图 2.5 所示是一个典型的并联机构，设动平台的位形由 T_{sb} 给定，三条腿的运动链正向运动学分别用 $T_1(\theta)$，$T_2(\varphi)$ 和 $T_3(\psi)$ 表示，则闭环条件可以写作 $T_{sb}=T_1(\theta)=T_2(\varphi)=T_3(\psi)$。

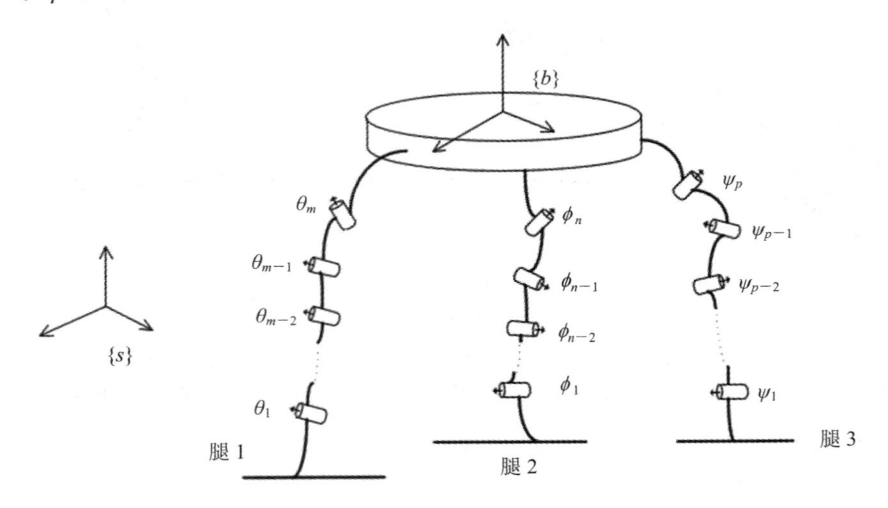

图 2.5 并联机构示意图

由于闭链存在非驱动关节，再加上驱动关节的数目可以超过并联机构的自由度数目，因此带来了冗余驱动，使得闭链运动学中存在奇异类型。

定义 2.2.3 （闭链奇异） 闭链奇异包括三种奇异类型，分别是驱动奇异、位形空间奇异和末端奇异。

（1）驱动奇异。当驱动关节不能被独立驱动时会产生非退化驱动奇异，当锁定所有关节不能使机构成为刚性结构时会产生退化驱动奇异。

（2）位形空间奇异。位形空间在分岔点处使约束雅可比矩阵产生降秩，称为位形空间奇异。

（3）末端奇异。末端执行器失去一个或多个运动自由度，称为末端奇异。

2.2.4 开链运动学

机器人的开链运动学方程可以通过以下两种方式推导得到：

(1) 对刚体直接应用牛顿—欧拉刚体动力学方程，即牛顿—欧拉公式。

(2) 根据机器人的动能和势能导出拉格朗日动力学。

拉格朗日动力学　选定一组独立坐标 q(也称为广义坐标)描述系统的位形，并选定广义力 f 和广义速率 $\dot{q}$。将拉格朗日函数 $\mathcal{L}(q, \dot{q})$ 定义为整个系统的动能与势能之差，即 $\mathcal{L}(q, \dot{q})=\mathcal{K}(q, \dot{q})-\mathcal{P}(q, \dot{q})$。

牛顿—欧拉递归公式　由牛顿—欧拉公式所得到的运动方程与由拉格朗日方法导出的运动方程相同，但由于前者采用了递归方法，因此在计算机计算时十分高效，更加便捷。具体算法如下：

(1) 初始化：将坐标系 $\{0\}$ 附连到机器人基座，将剩下的 $n-1$ 个坐标系依次附连到对应的连杆质心，并在末端执行器处附连坐标系 $\{n+1\}$。定义 $M_{i, i-1}$ 是 $\theta_i=0$ 时坐标系 $\{i-1\}$ 在 $\{i\}$ 中的位形，$\boldsymbol{A}_i$ 是关节 i 的旋量轴在 $\{i\}$ 中的表示，$\boldsymbol{G}_i$ 是连杆 i 的 6×6 空间惯量矩阵，$\boldsymbol{V}_0$ 是 $\{0\}$ 的运动旋量，$\boldsymbol{F}_{n+1}=(m_{\text{tip}}, f_{\text{tip}})$ 是末端执行器坐标系 $\{n+1\}$ 中对环境作用的力旋量。

(2) 正向迭代：给定 $\theta, \dot{\theta}, \ddot{\theta}$，对 $i=1$ 到 n，执行

$$\begin{cases} T_{i, i-1}=\mathrm{e}^{-[\boldsymbol{A}_i]\theta_i}M_{i, i-1} \\ \boldsymbol{V}_i=\boldsymbol{Ad}_{T_{i, i-1}}(\boldsymbol{V}_{i-1})+\boldsymbol{A}_i\dot{\theta}_i \\ \dot{\boldsymbol{V}}_i=\boldsymbol{Ad}_{T_{i, i-1}}(\dot{\boldsymbol{V}}_{i-1})+\boldsymbol{ad}(\boldsymbol{A}_i)\dot{\theta}_i+\boldsymbol{A}_i\ddot{\theta}_i \end{cases} \tag{2.9}$$

(3) 反向迭代：对 $i=1$ 到 n，执行

$$\begin{cases} \boldsymbol{F}_i=\boldsymbol{Ad}^{\mathrm{T}}_{T_{i+1, i}}(\boldsymbol{F}_{i+1})+\boldsymbol{G}_i\dot{\boldsymbol{V}}_i-\boldsymbol{ad}^{\mathrm{T}}_{\boldsymbol{V}_i}(\boldsymbol{G}_i\dot{\boldsymbol{V}}_i) \\ \boldsymbol{\tau}_i=\boldsymbol{F}_i^{\mathrm{T}}\boldsymbol{A}_i \end{cases} \tag{2.10}$$

2.2.5 运动规划

运动规划是指机器人寻找从开始状态到目标状态的运动路径，既要避免在运动过程中触碰环境障碍物，也要满足关节极限和扭矩极限等约束条件。

定义 2.2.4　(位形空间)　位形空间简称为 C-空间，在该空间中，每一个点 c 对应机器人的唯一位形 q。同样地，机器人的每个位形 q 都可以唯一表示为 C-空间中的一个点 c。

定义 2.2.5　(位形空间障碍)　将位形空间划分为两部分，分别是自由空间 C_{free} 和障碍空间 C_{obs}。位形空间的障碍不但包括已知空间中的障碍物，也包括机器人本身的关节限位。

运动规划基本问题。给定初始状态 $x(0)=x_{\text{start}}$，以及期望的最终状态 x_{goal}，寻找时间

T 和一组控制变量 u，使得 $x(T)=x_{goal}$，且对于所有 $t\in[0, T]$ 总有 $q(x(t))\in C_{free}$。

基本问题具有许多变种，下面给出一些应用较为广泛的变种问题。

(1) 路径规划。路径规划是运动规划问题的子问题，它希望在初始位形到目标位形之间寻找一条无碰撞的路径。

(2) 在线规划。在实际应用中，机器人可能需要即时判断空间障碍，并快速反应躲闪，这就要求在运动规划的基础上，以在线方式即时快速地进行规划。

无论是哪种规划问题，在进行运动规划时，都需要机器人进行碰撞检测和搜索。

(3) 碰撞检测。给定位形空间中的障碍物 β 和位形 q，设 $d(q, \beta)$ 为机器人与障碍物之间的距离，则 $d(q, \beta)>0$ 代表机器人与障碍物没有接触，$d(q, \beta)=0$ 代表二者刚好接触，$d(q, \beta)<0$ 时代表碰撞。

(4) 图搜索。自由空间可以表示为图，利用图搜索策略寻找从起始点到终点的无障碍路径是运动规划的常用方法。图搜索策略的方法有很多，其中应用较为广泛的是启发式算法，即利用启发式信息进行搜索。

2.3 智能机器人控制学基础

控制的本质就是将规划系统的命令作为输入信息，将传感器探测得到的状态信息作为反馈，计算得到执行器的控制信号，完成运动控制的闭环。对于设计任何一个控制系统来说，需要了解其输入、输出、控制元件和算法。比如用电机将某个车轮的转速从 10 加速到 100。此时电机就是一个系统，它实现了电压信号到转速信号的变换，改变电压，转速信号也会随之改变。在这个简易的系统里，输入对应速度传感器所采集到的转速，控制元件对应电机，算法对应主机，输出则对应控制电机加速的信号。

对于一个直流电机，在一定范围内施加给它的电压越大，转速越大。想要将它的速度维持在 100，最简单的方法则是当主机监测到转速大于 100 时，控制电压增大；监测到转速小于 100 时，控制电压减小。但在实际情况中，直流电机的特性并非是线性的，速度传感器的采集也非无限快，采集和控制都需要时间。此外，控制对象具有惯性，当停止加速时，电机还可能因为惯性继续加速一小段时间。因此，这种“简单粗暴”的控制方法是无法保持稳定的。这时就需要一种算法，可以将需要控制的物理量带到目标附近，可以“预见”这个量的变化趋势，以消除因为惯性、阻力等因素造成的静态误差。针对这些问题，就出现了一种历久不衰的算法——PID 控制算法。

2.3.1 PID 控制算法基本原理

PID(proportional integral derivative，比例积分微分)控制算法是应用最广泛的闭环控制算法之一。闭环控制的目的是使用来自被测过程的输入对一个或多个控制进行更改，以补偿当前状态和期望状态之间的差异。在控制算法的应用中，PID及其衍生算法是应用得最广泛的算法之一，是当之无愧的万能算法。难能可贵的是，在控制算法中，PID控制算法是最简单、最能体现反馈思想的控制算法。PID控制算法解决了自动控制理论所要解决的最基本的问题，即系统的稳定性、快速性和准确性问题。PID控制算法的控制流程如图2.6所示。

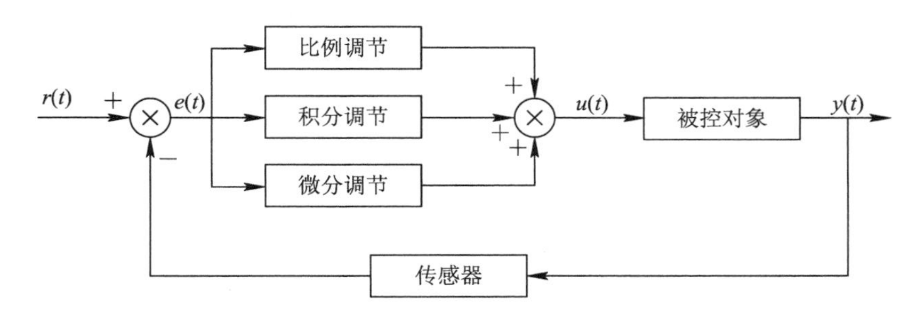

图2.6 PID控制算法控制流程图

PID的核心思想是通过误差信号控制被控量，规定在t时刻，$r(t)$为系统给定值，$y(t)$为实际输出，$u(t)$为控制量。此时误差值$e(t)$为实际输出和系统给定值的差值，即

$$e(t)=r(t)-y(t) \tag{2.11}$$

PID控制器可连续计算误差值$e(t)$，并基于比例、积分和微分项进行修正。PID是指为了产生控制信号而对误差进行的三项运算。接下来将分别介绍PID控制算法的这三个部分，每一部分都是一种控制，缺少任一部分系统都将行为不稳定且难以预测。

首先定义一些变量：

K_p——比例系数。

T_i——积分系数 。

T_d——微分系数。

1. 比例部分

比例项是当前误差值乘以比例系数，即

$$p_{out}=K_p e(t) \tag{2.12}$$

比例环节的作用是对偏差瞬间做出反应。偏差一旦产生，控制器立即产生控制作用，使控制量向减小偏差的方向变化。控制作用的强弱取决于比例系数K_p，K_p越大，控制作用越强，则过渡过程越快，控制过程的静态偏差也就越小；但是K_p越大，也越容易产生震荡，破坏系统的稳定性。故而比例系数的选择必须恰当，才能达到过渡时间少、静差小而又稳定的效果。

2. 积分部分

积分项是一段时间内的累计误差和累计修正量，它考虑了所有已经发生的误差，即

$$D_{out} = \frac{K_p}{T_i}\int_0^t e(t)\,dt \tag{2.13}$$

从积分部分的数学表达式可以知道，积分控制不仅考虑误差，还考虑它持续存在的时长，用于补偿错误的修正量会随着时间的推移而增加。只要存在误差，积分部分的控制作用就会不断增加。

积分环节的调节作用虽然会消除静态误差，但也会降低系统的响应速度，容易过度补偿并产生振荡。积分系数 T_i 越大，积分的积累作用越弱，这时系统在过渡时不会产生振荡，从而可以提高系统的稳定性；但是增大积分常数会减慢静态误差的消除过程，消除偏差所需的时间也较长。当 T_i 较小时，积分作用较长，这时系统过渡时间中又可能产生振荡，不过消除偏差所需的时间较短。所以必须根据实际控制的具体要求来确定积分系数。

3. 微分部分

微分项是随时间变化的原始误差和当前误差的差值，然后乘以微分参数，即

$$D_{out} = K_p T_d \frac{de(t)}{dt} \tag{2.14}$$

实际的控制系统除了希望消除静态误差外，还要求加快调节过程。在偏差出现或偏差变化的瞬间，不但要对偏差量做出响应，而且要根据偏差的变化趋势预先给出适当的纠正。微分环节的作用是阻止偏差的变化。它是根据偏差的变化趋势进行控制的，偏差的变化趋势越大，微分控制器的输出就越大，并能在偏差变大之前进行修正。它加快了系统的跟踪速度。

PID 控制算法的输出 $u(t)$就是这三个部分的总和。将它们结合到一起，可产生一个平滑的校正过程，即

$$u(t) = K_p\left[e(t) + \frac{1}{T_i}\int_0^t e(t)\,dt + T_d\frac{de(t)}{dt}\right] \tag{2.15}$$

2.3.2 数字 PID 控制

由于计算机控制是一种采样控制，它只能根据采样时刻的偏差计算控制量，而不能像模拟控制那样连续输出控制量。由于这一特点，积分项和微分项不能直接使用，必须进行离散化处理。离散化处理的方法为：以 T 作为采样周期，K 作为采样序号，则离散采样时间 kt 对应着连续时间 t，积分环节用加和的形式代替，微分环节用斜率的形式代替，即

$$\begin{cases} t \approx kT \\ \int_0^t e(t)\,dt \approx T\sum_{j=0}^{k} e_j \\ \frac{de(t)}{dt} \approx \frac{e_k - e_{k-1}}{T} \end{cases} \tag{2.16}$$

将对应的积分微分公式代入 PID 输出公式，就可以得到离散的 PID 表达式：

$$u_k = K_p \left(e_k + \frac{T}{T_i} \sum_{j=0}^{k} e_j + T_d \frac{e_k - e_{k-1}}{T} \right) \tag{2.17}$$

如果采样周期足够小，由离散 PID 的近似计算可以获得足够的精确结果，同时它给出了全部控制量的大小，因此也可称为全量式或位置式 PID 控制算法。

结束了理论部分的介绍，更重要的则是实践了。在实际应用中，最难的是如何确定三个项的系数，实现优良的控制器。这需要大量的实验以及经验来决定。PID 控制算法的应用非常广泛，小到控制一个元件的温度，大到控制一个无人机的飞行姿态和飞行速度等，都可以用 PID 控制。因此熟练掌握 PID 算法的设计与实现过程对于控制一个机器人系统尤为重要。

2.3.3 神经网络控制算法

传统的控制方法都是经过严密的数学推导，根据被控对象的数学模型和控制系统要求的性能指标来设计控制器的方法。然而当控制对象具有很强的非线性而无法用数学描述，或数学模型较为复杂时，传统控制方法将发挥不出全部性能。此时则可以引入神经网络控制算法。相较于传统控制算法，神经网络控制算法具有很强的逼近非线性函数的能力，能够很好地完成非线性映射。

在介绍神经网络控制算法之前，首先介绍一下神经网络的基本工作原理。神经网络是深度学习的基础，它以人脑中的神经网络作为启发，在学习或训练过程中改变突触权重值，以适应周围环境的要求。神经网络通过其基本单元——神经元连接而成。神经元由模仿人类的神经得来，每个神经元之间都通过突触来连接，信号从突触输入到各个神经元，当信号强度大于某个阈值时，将会把此神经元激活，从而向与其连接的其他神经元发送一个峰值信号。以图 2.7 为例，神经元输入端共有三个激励，将所有的激励分别乘以相对应的可学习的神经元连接权重 ω 并求和，再加上偏置项 b，最后通过一个非线性激活函数，即可组成一个神经元的激活模型。

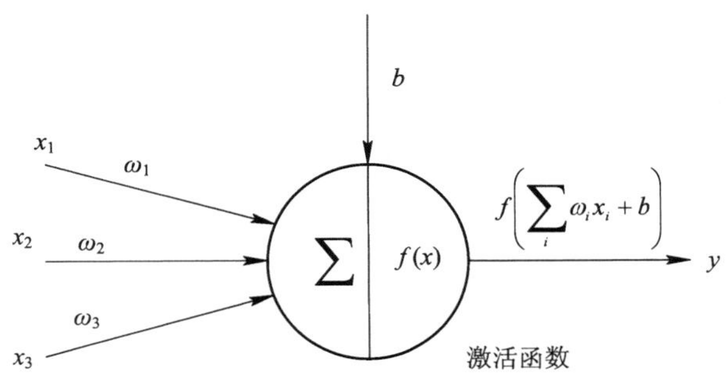

图 2.7　神经元模型

将神经元按列进行排列，列与列之间全连接，可得到一个 BP(back propagation)神经网络，其结构如图 2.8 所示。在从左到右的正向传播过程中将会得到一个输出值，把输出值与所期望得到的值对比计算出误差值，通过计算每一个节点的偏导数，可以得到相应节点的误差梯度。将得到的损失值反向应用到损失梯度上就得到了误差的反向传播过程。

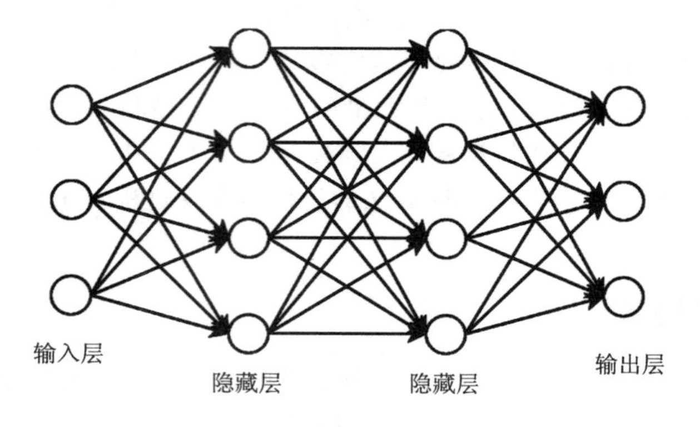

图 2.8　BP 神经网络

在神经网络所处环境的激励下，相继给网络输入一些数据样本，并按照一定的规则调整网络各层的权值矩阵，待各层的权值都稳定到一定值，神经网络的学习过程就结束了。我们可以利用经过学习后的神经网络对真实的样本进行分类。

神经网络控制算法是指在控制系统中，应用神经网络技术，对难以精确建模的复杂非线性对象进行神经网络模型辨识。根据神经网络在控制器中的不同作用，可将神经网络控制算法分为两类：一类称为神经网络控制，它以神经网络为基础，形成了独立的控制系统；另一类称为混合神经网络控制，它利用神经网络的学习能力来优化传统的控制方法。

其中最为经典的神经网络控制结构为神经网络监督控制，也称为导师指导下的控制器。此类控制器通过对传统的控制器进行学习，然后用神经网络控制器取代或逐渐取代原有控制器。传感器的信息和命令信号作为神经网络的输入信号，被送入神经网络中，神经网络会记忆传统控制器的动态特性，直到神经网络的训练达到了能够充分描述人的控制行为，最后输出与传统控制器相似的控制作用，则网络训练结束。训练好的控制器就可以直接投入实际系统的控制。

图 2.9 所示为神经网络监督控制器结构，通过对传统控制器的输出进行学习，在线调整自身参数，直至反馈误差趋近零，最终取代传统控制器。当系统被外界干扰时，传统控制器将重新起作用，神经网络也将重新学习。

与传统控制算法相比，神经网络控制算法具有很强的自适应性和学习能力、非线性映射能力、鲁棒性和容错能力。此外可与其他智能控制方法如模糊逻辑、遗传算法等相融合。充分将神经网络特性应用于控制领域，有助于控制系统的智能化发展。

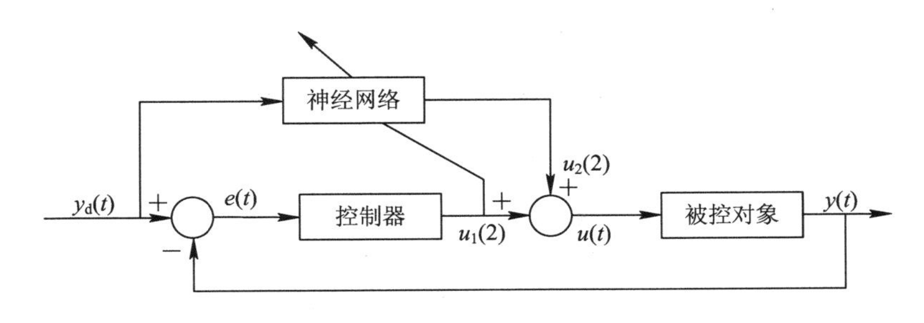

图 2.9　神经网络监督控制器结构

2.3.4　蚁群控制算法

随着人工智能技术为优化算法领域不断注入新的活力，一些基于仿生原理、通过模拟自然现象或过程的现代启发式方法相继提出。其中，蚁群优化算法(ACO)是通过模拟自然界中蚂蚁集体觅食行为而提出的一种基于种群的模拟优化算法。蚁群算法已经在组合优化、函数优化及机器人路径规划等领域得到了广泛的应用，并取得了较好的效果。此外蚁群算法在控制系统中的应用也取得了较好的性能。本小节首先描述蚁群算法的基本原理，接着介绍蚁群算法在控制器参数优化中的应用。

蚂蚁是一种群居动物，它具有高度的社会性，蚂蚁之间的沟通除了可以借助触觉和视觉外，在大规模协作行动中还借助一种生物信息介质——信息素。信息素是一种由蚂蚁自身释放的易挥发物质，能够实现蚁群内的间接通信。蚂蚁在寻找食物时，在其经过的路上会释放信息素，信息素可以被其他蚂蚁感知，并且信息素浓度越高，对应的路径越短。蚂蚁会以较大的概率选择信息素浓度较高的路径，并释放一定量的信息素，从而使距离较短路径的信息素浓度被加强，形成正反馈。这种正反馈机制使得越来越多的蚂蚁在巢穴与食物之间的最短路径上行进。

蚁群算法最初是以旅行商问题(TSP)作为应用实例提出的。该问题假设一个商人要拜访 n 个城市，每个城市只能拜访一次，且最后要回到原来出发的城市。其目标是希望选出的路径的路程是所有路径中的最小值。

对于每只蚂蚁 k，路径记忆向量 $\boldsymbol{R}_k$ 按照访问顺序记录了所有 k 已经经过的城市序号。设蚂蚁 k 当前所在城市为 i，则其选择城市 j 作为下一个访问对象的概率为

$$P_k(i, j)=\begin{cases}\dfrac{[\tau(i, j)^{\alpha}[\eta(i, j)]^{\beta}]}{\sum\limits_{u\in J_k(i)}[\tau(i, j)^{\alpha}[\eta(i, j)]^{\beta}]}, & j\in J_k(i)\\ 0, & \text{其他}\end{cases}\tag{2.18}$$

式中：$J_k(i)$表示从城市 i 可以直接到达的且又不在蚂蚁访问过的城市序列 $\boldsymbol{R}_k$ 中的城市集合；(i, j)是一个启发式信息，通常由$(i, j)=1/d_{ij}$直接计算；$\tau(i, j)$表示边(i, j)上的信息

素量。信息素更新规则如下：

$$\begin{cases} \tau(i, j) = (1-\rho) \cdot \tau(i, j) + \sum_{k=1}^{m} \Delta\tau_k(i, j) \\ \Delta\tau_k(i, j) = \begin{cases} (C_k)^{-1}, & (i, j) \in \boldsymbol{R}_k \\ 0, & \text{其他} \end{cases} \end{cases} \tag{2.19}$$

式中：m 是蚂蚁个数，ρ 是信息素的挥发率，规定 $0<\rho\leqslant 1$；$\Delta\tau_k(i, j)$是第 k 只蚂蚁在它经过的边上释放的信息素量，它等于蚂蚁 k 本轮构建路径长度的倒数。C_k 表示路径长度，它是 R_k 中所有边的长度和。蚁群算法流程如图 2.10 所示。首先初始化蚂蚁和城市的数量以及重要程度因子 α 和 β，接着计算蚂蚁访问下一城市的概率，构造禁忌表，再根据信息素更新公式更新信息素，当迭代到最大次数时则得到优化问题的最短路径。

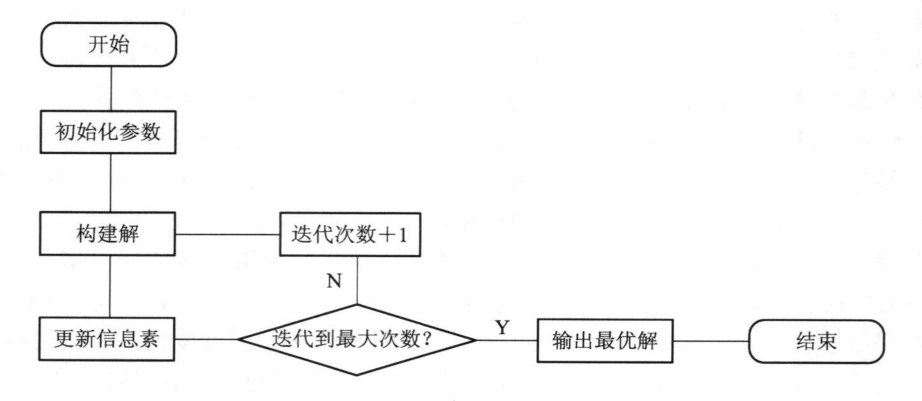

图 2.10　蚁群算法流程图

对于一个控制系统，如何优化参数是其控制性能的关键，并和系统的安全运行有着密不可分的关系。参数优化一般有两种方法，其中人工整定法的精度较低，有时难以满足特殊生产的要求，另一种则是利用智能优化算法对参数进行优化。蚁群算法易与问题结合，便于运算，因此将其用于控制系统的参数优化也能取得良好的效果。蚁群控制算法初始化后，将蚂蚁置于各自的初始化邻域，每个蚂蚁按照式(2.18)所给的转移概率移动，以控制系统的性能指标作为目标函数，计算各蚂蚁的目标函数，并记录当前控制器的最优解，按照式(2.19)更新信息素。重复上述过程蚂蚁群体则会找到控制器参数的最优解。

2.4　智能机器人软件基础

通过基础学科方面的介绍，相信读者已经对智能机器人理论方面有了一定的认识。在控制学、运动学和数学的基础上，软件是机器人能够理解和感知世界必不可少的组成部分，如语音识别软件能够使机器人“理解”并回应人类的话语，人脸识别软件让机器人能够“认识”人类的面孔等，本节将介绍与这些软件技术相关的实现。

2.4.1 OpenCV 库介绍

OpenCV 是一个跨平台计算机视觉和机器学习的软件库，可以运行在 Linux、Windows、Android 和 Mac OS 操作系统上。它由一系列 C 函数和少量 C++类构成，同时提供了 Python、Ruby、MATLAB 等语言的接口，实现了图像处理和计算机视觉方面的很多通用算法，主要倾向于实时视觉应用。本节将主要介绍使用 Python 对 OpenCV 库的调用来完成一些基础操作。

1. 图像存取

图像存取主要包括图像的读取、保存、图片格式的转换等。首先导入 OpenCV 模块，读取一张图像。

```
1.  import cv2
2.  color_img=cv2.imread('img/src.jpg')
3.  print(color_img.shape)
```

读取单通道灰度图，把单通道图片保存后再读取。

```
1.  gray_img=cv2.imread('img/src.jpg', cv2.IMREAD_GRAYSCALE)
2.  print(gray_img.shape)
3.  cv2.imwrite('img/test_grayscale.jpg', gray_img)
4.  reload_grayscale=cv2.imread('img/test_grayscale.jpg')
5.  print(reload_grayscale.shape)
```

cv2.IMWRITE_JPEG_QUALITY 指定了 jpg 质量，范围为 0 到 100，默认值为 95，值越高画质越好，文件越大。cv2.IMWRITE_PNG_COMPRESSION 指定了 png 质量，范围为 0 到 9，默认值为 3，值越高文件越小，画质越差。

```
1.  cv2.imwrite('img/test_imwrite.jpg', color_img, (cv2.IMWRITE_JPEG_QUALITY, 80))
2.  cv2.imwrite('img/test_imwrite.png', color_img, (cv2.IMWRITE_PNG_COMPRESSION, 5))
```

2. 图像缩放、剪裁、补边

cv2.resize()函数用于图片的大小缩放，可以将一张图片缩放为指定大小。如不直接指定缩放后的大小，可通过 fx 和 fy 指定缩放比例，值为 0.5 则表示长宽都为原来的一半。cv2.INTER_LINEAR 在这里指定为最近邻插值。

```
1.  import cv2
2.  img=cv2.imread('img/src_1000x1000.jpg')
3.  img_200x200=cv2.resize(img, (200, 200))
4.  img_100x100=cv2.resize(img_200x200, (0, 0), fx=0.5, fy=0.5, interpolation=cv.INTER
    _NEAREST)
```

```
5.  cv.imwrite('img/resized_200x200.jpg', img_200x200)
6.  cv.imwrite('img/resized_100x100.jpg', img_100x100)
```

在上张图片的基础上，上下各贴 50 像素的黑边，生成 300×300 的图像。

```
1.  img_200x100=cv2.copyMakeBorder(img_100x100, 50, 50, 0, 0, cv.BORDER_CONSTANT,
    value=(0, 0, 0))
2.  cv.imwrite('img/bordered_200x100.jpg', img_200x100)
```

最后对照片中的局部进行剪裁。

```
1.  patch_img=img[220:550, -180:-50]
2.  cv.imwrite('img/cropped_img.jpg', patch_img)
```

3. 相机功能

VideoCapture 用于从相机设备或电脑文件夹中捕获图像和视频。VideoWriter 用于生成视频。下面的代码会根据电脑摄像头捕捉到的信息，在 img 文件夹下生成一个 save.avi 的视频文件。

首先导入一些必要的库，定义捕获图像的间隔、总帧数和输出文件的帧率。

```
1.  import time
2.  import cv2
3.  import os
4.  import sys
5.  interval=1   # 捕获图像的间隔，单位：秒
6.  num_frames=50   # 捕获图像的总帧数
7.  out_fps=24   # 输出文件的帧率
```

VideoCapture(0)表示打开默认的相机。

```
cap=cv2.VideoCapture(0)
```

获取捕获的分辨率。

```
size=(int(cap.get(cv2.CAP_PROP_FRAME_WIDTH)),
      int(cap.get(cv2.CAP_PROP_FRAME_HEIGHT)))
```

设置要保存视频的编码、分辨率和帧率。

```
video=cv2.VideoWriter("img/save.avi", cv2.VideoWriter_fourcc('M', 'P', '4', '2'), out_fps, size)
```

开始捕获，通过 read()函数获取捕获的帧。

```
try:
  for i in range(num_frames):
    _, frame=cap.read()
    video.write(frame)
    print('Frame {} is captured.'.format(i))
    time.sleep(interval)
```

```
except KeyboardInterrupt:
```

捕获提前停止，方便后面使已经捕获好的部分视频可以顺利生成。

```
print('Stopped! {}/{} frames captured!'.format(i, num_frames))
```

释放资源并写入视频文件。

```
1.    video.release()
2.    cap.release()
```

2.4.2 Python 调用 OpenCV 库实现人脸识别

人脸识别就是对输入的图像判断其中是否有人脸，并识别出人脸的位置及人脸图像所对应的人。人脸识别包含了人脸检测和人脸识别两部分，即检测人脸的位置和识别人脸的类别。下面将介绍人脸识别在 OpenCV 中的相应模块，相应实验环境如表 2.1 所示。

表 2.1　实验环境

条件	环境
操作系统	Windows10
开发语言	Python3.7
相关库	OpenCV(4.5.1)
	Numpy(1.20)

1. 人脸检测

人脸检测的主要任务是构造一个能够区分人脸实例和非人脸实例的分类器，通过不同的特征进行一步步筛选，最终得出所属的分类。本节将以 Haar 级联分类器为例实现图像中的人脸检测。OpenCV 中提供了三种训练好的级联分类器供用户使用，在相应的 haarcascades、hogcascades、lbpcascades 文件夹中分别存放着 Haar、HOG、LBP 级联分类器，它们以.xml 的文件形式存放在 OpenCV 的源文件中，不同的.xml 文件可以检测不同的类型，如眼睛、眼镜、正面人脸、鼻子等。

加载级联分类器，其中 filename 是分类器的路径和名称。

```
1. object=cv2.CascadeClassifier(filename)
```

人脸检测使用的是 cv2.CascadeClassifier.detectMultiScale()函数，它可以检测出图片中的所有人脸，该函数由分类器对象调用。其中，image 是待检测图片，通常为灰度图；scaleFactor 表示在前后两次的扫描中，搜索窗口的缩放比例；minNeighbors 表示构成检测目标的相邻矩形的最小个数。

```
1.    objects = cv2.CascadeClassifier.detectMultiScale(image, scaleFactor, minNeighbors, flags,
      minSize, maxSize)
```

下面是人脸检测示例代码，加载了 Haar 分类器，识别出图片中的人脸，绘制人脸位置并保存为新的图片。

首先导入 OpenCV 库，加载要检测的图片并转换为灰度图。

```
1.  import cv2
2.
3.  # 待检测的图片路径
4.  imagepath="1.jpg"
5.
6.  image=cv2.imread(imagepath) #读取图片
7.  gray=cv2.cvtColor(image, cv2.COLOR_BGR2GRAY) #图像转换为灰度图：
```

加载人脸识别分类器，检测图像中的人脸。

```
1.  face_cascade=cv2.CascadeClassifier(r'D:\software\opencv -\opencv4.5.1\data\haarcascades\
    haarcascade_frontalface_default.xml') #加载使用人脸识别器
2.  faces=face_cascade.detectMultiScale(gray) #检测图像中的所有面孔
```

用绘图功能为每个识别到的人脸绘制矩形框。

```
for x, y, width, height in faces:
    cv2.rectangle(image, (x, y), (x + width, y + height), color=(255, 0, 0), thickness=2)
# 这里的 color 是 蓝 黄 红，与 rgb 相反，thickness 用于设置宽度
```

保存新图像。

```
1.  cv2.imwrite("detected.jpg", image)
```

本实验采用的数据集是 WIDER FACE(下载地址：https://www.graviti.cn/open-datasets/WIDER_FACE)人脸检测数据集，包含 32 203 张图片，以及 393 703 个标注人脸。从此数据集中选取图片，运行以上代码，检测结果如图 2.11 所示。

图 2.11 人脸检测结果

2. 人脸识别

人脸识别就是要找到一个模型，使之可以将当前人脸采用与人脸检测相同的方法提取特征，再从已有特征集中找出当前特征的最近邻样本，从而得到当前样本的标签。OpenCV中有三种人脸识别的方式，分别为LBPH、EigenFishface、Fisherfaces方法。下面以LBPH方法为例，实现简单的人脸识别功能。

首先导入相关库。

```
1.  import cv2
2.  import os
3.  import numpy as np
```

本实验使用的数据集是PubFig人脸识别数据集(下载地址：https://www.cs.columbia.edu/CAVE/databases/pubfig/)，包含从互联网收集的200人的58 797张图片。从中选取部分数据集，将不同的人脸图片分别放入不同的文件夹中，并将文件夹以人脸类别命名。读取数据路径中所有文件夹和其中的人脸图片，分别和标签一一对应。图2.12所示为组织好的人脸数据集。

图2.12 人脸数据集

```
4.  dir=r"D:\opencv-fr\data"
5.  images=[]
6.  labels=[]
7.  label_index=0
8.  for person_name in os.listdir(dir):
9.  for image_name in os.listdir(os.path.join(dir, person_name)):
10.     images.append(cv2.imread(os.path.join(dir, person_name, image_name), cv2.IMREAD_
    GRAYSCALE))
11.     labels.append(label_index)
12.   print("{0}对应的标签为：{1}".format(person_name, label_index))
13.   label_index +=1
```

在 OpenCV 中，用 cv2. face. LBPHFaceRecognizer_create()函数生成 LBPH 实例模型，用 cv2. face_FaceRecognizer. train()函数完成训练。

```
14.    recognizer=cv2.face.LBPHFaceRecognizer_create()
15.    recognizer.train(images, np.array(labels))
```

读取待识别的图片，用 cv2. face_FaceRecognizer. predict()函数完成人脸识别，并输出待识别图片的标签和置信度。

```
16.    predict_image=cv2.imread(r"D:\opencv-fr\data\test.jpg", cv2.IMREAD_GRAYSCALE)
17.    label, confidence=recognizer.predict(predict_image)
18.    print("label=:", label)
19.    print("confidence=:", confidence)
```

运行以上代码，得到人脸识别结果，即测试图片的标签及置信度，如图 2.13 所示。

```
D:\software\Anaconda3\envs\open-mmlab\python.exe D:/opencv-fr/face_recognize.py
Cristiano Ronaldo对应的标签为:0
David Duchovny对应的标签为:1
Ehud Olmert对应的标签为:2
label=: 2
confidence=: 0.92
```

图 2.13　人脸识别结果

2.4.3　Linux 开发

在进行智能机器人的设计和实现时，需要选择合适的开发环境，以方便地调试和测试智能机器人的性能。Linux 作为一种广受欢迎的开源系统，成为了智能机器人开发的首选环境之一。本节首先对 Linux 系统进行简单的介绍，然后说明如何使用 Linux 进行智能机器人的开发。

1. Linux 系统介绍

20 世纪 80 年代，计算机主要的操作系统包括 Unix、DOS 和 MacOS，其中 Unix 价格昂贵，DOS 系统的使用方式复杂艰难，而 MacOS 则仅适用于苹果计算机。因此，计算机领域亟需一个强大、廉价、开源且开放的操作系统。在这样的背景下，1991 年，来自芬兰赫尔辛基大学的 Linus Torvalds 基于 MINIX 操作系统开发了 Linux0. 01，开启了 Linux 时代。相比于传统的操作系统，Linux 去除了 Unix 繁杂的核心程序，能够适用于一般的计算机，并且完全开源，因此一经问世便获得了广泛的应用。

对于软硬件开发者来说，Linux 还具有其他操作系统所不具有的优势，那就是 Linux 具有强大的开放性，可以由用户随意裁剪和修改源代码，且与其他系统相互兼容，这使得 Linux 不仅可以运行在多种硬件平台上，还可以作为嵌入式操作系统运行在独立的产品(如掌上电脑、游戏机等)中。

Linux操作系统具有多个发行版本，根据开发者的需求和使用习惯不同，可以选择适合自己的版本。具有代表性且使用范围较广的Linux发行版本有以下几种：

(1) Red Hat Linux。Red Hat被称为最受认可的Linux品牌，其特点是具有收费版本，使用人数众多，适合专业的商业开发公司使用。

(2) Ubuntu Linux。该版本基于Debian Linux发展而来，具有界面友好、易于入门、硬件支持全面、完全免费的特点，对于习惯使用图形界面的开发者是十分适宜的选择。

(3) Gentoo Linux。Gentoo发行版本具有安装复杂、管理便捷、设计简洁和自由性高的特点，许多开发者使用这一操作系统开发软硬件产品。

除了上述介绍的三种Linux发行版本，还有许多优秀的Linux操作系统为智能机器人及其他各类软硬件产品的开发提供了便捷而高效的开发环境。无论是何种版本，其采用的内核都是类似的，因此，在学习Linux基础命令时也十分方便。

2. Linux基础命令

下面介绍基础的Linux命令。

Linux命令的基本格式为：命令名[选项][参数]。其中，命令名是整条命令最关键的部分，具有唯一性。选项是命令的可选内容，参数是命令名的处理对象。以下是部分常用指令。

```
1.  rm [-i] [目录或文件]# 删除指定的目录或文件，用户需进行确认
2.  rm [-f] [目录或文件]# 删除指定的目录或文件，不需进行确认
3.  cp [-f] [src] [obj]# 将源文件(src)复制到目标文件(obj)处
4.  mv [src] [obj]# 将源文件(src)移动到目标文件(obj)处
5.  touch [文件]# 创建新文件
6.  vim [文件] # 进入文件，并对文本进行编辑
7.  ls [-a] [目录或文件]# 列出目录下的所有目录和文件
8.  mkdir [-m] [目录]# 创建新目录
9.  which [文件] # 查找文件存放目录
10.  find [-size] [文件]# 根据指定大小查找文件
11.  find [-name] [文件]# 根据名称查找文件
12.  find [-type] [文件]# 根据文件类型查找文件
13.  cd ~# 回到当前用户的home目录
14.  cd obj# 从当前位置切换到目标位置(obj)
15.  cd..# 回到当前目录的上一级目录
16.  ln [-s] [文件]# 软链接，为源文件创建快捷方式
17.  ln [文件]# 硬链接，对源文件进行复制
18.  sudo apt-get install [安装包]# 安装指定Linux工具包
```

```
19.  sudo apt - get update# 更新所有安装包来源
20.  sudo apt - get upgrade # 将旧版本安装包更新
21.  sudo apt - get purege# 卸载安装包和配置信息
```

上述命令涵盖了 Linux 系统下创建、编辑、移动、删除、复制、查找文件及安装、更新和卸载软件的方式，掌握这些命令，就能够对 Linux 系统有初步的认识。不过，在采用 Linux 系统开发智能机器人时，还需要使用大量的开发工具，如硬件逻辑分析仪、构建工具、基准测试程序、模拟器、集成开发环境、软件调试器和跟踪器等。

(1) 硬件逻辑分析仪。智能机器人的实现离不开集成数字电路的工作。由于数字电路通常具有运行速度快、状态变化频繁的特点，因此开发者难以即时捕捉信号的变化。逻辑分析仪可以将数字电路中的信号转换为时序图等易于观察的信号，从而让开发者更好地检查电路系统是否正常工作。

(2) 构建工具。构建工具是由一组不同的软件开发工具组成的，如 GCC、Binutils 和 Glibc 等。构建工具能够编译和运行特定的程序语言。

(3) 基准测试程序。开发者通常使用基准测试程序来测量硬件的最高实际运行性能以及软件的性能效果。根据所测试的软硬件范围不同，基准测试程序又可以进一步分为微基准测试程序和宏基准测试程序，前者主要测量软硬件某一特定方面的性能，后者则测量系统的总体性能。

(4) 集成开发环境。集成开发环境适用于提供程序开发环境的应用程序，可以为开发者方便地提供代码编写、分析、编译、调试等功能，提高软硬件开发的效率。在进行 Linux 开发时，常用的集成开发环境包括 Vim、Eclipse 和 Annaconda 等。

在上述介绍的集成开发环境中，Annaconda 是较为常用的。下一节将介绍 Annaconda 的安装方式和在该集成开发环境下如何使用 Pytorch 库进行智能机器人的开发。

2.4.4 Anaconda 介绍、安装及 Pytorch 介绍、使用

在设计和实现智能机器人的过程中，软件设计是必不可少的环节。如果说硬件是机器人的躯干和骨骼，那么软件就是机器人实现智能的灵魂。良好的集成开发环境可以提高智能机器人软件设计的效率和速度，还能够节约开发成本、测试成本。Anaconda 就是常用的集成开发环境之一。

1. Anaconda 介绍及安装

Anaconda 是一个开源的 Python 开发环境，包括 Conda、Python 和超过 180 种已安装的函数包及其依赖项，可以便捷地对 Python 函数包和环境进行管理和使用。Anaconda 能够在 Linux、MacOS 和 Windows 操作系统中使用，本节主要介绍的是 Linux 系统下的安装步骤。

（1）图 2.14 所示为 Anaconda 官网界面，首先确定 Linux 系统版本，然后在 Anaconda 官网（www.Anaconda.com/）中下载合适的 Anaconda 安装包。

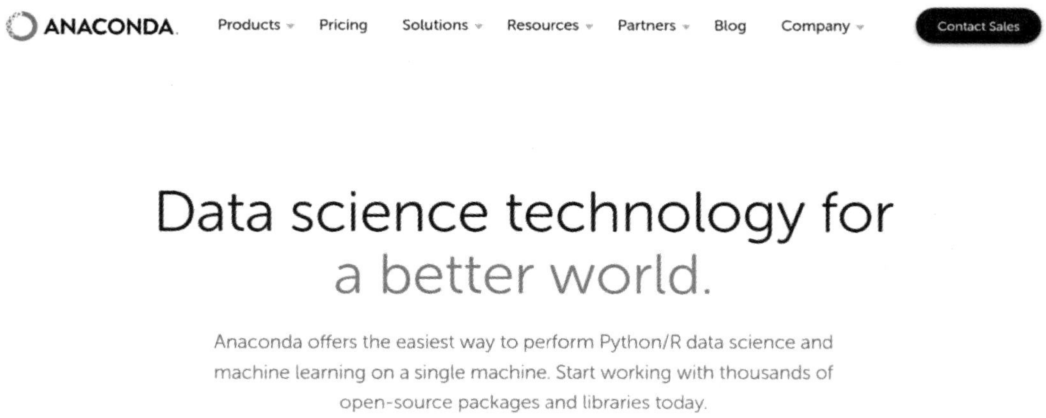

图 2.14　Anaconda 官网界面

（2）如果使用的是带有图形界面的系统，可以直接进入安装包所在的目录界面；否则，使用上一节所介绍的命令进入安装包所在的文件目录。找到安装包后，在当前界面打开终端，输入如下命令：

$ sh Anaconda 安装包全名.sh

（3）输入命令后，进入安装界面，如图 2.15 所示，按下回车键继续安装。

```
Welcome to Anaconda3 2022.05

In order to continue the installation process, please review the license
agreement.
Please, press ENTER to continue
>>> █
```

图 2.15　安装界面

（4）阅读如图 2.16 和图 2.17 所示的安装协议，阅读结束后，输入“yes”继续安装。

（5）选择安装目录，按下回车键即安装在当前默认目录下，如图 2.18 所示。

（6）安装结束，可以选择对 Anaconda 进行初始化，图 2.19 所示为安装结束后所显示的界面。

```
==================================================
End User License Agreement - Anaconda Distribution
==================================================

Copyright 2015-2022, Anaconda, Inc.

All rights reserved under the 3-clause BSD License:

This End User License Agreement (the "Agreement") is a legal agreement between y
ou and Anaconda, Inc. ("Anaconda") and governs your use of Anaconda Distribution
 (which was formerly known as Anaconda Individual Edition).

Subject to the terms of this Agreement, Anaconda hereby grants you a non-exclusi
ve, non-transferable license to:

  * Install and use the Anaconda Distribution (which was formerly known as Anaco
nda Individual Edition),
  * Modify and create derivative works of sample source code delivered in Anacon
da Distribution from Anaconda's repository, and;
  * Redistribute code files in source (if provided to you by Anaconda as source)
 and binary forms, with or without modification subject to the requirements set
forth below, and;

--更多--
```

图 2.16　安装协议界面 1

```
Do you accept the license terms? [yes|no]
[no] >>>
Please answer 'yes' or 'no':'
```

图 2.17　安装协议界面 2

```
Anaconda3 will now be installed into this location:
/home/administer/anaconda3

  - Press ENTER to confirm the location
  - Press CTRL-C to abort the installation
  - Or specify a different location below

[/home/administer/anaconda3] >>>
```

图 2.18　安装目录界面

```
installation finished.
Do you wish the installer to initialize Anaconda3
by running conda init? [yes|no]
[no] >>>
```

图 2.19　安装结束界面

2. Pytorch 介绍和使用

俗话说，工欲善其事，必先利其器。Pytorch 作为深度学习的主要神经网络框架之一，可谓是十分重要的“器”了。Pytorch 由 Facebook 开源，是一个对多维矩阵数据进行张量操作、专门针对 GPU 加速的深度神经网络编程，在机器学习和深度学习领域有着广泛的应用。

Pytorch 具有简洁、快速、易于使用的特点。其简洁主要体现在 Pytorch 不追求过多的函数封装，而是遵循从张量(tensor)到变量(variable)再到模块(module)的层次原则。这不但使 Pytorch 能够灵活地使用，还使得其运行速度更快，在使用过程中也更加方便。

由于 Pytorch 是专门为 GPU 进行深度学习而开发的，因此，为了最大化发挥 Pytorch 的价值，在安装 Pytorch 时应首先安装 CUDA。如果没有安装 CUDA，Pytorch 官网也提供了 CPU 版本的安装命令，用户可自行选择。

接下来介绍在 Anaconda 中安装 Pytorch 的方法，并介绍一些常用的 Pytorch 函数。

(1) 如图 2.20 所示，在 conda 中输入以下指令，创建 Pytorch 环境(Python 版本根据实际安装的 Anaconda 版本确定)。

```
$ conda create -n pytorch python=3.9
```

```
administer@administer-HP-ProDesk-480-G6-MT:~$ conda create -n pytorch python=3.9
Collecting package metadata (current_repodata.json): done
Solving environment: done
```

图 2.20 创建 Pytorch 环境

(2) 查看环境是否安装成功，图 2.21 所示是成功创建环境的示例。

```
$ conda info--envs
```

```
administer@administer-HP-ProDesk-480-G6-MT:~$ conda info --envs
# conda environments:
#
                         /home/administer/anaconda3
base                  *  /home/administer/miniconda3
pytorch                  /home/administer/miniconda3/envs/pytorch
```

图 2.21 环境已成功创建

(3) 进入 Pytorch 环境。

```
$ conda activate pytorch
```

(4) 打开 Pytorch 官网(https://pytorch.org/)，寻找适合自己需求和系统配置的 Pytorch 版本，根据官网命令下载。图 2.22 给出了一个安装示例，即在 Linux 系统、CUDA10.2 版本的 Conda 虚拟环境中，使用 Python 语言安装稳定的最新版 Pytorch 所使用的命令。

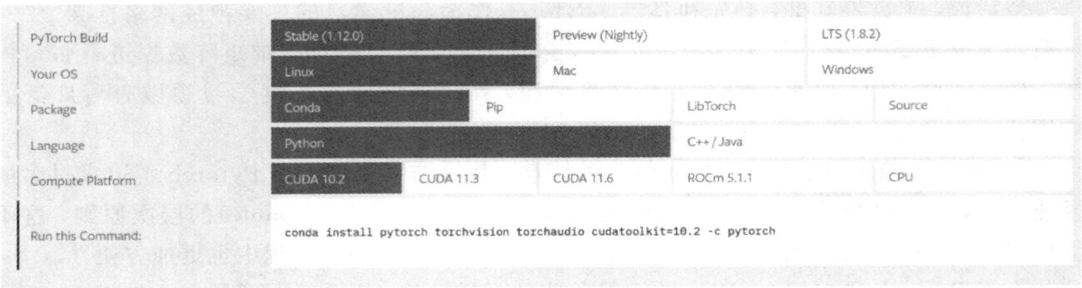

PyTorch Build	Stable (1.12.0)	Preview (Nightly)	LTS (1.8.2)
Your OS	Linux	Mac	Windows
Package	Conda	Pip	LibTorch	Source
Language	Python	C++ / Java	
Compute Platform	CUDA 10.2	CUDA 11.3	CUDA 11.6	ROCm 5.1.1	CPU
Run this Command:	conda install pytorch torchvision torchaudio cudatoolkit=10.2 -c pytorch		

图 2.22　安装示例

(5) 在 Anaconda 环境下输入上述命令，即可成功安装 Pytorch。

在安装了 Pytorch 后，即可开始便捷地进行神经网络模型的学习、训练和推理。Pytorch 中常用的函数主要涉及模型的加载、保存和参数的优化等，掌握这些函数的使用方法，能够提高神经网络模型学习的效率。

常用的模型加载和保存函数如下：

```
1.  torch.load()  # 加载已有的模型
2.  torch.save() # 保存模型
```

Pytorch 库定义了部分模型的基类，如卷积层和全连接层处理等，如下所示。在开发者编写自己的模型时，需要继承基类模型。

```
3.  torch.nn.Module() # Pytorch 所有模型的基类
4.  torch.nn.Linear() # 对模型进行全连接层处理
```

由于神经网络模型通常具有较大的规模，为了更加便捷和快速地加载模型，也可以选择只加载模型参数。

```
5.  model.load_state_dict() # 加载模型参数
6.  model.zero_gard() # 将模型中的所有梯度归零化
```

前面已经介绍过，在进行 Pytorch 设计时采用了 tensor，即张量的概念。以下是处理张量数据时常用的函数，可以方便地对张量进行扩充、改变、转置等。

```
7.  torch.unsqueeze() # 在指定位置增添张量维度，通常用于数据输入处理中
8.  torch.squeeze() # 与上相反，对张量进行降维
9.  torch.tensorview() # 改变张量形状
10.  torch.cat() # 拼接两个张量
```

2.4.5　基于 Pytorch 的语音识别

语音识别是智能机器人在自然语言处理方面的主要应用之一。当智能机器人与人类互

动时，应当能够“听懂”人类的命令、要求和其他语句，从而完成交互。

本节介绍语音识别的相关知识，以及利用 Python 深度学习完成语音识别的基本步骤。

1. 语音识别简介

语音识别技术也称为自动语音识别(automatic speech recognition，ASR)。语音识别旨在将人类语音中的词汇内容转换为计算机可读的输入，如按键、二进制编码或者字符序列等。随着计算机技术的迅速发展，语音识别技术已经广泛地应用在人们生活的各个领域，如家庭语音助理、手机语音助手和车载语音导航等。

语音识别的重点和难点主要在于计算机所理解的输入是时间序列，而人类所理解的则是语音中的含义。因此，语音识别需要建立起语音含义与时间序列之间的关系，使得计算机能够正确理解人类语音。

在深度学习领域，随着自然语言处理技术的不断发展，语音识别已经获得了长足的进步，如循环时间网络、长短时记忆网络和注意力机制等。

2. 简单语音识别示例

本节展示一个基于 Pytorch、Tensorflow 和 Numpy 深度学习函数库建立的语音识别网络，实验环境如表 2.2 所示。

表 2.2　实验环境

操作系统	Ubuntu18.04
开发语言	Python3.6
深度学习框架	Pytorch1.8.1 CUDA10.1
相关库	Numpy1.19.5

代码训练所使用的数据集是 THCHS-30，该数据集是由清华大学发布的中文语音数据集。数据集采样频率为 16 kHz，采样大小为 16 b，总时长超过 30 h。

训练代码如下：

```
1.  import torchaudio as tau
2.  import torch.nn as nn
3.  import numpy as np
4.  import torch
5.  import math
6.  import torch.nn.functional as F
7.  # 定义位置编码函数
8.  class PositionalEncoding(nn.Module):
```

```
9.     def __init__(self, model, dropout_rate=0.0, max_length=5000):
10.        super(PositionalEncoding, self).__init__()
11.        self.model=model
12.        self.xscale=math.sqrt(self.model)
13.        self.dropout=nn.Dropout(p=dropout_rate)
14.        self.extend_position_coding(torch.tensor(0.0).expand(1, max_length))
15.
16.     def extend_position_coding(self, x):
17.        Po_Encoding=torch.zeros(x.size(1), self.model)
18.        position=torch.arange(0, x.size(1), dtype=torch.float32).unsqueeze(1)
19.        div_term=torch.exp(torch.arange(0, self.model, 2, dtype=torch.float32) * -(math.log
    (10000.0) / self.model))
20.        Po_Encoding[:, 0::2]=torch.sin(position * div_term)
21.        Po_Encoding[:, 1::2]=torch.cos(position * div_term)
22.        Po_Encoding.unsqueeze(0)
23.        self.Po_Encoding=Po_Encoding.to(device=x.device, dtype=x.dtype)
24.        return self.Po_Encoding
25.
26.     def forward(self, x: torch.Tensor):
27.        self.extend_pe(x)
28.        x=x * self.xscale + self.pe[:, :x.size(1)]
29.        return self.dropout(x)
30. # 定义下采样函数
31. class Sampling(nn.Module):
32.
33.     def _init_(self, input_dim, output_dim, dropout_rate=0.0):
34.        super(Sampling, self)._init_()
35.        self.conv=nn.Sequential(
36.           nn.Conv2d(1, output_dim, 3, 2),
37.           nn.ReLU(),
38.           nn.Conv2d(output_dim, output_dim, 3, 2),
39.           nn.ReLU()
40.        )
41.        self.out=nn.Sequential(
42.           nn.Linear(output_dim * (((input_dim - 1) // 2 - 1) // 2), output_dim),
43.           PositionalEncoding(output_dim, dropout_rate)
44.        )
```

```
45.     def forward(self, x, mask):
46.         x=x.unsqueeze(1)
47.         x=self.conv(x)
48.         b, c, t, f=x.size()
49.         x=self.out(x.transpose(1, 2).contiguous().view(b, t, c * f))
50.         if mask is None:
51.             return x, None
52.         return x, mask[:, :, :-2:2][:, :, :-2:2]
53. # 定义注意力头
54. class Attention(nn.Module):
55.
56.     def _init_(self, head_num, feature_num, dropout_rate=0.0):
57.         super(Attention, self)._init_()
58.         assert feature_num % head_num==0
59.         self.d_k=feature_num // head_num
60.         self.h=head_num
61.         self.linear_q=nn.Linear(feature_num, feature_num)
62.         self.linear_k=nn.Linear(feature_num, feature_num)
63.         self.linear_v=nn.Linear(feature_num, feature_num)
64.         self.linear_out=nn.Linear(feature_num, feature_num)
65.         self.dropout=nn.Dropout(p=dropout_rate)
66.
67.     def forward(self, query, key, value, mask):
68.         n_batch=query.size(0)
69.         q=self.linear_q(query).view(n_batch, -1, self.h, self.d_k)
70.         k=self.linear_k(key).view(n_batch, -1, self.h, self.d_k)
71.         v=self.linear_v(value).view(n_batch, -1, self.h, self.d_k)
72.         q=q.transpose(1, 2)
73.         k=k.transpose(1, 2)
74.         v=v.transpose(1, 2)
75.         scores=torch.matmul(q, k.transpose(-2, -1)) / math.sqrt(self.d_k)
76.         if mask is not None:
77.             mask=mask.unsqueeze(1).eq(0)
78.             min_value=float(np.finfo(torch.tensor(0, dtype=scores.dtype).numpy().dtype).min)
79.             scores=scores.masked_fill(mask, min_value)
80.             self.attention=torch.softmax(scores, dim=-1).masked_fill(mask, 0.0)
81.         else:
```

```
82.            self. attention=torch. softmax(scores, dim=-1)
83.        attention=self. dropout(self. attention)
84.        x=torch. matmul(attention, v)
85.        x=x. transpose(1, 2). contiguous(). view(n_batch, -1, self. h * self. d_k)
86.        return self. linear_out(x)
87. # 定义前馈网络
88. class PositionFeedForward(nn. Module):
89.     def _init_(self, idim, hidden_units, dropout_rate=0. 0):
90.         super(PositionFeedForward, self). _init_()
91.         self. w_1=nn. Linear(idim, hidden_units * 2)
92.         self. w_2=nn. Linear(hidden_units, idim)
93.         self. dropout=nn. Dropout(dropout_rate)
94.
95.     def forward(self, x):
96.         x=self. w_1(x)
97.         x=F. glu(x)
98.         return self. w_2(self. dropout(x))
99. # 定义卷积层
100.             class Layers(nn. Module):
101.                 def _init_(self, attention_heads, model, linear_units, residual_dropout_rate):
102.                     super(Layers, self). _init_()
103.
104.                     self. self_attention=Attention(attention_heads, model)
105.                     self. feed_forward=PositionFeedForward(model, linear_units)
106.
107.                     self. norm1=nn. LayerNorm(model)
108.                     self. norm2=nn. LayerNorm(model)
109.
110.                     self. dropout_1=nn. Dropout(residual_dropout_rate)
111.                     self. dropout_2=nn. Dropout(residual_dropout_rate)
112.
113.                 def forward(self, x, mask):
114.                     residual=x
115.                     x=residual +self. dropout_1(self. self_attention(x, x, x, mask))
116.                     x=self. norm_1(x)
117.
118.                     residual=x
```

```
119.                x=residual +self.dropout_2(self.feed_forward(x))
120.                x=self.norm_2(x)
121.
122.                return x, mask
123.            # 语音识别模型
124.            class SpeechRecModel(nn.Module):
125.                def _init_(self, input_size=40, d_model=320, attention_heads=8, linear
    _units=1280, num_blocks=12,
126.                        residual_dropout_rate=0.1):
127.                super(SpeechRecModel, self)._init_()
128.
129.                self.embed=Sampling(input_size, d_model)
130.                self.blocks=nn.ModuleList([
131.                    Layers(attention_heads,
132.                                d_model,
133.                                linear_units,
134.                                residual_dropout_rate)for _ in range(num_blocks)
135.                ])
136.                self.liner=nn.Linear(d_model , 4709)
137.                self.softmax=nn.LogSoftmax(dim=2)
138.            def forward(self, inputs):
139.
140.                enc_mask=torch.sum(inputs, dim=-1).ne(0).unsqueeze(-2)
141.                enc_output, enc_mask=self.embed(inputs, enc_mask)
142.
143.                enc_output.masked_fill_(~enc_mask.transpose(1, 2), 0.0)
144.
145.                for _, block in enumerate(self.blocks):
146.                    enc_output, _=block(enc_output, enc_mask)
147.                lin_=self.liner(enc_output.transpose(0, 1))
148.                logits_ctc_=self.softmax(lin_)
149.                return logits_ctc_
150.            def get_feature(path):
151.                _wavform, _=tau.load_wav(path)
152.                feature=tau.compliance.kaldi.fbank(_wavform.float(), num_mel_bins=40)
153.                mean=torch.mean(feature.float())
154.                std=torch.std(feature)
```

```
155.                        std_feature=(feature - mean) / std
156.                        f_feature=std_feature. unsqueeze(0)
157.                        return f_feature
158.
159.                    def main(path):
160.                        feature=get_feature(path)
161.                        log=model(feature)
162.                        pre=log. transpose(0, 1). detach(). numpy()[0]
163.                        recognition=[idxfor idx in pre. argmax(-1) if idx ! =0]
164.                        result=''. join([num_dic[idx] for idx in recognition])
165.                        return result
166.
167.                    model=SpeechRecModel()
168.                    device=torch. device('cpu')
169.                    model. load_state_dict(torch. load('models/sp_model. pt' , map_location=
        device))
170.                    model. eval()
171.                    num_dic=np. load('dic. npy', allow_pickle=True). item()
172.                    if _name_=='_main_':
173.                        audio_path='* . wav'
174.                        recog_result=main(audio_path)
175.                        print ('识别结果:', recog_result)
```

训练命令如下：

```
$ python audio_recognition. py
```

2.4.6 MATLAB介绍、安装及使用

在智能机器人开发软件应用中，MATLAB凭借其强大的科学计算、可视化和交互式程序设计能力，成为了主流开发软件之一。与本章所介绍的Pytorch、Anaconda等软件有所不同，MATLAB以矩阵为基本数据单位，主要完成有效数值计算任务，广泛应用于数值分析、数值和符号计算、工程绘图、控制系统仿真、数字图像处理等研究领域。

MATLAB为C/C++、Fortran、Java和Python等编程语言提供了引擎API，能够支持使用这些编程语言执行MATLAB命令，从而大大提高了开发效率和编程速度。另外，MATLAB还具有若干功能强大的模块集和工具箱，使得开发人员可以直接调用成熟的模块与工具，减少编程时间。

本节主要对MATLAB的安装方式进行简单介绍，并对智能机器人开发的相关环境搭载示例。

1. MATLAB 安装介绍

(1) MATLAB 支持 Mac、Windows 和 Linux 平台，开发者可以根据自己的实际情况选择不同平台的安装程序。在安装程序时，有以下两种选择：

① 在官网(https://ww2.mathworks.cn/products/matlab.html)中下载合适的安装包；

② 如果开发者是高校学生或企业人员，可以在高校或企业的正版软件平台中下载 MATLAB 安装包。

(2) 安装程序下载完成后，找到 setup(安装程序)，如图 2.23 所示，以管理员的身份运行程序。

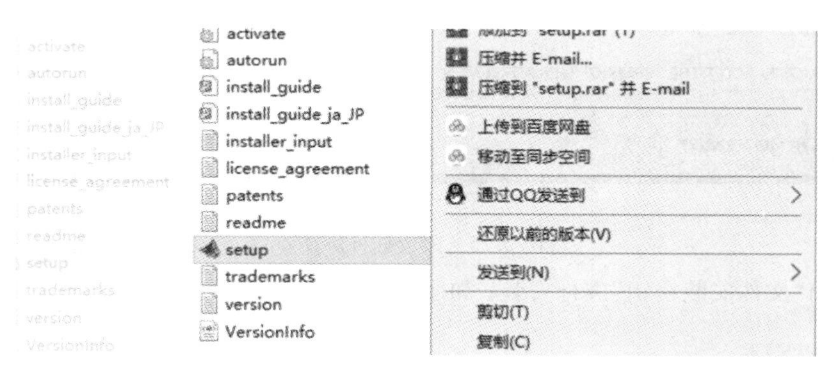

图 2.23　setup 程序以管理员身份运行

(3) 如图 2.24 所示，在弹出的界面中选择安装方式，推荐选择“使用文件安装密钥”，否则可能会因为网络问题安装失败。

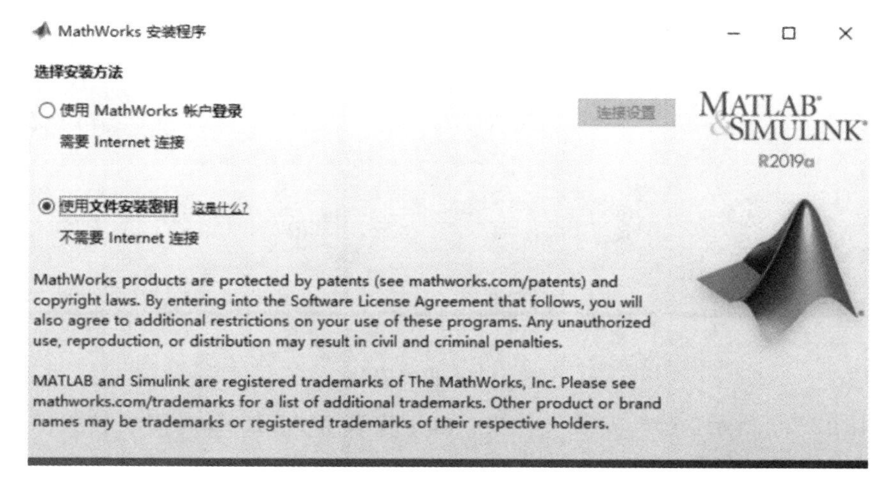

图 2.24　选择安装方式

(4) 阅读如图 2.25 所示的“许可协议”，并点击“下一步”。

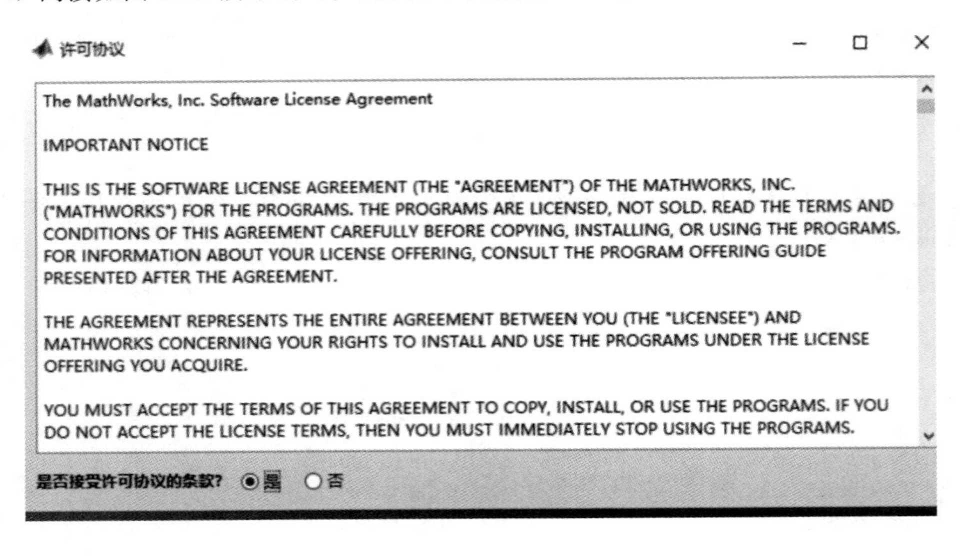

图 2.25　阅读许可协议

(5) 使用“文件安装密钥”进行安装，如图 2.26 所示。

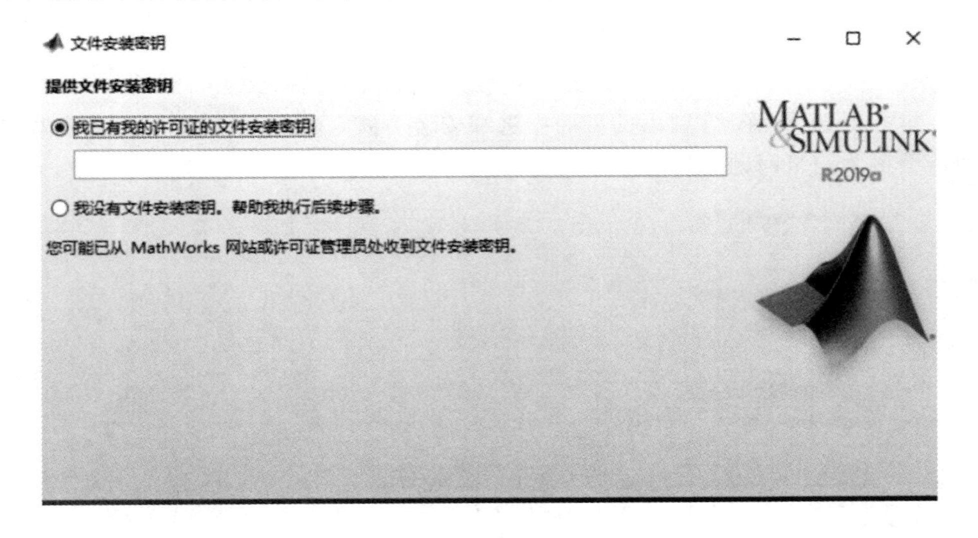

图 2.26　进行安装

(6) 如图 2.27 所示，选择安装文件夹。由于安装 MATLAB 时需要较大的存储空间，因此不建议将其安装在系统盘中。

图 2.27　选择安装文件夹

（7）根据自己的开发需求，选择所要安装的产品，图 2.28 和 2.29 展示了所有产品均安装、添加快捷方式的选项。

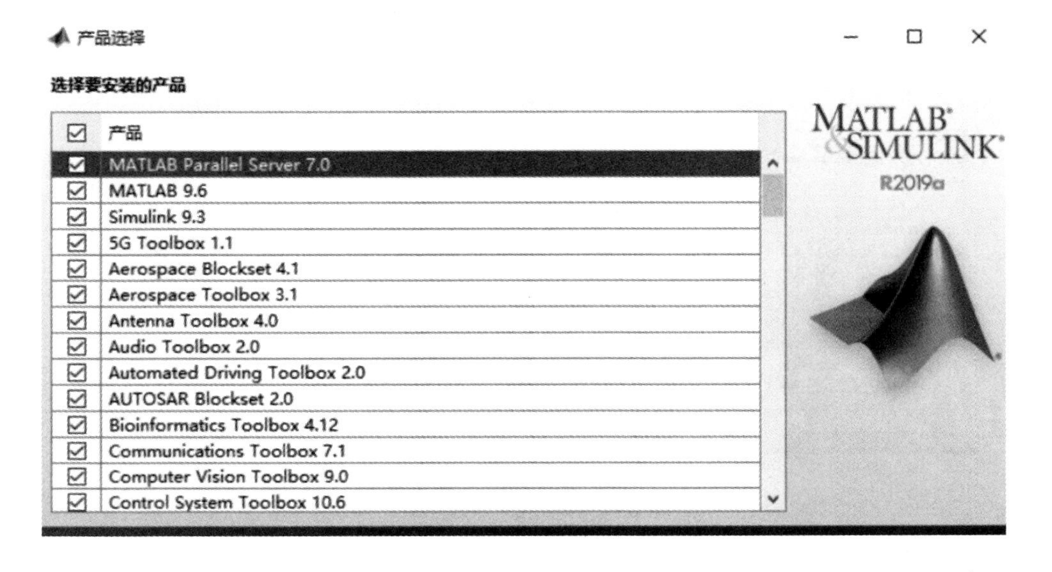

图 2.28　选择安装产品

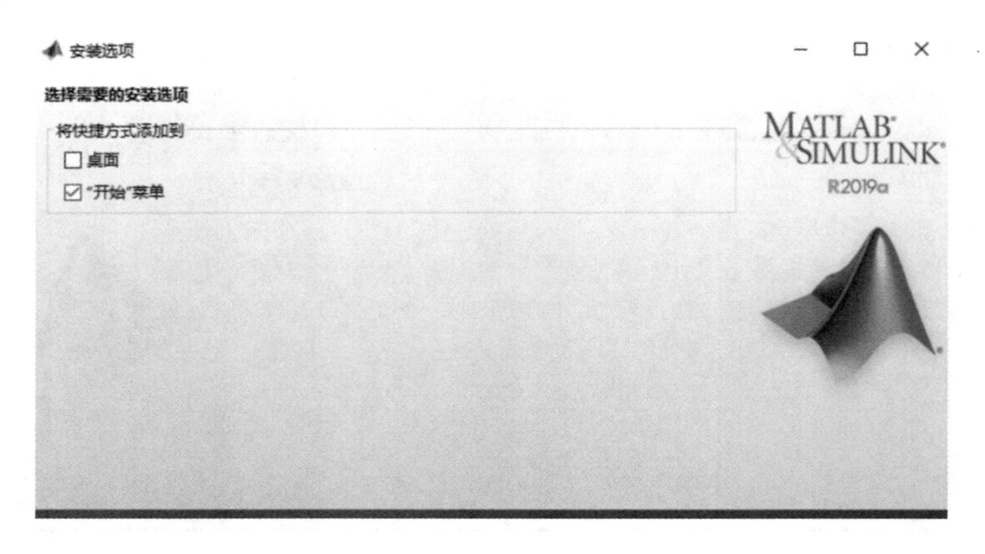

图 2.29　选择“安装选项”

(8) 如图 2.30 所示，确认安装完成，即可开始使用 MATLAB 进行开发工作。

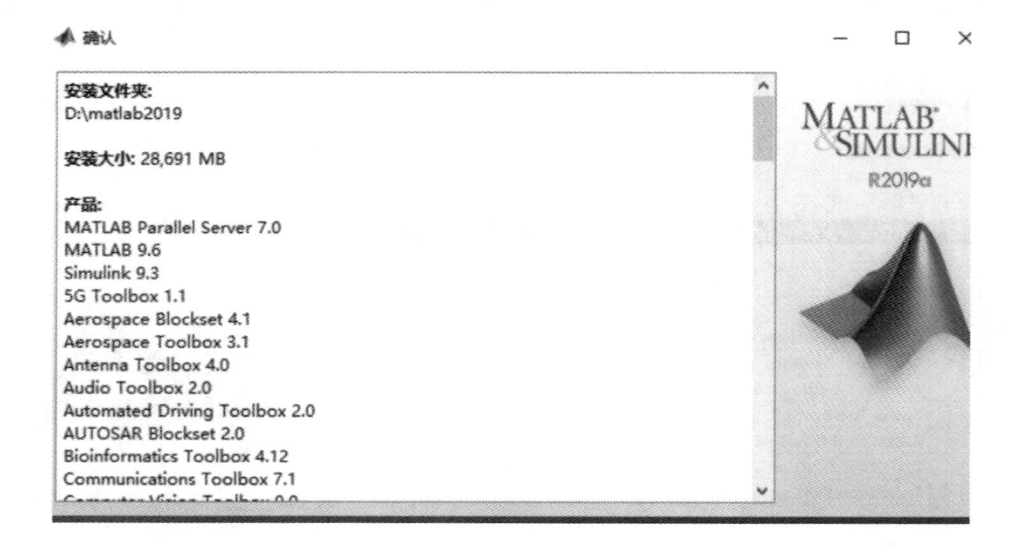

图 2.30　安装完成

2. 搭载开发环境

在使用 MATLAB 进行智能机器人开发时，既需要深度学习(如神经网络)的支持，也需要实现机器人的建模与仿真。MATLAB 不但可以通过简洁的代码实现深度学习功能，还提供了机器人工具箱(Robotics System Toolbox)供开发者使用。

(1) 机器人工具箱的安装及简介。

安装机器人工具箱的方法有以下两种:

① 在 MATLAB 官网中搜索"Robotics System Toolbox",并选择与 MATLAB 匹配的版本下载;

② 在 MATLAB 应用界面中使用"添加项(Add-Ons)"添加该工具箱。

机器人工具箱提供了设计、模拟、测试和部署机器人的工具和算法,能够在仿真环境中进行机器人的碰撞检测、路径规划、轨迹生成、正反向运动学和动力学算法设计。同时,还可以将算法直接连接到 Kinova Gen3 等机器人平台上,验证算法性能。

(2) 深度学习工具箱的安装和介绍。

MATLAB 具有深度学习工具箱(Deep Learning Toolbox)、计算机视觉工具箱(Computer Vision Toolbox),能够完成计算机视觉、强化学习、迁移学习等深度学习任务。安装深度学习工具箱的方法和安装机器人工具箱的方式一样,不再赘述。

深度学习工具箱提供了简单的 MATLAB 命令来创建深度神经网络的各个层,并以工作流的方式实现计算机视觉、自然语言处理、音频处理、自动驾驶、无线通信等。MATLAB 还提供了深度网络设计器、试验管理器、量化器和图像标注器等深度学习 App 辅助深度学习任务。

接下来通过一个手写数字识别的分类卷积神经网络展示 MATLAB 如何进行深度学习(本部分示例来自 MATLAB 官网)。

```
1.      digitDatasetPath = fullfile(matlabroot, 'toolbox', 'nnet', 'nndemos', ...
        'nndatasets', 'DigitDataset');
2.    imds = imageDatastore(digitDatasetPath, ...'IncludeSubfolders', true, 'LabelSource',
      'foldernames'); # 加载和浏览图像数据
3.  figure; # 显示部分图像
4.  perm=randperm(10000, 20);
5.  for i=1:20
6.      subplot(4, 5, i);
7.      imshow(imds.Files{perm(i)});
8.  end
9.  labelCount=countEachLabel(imds) #计算每个类别中的图像数量
10.  img=readimage(imds, 1);
11.  size(img) # 指定图像输入大小
12.  numTrainFiles=750;
13.  [imdsTrain, imdsValidation]=splitEachLabel(imds, numTrainFiles, 'randomize'); # 划分
     训练集和验证集
```

```
14.  layers=[ # 定义网络架构
15.      imageInputLayer([28 28 1])
16.      convolution2dLayer(3, 8, 'Padding', 'same')
17.      batchNormalizationLayer
18.      reluLayer
19.      maxPooling2dLayer(2, 'Stride', 2)
20.      convolution2dLayer(3, 16, 'Padding', 'same')
21.      batchNormalizationLayer
22.      reluLayer
23.      maxPooling2dLayer(2, 'Stride', 2)
24.      convolution2dLayer(3, 32, 'Padding', 'same')
25.      batchNormalizationLayer
26.       reluLayer
27.      fullyConnectedLayer(10)
28.      softmaxLayer
29.      classificationLayer];
30.  options=trainingOptions('sgdm', ... # 设置训练的选项
31.      'InitialLearnRate', 0.01, ...
32.       'MaxEpochs', 4, ...
33.      'Shuffle', 'every-epoch', ...
34.      'ValidationData', imdsValidation, ...
35.      'ValidationFrequency', 30, ...
36.       'Verbose', false, ...
37.      'Plots', 'training-progress');
38.  net=trainNetwork(imdsTrain, layers, options); # 训练网络
39.  YPred=classify(net, imdsValidation); # 对图像分类
40.  YValidation=imdsValidation.Labels;
41.  accuracy=sum(YPred==YValidation)/numel(YValidation) # 计算精度
```

2.5 智能机器人常用硬件

软件为机器人提供了计算、处理的能力，就像是人类的大脑为人们提供了思想的能力一样。但是，想让机器人真正地运动起来，像人一样行走、移动和完成动作，还需要硬件的帮助。本节主要介绍机器人的常用硬件装置，如移动装置、感知装置和主控装置等。

2.5.1 机器人移动装置

对于一个静止的物体，需要给它施加外力才可以让它移动到其他位置。但机器人是如

何获得外力的呢？一种非常便捷和低成本的方式则是使用电能，将电能转换为动能，就可以让物体移动变得很容易。本小节将介绍常用于机器人制作的电机，包括直流电机、步进电机和舵机以及它们的控制器，并介绍如何使用它们实现机器人移动。

1. 直流电机和步进电机

直流电机的工作原理基于电流流过导线时产生磁场。电机中的转子一般由铜制漆包线绕制而成，当电流通过时会产生强大的磁场，这个磁场和电机定子上的固定磁场产生磁力作用，从而电机可以传动。电流通过电机的方向可以决定转子磁场的方向，该磁场的方向决定了电机的转动方向。所以如果想要电机反向转动，只需要交换电机的两根连线即可。

区别于直流电机，还有一种电机称为步进电机，它专门为精确的旋转控制所设计。步进电机的工作原理和直流电机相同，都是基于电流流过导线时产生磁场。但不同点在于，步进电机每次只转动一个步距角而不是无止境地旋转。转动每一个步距角后，只有在磁场进行了正确的换相后才能转动下一个步距角，所以它的旋转角度可以被精确控制。

2. 舵机

舵机作为角度微控制器，被大量应用在机器人、机械臂、飞行器等需要精确控制角度的领域。它的基本原理如图 2.31 所示。要驱动舵机，必不可少的就是给它输入相应的 PWM 信号，舵机的旋转角度一般为 180°，例如，当给舵机输入的脉冲信号宽度为 2 ms 时，舵机的输出轴将旋转 180°。

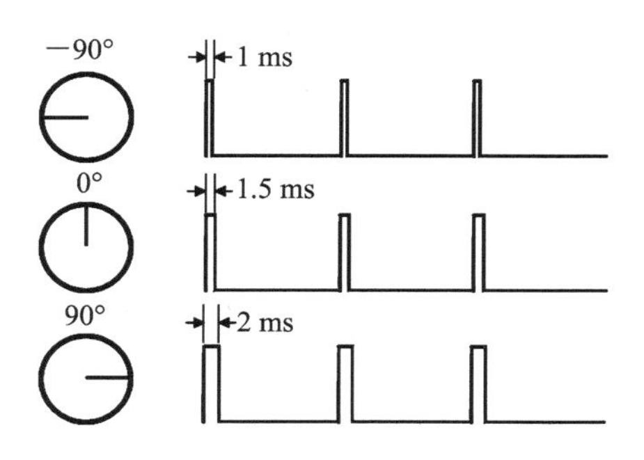

图 2.31　舵机基本原理

舵机主要分为两种，即数字舵机和模拟舵机，二者的机械结构一样，由马达、减速齿轮和控制电路等组成。模拟电机需要给它不停地发送 PWM 信号，才能让它保持在同一位置，而数字舵机只需要给它发送一次 PWM 信号就可以让它保持在固定的位置。

2.5.2　机器人感知装置

人类对外部环境的感知主要是通过视觉器官、听觉器官、嗅觉器官和触觉器官等未完成的。通过这些器官对环境的感知，我们可以判断自己处于一个什么样的环境中，比如感知冷热、与物体的距离有多远等。与人类从环境获得感知并进行相应活动的行为类似，机器人也应拥有感知周围环境，根据环境变化而改变自身行为的能力。传感器则组成了机器人的眼、耳、嘴、臂膀和皮肤，是机器人感知外界的重要帮手，它们犹如人类的感知器官，为机器人提供对外部环境的感知能力。同时，传感器还可以用来检测机器人自身的工作状态，并按照一定的规律转换成可用的输出信号。

1. 智能视觉传感器

智能视觉传感器也称智能相机，是一种兼具图像采集、图像处理和信息传递功能的小型机器视觉系统，也是一种嵌入式计算机视觉系统。它将图像传感器、数字处理器、通信模块和其他外设集成到一个单一的相机内。

视觉传感器的图像采集单元主要由 CCD/CMOS 相机、光学系统、照明系统和图像采集卡组成，将光学影像转换成数字图像，传递给图像处理单元。

2. 声觉传感器

声觉传感器的作用相当于一个麦克风。它用来接收声波，显示声音的振动图像，但不能对噪声的强度进行测量。声觉传感器主要用于感受和解释在气体(非接触感受)、液体或固体(接触感受)中的声波。声觉传感器的复杂程度可以从简单的声波存在检测到复杂的声波频率分析，直到对连续自然语言中单独语音和词汇的辨别。国内外很多公司都利用声音识别技术开发出了相应的产品。比较知名的企业有思必驰、科大讯飞以及腾讯、百度等巨头，共闯语音技术领域。

3. 接近觉传感器

接近觉传感器介于触觉传感器和视觉传感器之间，可以测量距离和方位，而且可以融合视觉和触觉传感器的信息。接近觉传感器可以辅助视觉系统的功能，来判断对象物体的方位、外形，同时识别其表面形状。因此，为准确抓取部件，对机器人接近觉传感器的精度要求是非常高的。这种传感器的作用有：发现前方障碍物，限制机器人的运动范围，以避免与障碍物发生碰撞；在接触对象物前得到必要信息，比如与物体的相对距离、相对倾角，以便为后续动作做准备；获取物体表面各点间的距离，从而得到有关对象物表面形状的信息。

2.5.3 机器人主控装置

一个完整的机器人，除了需要“四肢”来完成运动、“器官”来感知外界环境外，还需要“大脑”来支配全身的设备。机器人常用的主控装置有单片机、FPGA、树莓派、Arduino 等。本小节将对单片机和 FPGA 的发展和原理进行介绍。

1. 单片机简介

单片机又称单片微型计算机、微控制单元，是把中央处理器 CPU、存储器、定时/计数器、各种输入/输出接口都集成在一块集成电路芯片上的微型计算机。单片机具有体积小、成本低、功能全等优点，因而在民用和工业测控领域得到了广泛的应用。简单来说，单片机就是一块集成芯片，这块集成芯片具有一些特殊功能，它的功能实现要靠使用者来编程完成。编程的目的就是控制这个芯片的各个引脚在不同的时间输出不同的高电平或低电平，进而控制与单片机各个引脚相连接的外围电路的电气状态。现如今，许多机器人都使用了单片机，那么单片机在机器人中究竟做了些什么呢？单片机的构成如图 2.32 所示，如果将单片机比作机器人的大脑，那么 CPU 负责思考，内存负责记忆，外设功能则相当于控制外部动作的神经系统。以电机控制系统为例，此时输入设备是速度传感器，单片机的引脚采集到传感器输出的电平，将其存储到内存中，再经过 CPU 的一系列运算解码为数值，进而判断是否加速，最后通过与电机相连的引脚控制电机加速或减速。

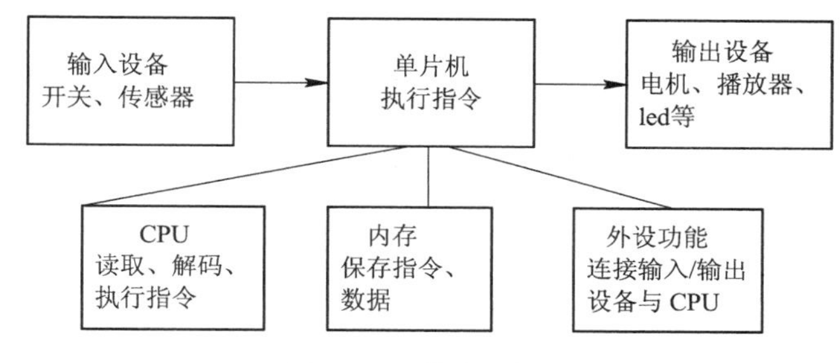

图 2.32　单片机构成

2. 单片机实现电机调速

对于直流电机来说，可以通过调节输入电压的方式改变其速度。在一定范围内，升高电压意味着会有更大的电流流经电机线圈，产生更大的磁力，转速相应也会增大。但绝大多数的计算机、单片机、树莓派等设备只能输出开关量的数字信号。比如，51 单片机只能输出 0 V 或 5 V 的数字电压而不能输出模拟电压。即便如此，使用一种“脉冲调制波”(也称之为 PWM 的技术)仍可以实现近似输出模拟信号来控制输出电压。通俗地说，PWM 就是在一个周期内，控制高电平和低电平的时间比例，来调节单片机输出一个模拟电压值(0 V 到 5 V 之间的电压值)。图 2.33 所示为一个周期为 10 ms、占空比为 30%的 PWM 波形。其中，占空比是指高电平持续时间和一个周期的时间之比。占空比越高，则有效电压越高。例如，一个高电平为 5 V，占空比为 50%的 PWM 波，其电压有效值为 2.5 V。

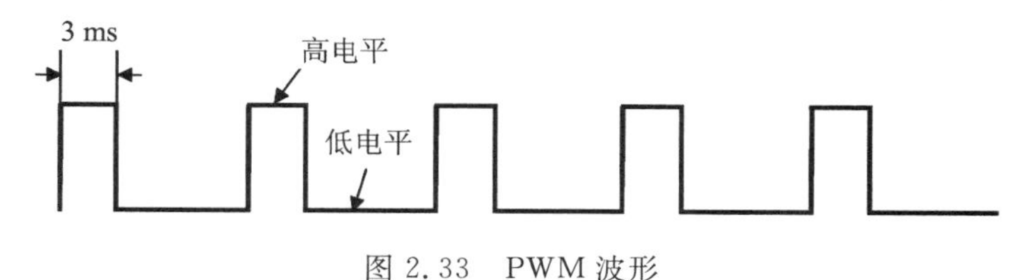

图 2.33　PWM 波形

那么单片机是如何产生 PWM 波的呢？此时则需要使用单片机内部的定时器/计数器。首先，通过单片机的晶振频率得知其时钟周期和机器周期，即定时器计入一个数所需要的时长。我们就可以通过设定计数器计入多少个数产生一次中断，来改变单片机的高低电平，从而控制 PWM 波的占空比。下面通过一个简单的 C 语言示例来实现单片机控制电机循环加速减速的过程。

首先定义参数：

```
1.    unsigned char PWM_COUNT;         //计数
2.    unsigned int  HUXI_COUNT;        //占空比更新时间
3.    unsigned char PWM_VLAUE;         //占空比比对值
4.    bit direc_flag;                  //占空比更新方向
```

定时器初始化函数：

```
5.    void timer0_init()
6.    {
7.        TMOD=0x02;    //模式设置，00010000，定时器 0，工作于模式 2(M1=1，M0=0)
8.        TH0=0x47;     //定时器溢出值设置，每隔 200 μs 发起一次中断。
9.        TL0=0X47;
10.       TR0=1;        //定时器 0 开始计时
11.       ET0=1;        //开定时器 0 中断
12.       EA=1;         //开总中断
13.       PWM_COUNT=0;
14.   }
```

定时器中断函数，每当计时器溢出一次则实行一次中断函数：

```
15.   void time0() interrupt 1
16.   {
17.     PWM_COUNT++;
18.     HUXI_COUNT++;
19.     if(PWM_COUNT==PWM_VLAUE)
20.       D=1;
21.     if(PWM_COUNT==10)                //当前周期结束
22.   {
23.       D=0;
24.       PWM_COUNT=0;                   //重新计时
25.   }
26.
27.   if((HUXI_COUNT==600) && (direc_flag==0))
28.   {                                  //占空比增加 10%
```

```
29.         HUXI_COUNT=0;
30.         PWM_VLAUE++;
31.         if(PWM_VLAUE==9)             //占空比更改方向
32.             direc_flag=1;
33.     }
34.
35.     if((HUXI_COUNT==600) && (direc_flag==1))
36.     {//占空比减少 10%
37.         HUXI_COUNT=0;
38.         PWM_VLAUE--;
39.         if(PWM_VLAUE==1)             //占空比更改方向
40.             direc_flag=0;
41.         }
42.     }
```

主函数：

```
43.     void main()
44.     {
45.         HUXI_COUNT=0;
46.         PWM_COUNT=0;
47.         PWM_VLAUE=5;
48.         direc_flag=0;
49.         D=1;
50.         timer0_init();                   //定时器 0 初始化
51.         while(1);
52.     }
```

3. FPGA 简介

FPGA(field programmable gate array)，即现场可编程门阵列，是一种数字集成电路，它是在 PAL、GAL、CPLD 等可编程器件的基础上进一步发展的产物。FPGA 既解决了定制电路的不足，又克服了原有可编程器件门电路个数有限的缺点，使用灵活，并行处理能力强、开发周期短，在通信、图像处理、医疗领域取得了广泛的应用。随着现代技术的发展，FPGA 在深度学习、自动驾驶、5G 等领域也有一席之地。

当我们要手动搭建一个可以实现简单功能的电路(如数字时钟电路等)时，会发现手动搭建电路需要对照原理图逐一连线，这样的电路体积庞大、实用性也很不理想。为了改善这一状况，可以通过专用集成电路(ASIC)来实现(可将我们的需求交给 ASIC 厂商设计出专用集成电路芯片)。这种方法可以很好地解决手动搭建电路的问题，但同时也面临着生成周期长、芯片难验证、芯片内部电路不可更改等问题。于是 FPGA 应运而生，全球第一款 FPGA 产品 XC2064 于 1985 年由 Xilinx 推出。该产品采用 2 μm 制作工艺，包含了 6 个逻辑单元、85 k 个晶体管和数量不超过 1 k 的门。图 2.34 所示为一款 Xilinx A7 系列 FPGA 芯片。

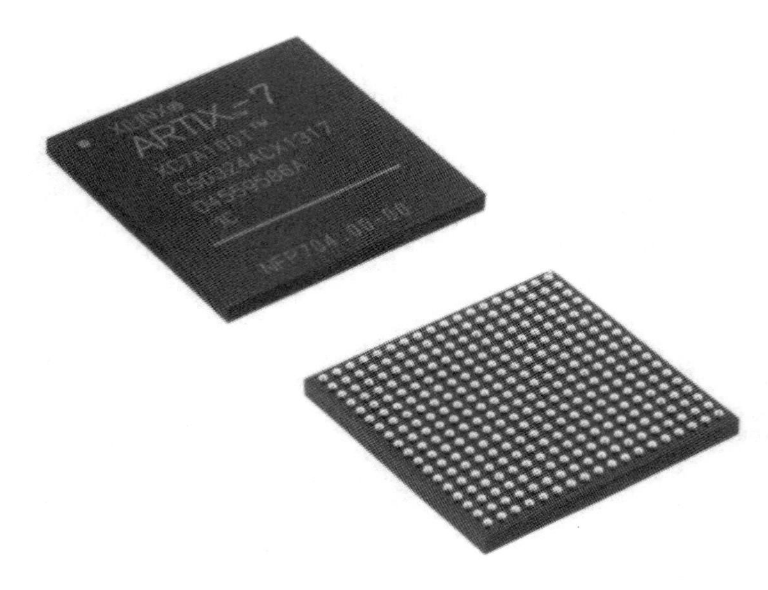

图 2.34　Xilinx A7 系列 FPGA 芯片

FPGA 发展如此迅速，和其本身独特的优越性密不可分。一个专用的 ASIC 定制集成电路的功能在其出厂前就已经确定，且不可更改，应用简单但缺乏灵活性。然而 FPGA 与其不同，它在出厂前不具备任何功能，相当于“一张白纸”，用户可以在它上面任意创作，通过硬件描述语言(如 Verilog、VHDL 等)或 C/C++/OpenCL 等编程语言将要实现的电路逻辑编辑好，下载到 FPGA 内部，就可生成一个相应的电路，去完成用户所需的功能。当用户不用这个功能了，可以随时将内部程序擦除，或写一个新的程序覆盖原有的程序。正是由于具有这种强大的可编辑能力，FPGA 近年来越来越受到市场上的认可。

FPGA 的基本结构由 6 个部分组成，分别为可编程输入/输出(I/O)单元、基本可编程逻辑单元、嵌入式块 RAM、丰富的布线资源、底层嵌入功能单元和内嵌专用硬核等，如图 2.35 所示。下面对这 6 个部分进行简单介绍。

(1) 可编程输入/输出(I/O)单元是芯片与外界电路的接口部分，且为可编程模式，通过软件配置完成不同的电气特性下对输入/输出信号的驱动与匹配需求。

(2) 基本可编程逻辑单元是可编程逻辑的主体，可以根据设计灵活地改变其内部连接与配置，完成不同的逻辑功能。FPGA 一般是基于 SRAM 工艺的，其基本可编程逻辑单元

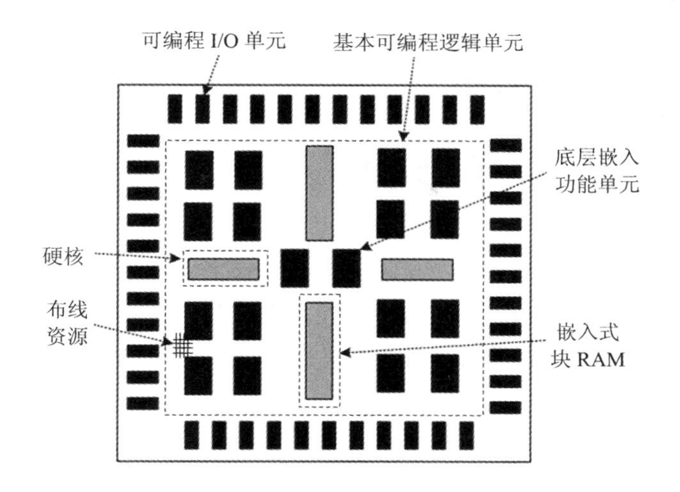

图 2.35　FPGA 基本结构

几乎都由查找表(LUT)和寄存器(register)组成。

(3) 绝大多数 FPGA 都有嵌入式块 RAM，FPGA 内部嵌入了可编程 RAM 模块，极大地拓展了 FPGA 的应用范围和使用灵活性。FPGA 内嵌的 RAM 模块一般可配置为单口 RAM、双口 RAM、伪双口 RAM、CAM、FIFO 等常用存储结构。

(4) 布线资源连通 FPGA 内部的所有单元，而连线的长度和工艺决定着信号在连线上的驱动能力和传输速度。

(5) 底层嵌入功能单元的概念比较笼统，这里我们指的是那些通用程度较高的嵌入式功能模块，如 PLL(phase locked loop)、DLL(delay locked loop)、DSP、CPU 等。随着 FPGA 的发展，这些模块被越来越多地嵌入到 FPGA 的内部，以满足不同场合的需求。

(6) 内嵌专用硬核与底层嵌入单元不同，这里的内嵌专用硬核主要指那些通用性相对较弱，不是所有 FPGA 器件都包含的硬核。我们称 FPGA 和 CPLD 为通用逻辑器件，是区分于专用集成电路(ASIC)而言的。其实 FPGA 内部也有两个阵营：一方面是通用性较强，目标市场范围很广，价格适中的 FPGA；另一方面是针对性较强，目标市场明确，价格较高的 FPGA。前者主要指低成本 FPGA，后者主要指某些高端通信市场的可编程逻辑器件。

对于智能机器人，FPGA 则可以充分发挥出其优势。例如，在前端处理部分，智能机器人要对外界各种信号(如行驶路线、行驶速度、图像和音频信号等)进行采集，需要用到多种传感器，FPGA 则很适合对这些传感器进行综合驱动和融合处理。此外，FPGA 在深度学习领域也有出色的表现，FPGA 与深度神经网络结合的应用也得到越来越多的关注，包括图像检测与识别、目标跟踪、语音识别、文本处理、智能控制等方向，这些功能正是一个智能机器人所需的。因此 FPGA 也极大地促进了智能机器人的智能化发展。

第3章 智能机器人视觉学习

人类主要依赖眼睛和大脑完成对事物的观察和理解，通过眼睛对物体进行捕捉，经过视觉神经传到大脑进行分析和理解，能够得到物体的位置、尺寸、色彩等详细特征，从而快速判断物体的名称、类别等信息。机器人则是通过光学系统、工业数字相机和图像处理工具来模拟人的视觉能力，进而模拟人类分析和处理事务的能力。视觉学习是智能机器人快速学习人类技能的一种重要方式，也是机器人领域发展迅速的重要途径。

在传统的工业生产中，机器人大都通过固定的预编程指令模式进行生产，这种方法可以相对"准确"地控制机器人用特定的方式完成重复动作。然而，由于加工程序的复杂度提高以及环境的多变性，固定的指令模式可能会使机器人出现严重的错误，甚至造成不可弥补的后果；且随着机器人在不同领域的应用越来越广，人们对机器人智能化水平的要求也越来越高，特别是汽车行业、服务行业、物流行业及医疗行业等。

近年来，为了提高机器人在不同场景下学习新技能的效率，专家提出使用视觉学习的方式来对机器人的学习模式进行调整，该方法让机器人通过视觉感知人机交互过程中人类的操作或动作，以此来学习和获得操作技能。相比较之前传统的方法，该方法具有两大优点：一方面，机器人的学习效率变高，用户只需接入视觉传感器或输入操作者示范视频给智能机器人，机器人能够自动解析成操作指令进行学习，省去了人为编程过程，提高了机器人在不同复杂环境下的部署效率；另一方面，由于机器人是通过视觉感知进行学习的，因此学习到的技能具有较强的鲁棒性，可以对复杂环境下的干扰进行有效抑制，从而提高执行的准确率或精度。

本章主要从机器人图像处理技术、深度学习、多传感器视觉融合几个方面对机器人的视觉学习进行简要介绍，如图 3.1 所示。机器人图像处理技术部分介绍几种图像处理技术。深度学习部分介绍卷积神经网络、循环神经网络的基本结构，在卷积神经网络中，详细介绍卷积神经网络的基本结构及应用场景；在循环神经网络中详细介绍循环神经网络的基本结构及两种常见的循环神经网络，即 LSTM 和 GRU，并对这两种网络进行比较，接着介绍循环神经网络的应用；最后以基于 LeNet－5 模型的 MNIST 手写数字识别为例，动手实践构建一个简易的网络并在该网络上完成训练、测试的流程。多传感器视觉融合部分介绍多传感器融合的原理、分类和常用方法，最后介绍多传感融合的几种算法。

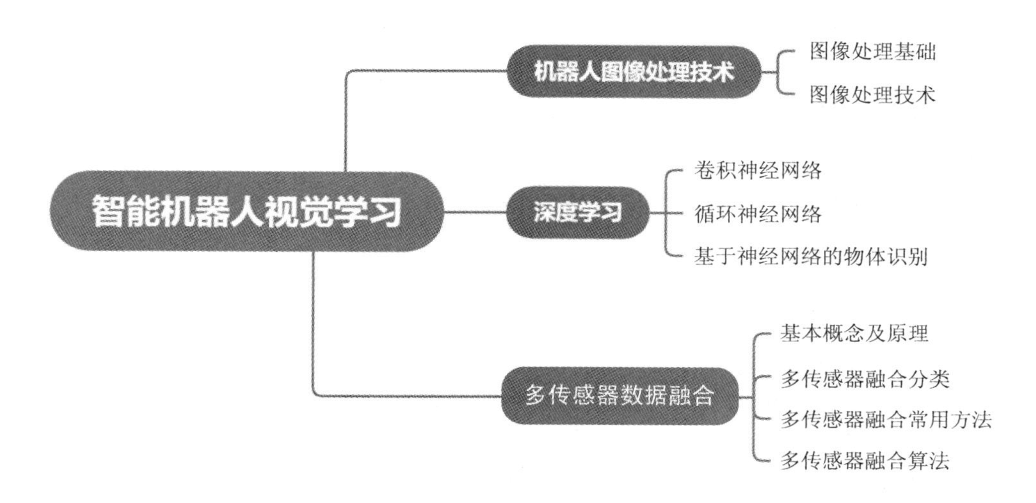

图 3.1　智能机器人视觉学习结构框架图

3.1　机器人图像处理技术

智能机器人的出现给人们的生活带来了很多便利。例如，扫地机器人帮助人们打扫卫生；智能聊天机器人帮助人们进行快捷操作；导盲机器人帮助盲人“看路”；类似功能的智能机器人还有很多。这些机器人功能的实现都离不开对图像的处理。人机交互最基础的方式是声音和图像，机器人能够通过体内安装的摄像头对物体进行定位并根据该物体的动作或状态进行分析、处理，利用图像处理技术完成相应的功能。接下来，我们将学习机器人中常见的图像处理技术。

3.1.1　图像处理基础

数字图像处理(digital image processing)又称为计算机图像处理，它是指将图像信号转换为数字信号并利用计算机对其进行处理的过程。

图像是图像传感器对被观测物体感知产生的数据信号，图像的基本元素是像素，一个像素就是图像中的一个点。一幅图像通常由几万甚至几千万个像素点组成。若将图像中的某一区域无限放大，就会看到很多锯齿状条纹；继续放大到达像素级别，表现出来的就是一个方格。

图像的像素均采用三原色混合而成，三原色为红色、绿色、蓝色，每种颜色代表一个通道，一个通道的位宽是 8 bit。一般 24 位真彩色图像的每个像素采用 RGB 三种颜色混合而成，即一个像素有三种颜色值，每种颜色的亮度在 0～255 之间，其中 0 代表亮度最低，255

代表亮度最高。图像的文件格式有很多，其中较为常见的文件格式有 JPEG、TIF、GIF、BMP 等。

近年来，随着科技的发展，图像已经成为信息社会中不可分割的一部分，人类可以便携地利用图像获取信息，进行交互。因此，利用计算机对图像进行处理是实现信息化的重要一环，且深度学习领域大都依赖图像来进一步地分析、处理各种不同的任务，图像工程在各大领域中占据着越来越重要的地位。

3.1.2 图像处理技术

图像处理技术从 20 世纪 50 年代发展到现在，已经成为一门非常重要的技术。利用图像处理技术可以将输入的图像信号转换成数字信号进行处理，它的处理过程分为图像信号的获取、图像信号的存储、图像信号的传送、图像信号的处理、图像信号的输出几大步骤。

图像处理旨在从图像中提取出有用特征并将其用于分类、识别或分割等应用。图像处理技术是用计算机对图像信息进行处理的技术，即计算机对图像进行变换、编码、去噪、增强、复原、分割、提取特征等处理。常用的图像处理技术主要包括图像变换、图像增强和复原、图像编码压缩、图像分割、图像识别和图像描述等。

1. 图像变换

由于图像阵列很大，若直接在空间域中进行处理，则涉及的计算量会很大，因此，往往采用各种图像变换的方法，如傅里叶变换、沃尔什变换、离散余弦变换等间接处理技术，将空间域处理转换为变换域处理，这样不仅可减少计算量，而且可获得更有效的处理(如傅里叶变换可在频域中进行数字滤波处理)。目前新兴研究的小波变换在时域和频域中都具有良好的局部化特性，它在图像处理中也有着广泛而有效的应用。

2. 图像增强和复原

图像增强和复原的目的是提高图像的质量，如去除噪声，提高图像的清晰度等。图像增强不考虑图像降质的原因，仅突出图像中所感兴趣的部分。例如，强化图像高频分量，可使图像中的物体轮廓清晰，细节明显；强化低频分量可减少图像中的噪声影响。图像复原要求对图像降质的原因有一定的了解，一般应根据降质过程建立“降质模型”，再采用某种滤波方法，恢复或重建原来的图像。

3. 图像编码压缩

利用图像编码压缩技术可减少描述图像的数据量(比特数)，以便节省图像传输、处理时间和减少所占用的存储器容量。压缩可以在不失真的前提下获得，也可以在允许的失真条件下进行。编码是压缩技术中最重要的方法，它在图像处理技术中是发展最早且比较成熟的技术。

4. 图像分割

图像分割是数字图像处理中的关键技术之一。图像分割是将图像中有意义的特征部分(图像中的边缘、区域等)提取出来，这是进一步进行图像识别、分析和理解的基础。虽然目前已研究出不少边缘提取、区域分割的方法，但还没有一种普遍适用于各种图像的有效方法。因此，对图像分割的研究还在不断深入之中，是目前图像处理研究的热点之一。

5. 图像识别

图像分类(识别)属于模式识别的范畴，其主要内容是图像经过某些预处理(增强、复原、压缩)后，进行图像分割和特征提取，从而进行判决分类。图像分类常采用经典的模式识别方法，包括统计模式分类和句法(结构)模式分类。近年来新发展起来的模糊模式识别和人工神经网络模式分类在图像识别中也越来越受到重视。

6. 图像描述

图像描述通过使用符号、数据或形式语言，对分割后的图像中不同特征的物体和背景进行表示，是图像识别和理解的必要前提。一般情况下，二维形状能够对一般图像进行描述，图像描述方法包含边界描述和区域描述。随着对图像处理技术的深入研究，对三维物体的研究开始发展，有学者提出了体积描述、表面描述、广义圆柱体描述等方法。

3.2 深度学习

深度学习在近年来受到了越来越多研究者的关注，它在特征提取和建模上都有着相较于浅层模型显然的优势。深度学习善于从原始输入数据中挖掘越来越抽象的特征表示，而这些表示具有良好的泛化能力。深度学习克服了过去人工智能中被认为难以解决的一些问题，且随着训练数据集数量的显著增长以及芯片处理能力的增强，它在目标检测和计算机视觉、自然语言处理、语音识别和语义分析等领域成效卓然，因此也促进了人工智能的发展。

本节将为读者介绍深度学习中最基础、最具代表性的卷积神经网络和循环神经网络的基础结构及应用，最后，以 MNIST 数据集演示手写数字识别的示例，带领读者进一步认识神经网络。

3.2.1 卷积神经网络

1. 卷积神经网络基础介绍

20 世纪 60 年代，Hubel 和 Wiesel 在研究猫脑皮层中用于局部敏感和方向选择的神经元时发现其独特的网络结构可以有效地降低反馈神经网络的复杂性，继而提出了卷积神经网络(convolutional neural network，CNN)。

卷积神经网络是一种模仿生物神经网络结构和功能的数学模型或计算模型。随着深度学习的发展，卷积神经网络已经成为众多领域的研究热点之一，应用也越来越广泛。

2. 卷积神经网络的基本结构

卷积神经网络能够在各个领域广泛应用，与其网络结构有着密不可分的关系。卷积神经网络的基本结构如图 3.2 所示，其结构大致可分为输入层、卷积层、池化层、激活层、全连接层和输出层。

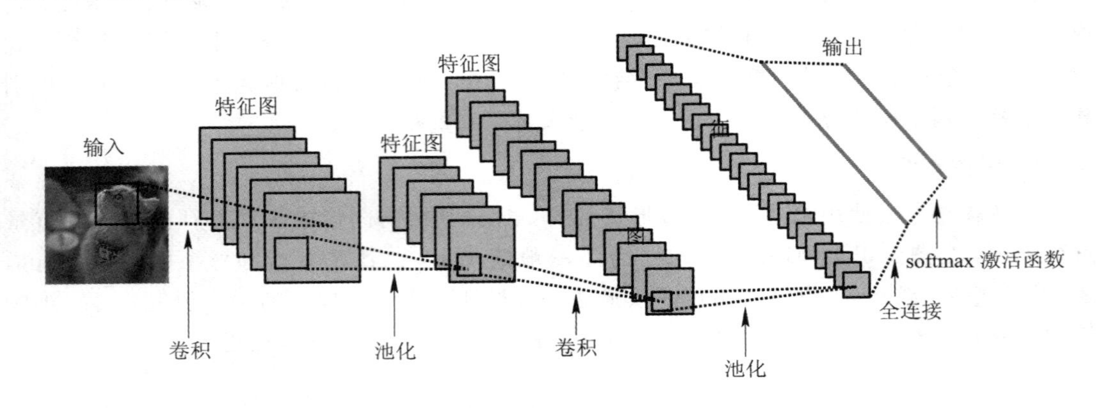

图 3.2　卷积神经网络基本结构图

1）输入层

在处理图像的卷积神经网络中，输入通常为一幅图像的像素矩阵，表示为 length × width × channel。三维矩阵的深度即 channel 代表图像的彩色通道，黑白照片的通道为 1，而在 RGB 模式下，图像的通道为 3。自输入层开始，每一层的三维矩阵都经过卷积神经网络的对应层数操作转化为下一层的三维矩阵，直至最后的全连接层得到输出。

2）卷积层

卷积层的主要作用是通过卷积计算减小图像噪声，提取图像的特征。在卷积层，前一层的特征图与一个可学习的核进行卷积，卷积层的输出可以通过激活函数来激活，形成这一层的特征图。每一个输出的特征图可能与前一层的几个特征图的卷积建立关系。一般地，卷积层的形式如下所示：

$$X_j^l = f\left(\sum_{i \in M_j} x_i^{l-1} \times k_{ij}^l + b_j^l\right) \tag{3.1}$$

其中：l 代表层数，k 是卷积核，M_j 代表输入特征图的一个选择，偏置项 b_j 是一个常数，作为卷积层的一个重要参数，用来调整卷积层输出的值。

对于一幅图像，我们人眼看到的图像和计算机看到的图像是完全不同的。图 3.3 和图

3.4 分别代表人眼看到的图像和计算机看到的图像。

图 3.3　人眼看到的图像

34 34 35 36 36 37 40 42 44 46
35 36 37 38 39 40 41 44 46 47
36 36 37 38 40 41 42 44 46 48
36 36 37 39 40 41 42 43 46 47
36 37 38 39 39 40 42 43 44 45
36 36 38 38 39 40 41 42 43 44
37 37 38 39 40 41 42 42 43 44
38 39 40 41 42 43 44 44 45 46
40 41 43 44 44 45 47 47 48 48
42 44 45 46 47 48 49 50 50 51

图 3.4　电脑看到的图像

实际上，图像在计算机看来就是一个矩阵，矩阵里的每一个数均代表着该点对应的像素值。进行图像卷积时，将一个或多个过滤器(filter)与该图像进行卷积操作，即将过滤器的每一个数值与图像矩阵中的每一个像素值进行点乘并相加求和即得到这个图像在该点的最终数值。

在卷积神经网络中，卷积层是由若干个过滤器构成的，每个过滤器中的参数都是通过神经网络的反向传播算法优化得到的。在卷积计算提取特征的过程中，浅层卷积层可能只能提取一些低级的特征，深层卷积层能够从低级特征中迭代提取出更为复杂、高级的特征[9]。图 3.5 所示的卷积操作。

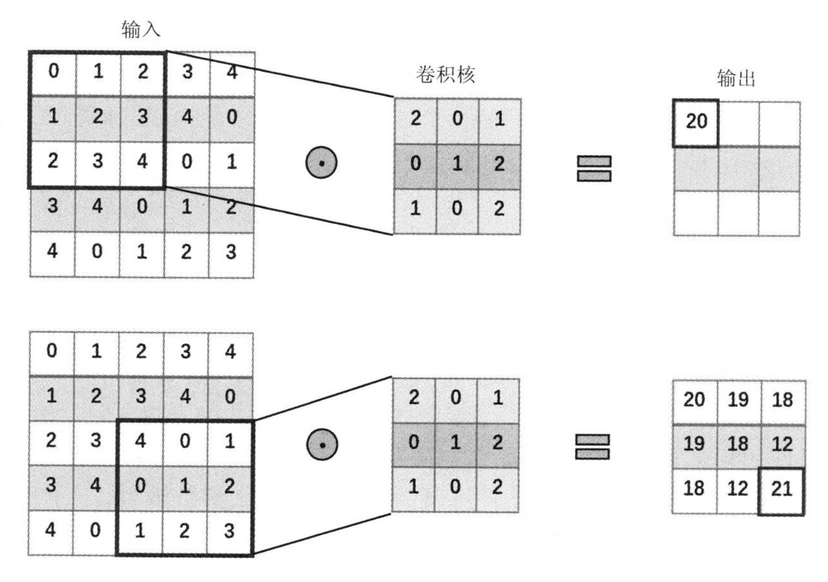

图 3.5　卷积操作

图 3.5 中的左边色矩阵为输入的图像，维度为[5，5]，中间矩阵为卷积层的神经元，即卷积核，每个神经元的维度为[3，3]，步长为 1，即每个窗口滑动的长度为 1。蓝色矩阵的输入数据与 filter(中间矩阵)的权重数据进行矩阵内积计算，得到的结果右边矩阵中的值。

以第一个窗口计算为例：

$$0\times2+1\times0+2\times1+1\times0+2\times1+3\times2+2\times1+3\times0+4\times2=20$$

若输入图像的尺寸为 $W\times W$，填充值为 P，Filter 大小为 $F\times F$，步长为 S，经过该卷积层后输出的图像尺寸为 $N\times N$，则有

$$N=\frac{W-F+2P}{S}+1 \tag{3.2}$$

卷积层最主要的两个特征是局部连接和权重共享。所谓局部连接，就是卷积层的节点仅仅和其前一层的部分节点相连接，只用来学习局部特征。1962 年，Hubel 和 Wiese 首次提出感受野的概念，他们通过研究视觉分层结构而受到了启发，提出局部感知思想。对于传统的神经网络结构，神经元之间按照全连接方式相连，即 $n-1$ 层的神经元与 n 层的所有神经元全部相连。但是在卷积神经网络中，$n-1$ 层的神经元只与 n 层的部分神经元相连。图 3.6 所示为神经元的两种连接方式：全连接和局部连接。其中局部连接方式能够大大减少参数数量，加快学习速率，在一定程度上降低了过拟合的可能性。

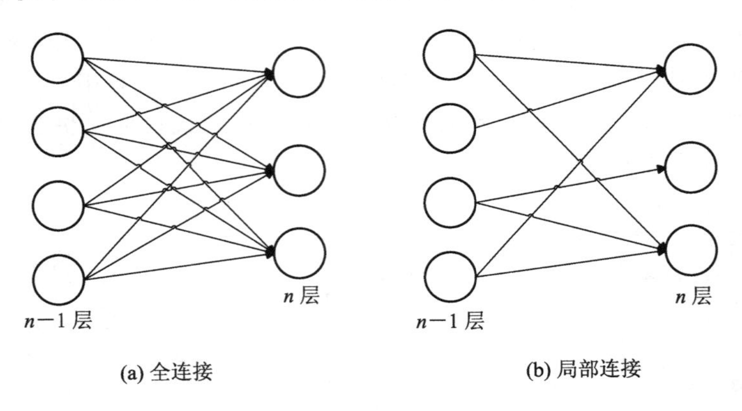

图 3.6　神经元的两种连接方式

卷积层的另一大特征是权值共享，权值共享就是每一个卷积核(获得的每一个特征)里面的神经元对应的参数都是相同的，也是共享的。比如一个 3×3 的卷积核有 9 个参数，该卷积核会和输入图像的每片区域做卷积，来检测相同的特征。而只有不同的卷积核才会对应不同的权值参数，来检测不同的特征。如图 3.7 所示，通过权值共享的方法，如果神经元之间的连接只使用局部连接的方法，那么共需要 3×4=12 个权值参数，再加上权值共享的方法以后，只需要 3 个权值参数(W_1、W_2、W_3)，大大减少了参数数量。

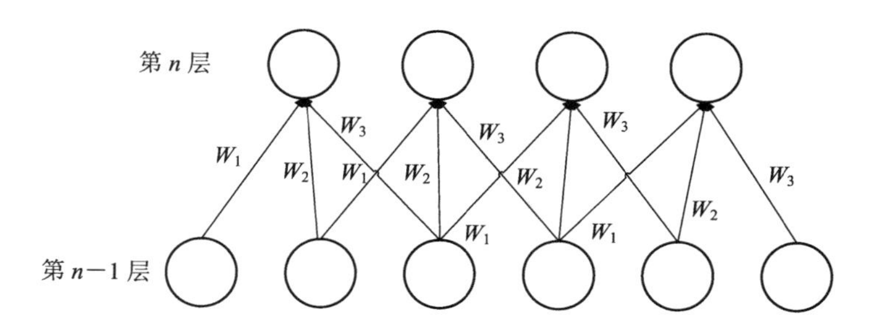

图 3.7 权值共享示意图

3）池化层

池化层的主要作用是下采样，主要目的是降低数据维度的同时还能够保持原有的特征，在数据减少后，能够有效地减少神经网络的计算量，防止参数过多导致过拟合。池化层通常连接在卷积层之后。在卷积层之后会得到维度很大的特征，池化层会将特征切成几个区域，取其最大值或平均值，由此得到新的、维度较小的特征。

在池化层对输入进行抽样操作时，如果输入的特征图为 n 个，那么经过次抽样层后特征图的个数仍然为 n，但是输出的特征图要变小(如变为原来的一半)。次抽样层的一般形式如下：

$$X_j^l = f[\beta_j^l \text{down}(x_j^{l-1}) + b_j^l] \tag{3.3}$$

式中：down（•）表示池化函数。池化函数一般是对该层输入图像的一个 $n \times n$ 大小的区域求和，因此，输出图像的大小是输入图像大小的 $1/n$。每一个输出的特征图都有自己的 β 和 b 。b_j^l 为第 l 层第 j 个神经元的偏置。x_j^l 表示第 j 个神经元的输出，x_j^{l-1} 表示上一个卷积层中第 j 个神经元的输入，β_j^l 表示第 l 层与第 j 个神经元相关联的权重系数。

池化方法主要分为最大池化(max pooling)、平均池化(mean pooling)和随机池化(stochastic pooling)。图 3.8 和 3.9 所示分别是平均池化和最大池化。

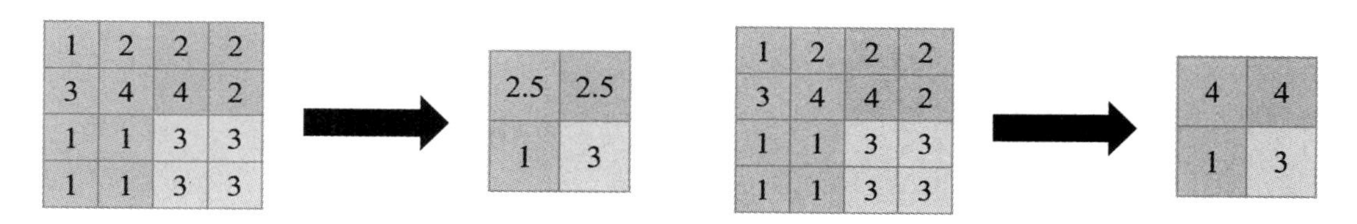

图 3.8 平均池化示意图　　　　图 3.9 最大池化示意图

若输入图像的尺寸为 $W \times W$，Filter 大小为 $F \times F$，步长为 S，则经过该池化层后输出的图像尺寸为 $N \times N$(池化层一般不进行 0 值填充，即 $P=0$)，计算关系如下：

$$N = \frac{W-F}{S} + 1 \tag{3.4}$$

4）激活层

激活函数是一种添加到人工神经网络中的函数，即在神经元网络中加入非线性操作，这样神经元通过激活函数就可以应用在非线性函数中了。因为卷积对输入图像进行的操作是线性的，但输入的图像的信息不都是线性可分的，所以通过激活函数来进行非线性操作，能够更好地映射特征去除数据中的冗余，以增强卷积神经网络的表达能力，帮助网络学习数据中的复杂模式。卷积神经网络中常用的激活函数有 sigmoid 激活函数、tanh 激活函数、ReLU 激活函数等。

（1）sigmoid 激活函数。

sigmoid 激活函数的表达式如下：

$$f(x)=\frac{1}{e^{-x}+1} \tag{3.5}$$

sigmoid 激活函数图像如图 3.10 所示。该函数能够把变量映射到[0，1]区间，所以一般用来处理二分类的问题。

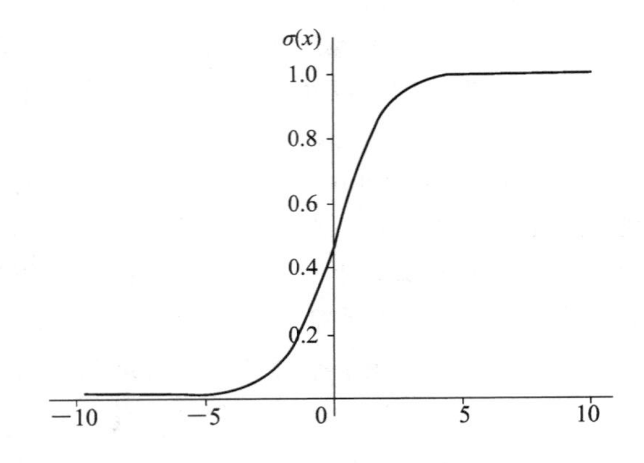

图 3.10　sigmoid 激活函数图像

（2）tanh 激活函数。

tanh 激活函数的表达式如下：

$$f(x)=\frac{e^{x}-e^{-x}}{e^{x}+e^{-x}} \tag{3.6}$$

tanh 激活函数图像如图 3.11 所示。该函数能够将变量映射到[−1，1]区间。

（3）ReLU 激活函数。

sigmoid 和 tanh 函数在反向传播中常常因为值过小而造成梯度消失，而 ReLU 函数能够避免这个问题。ReLU 是“修正线性单元”，其函数表达式如下：

$$f(x)=\max(0,x) \tag{3.7}$$

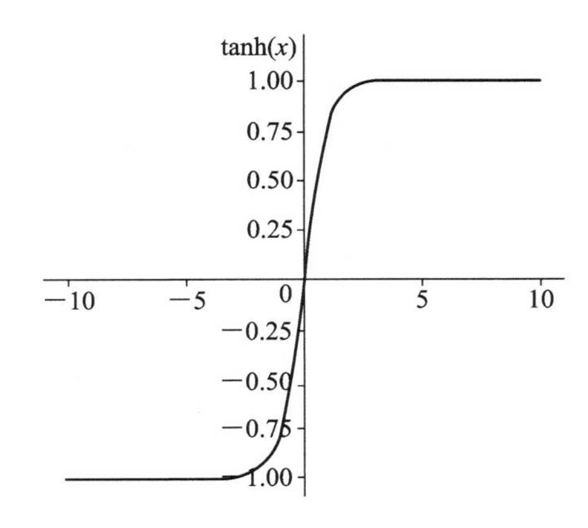

图 3.11　tanh 激活函数图像

ReLU 激活函数图像如图 3.12 所示，从图中可以看出，ReLU 函数不是连续的，属于分段函数。当 $x<0$ 时，$f(x)$的值为 0；当 $x>0$ 时，$f(x)$等于 x，因此不会出现梯度消失的情况。与 sigmoid、tanh 激活函数相比，ReLU 函数当输入小于 0 时梯度等于 0，这时神经元不会被激活，所以在某一段时间里只有部分神经元会被激活，在反向传播过程中的收敛速度会很快。

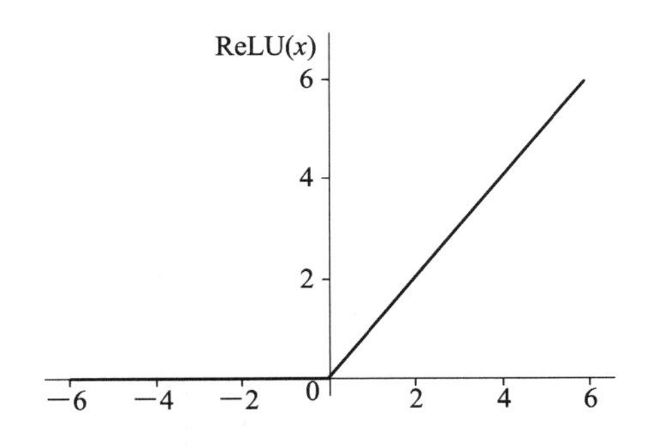

图 3.12　ReLU 激活函数图像

5）全连接层

全连接层位于所有的卷积层之后，层与层之间的神经元采用全连接的方式进行连接。全连接层是正规的神经网络。全连接层的主要作用是对卷积层提取出来的特征进一步提取出高层次的特征。它通过将卷积层的特征进行合并或者取样，提取出其中具有区分性的特征，从而达到分类的目的。

6）输出层

卷积神经网络的最后一层是输出层。对于分类问题而言，经常使用 softmax 回归进行分类，返回输入图片属于某一类别 i 的概率；对于回归问题，返回具体的数值。

卷积神经网络的训练目标是最小化网络的损失函数 $L(\theta)$(loss function)。在预测任务中，给定样例集($x^{(n)}$，$y^{(n)}$)，$n\in\{1, 2, \cdots, N\}$，输入 $x^{(n)}$ 经过前向传导后利用损失函数计算出与期望值 $y^{(n)}$ 之间的差异，称为“残差”。卷积神经网络的损失可以按如下公式进行计算：

$$L(\theta)=\frac{1}{N}\sum_{n=1}^{N}l(\theta;\ y^{(n)}\cdot\hat{y}^{(n)}) \tag{3.8}$$

式中：θ 表示卷积神经网络中所有的训练参数 w 和 b，$y^{(n)}$ 是输入数据 $\hat{x}^{(n)}$ 的真实标记，$\hat{y}^{(n)}$ 是输入数据 $x^{(n)}$ 的预测结果(输出结果)，$l(\cdot)$表示损失函数。常见的损失函数有均方误差(mean squard error，MSE)函数、交叉熵(cross entropy)函数等。

3. 卷积神经网络的应用

随着深度学习的发展，卷积神经网络的应用逐渐趋于多元化发展，包括图像分类、目标检测、语义分割、实例分割等。本小节将简要介绍这几种应用。

1）图像分类

图像分类(image classification)作为视觉领域的基本任务，目的是根据图像信息中所反映的不同特征，把不同类别的图像区分开来。如果期望判别多种物体，则称为多目标分类。图像分类只能输出图片里出现的物体的类别及其概率，并且只能是被训练过的类别，不能输出图片里对象的位置或者名称。

图像分类的任务，就是对于一个给定的图像，预测它所属的分类标签，训练图像分类模型的目的是识别各类图像。图 3.13 所示为图像图类，即识别图像中存在的内容，此图像中有人(person)、树(tree)、草地(grass)、天空(sky)。

图 3.13　图像分类

2）目标检测

目标检测(object detection)的任务是找出图像中所有感兴趣的目标(物体)，确定它们的类别和位置，是计算机视觉领域的核心问题之一。其内容可解构为三部分：识别某个目标(classification)，给出目标在图中的位置(localization)，识别图中所有的目标及其位置(detection)。从这三点可以看出，目标检测的难度要比图像分类大很多，后者只需要确定输入的图像属于哪一类即可，而前者需要从图像中自动抠出(crop)合适大小的 patch，并确定它的类别。

如图 3.14 所示，以识别和检测人(person)为例，目标检测即识别图像中存在的内容和检测其位置。

图 3.14　目标检测

3）语义分割

语义分割任务(semantic segmentation)是像素级别的分类，该任务为每个图像像素预测一个类别标签。如图 3.15 所示，对图像中的每个像素打上类别标签即把图像分为人(红色)、树木(深绿)、草地(浅绿)、天空(蓝色)标签。目前语义分割的应用领域主要有地理信息系统、无人车驾驶、医疗影像分析和机器人等领域。

4）实例分割

实例分割(instance segmentation)是视觉经典四个任务中相对较难的一个，相比于语义分割，实例分割不仅需要将图像中的所有像素进行分类，还需要区分相同类别中的不同个体。实例分割是目标检测和语义分割的结合，需在图像中将目标检测出来(目标检测)，然

图 3.15　语义分割

后将每个像素打上标签(语义分割)。实例分割如图 3.16 所示。对比图 3.15 和图 3.16 可知，以人(person)为目标，语义分割不区分属于相同类别的不同实例(所有人都标为红色)，实例分割区分同类的不同实例(使用不同颜色区分不同的人)。

图 3.16　实例分割

3.2.2 循环神经网络

1. 循环神经网络介绍

循环神经网络(recurrent neural network，RNN)是一种反馈网络，可模拟人脑记忆功能，主要用于处理序列数据，其最大的特点就是神经元在某时刻的输出可以作为输入再次输入到神经元，这种串联的网络结构非常适合于时间序列数据，可以保持数据中的依赖关系。对于展开后的 RNN，可以得到重复的结构并且网络结构中的参数是共享的，大大减少了所需训练的神经网络参数。另一方面，共享参数也使得模型可以扩展到不同长度的数据上，所以 RNN 的输入可以是不定长的序列。

图 3.17 所示为 RNN 的网络结构。其中，t 是时刻，x 是输入层，s 是隐藏层，o 是输出层，矩阵 $\boldsymbol{W}$ 就是隐藏层上一次的值作为这一次的输入的权重。其核心思想是使用同一套参数来更新状态与计算输出，箭头右侧是按时序展开的模型结构。从图中可以看到，RNN 仅使用了一个状态来保存序列信息，共有三个参数矩阵。由 RNN 网络结构可以得知，RNN 下一时刻的输出值是由前面多个时刻的输入值共同影响的。这一部分公式化描述如下所示：

$$s_t = f(\boldsymbol{U}x_t + \boldsymbol{W}s_{t-1}) \tag{3.9}$$

$$o_t = g(\boldsymbol{V}_{s_t}) \tag{3.10}$$

式中：f 与 g 均为激活函数，$\boldsymbol{U}$ 是输入层的连接矩阵，$\boldsymbol{W}$ 是上一时刻隐含层到下一时刻隐含层的权重矩阵，$\boldsymbol{V}$ 是输出层的连接矩阵。

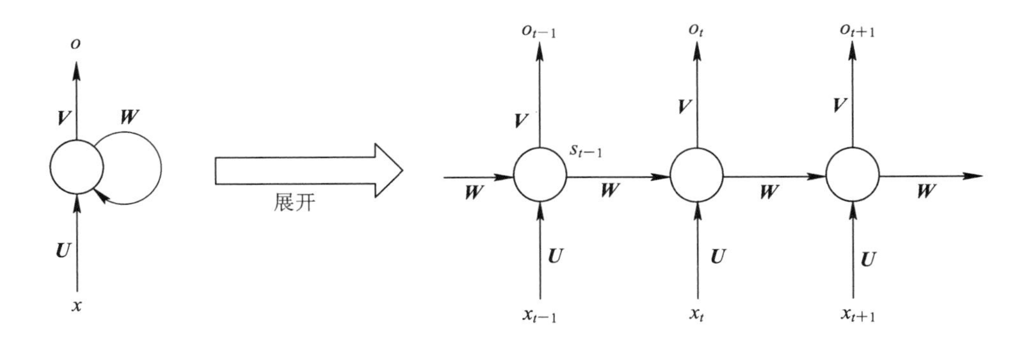

图 3.17 RNN 网络结构图

虽然 RNN 在设计之初就是为了学习长期的依赖性，但是大量的实践也表明，标准的 RNN 往往很难实现信息的长期保存。在训练 RNN 的过程中容易出现梯度爆炸和梯度消失的问题，导致在训练时梯度的传递性不高，即梯度不能在较长序列中传递，从而使 RNN 无法检测到长序列的影响。梯度爆炸问题是指在 RNN 中，每一步的梯度更新可能会积累误差，致使最终梯度变得非常大，以至于 RNN 的权值进行大幅更新，程序将会收到 NAN 错误。一般而言，梯度爆炸问题较易处理，可以通过设置一个阈值来截取超过该阈值的梯度。梯度消失的问题更难检测，然而可以通过使用其他结构的 RNNs 来应对，例如使用长短期记忆网络（long short-term memory，LSTM）和门控循环单元（gated recurrent unit，GRU）[16]。下面介绍这两种网络。

2. 长短期记忆网络

RNN 在递归过程中，权重可能会呈指数增长或减小，导致梯度变得非常小或非常大，出现“梯度消失”或“梯度爆炸”问题，导致 RNN 难以捕捉到长期时间关联。而结合不同的 LSTM 可以很好地解决这个问题。LSTM 在 RNN 的基础上进行了改进，与 RNN 的基本结构中的循环层不同的是，LSTM 使用了三个“门”结构来控制不同时刻的状态和输出，即“输入门”“输出门”和“遗忘门”。LSTM 通过“门”结构将短期记忆与长期记忆结合起来，可以缓解梯度消失的问题。图 3.18 所示为 LSTM 的结构。

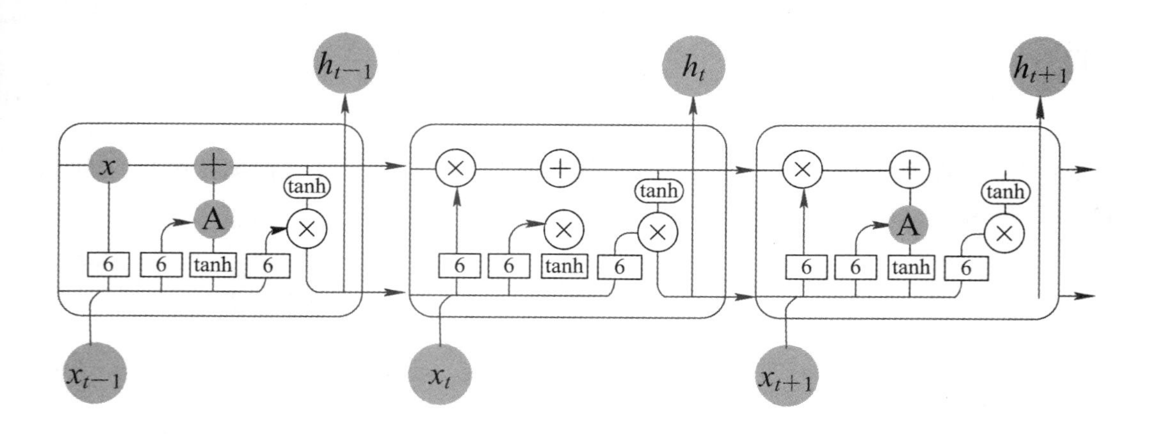

图 3.18　LSTM 结构示意图

LSTM 的思想是在 RNN 的基础上，加入一个不易被改变的新状态 c_t，代表的是 0～t 时刻的全局信息。而 h_t 代表的是在 0～$t-1$ 时刻全局信息的影响下，t 时刻的信息。换而言之，c_t 变化得很慢，而 h_t 变化得很快。

“遗忘门”控制了前一时刻能传递到当前时刻的单元状态的信息数，“输入门”控制了当前时刻的输入能保存到单元状态的信息数，“输出门”决定了单元状态能输出到当前状态输出值的信息数。LSTM“门”结构如图 3.19 所示。

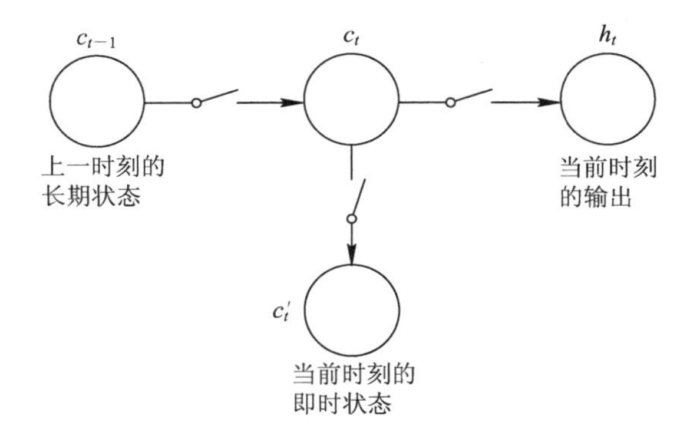

图 3.19　LSTM“门”结构图

3. 门控循环单元

GRU 在简化 LSTM 结构的同时保持着和 LSTM 相同的效果。相比于 LSTM 结构的三个“门”，GRU 将其简化至两个“门”：“更新门”和“重置门”。“更新门”的作用是控制前一时刻的单元状态有多少信息数能被带入到当前状态中，“重置门”的作用是控制前一状态能被写入到当前状态的信息数。GRU 的结构如图 3.20 所示。

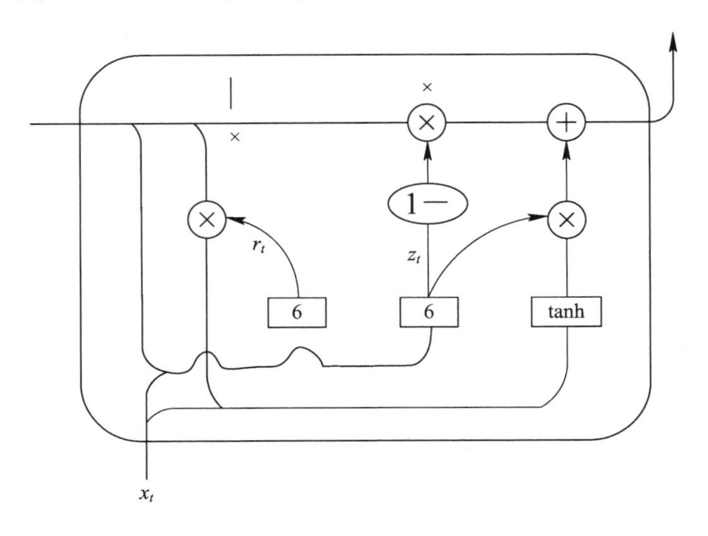

图 3.20　GRU 结构示意图

经典的 GRU 中，第 t 步的更新计算公式如下（⊙表示元素点乘）：

输入：$x_{\text{input}} = \text{concat}[h_{t-1}, x_t]$

重置门神经元：$r_t = \sigma(x_{\text{input}} W_r + b_r)$

记忆门神经元：$\tilde{h}_t = \tanh([r_t \odot h_{t-1}, x_{\text{input}}]W_h + b_h)$

输入门神经元：$z_t = \sigma(x_{\text{input}} W_z + b_z)$

输入后的记忆：$\tilde{h}'_t = z_t \odot \tilde{h}_t$

遗忘门“神经元”：$f_t = 1 - z_t$

遗忘后的 $t-1$ 时刻记忆：$h'_{t-1} = f_t \odot h_{t-1}$

t 时刻的记忆：$h_t = h'_{t-1} + \tilde{h}'_t$

其中，输入 x_{input} 是通过对上一时刻 $t-1$ 的记忆状态 h_{t-1} 以及当前时刻 t 的字(词)向量输入 x_t 进行特征维度的 concat 所获得的。σ 指的是 sigmoid 函数，重置门神经元 r_t 和输入门神经元 z_t 的输出结果是向量，由于两个门神经元均采用 sigmoid 作为激活函数，因此输出向量的每个元素均在 0～1 之间，用于控制各维度流过阀门的信息量；记忆门神经元 $\tilde{h}_t$ 的输出结果仍为向量，且与重置门和输入门神经元的输出向量在 -1 ～ 1 之间。W_r，b_r，W_z，b_z，W_h，b_h 是各个门神经元的参数，是要在训练过程中学习得到的。

4. LSTM 与 GRU 的比较

本质上，LSTM 和 GRU 都是通过引入门控信号来解决 RNN 的梯度消失问题的。在实现方法上，GRU 相对于 LSTM 要更为简单，GRU 抛弃了 LSTM 中的 hidden state (GRU 中的 hidden state 实际上是 LSTM 中的 cell state)，因为 LSTM 中的 h_t 只保存当前时刻的信息，这一部分已经包含到 GRU 的 $\tilde{h}_t$ 中了。cell state 中之前的全局信息与当前时刻的信息应当是此消彼长的状态，因此 GRU 直接使用一个门控信号同时控制遗忘和更新。

在参数上，GRU 有着比 LSTM 更少的参数，收敛速度更快，并且与 LSTM 有着相似的性能表现，因此实际工程中多使用 GRU。

5. RNN 的应用

RNN 被广泛应用在 NLP 领域中，如情感分类、语音识别、机器翻译等。本小节简要介绍这几种应用。

1) 情感分析

循环神经网络用于情感分析的主要思路是利用情感分析数据集，通过原始语料的预处理，将词转化为计算机可以处理的向量，进行向量化的特征提取，利用循环神经网络将矩阵形式的输入编码为较低维度的一维向量，而保留大多数有用信息，经过循环神经网络的训练，构建情感分析分类器，实现定性分类，得到可以预测的模型，进而实现情感的分析。比如输入一个句子，输出的是对于这句话的情感的分析。传统的情感分析法方法简单易懂、稳定性也比较强，相较于传统情感分析的方法，利用循环神经网络来进行情感分析，一方面能提高精度，另一方面评价更客观，人为因素干扰更小。

2) 语音识别

语音识别的困难之处在于输入语音信号序列中每个发音单元的起始位置和终止位置是

未知的，即不知道输出序列和输入序列之间的对齐关系。循环神经网络具有可以接受不固定长度的序列数据作为输入的优势，可实现输出的长度小于输入的长度，而且具有记忆功能。这样将输入分割成小的向量，之后进行训练，就可以把重复出现的字去掉，获得最后的结果。

3）机器翻译

机器翻译就是从源语言到目标语言中找到最佳匹配的过程。传统机器翻译方法需要大量的人力和时间去构造翻译系统，从对源语言的编码，到对目标语言的解码，中间需要多个学习模型。利用循环神经网络，将要翻译的内容通过 RNN 编码成一个固定维度的向量，并将结果作为输入，再通过 RNN 进行解码翻译。这样不仅可以提高翻译质量，还可以实现对语言只使用一个系统，而无须针对每种语言都构造一种新的学习模型。

3.2.3 基于神经网络的物体识别

本节以基于 LeNet-5 模型的 MNIST 手写数字识别为例，来向读者介绍 LeNet-5 网络的结构组成和对于一个数据集进行训练生成模型并进行测试的流程，以便读者深入理解并动手实践基于神经网络的物体识别任务。

1. 实验环境介绍

本次实验的实验环境如表 3.1 所示。

表 3.1 实验环境

条件	环境
操作系统	Ubuntu 18.04
开发语言	Python3.8
深度学习框架	PyTorch_gpu1.5.1
相关库	OpenCV Torchvision Matplotlib

2. MNIST 数据集介绍

MNIST 数据集来自美国国家标准与技术研究所（National Institute of Standards and Technology，NIST），训练集（train set）由来自 250 个不同人手写的数字构成，其中 50%是高中学生，50%是来自人口普查局（the Census Bureau）的工作人员。测试集（test set）也是同样比例的手写数字数据。

图 3.21 所示为部分 MNIST 手写数据集。从图中可以看出，MNIST 手写数据集包含 0～9 共十个种类的数字，每个人对于每个数字的写法又不同，因此每个数字的形状各异，针对这种数据集训练出的模型更加鲁棒。

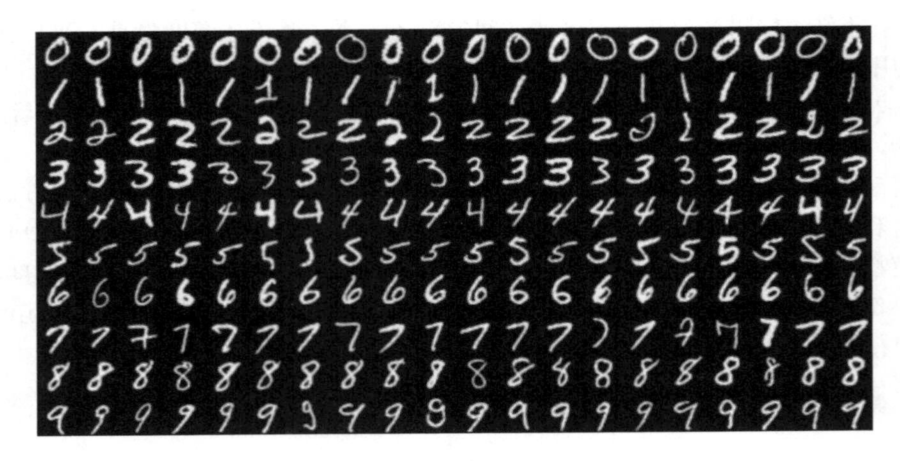

图 3.21　部分 MNIST 手写数据集

该数据集包含了四个部分：

(1) Training set images：train-images-idx3-ubyte.gz（9.9 MB，包含 60 000 个样本）。

(2) Training set labels：train-labels-idx1-ubyte.gz（29 KB，包含 60 000 个标签）。

(3) Test set images：t10k-images-idx3-ubyte.gz（1.6 MB，包含 10 000 个样本）。

(4) Test set labels：t10k-labels-idx1-ubyte.gz（5KB，包含 10 000 个标签）。

MNIST 数据集下载地址：http://yann.lecun.com/exdb/mnist/。

3. LeNet-5 网络介绍

LeNet-5 网络是 Yann Le Cun 等人提出的，是最早的卷积神经网络之一，用于解决手写数字识别的视觉任务，该网络的出现推动了深度学习领域的发展。LeNet-5 的网络结构如图 3.22 所示。

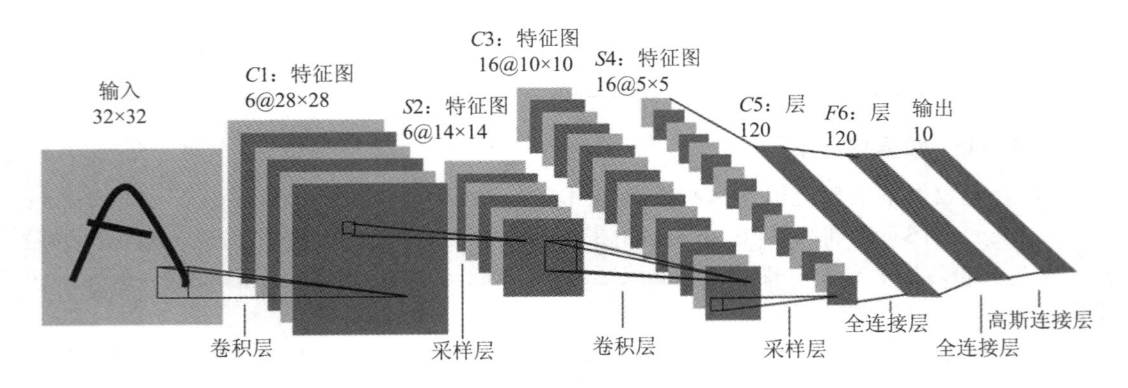

图 3.22　LeNet-5 网络结构

LeNet-5 网络是针对灰度图进行训练的，输入图像的大小为 32×32×1，不包含输入层的情况下共有 7 层，每一层都包含可训练参数(权重)。下面逐层介绍 LeNet－5 的网络结构，其中，卷积层用 Cx 表示，子采样层则被标记为 Sx，完全连接层被标记为 Fx，其中 x 是层索引。

网络层 $C1$ 是由 6 个特征图组成的卷积层。卷积的输入区域大小是 5×5，每个特征图谱内参数共享，即每个特征图谱内只使用一个共同卷积核，卷积区域每次滑动一个像素，每个神经元与输入图像的一个 5×5 的邻域相连接，因此每个特征图的大小是 28×28。这样卷积层形成的每个特征图谱大小是 28×28，可以防止输入图像的信息掉出卷积核边界。

网络层 $S2$ 是由 6 个大小为 14×14 的特征图组成的子采样层，它由 $C1$ 层抽样得到。特征图中的每个神经元与 $C1$ 层中的对应特征图中大小为 2×2 的邻域相连接。$S2$ 中单位的四个输入($S2$ 层中每个神经元的输入，这些输入是由 $C1$ 层中与其对应的特征图中的 4 个神经元的输出值组成的，这 4 个神经元都是位于 2×2 大小的邻域中的)相加，乘以可训练系数(权重)，再加上可训练偏差(bias)，结果通过 S 形函数传递。由于 2×2 个感受域不重叠，因此 $S2$ 中的特征图只有 $C1$ 中的特征图的一半行数和列数。

网络层 $C3$ 是由 16 个大小为 10×10 的特征图组成的卷积层。特征图的每个神经元与 $S2$ 网络层的若干个特征图的 5×5 的邻域连接。表 3.2 展示了 $S2$ 层的特征图如何结合形成 $C3$ 的每个特征图，其中的每一列表示 $S2$ 层的哪些特征图结合形成 $C3$ 的一个特征图。例如，从第一列可知，$S2$ 层的第 0 个、第 1 个、第 2 个特征图结合可得到 $C3$ 的第 0 个特征图。

表 3.2　*S2* 层特征图与 *C3* 层特征图的连接方法

	0	1	2	3	4	5	6	7	8	9	10	11	12	13	14	15
0	X				X	X	X			X	X	X	X		X	X
1	X	X				X	X	X			X	X	X	X		X
2	X	X	X				X	X	X			X		X	X	X
3		X	X	X			X	X	X	X			X		X	X
4			X	X	X			X	X	X	X		X	X		X
5				X	X	X			X	X	X	X		X	X	X

网络层 $S4$ 是由 16 个大小为 5×5 的特征图组成的次抽样层。特征图的每个神经元与 $C3$ 层的一个 2×2 大小的邻域相连接。

网络层 $C5$ 是由 120 个大小为 5×5 的特征图组成的卷积层。每个神经元与 $S4$ 网络层的所有特征图的 5×5 大小的邻域相连接。这里，因为 $S4$ 的特征图大小也是 5×5，所以 $C5$ 的输出大小是 11，因此 $S4$ 和 $C5$ 之间是完全连接的。$C5$ 被标记为卷积层，而不是完全连接层，是因为如果 LeNet-5 输入变得更大而其结构保持不变，则其输出大小会大于 1×1，即不是完全连接的层了。

网络层 $F6$ 输出 84 张特征图，与网络层 $C5$ 进行全连接。

最后，输出层有 10 个神经元，由径向基函数单元(RBF)组成，输出层的每个神经元对应一个字符类别。RBF 单元的输出 y_i 的计算方法如下：

$$y_i = \sum_j (x_i - w_{ij})^2 \tag{3.11}$$

4. 代码实现及流程

(1) 首先导入 PyTorch 相关算法库：

```
1.  import torch
2.  import torch.nn as nn
3.  import torch.nn.functional as F
4.  import torch.optim as optim
5.  from torchvision import datasets, transforms
6.  from matplotlib import pyplot as plt
```

(2) 下载 MNIST 数据集：

```
1.  #下载数据集
2.  train_set = datasets.MNIST(root ="./data", train = True, download = True, transform =
    transforms.ToTensor())
3.  test_set = datasets.MNIST(root ="./data", train = False, download = True, transform =
    transforms.ToTensor())
4.  #加载数据集
5.  trainloader=torch.utils.data.DataLoader(train_set, batch_size=64, shuffle=True)
6.  testloader=torch.utils.data.DataLoader(test_set, batch_size=32, shuffle=False)
```

(3) 搭建 LeNet-5 神经网络结构，并定义前向传播的过程：

```
1.  class LeNet(nn.Module):
2.      def _init_(self):
3.          super(LeNet, self)._init_()
4.          self.conv=nn.Sequential(
5.                  nn.Conv2d(1, 6, 5, stride=1, padding=2),
6.                  nn.ReLU(True),
7.                  nn.MaxPool2d(2, 2),
8.                  nn.Conv2d(6, 16, 5, stride=1, padding=0),
```

```
9.                  nn.ReLU(True),
10.                 nn.MaxPool2d(2, 2))
11.
12.             self.fc=nn.Sequential(
13.                 nn.Linear(400, 120),
14.                 nn.Linear(120, 84),
15.                 nn.Linear(84, 10))
16.
17.     def forward(self, x):
18.         x=self.conv(x)
19.         x=x.view(x.size(0), -1)
20.         x=self.fc(x)
21.         return x
```

(4) 将构建好的模型网络搭载到 CPU/GPU，并定义优化器：

```
1.  # 创建模型，部署 gpu
2.  device=torch.device("cuda" if torch.cuda.is_available() else "cpu")
3.  model=LeNet().to(device)
4.  # 定义优化器
5.  optimizer=optim.Adam(model.parameters(), lr=0.001)
6.  criterion=nn.CrossEntropyLoss()
```

(5) 定义训练过程：

```
1.  def train_runner(model, device, trainloader, optimizer, epoch):
2.      # 训练模型，启用 BatchNormalization 和 Dropout，将 BatchNormalization 和 Dropout 置
    为 True
3.      model.train()
4.      total=0
5.      correct=0.0
6.      # enumerate 迭代已加载的数据集，同时获取数据和数据下标
7.      for i, data in enumerate(trainloader, 0):
8.          inputs, labels=data
9.          # 把模型部署到 device 上
10.         inputs, labels=inputs.to(device), labels.to(device)
11.         # 初始化梯度
12.         optimizer.zero_grad()
13.         # 保存训练结果
14.         outputs=model(inputs)
```

```
15.        #计算损失和
16.        #多分类情况通常使用 cross_entropy(交叉熵损失函数)，而对于二分类问题，通常使
      用 sigmod
17.        loss=criterion(outputs, labels)
18.        #获取最大概率的预测结果
19.        #dim=1 表示返回每一行的最大值对应的列下标
20.        predict=outputs.argmax(dim=1)
21.        total +=labels.size(0)
22.        correct +=(predict==labels).sum().item()
23.        #反向传播
24.        loss.backward()
25.        #更新参数
26.        optimizer.step()
27.        if i % 1000==0:
28.            #loss.item()表示当前 loss 的数值
29.            print("Train Epoch{} \t Loss:{:.6f}, accuracy:{:.6f}%".format(epoch, loss.item
      (), 100 * (correct/total)))
30.            Loss.append(loss.item())
31.            Accuracy.append(correct/total)
32.            return loss.item(), correct/total
```

(6) 定义测试过程：

```
1.  def test_runner(model, device, testloader):
2.      #模型验证，必须要写，否则只要有输入数据，即使不训练，它也会改变权值
3.      #因为调用 eval()将不启用 BatchNormalization 和 Dropout，BatchNormalization 和 Dropout
    置为 False
4.      model.eval()
5.      #统计模型正确率，设置初始值
6.      correct=0.0
7.      test_loss=0.0
8.      total=0
9.      #torch.no_grad 将不会计算梯度，也不会进行反向传播
10.     with torch.no_grad():
11.         for data, label in testloader:
12.             data, label=data.to(device), label.to(device)
13.             output=model(data)
14.             test_loss +=F.cross_entropy(output, label).item()
15.             predict=output.argmax(dim=1)
```

```
16.             #计算正确数量
17.             total +=label.size(0)
18.             correct +=(predict==label).sum().item()
19.         #计算损失值
20.         print("test_avarage_loss: {:.6f}, accuracy: {:.6f}%".format(test_loss/total, 100 *
    (correct/total)))
```

(7) 调用:

```
1.  # 调用
2.  epoch=5
3.  Loss=[]
4.  Accuracy=[]
5.  for epoch in range(1, epoch+1):
6.  loss, acc=train_runner(model, device, trainloader, optimizer, epoch)
7.    Loss.append(loss)
8.    Accuracy.append(acc)
9.    test_runner(model, device, testloader)
10.
11.  print('Finished Training')
12.  plt.subplot(2, 1, 1)
13.  plt.plot(Loss)
14.  plt.title('Loss')
15.  plt.show()
16.  plt.subplot(2, 1, 2)
17.  plt.plot(Accuracy)
18.  plt.title('Accuracy')
19.  plt.show()
```

(8) 保存模型:

```
1.  # 保存模型
2.  print(model)
3.  torch.save(model, './models/model-mnist.pth')
```

(9) 手写图片的测试:

```
1.  import cv2
2.
3.  if __name__=='__main__':
4.    device=torch.device('cuda' if torch.cuda.is_available() else 'cpu')
5.    model=torch.load('./models/model-mnist.pth') #加载模型
6.    model=model.to(device)
```

```
7.      model.eval()#把模型转为 test 模式
8.
9.    #读取要预测的图片
10.     img=cv2.imread("./images/test.jpg")
11.     img=cv2.resize(img, dsize=(28, 28), interpolation=cv2.INTER_NEAREST)
12.     plt.imshow(img, cmap="gray") # 显示图片
13.     plt.axis('off') # 不显示坐标轴
14.     plt.show()
15.
16.    # 导入图片，图片扩展后为[1, 1, 32, 32]
17.     trans=transforms.Compose(
18.       [
19.             transforms.ToTensor(),
20.             transforms.Normalize((0.1307, ), (0.3081, ))
21.       ])
22.     img=cv2.cvtColor(img, cv2.COLOR_BGR2GRAY)#图片转为灰度图，因为 mnist 数据
   集都是灰度图
23.     img=trans(img)
24.     img=img.to(device)
25.     img=img.unsqueeze(0)  #图片扩展多一维，因为输入到保存的模型中是 4 维的[batch_
   size，通道，长，宽]，而普通图片只有三维，即[通道，长，宽]
26.
27.    # 预测
28.     output=model(img)
29.     prob=F.softmax(output, dim=1) #prob 是 10 个分类的概率
30.     print("概率：", prob)
31.     value, predicted=torch.max(output.data, 1)
32.     predict=output.argmax(dim=1)
33.     print("预测类别：", predict.item())
```

5. 结果展示

将 MNIST 数据集划分为训练集和验证集后，对训练集中的数据进行训练，识别运行结果如图 3.23 所示，共训练 5 个 epoch，每个 epoch 训练完后会输出训练集上的损失值、精确度以及在验证集上的损失值和精确度，图 3.24 和图 3.25 分别展示了训练过程中的损失值和精确度变化的折线图，从图中可以看出，随着训练轮数的增加，训练集和验证集上的损失值越来越低，准确率越来越高。

```
Train Epoch1      Loss: 2.319603, accuracy: 3.125000%
test_avarage_loss: 0.002041, accuracy: 97.940000%
Train Epoch2      Loss: 0.158465, accuracy: 92.187500%
test_avarage_loss: 0.001348, accuracy: 98.660000%
Train Epoch3      Loss: 0.040050, accuracy: 96.875000%
test_avarage_loss: 0.001400, accuracy: 98.590000%
Train Epoch4      Loss: 0.012236, accuracy: 100.000000%
test_avarage_loss: 0.001057, accuracy: 98.930000%
Train Epoch5      Loss: 0.004820, accuracy: 100.000000%
test_avarage_loss: 0.001178, accuracy: 98.730000%
Finished Training

Process finished with exit code 0
```

图 3.23 MNIST 数字手写识别运行结果

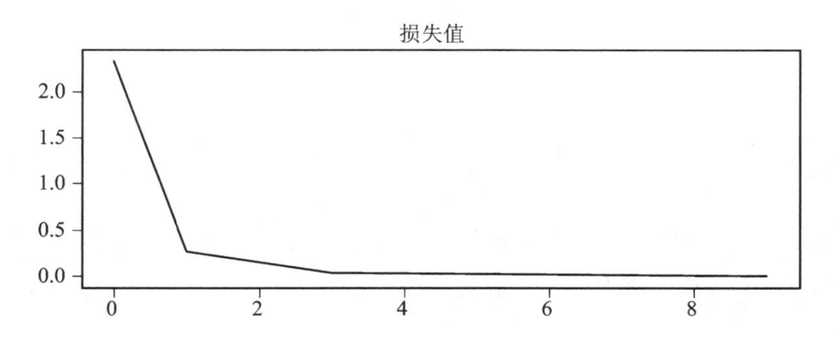

图 3.24 训练过程中损失值折线图

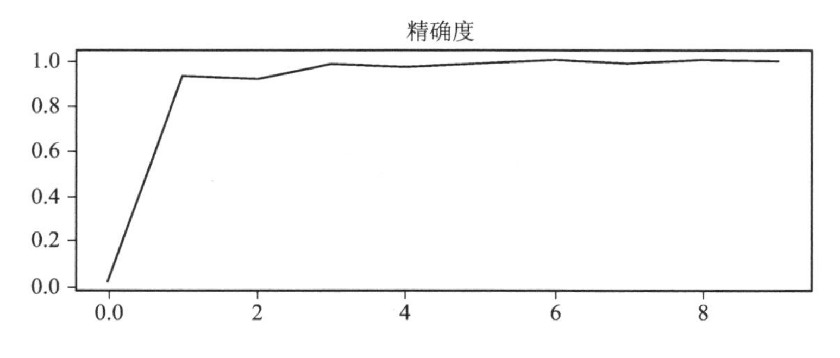

图 3.25 训练过程中精确度折线图

下面利用刚刚训练的 LeNet-5 模型进行手写数字图片的测试，输入的图像如图 3.26 所示，是一个形为“5”的数字图。图 3.27 则输出了对该测试图片的预测结果，包括该数字可能为 0～9 每一个数字的概率以及最终的预测类别。从图中可以看出，训练出的模型准确率较高，准确预测出了测试图片的类别是“5”。

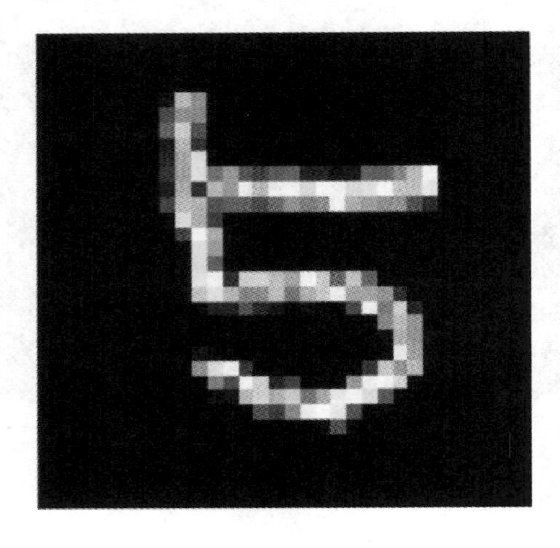

图 3.26　手写数字图片

```
概率:  tensor([[4.2056e-29, 2.0527e-32, 8.8128e-37, 8.2897e-12, 3.3220e-28, 1.0000e+00,
         2.5653e-19, 2.1679e-20, 2.5152e-18, 2.9063e-24]], device='cuda:0',
       grad_fn=<SoftmaxBackward>)
预测类别:  5

Process finished with exit code 0
```

图 3.27　手写图片测试结果

3.3　多传感器数据融合

多传感器数据融合是一个新兴的研究领域，是针对一个系统使用多种传感器这一特定问题而展开的一种关于数据处理的研究。多传感器数据融合技术是近几年来发展起来的一门实践性较强的应用技术，是多学科交叉的新技术，涉及信号处理、概率统计、信息论、模式识别、人工智能、模糊数学等理论。

近年来，多传感器数据融合技术无论在军事还是民事领域的应用都极为广泛，已广泛应用于机器人、自动目标识别、交通管制、海洋监视和管理、农业、遥感、医疗诊断、图像处理、模式识别等领域。实践证明，与单传感器系统相比，运用多传感器数据融合技术在解决探测、跟踪和目标识别等问题方面，能够增强系统的生存能力，提高整个系统的可靠性和鲁棒性，增强数据的可信度，提高精度，扩展整个系统的时间、空间覆盖率，增强系统的实时性并提高信息利用率等。

3.3.1 基本概念及原理

多传感器融合(multi-sensor fusion，MSF)是利用计算机技术，将来自多传感器或多源的信息和数据以一定的准则进行自动分析和综合，以完成所需的决策和估计而进行的信息处理过程。

多传感器数据融合技术的基本原理就像人脑综合处理信息一样，充分利用多个传感器资源，通过对多传感器及其观测信息的合理支配和使用，把多传感器在空间或时间上的冗余或互补信息依据某种准则进行组合，以获得被测对象的一致性解释或描述。具体地说，多传感器数据融合原理如下：

(1) 多个不同类型的传感器(有源或无源)收集观测目标的数据。

(2) 对传感器的输出数据(离散或连续的时间函数数据、输出矢量、成像数据或一个直接的属性说明)进行特征提取的变换，提取代表观测数据的特征矢量 $\boldsymbol{Y}_i$。

(3) 对特征矢量 $\boldsymbol{Y}_i$ 进行模式识别处理(如聚类算法、自适应神经网络或其他能将特征矢量 $\boldsymbol{Y}_i$ 变换成目标属性判决的统计模式识别法等)，完成各传感器关于目标的说明。

(4) 将各传感器关于目标的说明数据按同一目标进行分组，即关联。

(5) 利用融合算法将目标的各传感器数据进行合成，得到该目标的一致性解释与描述。

图 3.28 所示为多传感器数据融合过程流程。

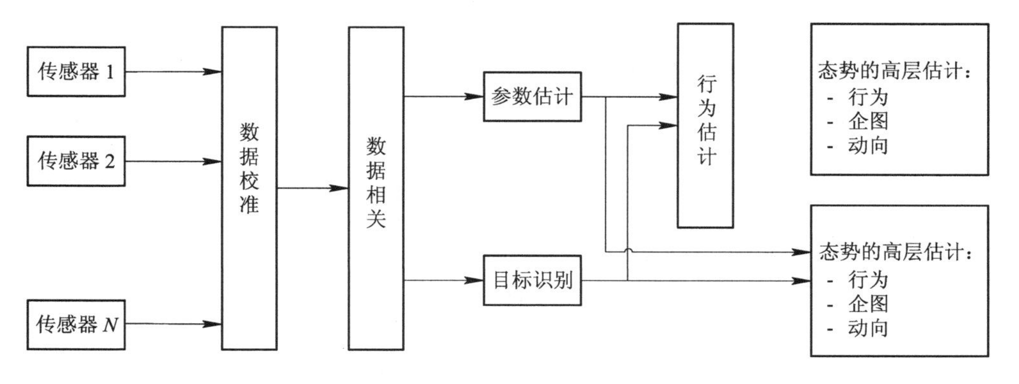

图 3.28 多传感器数据融合过程流程图

3.3.2 多传感器融合分类

1. 松耦合算法

松耦合算法本质上是对融合后的多维综合数据进行感知，如图 3.29 所示。松耦合算法是松散的，在算出结果之前，所有的传感器都是独立的，不存在传感器与传感器的约束。松耦合算法将多传感器(以相机和 IMU 为例)作为两个单独的模块，这两个模块均可以计算得到位姿信息，再进行融合。

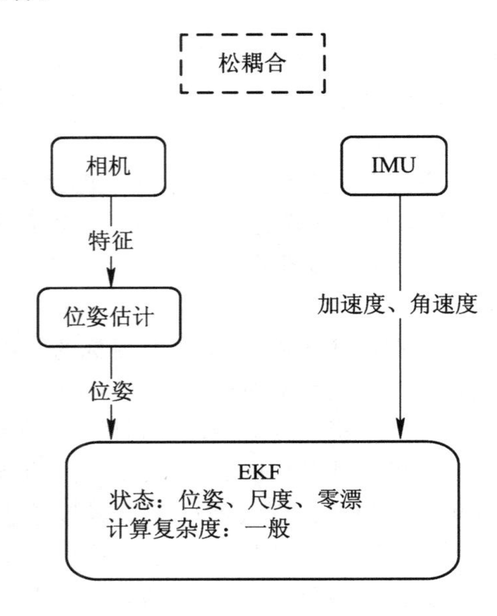

图 3.29 松耦合算法

松耦合算法流程如下：

(1) 每个传感器各自独立处理生成的目标数据。

(2) 每个传感器都有自己独立的感知。比如，激光雷达有激光雷达的感知，摄像头有摄像头的感知，毫米波雷达也有自己的感知。

(3) 当所有传感器完成目标数据生成后，再由主处理器进行数据融合。

2. 紧耦合算法

紧耦合算法则是指将多传感器(以相机和 IMU 为例)得到的中间数据通过一个优化滤波器进行处理，把图像特征加入到特征向量中，最终得到位姿信息的过程，如图 3.30 所示。由此得到的系统状态向量最终的维度也会非常高，同时计算量也很大。

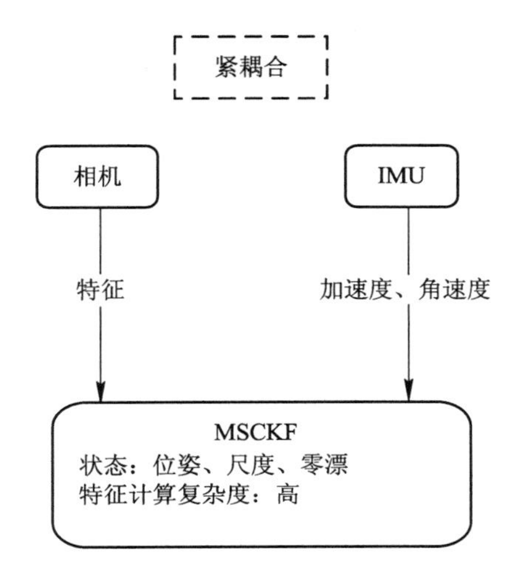

图 3.30　紧耦合算法

紧耦合算法流程：

(1) 采用基于单个感知器的算法，即对融合后的多维综合数据进行感知。

(2) 在原始层把数据都融合在一起，融合好的数据类似一个 Super 传感器，而且这个传感器不仅能看到红外线，还能看到摄像头或者 RGB，也能看到 LiDAR 的三维信息，就像一双超级眼睛。在这双超级眼睛上开发感知算法(基于多个感知器进行融合处理)，最后输出一个结果层的物体。

3.3.3　多传感器融合常用方法

1. 加权平均法

信号级融合方法最简单直观的方法是加权平均法，即将一组传感器提供的冗余信息进行加权平均，将结果作为融合值，式(3.12)即为加权平均法的常用公式，该方法是一种直接对数据源进行操作的方法。

$$\bar{x} = \frac{x_1 f_1 + x_2 f_2 + \cdots + x_k f_k}{\sum_{i=1}^{k} f_i} \tag{3.12}$$

2. 卡尔曼滤波法

卡尔曼滤波法主要用于融合低层次实时动态多传感器冗余数据。该方法用测量模型的统计特性递推，决定统计意义下的最优融合和数据估计。如果系统具有线性动力学模型，且系统与传感器的误差符合高斯白噪声模型，则卡尔曼滤波将为融合数据提供唯一统计意义下的最优估计。

卡尔曼滤波的核心思想是根据 $k-1$ 时刻的最优估计值x_{k-1}来预测 k 时刻的状态变量 $\hat{x}_{k/k-1}$，同时又对该状态进行观测，得到观测变量 Z_k，再在预测与观测之间进行分析，从而得到 k 时刻的最佳状态估计x_k。

卡尔曼滤波的递推特性使系统无须进行大量的数据存储和计算。但是当采用单一的卡尔曼滤波器对多传感器组合系统进行数据统计时，存在很多严重的问题。例如：

(1) 在组合信息大量冗余的情况下，计算量将以滤波器维数的三次方剧增，实时性难以满足。

(2) 传感器子系统的数量增加使故障概率增大，在某一系统出现故障而未被检测出时，故障会污染整个系统，使可靠性降低。

下面介绍一般形式的卡尔曼滤波方程。

状态的第一步预测方程如下：

$$\hat{\boldsymbol{x}}_{\bar{k}} = \boldsymbol{A}\hat{\boldsymbol{x}}_{k-1} + \boldsymbol{B}u_{k-1} \tag{3.13}$$

均方误差的一步预测如下：

$$\boldsymbol{P}_{\bar{k}} = \boldsymbol{A}\boldsymbol{P}_{k-1}\boldsymbol{A}^{\mathrm{T}} + \boldsymbol{Q} \tag{3.14}$$

滤波增益方程(权重)如下：

$$\boldsymbol{K}_k = \frac{\boldsymbol{P}_{\bar{k}}\boldsymbol{H}^{\mathrm{T}}}{\boldsymbol{H}\boldsymbol{P}_{\bar{k}}\boldsymbol{H}^{\mathrm{T}} + \boldsymbol{R}} \tag{3.15}$$

滤波估计方程(k 时刻的最优值)如下：

$$\hat{\boldsymbol{x}}_k = \hat{\boldsymbol{x}}_{\bar{k}} + \boldsymbol{K}_k(\boldsymbol{Z}_k - \boldsymbol{H}\hat{\boldsymbol{x}}_{\bar{k}}) \tag{3.16}$$

滤波均方误差更新矩阵(k 时刻的最优均方误差)如下：

$$\boldsymbol{P}_k = (\boldsymbol{I} - \boldsymbol{K}_k\boldsymbol{H})\boldsymbol{P}_{\bar{k}} \tag{3.17}$$

1) 例子说明

以一分钟为时间单位，假设我们要研究一个房间的温度。根据我们的经验判断，这个房间的温度是恒定的，但是我们的经验不是完全可信的，可能存在上下几度的偏差，我们把该偏差看作高斯白噪声。另外，我们在房间里放置一个温度计，温度计也不准确，测量值会与实际值存在偏差，我们把这个偏差也看作高斯白噪声。现在，我们要根据经验温度和温度计的测量值及它们各自的噪声来估算出房间的实际温度。

2) 求解步骤

假设我们要估算 k 时刻的实际温度，首先我们要根据 $k-1$ 时刻的温度值来预测 k 时刻的经验温度，因为我们相信温度是恒定的，所以我们预测的 k 时刻的温度与 $k-1$ 时刻的温度相同，假设为 23°，同时该值的高斯白噪声为 5°(若我们估算出的 $k-1$ 时刻的最优温度值的偏差是 3°，我们对自己预测的不确定度是 4°,则平方和开平方后就为 5°)，从温度计那里

得到 k 时刻的温度值为 25°，同时该值的偏差是 4°。

由 $k-1$ 时刻的最优温度值去预测 k 时刻系统的状态值(温度) $\hat{\boldsymbol{X}}_{\bar{k}}$，且 $\hat{\boldsymbol{x}}_{\bar{k}}=\boldsymbol{A}\hat{\boldsymbol{x}}_{k-1}+\boldsymbol{B}\boldsymbol{u}_{k-1}$，对应于上例中 $\hat{x}_{\bar{k}}=\hat{X}_{k-1}=23°$。

由上一次的误差协方差 $\boldsymbol{P}_{k-1}$ 和过程噪声 $\boldsymbol{Q}$ 预测新的误差 $\boldsymbol{P}_k^-$，$\boldsymbol{P}_k^-=\boldsymbol{A}\boldsymbol{P}_{k-1}\boldsymbol{A}^{\mathrm{T}}+\boldsymbol{Q}$，对应于上例中 $\sqrt{3^2+2^2}=5$。

计算卡尔曼增益，$\boldsymbol{K}_k=\boldsymbol{P}_k^-\boldsymbol{H}^{\mathrm{T}}(\boldsymbol{H}\boldsymbol{P}_k^-\boldsymbol{H}^{\mathrm{T}}+\boldsymbol{R})^{-1}$，对应于上例中 $K_k^2=5^2\ /\ (5^2+4^2)$，$K_k=0.78$。

进行校正更新，$\hat{\boldsymbol{x}}_k=\hat{\boldsymbol{x}}_{\bar{k}}+\boldsymbol{K}_k(\boldsymbol{Z}_k-\boldsymbol{H}\hat{\boldsymbol{x}}_{\bar{k}})$，对应于上例中 $\hat{x}_k=23+0.78\times(25-23)=24.56$，此 $\hat{x}_k$ 即为 k 时刻的最优温度值。

为下一步估计 $k+1$ 时刻的最优温度值的迭代进行更新操作，即更新 P 值，$\boldsymbol{P}_k=(\boldsymbol{I}-\boldsymbol{K}_k\boldsymbol{H})\boldsymbol{P}_{\bar{k}}$，对应于上例中的 $[(1-K_k)\times 5^2]^{0.5}=2.35$。

3) 代码实现

```
1.  from matplotlib import pyplot
2.  import math
3.  import random
4.
5.  lastTimePredVal=0   # 上次估计值
6.  lastTimePredCovVal=0.1   # 上次估计协方差
7.  lastTimeRealCovVal=0.1   # 上次实际协方差
8.  kg=0.0 #卡尔曼增益
9.
10.  # val：本次测量值
11.  def kalman(val)：
12.     #python 中如果想在函数内部对函数外的变量进行操作，就需要在函数内部声明其为
    global。
13.     globallastTimePredVal   # 上次估计值
14.     globallastTimePredCovVal   # 上次估计协方差
15.     globallastTimeRealCovVal   # 上次实际协方差
16.     global kg
17.
18.     currRealVal=val# 本次实际值
19.     currPredCovVal=lastTimePredCovVal   # 本次估计协方差值
20.     currRealCovVal=lastTimeRealCovVal   # 本次实际协方差值
21.
```

```
22.     # 计算本次估计值，并更新保留上次预测值的变量
23.     currPredVal=lastTimePredVal + kg * (currRealVal-lastTimePredVal)
24.     lastTimePredVal=currPredVal
25.
26.     #计算卡尔曼增益
27.     kg=math.sqrt(math.pow(lastTimePredCovVal, 2) / (math.pow(lastTimePredCovVal, 2)
   + math.pow(lastTimeRealCovVal, 2)))
28.
29.     # 计算下次估计和实际协方差
30.     lastTimePredCovVal=math.sqrt(1.0-kg) * currPredCovVal
31.     lastTimeRealCovVal=math.sqrt(1.0-kg) * currRealCovVal
32.
33.     # 返回本次的估计值，也就是滤波输出值
34.     return currPredVal
35.
36.
37.  if _name_=="_main_":
38.     realTemp=[]# 真实温度
39.     predTemp=[]# 预测温度
40.
41.     # 生成50个真实温度，20°到23°之间
42.     for i in range(50):
43.         realTemp.append(random.uniform(20, 23))
44.
45.     # 卡尔曼滤波
46.     for t in realTemp:
47.         predVal=kalman(t)
48.         predTemp.append(predVal)
49.
50.     # 绘制真实温度和预测温度折线图
51.     pyplot.figure()
52.     pyplot.plot(predTemp, label='predict_temp')
53.     pyplot.plot(realTemp, label='real_temp')
54.     pyplot.tick_params(axis='x', which='major', labelsize=int(len(predTemp)/10))
55.     pyplot.xlabel('Count')
56.     pyplot.ylabel('Temperature')
57.     pyplot.show()
```

4）结果展示

图 3.31 所示为预测温度与真实温度的折线图，从图中可以看出，预测的温度和真实温度相差不大，预测比较准确。

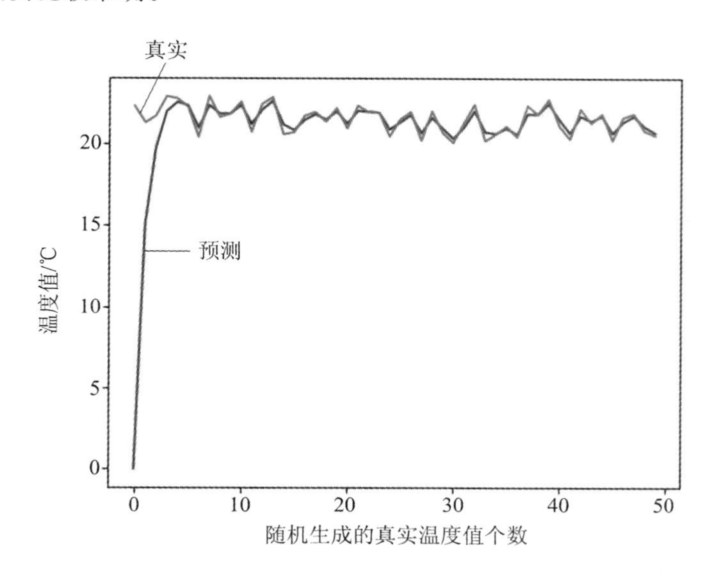

图 3.31 预测温度与真实温度折线图

3. 多贝叶斯估计法

贝叶斯估计为数据融合提供了一种手段，是融合静环境中多传感器高层信息的常用方法。它使传感器信息依据概率原则进行组合，测量不确定性以条件概率表示，当传感器组的观测坐标一致时，可以直接对传感器的数据进行融合，但大多数情况下，传感器测量数据要以间接方式采用贝叶斯估计进行数据融合。

多贝叶斯估计法是指将每一个传感器作为一个贝叶斯估计，把各单独物体的关联概率分布合成一个联合的后验概率分布函数，通过使联合分布函数的似然函数为最小，提供多传感器信息的最终融合值，融合信息与环境的先验模型以提供整个环境的特征描述。

4. D-S 证据推理法

D-S 证据推理法是贝叶斯推理的扩充，包含 3 个基本要点：基本概率赋值函数、信任函数和似然函数。

定义 3.3.1 设 Θ 为一个识别框架，则函数 m：$2^{\Theta}\rightarrow[0, 1]$（$2^{u}$ 为 U 的所有子集构成的集合）满足下列条件：

(1) $m(\phi)=0$。

(2) $\sum_{A \subset \Theta} m(A) = 1$。

则称 $m(A)$为 A 的基本概率赋值函数。$m(A)$表示对命题 A 的精确信任程度，表示了对 A 的直接支持。

定义 3.3.2 设 Θ 为一个识别框架，m：$2^{\Theta} \to [0, 1]$是 Θ 上的基本概率赋值，定义信任函数 BEL，$2^{\Theta} \to [0, 1]$如下：

$$\text{BEL}(A) = \sum_{B \subset A} m(B) \quad (\forall A \subset U) \tag{3.18}$$

称该函数是 Θ 上的信任函数。

定义 3.3.3 若识别框架 Θ 的一个子集为 A，且有 $m(A) > 0$，则称 A 为信任函数 BEL 的焦元，所有焦元的并称为核。

定义 3.3.4 设 Θ 为一个识别框架，定义 PL：$2^{\Theta} \to [0, 1]$如下：

$$\text{PL}(A) = 1 - \text{BEL}(\overline{A}) = \sum_{B \cap A = \phi} m(B) \tag{3.19}$$

称 PL(A)为似然函数。

定义 3.3.5 [BEL(A)，PL(A)]称为焦元 A 的信任度区间。

D-S 方法的推理结构是自上而下的，分为三级。第一级为目标合成，其作用是把来自独立传感器的观测结果合成为一个总的输出结果(ID)。第二级为推断，其作用是获得传感器的观测结果并进行推断，将传感器的观测结果扩展成目标报告。这种推理的基础是：一定的传感器报告以某种可信度在逻辑上会产生可信的某些目标报告。第三级为更新，各传感器一般都存在随机误差，因此在时间上充分独立地来自同一传感器的一组连续报告比任何单一报告更加可靠。所以在推理和多传感器合成之前，要先组合(更新)传感器的观测数据。

5. 产生式规则

产生式规则即采用符号表示目标特征和相应传感器信息之间的联系，与每一个规则相联系的置信因子表示它的不确定性程度。当在同一个逻辑推理过程中，2 个或多个规则形成一个联合规则时，可以产生融合。应用产生式规则进行融合的主要问题是每个规则置信因子的定义与系统中其他规则的置信因子相关，如果系统中引入新的传感器，那么需要加入相应的附加规则。

6. 模糊逻辑推理

模糊逻辑是多值逻辑，通过指定一个 0 到 1 之间的实数表示真实度(相当于隐含算子的前提)，允许将多个传感器信息融合过程中的不确定性直接表示在推理过程中。如果采用某种系统化的方法对融合过程中的不确定性进行推理建模，则可以产生一致性模糊推理。图 3.32 所示为模糊逻辑计算的流程。

与概率统计方法相比，逻辑推理存在许多优点，它在一定程度上克服了概率论所面临的问题，对信息的表示和处理更加接近人类的思维方式，一般比较适合于在高层次上的应用(如决策)。但是逻辑推理本身还不够成熟和系统化。此外由于逻辑推理对信息的描述存在很多主观因素，因此对信息的表示和处理缺乏客观性。

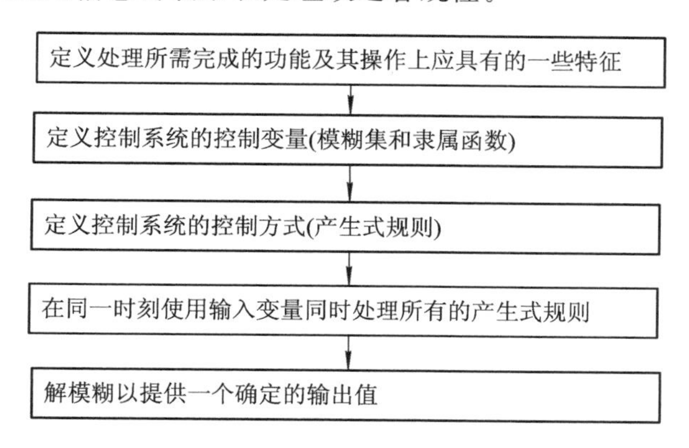

图 3.32　模糊逻辑计算流程图

模糊集合理论对于数据融合的实际价值在于它外延到模糊逻辑，模糊逻辑是一种多值逻辑，隶属度可视为一个数据真值的不精确表示。在多传感器融合过程中，存在的不确定性可以直接用模糊逻辑表示，然后使用多值逻辑推理，根据模糊集合理论的各种演算对各种命题进行合并，进而实现数据融合。

7. 人工神经网络法

神经网络法是模拟人类大脑而产生的一种信息处理技术，它采用大量以一定方式相互连接和相互作用的神经元来处理信息。神经网络具有很强的容错性以及自学习、自组织及自适应能力，能够模拟复杂的非线性映射。神经网络的这些特性和强大的非线性处理能力，恰好满足多传感器数据融合技术处理的要求。在多传感器系统中，各信息源所提供的环境信息都具有一定程度的不确定性，对这些不确定信息的融合过程实际上是不确定性的推理过程。神经网络根据当前系统所接受的样本相似性确定分类标准，这种确定方法主要表现在网络的权值分布上；同时可以采用学习算法来获取知识，得到不确定性推理机制。利用神经网络的信号处理能力和自动推理功能即可实现多传感器数据融合。图 3.33 所示为基于神经网络法的多传感器信息融合的流程。

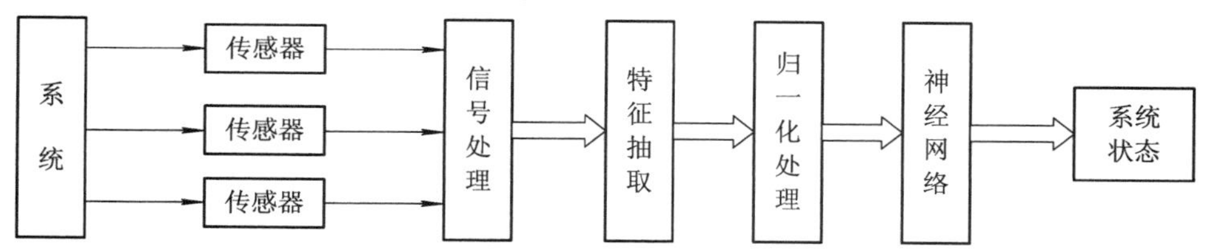

图 3.33　基于神经网络法的多传感器信息融合流程图

基于神经网络的多传感器信息融合处理过程如下：

(1) 用选定的 N 个传感器检测系统状态。

(2) 采集 N 个传感器的测量信号并进行预处理。

(3) 对预处理后的 N 个传感器信号进行特征选择。

(4) 对特征信号进行归一化处理，为神经网络的输入提供标准形式。

(5) 将归一化的特征信息与已知的系统状态信息作为训练样本，送到神经网络进行训练，直到满足要求为止。该训练好的网络作为已知网络，只要将归一化的多传感器特征信息作为输入送入该网络，网络输出就是被测系统的状态。

3.3.4 多传感器融合算法

1. 激光和视觉数据的融合

激光扫描仪能够在大角度领域和高速率环境下提供精确的测量范围，可以将激光扫描数据和视觉信息融合成精确的 3D 信息。简单的 3D 模型最初是依据 2D 激光范围数据构建的。视觉传感器(相机或其他可以用来获取视觉信息的传感器)的用途为：① 证实构建模型的正确性；② 定性定量地描述激光和视觉数据之间的不一致性，无论这些不一致在哪些地方被检测出来。视觉深度信息仅仅在激光范围信息不完整时才被提取出来。图 3.34 所示为激光和视觉数据融合方案。

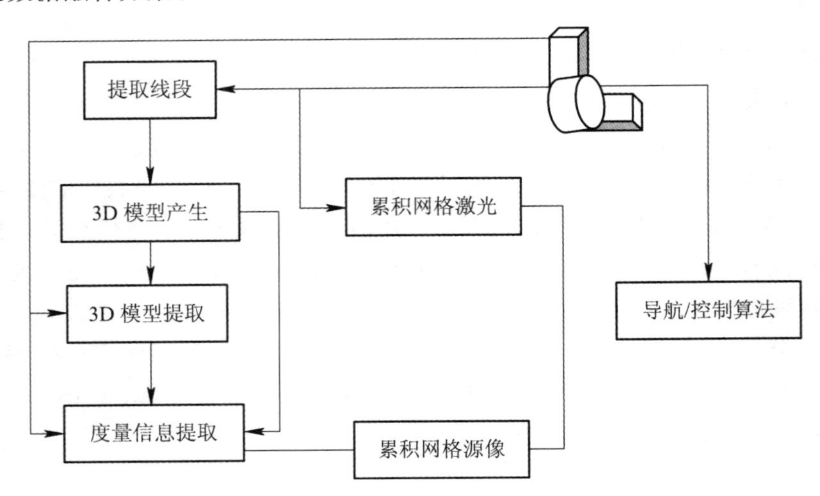

图 3.34　激光和视觉数据融合方案

立体人脸识别系统就是激光和视觉数据融合的典型案例，如图 3.35 所示。在建立该系统之初，首先要对人脸进行检测和特征提取，人脸检测包括脸部定位和面部特征提取以及规范化提取。例如，当镜头前有两个处于不同距离的人时，系统通过比较差异图来区分他们。其中一些特征提取方法基于 λ_2 模板匹配技术。这种方法使用一幅灰度图像，该图像专注于捕捉面部的关键部分，如眼角。系统会在当前图像中寻找与脸部模板最匹配的区域，并从中提取特征。

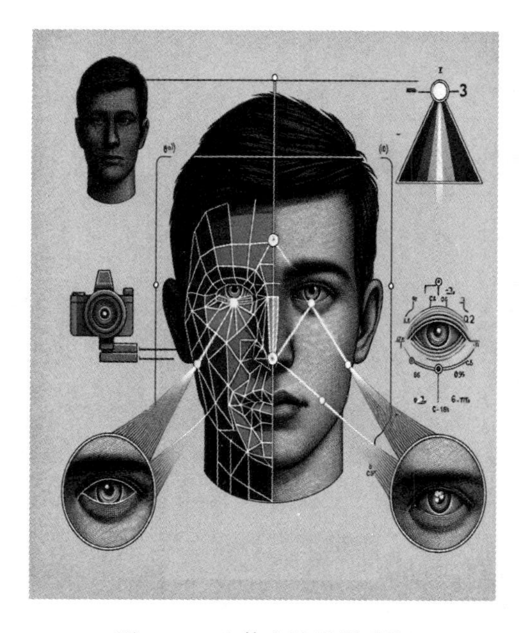

图 3.35　立体人脸识别系统

多生物学系统利用来自生物源的信息核实每个个体的身份，如脸和指纹。来自这些多源的信息能够被合并成 3 种不同的功能，即特征提取功能、匹配分数功能和判别功能；涉及 3 个方面的研究，即 PCA 与脸部系数的融合，与脸部图像 R、G、B 信道相一致的 LDA 系数的融合，脸部和手部形态融合。多生物学系统整合了多生物学特征以及这些特征对应的生物源信息。

2. 多相机的融合、长短焦/双目相机融合

根据长焦相机投影到短焦相机的融合图像进行判断，绿色通道为短焦相机图像，红色和蓝色通道是长焦投影后的图像，目视判断检验对齐情况。在融合图像中的融合区域，选择场景中距离较远处(50 m 以外)的景物进行对齐判断；若景物与相机标定的景物能够重合，则精度高；若出现粉色或绿色重影(错位)，则存在误差。当误差大于一定范围时(范围依据实际使用情况而定)，标定失败，需重新标定(正常情况下，近处物体因受视差影响，在水平方向存在错位，且距离越近错位量越大，此为正常现象。垂直方向不受视差影响)。图 3.36 所示为满足精度要求外参效果，具有良好的相机到相机标定结果，中间部分为融合结果，重叠较好；图 3.37 所示为不满足精度要求的现象，需要重新进行标定，中间部分为融合结果，有绿色重影。

图 3.36　良好的相机到相机标定结果

图 3.37　错误的相机到相机标定结果

第4章 智能机器人规则学习

规则学习是从训练数据中学习一组能用于对未见示例进行判别的规则，其目标是产生一个能覆盖尽可能多的样例的规则集。在智能机器人领域，规则学习包含强化学习和路径规划算法两大领域，图 4.1 所示为智能机器人规则学习的结构框架。强化学习具有自主在线学习的能力，在移动机器人导航领域得到了广泛的研究与应用。路径规划算法是移动机器人的核心问题，它研究如何让移动机器人从起始位置无碰撞、安全地移动到目标位置。智能机器人规则学习在机器人的研究与应用领域占有举足轻重的地位。

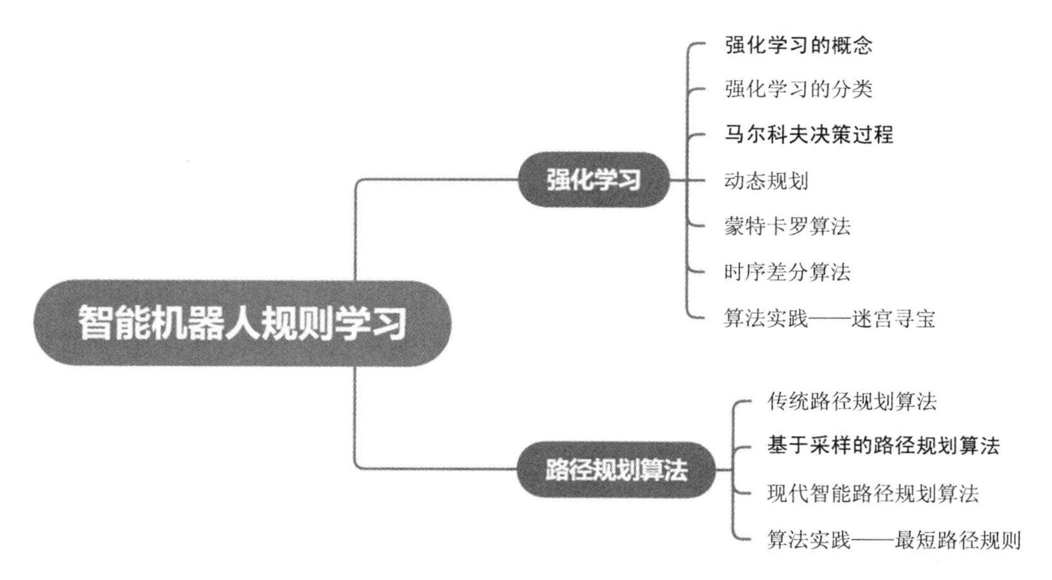

图 4.1　智能机器人规则学习结构框架图

本章将对智能机器人规则学习进行介绍，主要从强化学习和路径规划算法两个方面展开。在强化学习板块，主要介绍强化学习的概念、马尔科夫决策过程以及几种在智能机器人领域常用的算法，最后通过“迷宫寻宝”的案例来介绍算法的具体应用；在路径规划算法板块，分别介绍传统路径规划算法、基于采样的路径规划算法和现代智能路径规划算法，并通过“最短路径规划”的案例较为直观地展示 Dijkstra 算法和 A^* 算法的实现过程。

4.1 强化学习

4.1.1 强化学习的概念

强化学习(reinforcement learning，RL)是机器学习领域之一，受到行为心理学的启发，主要关注智能体如何在环境中采取不同的行动，最大限度地提高累积奖励。通俗地说，强化学习是智能体(agent)以“试错”的方式进行学习，通过与环境进行交互获得的奖赏指导行为，其目标是使智能体获得最大的奖赏。

图 4.2 所示为强化学习的结构框架。强化学习主要由智能体(agent)、环境(environment)、状态(state)、动作(action)、奖励(reward)组成。智能体依靠某一策略(policy)和环境交互，每次交互时通过观察得到当前的状态，根据这一状态选择某一动作(action)，依次得到奖励。通过多次交互，智能体即可学习到在特定环境下选择合适动作的优化策略(optimal policy)，使得总体收益(return)最大化。

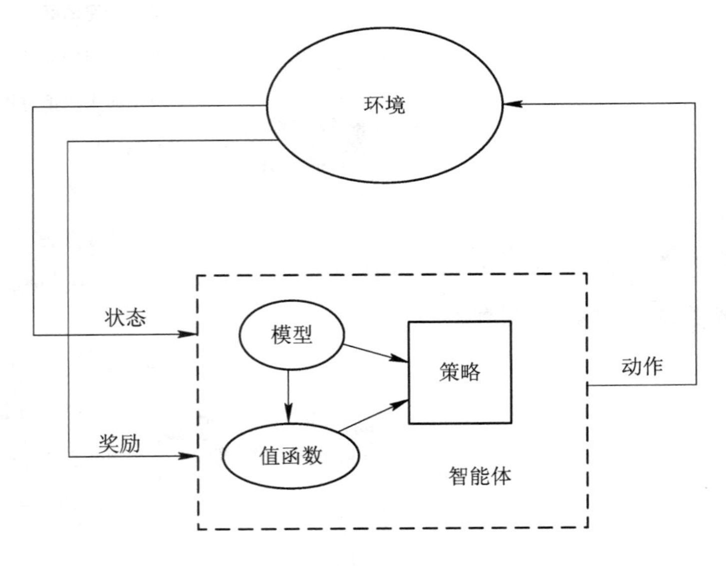

图 4.2 强化学习的结构框架图

智能体指的是能够与环境进行交互，自主采取行动以完成任务的强化学习系统。它主要由策略、值函数、模型三个组成部分中的一个或多个组成。以下将逐一介绍。

1. 策略

策略是决定智能体行为的机制，是状态到行为的映射，用 $\pi(a|s)$ 表示，它定义了智能

体在各个状态下各种可能的行为及概率。

$$\pi(a \mid s) = P(A_t = a \mid S_t = s) \tag{4.1}$$

式中：S_t 和 A_t 分别表示在 t 时刻所处的状态和采取的动作。式(4.1)意味着该策略是不变的，即在任何时刻，只要系统处在 s 状态，其采取的动作都符合同一分布 $\pi(a|s)$。

2. 值函数

值函数代表智能体在给定状态下的表现，或者在给定状态下采取某种行为的好坏程度。这里的好坏用未来的期望回报表示，而回报和采取的策略相关，所有值函数的估计都是基于给定的策略进行的。

回报 G_t 为从 t 时刻开始往后所有回报的有衰减的总和，也称"收益"或"奖励"，公式如下：

$$G_t = R_{t+1} + \gamma R_{t+2} + \cdots = \sum_{k=0}^{\infty} \gamma^k R_{t+k+1} \tag{4.2}$$

式中：折扣因子 γ(也称为衰减系数)体现了未来的回报在当前时刻的价值比例。

状态值函数 $V_\pi(s)$ 表示从状态 s 开始，遵循当前策略 π 所获得的期望回报；或者说在执行当前策略 π 时，衡量智能体所处状态 s 时的价值大小。这个值可用来评价一个状态的好坏，指导智能体选择动作，使得其转移到具有较大值函数的状态上去。数学表示如下：

$$\begin{aligned} V_\pi(s) &= E_\pi[G_t \mid S_t = s] \\ &= E_\pi[R_{t+1} + \gamma R_{t+2} + \cdots \mid S_t = s] \end{aligned} \tag{4.3}$$

值函数还有另外一个类别，即状态行为值函数 $Q_\pi(s, a)$，简称行为值函数。该指标表示针对当前状态 s 执行某一具体行为 a 后，继续执行策略 π 所获得的期望回报；也表示遵循策略 π 时，对当前状态 s 执行行为 a 的价值大小。公式描述如下：

$$\begin{aligned} Q_\pi(s, a) &= E_\pi[G_t \mid S_t = s, A_t = a] \\ &= E_\pi[R_{t+1} + \gamma R_{t+2} + \cdots \mid S_t = s, A_t = a] \end{aligned} \tag{4.4}$$

3. 模型

模型是智能体对环境的建模，用于预测环境下一步的变化。当给定一个状态和行为时，该环境模型能够预测下一个状态和立即回报，对应的数学表达式如下：

$$P_{ss'}^a = P(S_{t+1} = s' \mid S_t = s, A_t = a) \tag{4.5}$$

$$R_s^a = E[R_{t+1} \mid S_t = s, A_t = a] \tag{4.6}$$

式中：$P_{ss'}^a$ 为状态转换概率，为预测在状态 s 上采取行为 a 后，下一个状态 s' 的概率分布；R_s^a 表征在状态 s 上采取行为 a 后得到的回报。

4.1.2 强化学习的分类

根据智能体在解决问题时是否对环境进行建模，可将强化学习分为有模型(model-based)方法和无模型(model-free)方法两大类，如图4.3所示。有模型方法指的是智能体与反馈机制已知的环境进行交互，或是智能体已经对环境完成建模，可以利用这个模型做出动作规划的方法，如动态规划法。无模型方法指的是在环境反馈机制未知的情况下，智能体不依赖模型做出动作规划的方法，如蒙特卡罗法、时序差分法。

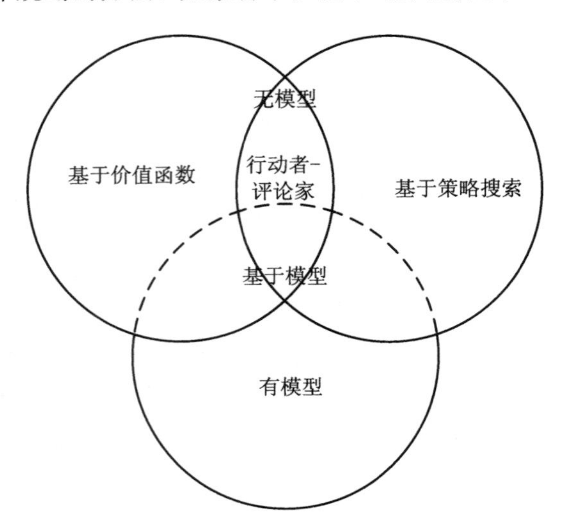

图4.3　强化学习分类

根据策略的更新和学习方法，强化学习算法可分为以下三类。

(1) 基于价值函数(value based)的方法：学习值函数，最终的策略根据值函数贪婪得到，也就是在任意状态下，值函数最大的动作为当前最优策略；包括动态规划法、蒙特卡罗法、时序差分法等。

(2) 基于策略搜索(policy based)的方法：将策略参数化，学习实现目标的最优参数；包括蒙特卡罗策略梯度、时序差分策略梯度等。

(3) 行动者-评论家(actor-critic，AC)方法：联合使用价值函数和策略搜索，如优势行动者-评论家方法、异步优势行动者-评论家方法等。

4.1.3　马尔科夫决策过程

1. 马尔科夫性

当一个随机过程在给定现在状态及所有过去状态的情况下，其未来状态的条件概率分布仅依赖当前状态；换句话说，在给定现在状态时，它与过去状态(该过程的历史路径)是条件独立的，那么此随机过程即具有马尔科夫性质。可以用下面的状态转移概率公式来描述马尔科夫性：

$$P(S_{t+1} \mid S_t) = P(S_{t+1} \mid S_t, \cdots, S_2, S_1) \tag{4.7}$$

可见状态 S_t 包含的信息等价于所有历史状态 S_1，S_2，…，S_t 包含的信息，状态 S_t 具有马尔科夫性。

下面的状态转移矩阵定义了所有状态的转移概率：

$$\boldsymbol{p} = \begin{bmatrix} p_{11} & p_{12} & \cdots & p_{1n} \\ p_{21} & p_{22} & \cdots & p_{2n} \\ \vdots & \vdots & & \vdots \\ p_{n1} & p_{n2} & \cdots & p_{nn} \end{bmatrix} \tag{4.8}$$

式中：n 为状态数量，矩阵中每一行的元素之和都为 1。

2. 马尔科夫过程(Markov process，MP)

马尔科夫性的随机时序状态{S_1，S_2，…，S_t}称为马尔科夫过程，又叫马尔科夫链。一个马尔科夫成果表示为〈S，$\boldsymbol{P}$〉，其中 S 表示状态空间，$\boldsymbol{P}$ 为状态转移概率矩阵。图 4.4 所示为学生马尔科夫链，下面以此例来说明马尔科夫链的相关概念。

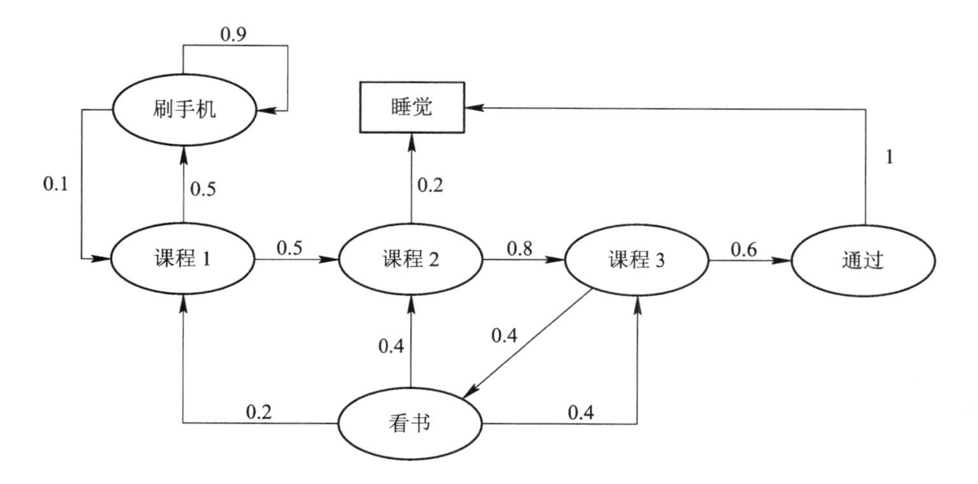

图 4.4　学生马尔科夫链

图 4.4 中，椭圆表示学生所处的状态，方格“睡觉”是终止状态。箭头表示状态之间的转移，箭头上的数字表示当前转移的概率。

举例说明：当学生处在第一节课(课程 1)时，他/她有 0.5 的概率会参加第二节课(课程 2)；同时也有 0.5 的概率不在认真听课，处于“刷手机”这个状态中。在“刷手机”这个状态时，他/她有 0.9 的概率在下一时刻继续刷手机，也有 0.1 的概率返回到课堂内容上来。当学生进入到第二节课(课程 2)时，会有 0.8 的概率继续参加第三节课(课程 3)，也有 0.2 的概率觉得课程较难而退出(睡觉)。当学生处在第三节课(课程 3)时，他有 0.6 的概率通过考试，继而退出该课程，也有 0.4 的可能性继续看书，此后根据其对课堂内容的理解程度，又分别有 0.2、0.4、0.4 的概率返回至第一、二、三节课重新学习。一个可能的学生马尔科夫链从课程 1 状态开始，最终结束于“睡觉”，其间的过程根据状态转化图可以有很多种可能性，这些都称为“样本轨迹”。以下几个轨迹都是可能的：

路径 1：课程 1　课程 2　课程 3　通过　睡觉

路径 2：课程 1　刷手机　刷手机　课程 1　课程 2　睡觉

路径 3：课程 1　课程 2　课程 3　看书　课程 2　课程 3　通过　睡觉

该学生马尔科夫过程的状态转移矩阵如图 4.5 所示。

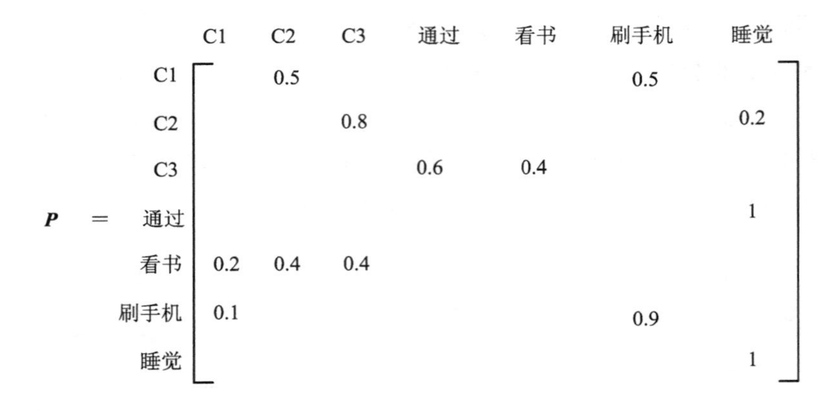

P =

	C1	C2	C3	通过	看书	刷手机	睡觉
C1		0.5				0.5	
C2			0.8				0.2
C3				0.6	0.4		
通过							1
看书	0.2	0.4	0.4				
刷手机	0.1					0.9	
睡觉							1

图 4.5　学生马尔科夫过程状态转移矩阵

3. 马尔科夫奖励过程(Markov reward process，MRP)

马尔科夫奖励过程在马尔科夫过程的基础上增加了奖励 R 和衰减系数 γ：$\langle S, P, R, \gamma\rangle$。其中 R 是一个奖励函数。R_s 表示状态为 S_t 时的下一时刻($t+1$)的奖励 R_{t+1} 的期望：

$$R_s = E[R_{t+1} \mid S_t = s] \tag{4.9}$$

衰减系数(discount factor)：$\gamma\in[0, 1]$，引入衰减系数是数学表达的方便，避免陷入无限循环，远期利益具有一定的不确定性，符合人类对于眼前利益的追求，符合金融学上获得的利益能够产生新的利益因而更有价值等。

图 4.6 所示是学生马尔科夫奖励过程，在马尔科夫过程基础上增加了针对每一个状态的奖励，由于不涉及衰减系数相关的计算，因此这张图并没有特殊交代衰减系数值的大小。

收益(return)G_t：在一个马尔科夫奖励链上从 t 时刻开始往后所有的奖励的有衰减的总和，公式如下：

$$G_t = R_{t+1} + \gamma R_{t+2} + \cdots = \sum_{k=0}^{\infty} \gamma^k R^{t+k+1} \tag{4.10}$$

其中，衰减系数体现了未来的奖励在当前时刻的价值比例，在时刻 $k+1$ 获得的奖励 R 在时

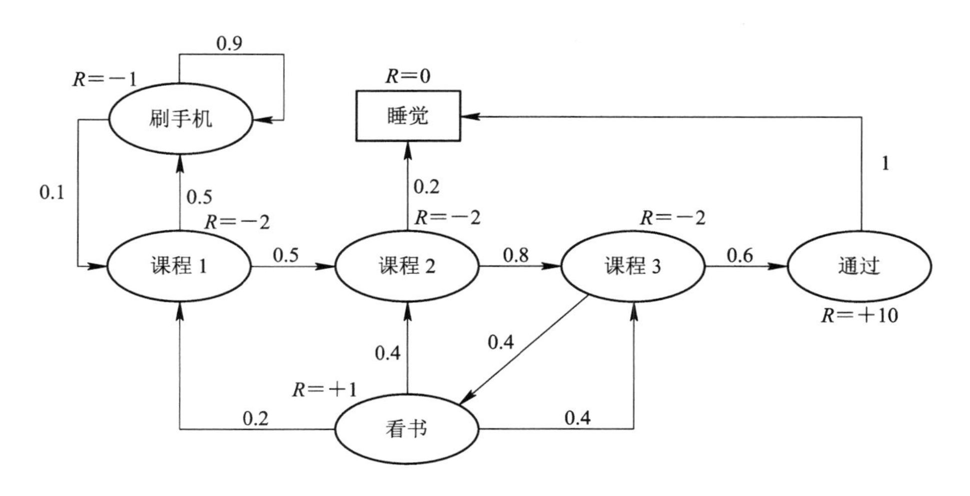

图 4.6　学生马尔科夫奖励过程

刻 t 体现出的价值是 $\gamma^k R$，γ 接近 0 表明趋向于“近视”性评估；γ 接近 1 则表明偏重考虑远期的利益。

价值函数给出了某一状态或某一行为的长期价值。一个马尔科夫奖励过程中某一状态的价值函数为从该状态开始的马尔可夫链收获的期望：

$$v(s) = E(G_t \mid S_t = s) \tag{4.11}$$

在上述例子中，为方便计算，把“学生马尔科夫奖励过程”表示成表 4.1 的形式。表中第二行对应各状态的即时奖励值，第三行起数字为状态转移概率，表示为从所在行状态转移到所在列状态的概率。

表 4.1　学生马尔科夫奖励过程

状态	课程 1	课程 2	课程 3	通过	看书	刷手机	睡觉
奖励	−2	−2	−2	10	1	−1	0
课程 1		0.5				0.5	
课程 2			0.8				0.2
课程 3				0.6	0.4		
通过							1
看书	0.2	0.4	0.4				
刷手机	0.1					0.9	
睡觉							1

考虑如下 4 个马尔科夫链。表 4.2 所示为计算当 $\gamma=1/2$ 时，在 $t=1$ 时刻($S_1=C_1$)时状态 S_1 的收获。

表 4.2　马尔科夫链收获计算

马尔科夫链	收获计算
课程 1、课程 2、课程 3、通过、睡觉	$G_1=-2+(-2)\times\frac{1}{2}+(-2)\times\frac{1}{4}+10\times\frac{1}{8}+0\times\frac{1}{16}=-2.25$
课程 1、刷手机、刷手机、课程 1、课程 2、睡觉	$G_1=2+(-1)\times\frac{1}{2}+(-1)\times\frac{1}{4}+(-2)\times\frac{1}{8}+(-2)\times\frac{1}{16}+0\times\frac{1}{32}=-3.125$
课程 1、课程 2、课程 3、看书、课程 2、课程 3、通过、睡觉	$G_1=2+(-2)\times\frac{1}{2}+(-2)\times\frac{1}{4}+1\times\frac{1}{8}+(-2)\times\frac{1}{16}+\cdots=-3.41$
课程 1、刷手机、刷手机、课程 1、课程 2、课程 3、看书、课程 1、刷手机、刷手机、刷手机、课程 1、课程 2、课程 3、看书、课程 2、睡觉	$G_1=-2+(-1)\times\frac{1}{2}+(-1)\times\frac{1}{4}+(-2)\times\frac{1}{8}+(-2)\times\frac{1}{16}+\ldots=-3.20$

由表 4.2 也可以理解到，收获是针对一个马尔科夫链中的某一个状态来说的。

下面介绍贝尔曼(Bellman)方程。

用价值的定义公式来推导：

$$
\begin{aligned}
V(s) &= E[G_t \mid S_t = s] \\
&= E[R_{t+1} + \gamma R_{t+2} + \gamma^2 R_{t+3} + \cdots \mid S_t = s] \\
&= E[R_{t+1} + \gamma(R_{t+2} + \gamma R_{t+3} + \cdots) \mid S_t = s] \\
&= E[R_{t+1} + \gamma G_{t+1} \mid S_t = s] \\
&= E[R_{t+1} + \gamma v(S_{t+1}) \mid S_t = s]
\end{aligned}
\tag{4.12}
$$

这个推导过程相对简单，仅在导出最后一行时，将 G_{t+1} 变成了 $v(S_{t+1})$。其理由是收获的期望等于收获的期望的期望。下式是针对 MRP 的 Bellman 方程：

$$v(s) = E[R_{t+1} + \gamma v(S_{t+1}) \mid S_t = s] \tag{4.13}$$

通过式(4.13)可以看出，$v(s)$由两部分组成。一是该状态的即时奖励期望，即时奖励期望等于即时奖励，因为根据即时奖励的定义，它与下一个状态无关；另一个是下一时刻状态的价值期望，可以根据下一时刻状态的概率分布得到其期望。如果用s'表示s状态下某时刻任一可能的状态，那么Bellman方程可以写成如下形式：

$$v(s) = R_s + \gamma \sum_{s' \in s} p_{ss'} v(s') \tag{4.14}$$

关于Bellman方程，图4.7给出了$\gamma=1$时各状态的价值(根据前面图示以及状态方程的要求，γ必须要确定才能计算)，状态“课程3”的价值可以通过状态“看书”和“通过”的价值以及它们之间的状态转移概率来计算：

$$-2+1.0\times(0.6\times10+0.4\times0.8)=4.3$$

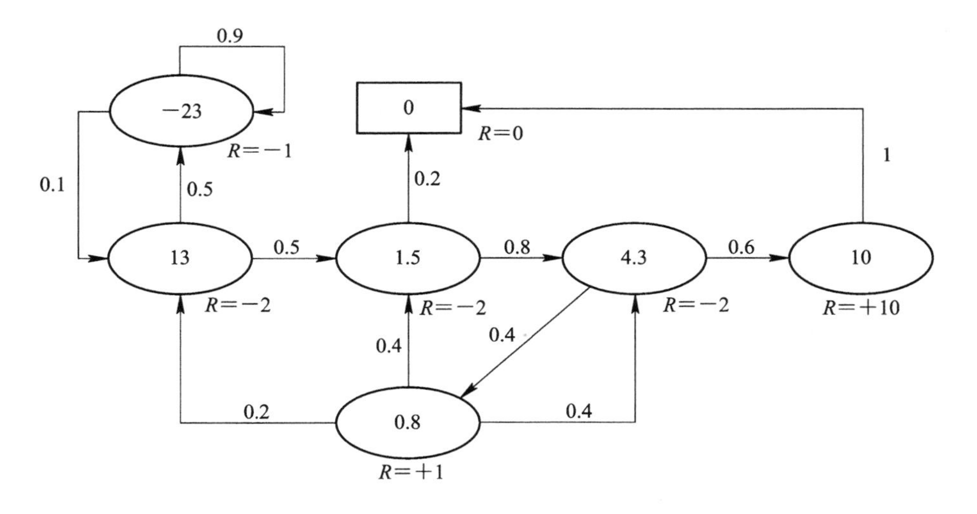

图4.7　$\gamma=1$时各状态的价值

Bellman方程如下：

$$\boldsymbol{v} = \boldsymbol{R} + \gamma \boldsymbol{P} \boldsymbol{v} \tag{4.15}$$

矩阵的具体表达形式如下：

$$\begin{bmatrix} v(1) \\ v(2) \\ \vdots \\ v(n) \end{bmatrix} = \begin{bmatrix} R_1 \\ R_2 \\ \vdots \\ R_n \end{bmatrix} + \gamma \begin{bmatrix} p_{11} & p_{12} & \cdots & p_{1n} \\ p_{21} & p_{22} & \cdots & p_{2n} \\ \vdots & \vdots & & \vdots \\ p_{n1} & p_{n2} & \cdots & p_{nn} \end{bmatrix} \begin{bmatrix} v(1) \\ v(2) \\ \vdots \\ v(n) \end{bmatrix} \tag{4.16}$$

Bellman方程是一个线性方程组，因此理论上可以直接求解：

$$\boldsymbol{v} = \boldsymbol{R} + \gamma \boldsymbol{P} \boldsymbol{v}$$

$$(1 - \gamma p)\boldsymbol{v} = \boldsymbol{R}$$

$$\boldsymbol{v} = (1 - \gamma p)^{-1}\boldsymbol{R} \tag{4.17}$$

实际上，计算复杂度是 $O(n^3)$，n 是状态数量。因此直接求解仅适用于小规模的 MRP。大规模 MRP 的求解通常使用迭代法。常用的迭代法有：动态规划（dynamic programming）、蒙特卡罗评估（Monte-Carlo evaluation）、时序差分学习（temporal-difference），后文会逐步讲解这些方法。

4. 马尔科夫决策过程(Markov decision process，MDP)

相较于马尔科夫奖励过程，马尔科夫决策过程多了一个行为集合 A，它是这样的一个元组：$\langle S, A, P, R, \gamma\rangle$。看起来很类似马尔科夫奖励过程，但这里的 P 和 R 都与具体的行为 a 对应，而不像马尔科夫奖励过程那样仅对应于某个状态，A 表示的是有限的行为的集合。具体的数学表达式如下：

$$P_{ss'}^{a} = P[S_{t+1} = s' \mid S_t = s, A_t = a] \tag{4.18}$$

$$R_s^a = E[R_{t+1} \mid S_t = s, A_t = a] \tag{4.19}$$

在学生马尔科夫问题中，图 4.8 所示为一个可能的 MDP 的状态转化图。图中的文字表示的是采取的行为，而不是先前的状态名。对比之前的学生 MRP 示例可以发现，即时奖励与行为对应了，同一个状态下采取不同的行为得到的即时奖励是不一样的。由于引入了行为，容易与状态名混淆，因此此图没有给出各状态的名称；此图还把“通过”和“睡觉”状态合并成一个终止状态；另外当选择“看书”这个动作时，主动进入了一个临时状态(图中用黑色小实点表示)，随后被动地被环境按照其动力学分配到另外三个状态，也就是说此时智能体没有选择权决定去哪一个状态。

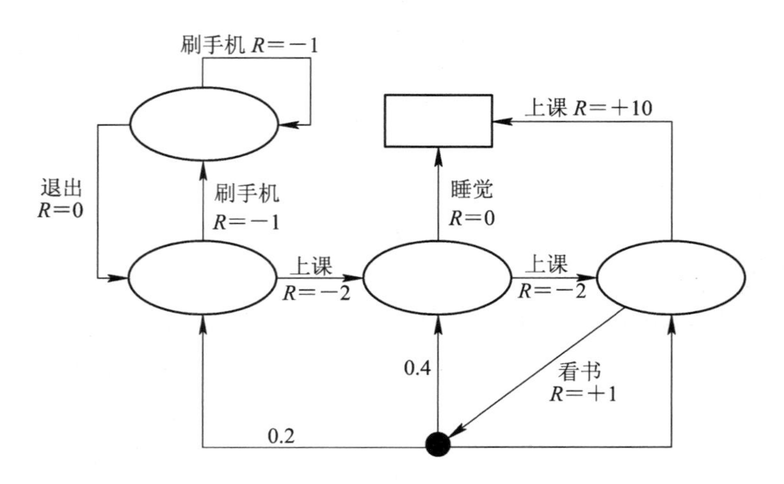

图 4.8　一个可能的 MDP 的状态转化图

策略 π 是概率的集合或分布，其元素 $\pi(a|s)$ 为对过程中的某一状态 s 采取可能的行为

a 的概率：

$$\pi(a \mid s) = P[A_t = a \mid S_t = s] \tag{4.20}$$

一个策略完整地定义了个体的行为方式，也就是说定义了个体在各个状态下的各种可能的行为方式以及其概率的大小。策略仅和当前的状态有关，与历史信息无关；同时某一确定的策略是静态的，与时间无关；但是个体可以随着时间更新策略。

当给定一个 MDP：$M=\langle S, A, P, R, \gamma\rangle$ 和一个策略 π 时，状态序列 S_1，S_2，…是一个马尔科夫过程 $\langle S, P^{\pi}\rangle$；同样，状态和奖励序列 S_1，R_2，S_2，R_3，S_3，…是一个马尔科夫奖励过程 $\langle S, P^{\pi}, R^{\pi}, \gamma\rangle$，并且在这个奖励过程中满足下面的方程：

$$P^{\pi}_{S,S'} = \sum_{a \in A} \pi(a \mid s) P^{a}_{ss'} \tag{4.21}$$

通俗地讲，在执行策略 π 时，状态从 s 转移至 s' 的概率等于一系列概率的和，这一系列概率指的是在执行当前策略时，执行某一个行为的概率与该行为能使状态从 s 转移至 s' 的概率的乘积。

奖励函数表示如下：

$$R^{\pi}_{s} = \sum_{a \in A} \pi(a \mid s) R^{a}_{s} \tag{4.22}$$

当前状态 s 下执行某一指定策略得到的即时奖励是该策略下所有可能行为得到的奖励与该行为发生的概率的乘积的和。

策略在 MDP 中的作用相当于智能体可以在某一个状态时做出选择，进而有形成各种马尔科夫过程的可能，而且基于策略产生的每一个马尔科夫过程是一个马尔科夫奖励过程，各过程之间的差别是不同的选择产生了不同的后续状态以及对应的不同的奖励。

基于策略的价值函数，定义 $v_{\pi}(s)$ 是在 MDP 下基于策略 π 的状态价值函数，表示从状态 s 开始，遵循当前策略时所获得的期望；或者说在执行当前策略 π 时，衡量个体处在状态 s 时的价值大小，数学表示如下：

$$v_{\pi}(s) = E_{\pi}[G_t \mid S_t = s] \tag{4.23}$$

注意策略是静态的、关于整体的概念，不随状态改变而改变；变化的是在某一个状态时，依据策略可能产生的具体行为，因为具体的行为是有一定的概率的，策略就是用来描述各个不同状态下执行各个不同行为的概率。

定义 $q_{\pi}(s, a)$ 为行为价值函数，表示在执行策略 π 时，对当前状态 s 执行某一具体行为 a 所能收获的期望；或者说在遵循当前策略 π 时，衡量对当前状态执行行为 a 的价值大小。行为价值函数一般都是与某一个特定的状态相对应的，其公式如下：

$$q_{\pi}(s, a) = E_{\pi}[G_t \mid S_t = s, A_t = a] \tag{4.24}$$

图 4.9 解释了行为价值函数，其中 $v_{\pi}(s)(\pi(a|s))=0.5$，$\gamma=1$。

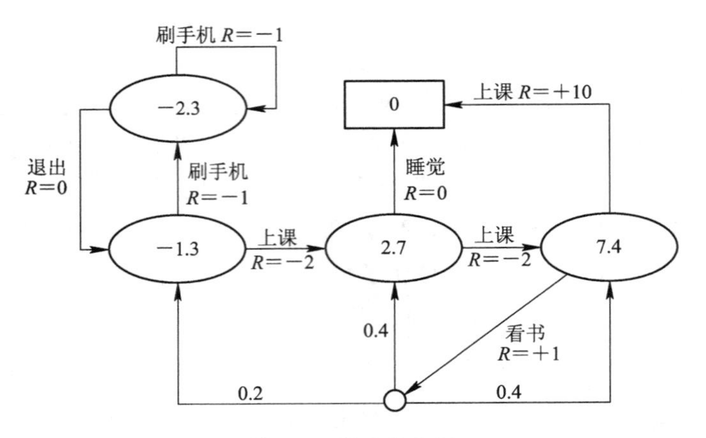

图 4.9 行为价值图

1) 贝尔曼(Bellman)期望方程(Bellman expectation equation)

MDP 下的状态价值函数(见图 4.10)和行为价值函数与 MRP 下的价值函数(见图 4.11)可以改用下一时刻状态价值函数或行为价值函数来表达，具体方程如下：

$$v_\pi(s) = E_\pi[R_{t+1} + \gamma v_\pi(S_{t+1}) \mid S_t = s] \tag{4.25}$$

$$q_\pi(s, a) = E_\pi[R_{t+1} + \gamma q_\pi(S_{t+1}, A_{t+1}) \mid S_t = s, A_t = a] \tag{4.26}$$

其中：γ 表示离开当前状态的奖励。

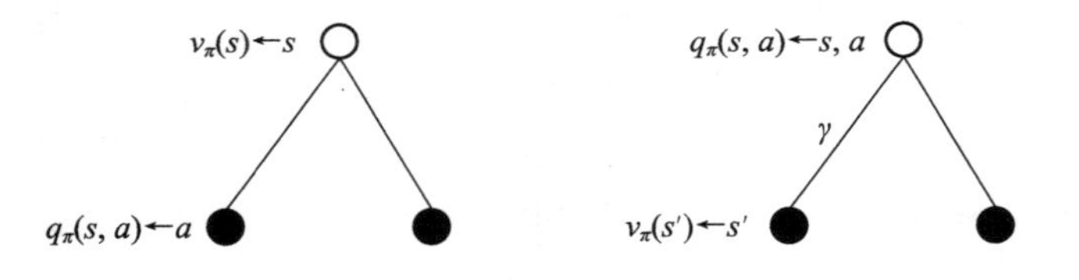

图 4.10 求取 $v_\pi(s)$　　图 4.11 求取 $q_\pi(s, a)$

$v_\pi(s)$和 $q_\pi(s, a)$的关系可由图 4.10 和图 4.11 所示。图中，空心圆圈表示状态，黑色实心小圆表示的是动作本身，连接状态和动作的线条仅仅把该状态以及该状态下可以采取的行为关联起来。可以看出，在遵循策略 π 时，状态 s 的价值体现为在该状态下遵循某一策略而采取所有可能行为的价值按行为发生概率的乘积求和，即有

$$v_\pi(s) = \sum_{a \in A} \pi(a \mid s) q_\pi(s, a) \tag{4.27}$$

类似地，一个行为价值函数也可以表示成状态价值函数的形式：

$$q_\pi(s, a) = R_s^a + \gamma \sum_{s' \in S} P_{ss'}^a v_\pi(s') \tag{4.28}$$

式(4.28)表明，某一个状态下采取一个行为的价值可以分为两部分：其一是离开这个状态的价值，其二是所有进入新的状态的价值与其转移概率乘积的和。

如果组合起来，可以得到下面的结果，如图 4.12 所示：

$$v_\pi(s) = \sum_{a \in A} \pi(a \mid s) [R_s^a + \gamma \sum_{s' \in S} P_{ss'}^a v_\pi(s')] \tag{4.29}$$

也可以得到下面的结果，如图 4.13 所示：

$$q_\pi(s, a) = R_s^a + \gamma \sum_{s' \in S} P_{ss'}^a \sum_{a' \in A} \pi(a' \mid s') q_\pi(s', a') \tag{4.30}$$

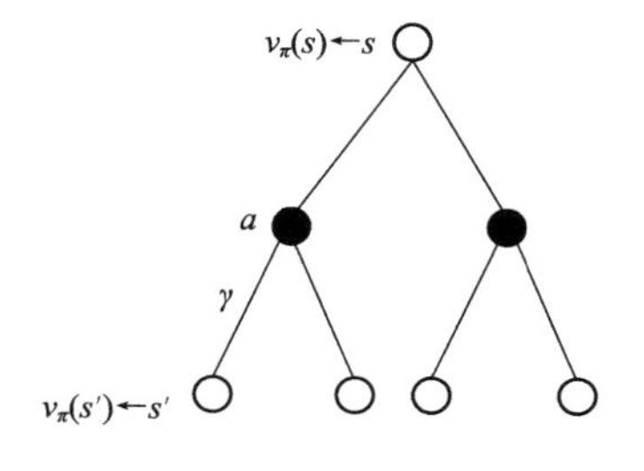

图 4.12 求取 $v_\pi(s)$

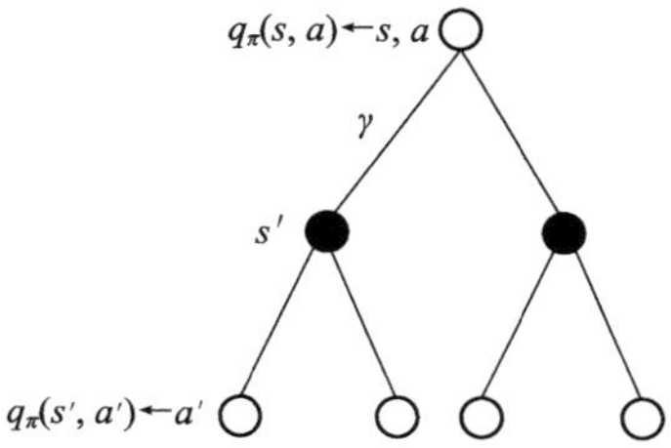

图 4.13 求取 $q_\pi(s, a)$

在学生马尔科夫问题中，图 4.14 解释了空心圆圈状态的状态价值是如何计算的，其遵循随机策略，即所有可能的行为有相同的概率被选择执行：

$$0.5 \times [1 + 0.2 \times (-1.3) + 0.4 \times 2.7 + 0.4 \times 7.4] + 0.5 \times 10 = 7.4$$

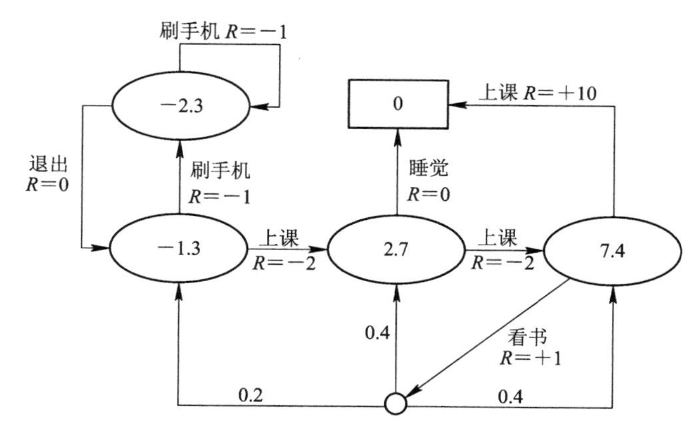

图 4.14 状态价值图

Bellman 期望方程如下：

$$v_\pi = R^\pi + \gamma P^\pi v_\pi \tag{4.31}$$

$$v_\pi = (1 - \gamma P^\pi)^{-1} R^\pi \tag{4.32}$$

2）最优价值函数

最优状态价值函数 $v_*(s)$ 指的是在从所有策略产生的状态价值函数中，选取使状态 s 价值最大的函数：

$$v_* = \max_{\pi} v_{\pi}(s) \tag{4.33}$$

类似地，最优行为价值函数 $q_*(s, a)$指的是从所有策略产生的行为价值函数中，选取出状态行为对$\langle s, a\rangle$价值最大的函数：

$$q_*(s, a) = \max_{\pi} q_{\pi}(s, a) \tag{4.34}$$

最优价值函数明确了 MDP 的最优可能表现，当我们知道了最优价值函数时，也就知道了每个状态的最优价值，这时便认为 MDP 得到了解决。

学生 MDP 问题的最优状态价值如图 4.15 所示。

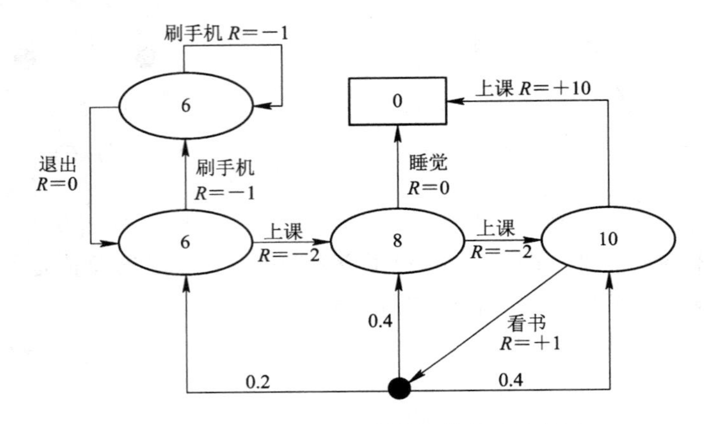

图 4.15　学生 MDP 问题的最优状态价值图

学生 MDP 问题的最优行为价值如图 4.16 所示，其中 $q_*(s, a)$，$\gamma=1$ 代表最优价值。

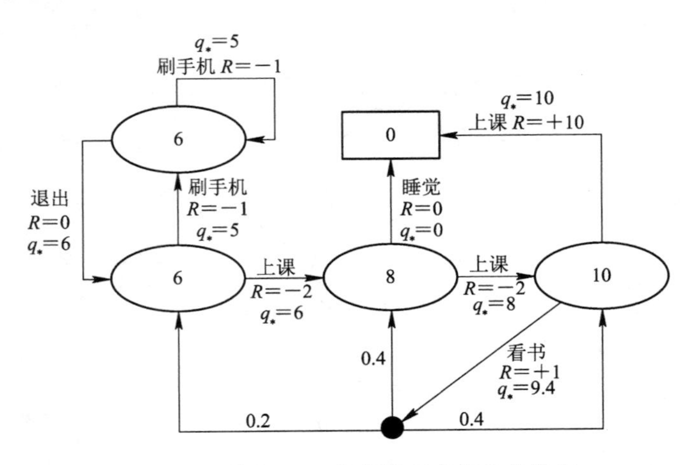

图 4.16　学生 MDP 问题的最优行为价值图

3）最优策略

若对于任何状态 s，遵循策略 π 的价值不小于遵循策略 π' 下的价值，则策略 π 优于

策略 π'：

$$\pi \geqslant \pi', \ v_{\pi}(s) \geqslant v_{\pi'}(s'), \ \forall s \tag{4.35}$$

定理 4.1.1 对于任何 MDP，下面几点成立：

(1) 存在一个最优策略，比任何其他策略更好或至少相等。

(2) 所有的最优策略都有相同的最优价值函数。

(3) 所有的最优策略都具有相同的行为价值函数。

一般地，可以通过最大化最优行为价值函数来找到最优策略：

$$\pi * (a \mid s) = \begin{cases} 1, & a = \arg\max\limits_{a \in A} q_*(s, a) \\ 0 & \text{其他} \end{cases} \tag{4.36}$$

对于任何 MDP 问题，总存在一个确定性的最优策略；同时如果我们知道最优行为价值函数，则表明已找到了最优策略。

在学生 MDP 问题中，图 4.17 所示为最优策略，图中双线箭头表示的是最优策略 $\pi_*(a|s)$，$\gamma=1$ 的行为。

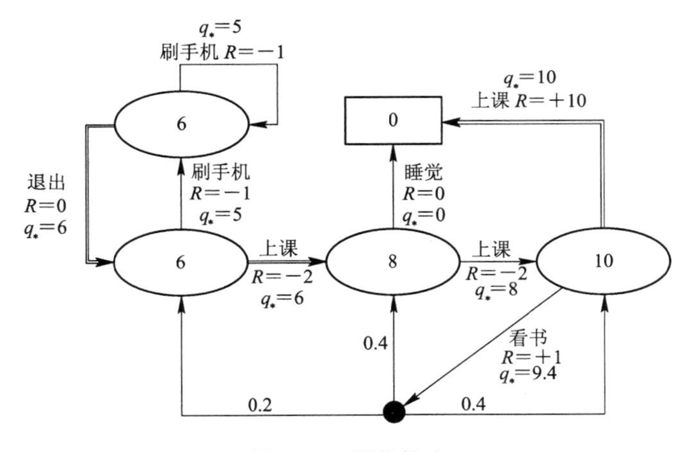

图 4.17 最优策略

4) Bellman 最优方程(Bellman optimality equation)

针对 v_*，一个状态的最优价值等于从该状态出发采取的所有行为产生的行为价值中最大的那个行为价值，如图 4.18 所示，其公式如下：

$$v_*(s) = \max_{a} q_*(s, a) \tag{4.37}$$

针对 q_*，在某个状态 s 下，采取某个行为的最优价值由两部分组成：一部分是离开状态 s 的即刻奖励，另一部分则是所有能到达的状态 s' 的最优状态价值按出现概率求和。如图4.19 所示，其公式如下：

$$q_*(s, a) = R_s^a + \gamma \sum_{s' \in S} P_{ss'}^a v_*(s') \tag{4.38}$$

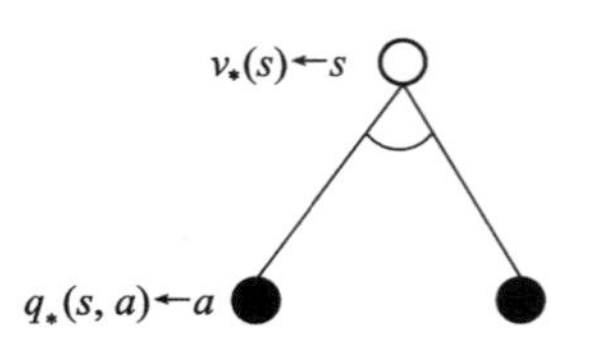

图 4.18 求取 $v_*(s)$

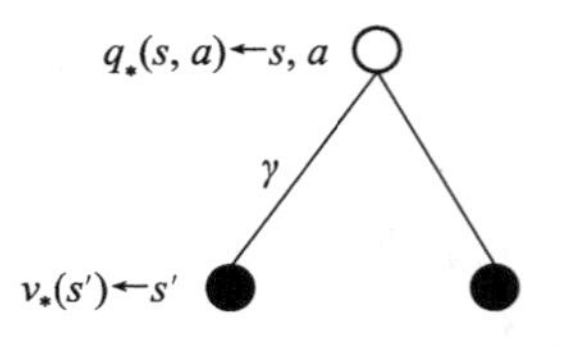

图 4.19 求取 $q_*(s, a)$

组合起来，针对 v_*，如图 4.20 所示，有

$$v_*(s) = \max_a R_s^a + \gamma \sum_{s' \in S} P_{ss'}^a v_*(s') \tag{4.39}$$

针对 q_*，如图 4.21 所示，有

$$q_*(s, a) = R_s^a + \gamma \sum_{s' \in S} P_{ss'}^a q_*(s', a') \tag{4.40}$$

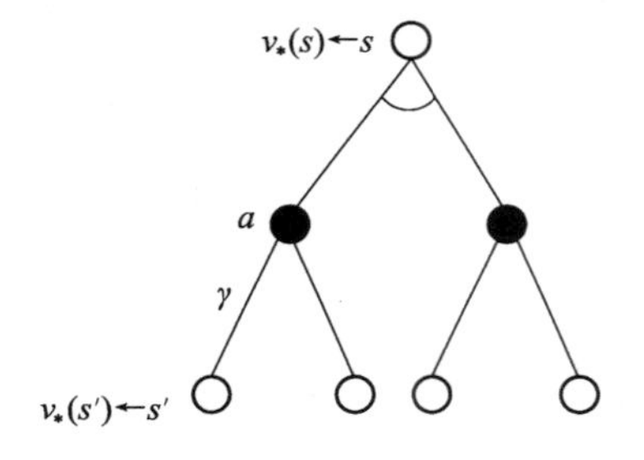

图 4.20 求取 $v_*(s)$

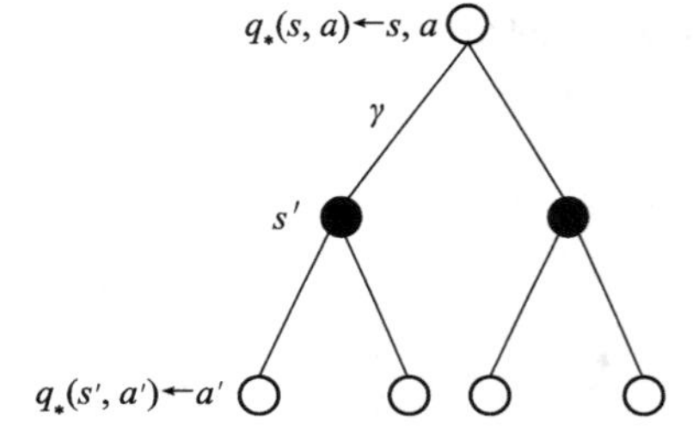

图 4.21 求取 $q_*(s, a)$

Bellman 最优方程(如图 4.22 所示)学生 MDP 示例：

$$\max\{-2+8, -1+6\}=6$$

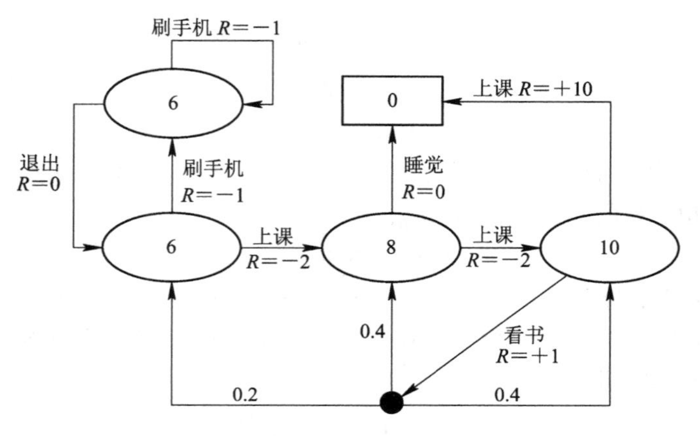

图 4.22 最优方程

Bellman 最优方程是非线性的，没有固定的解决方案，可通过一些迭代方法来解决，如价值迭代算法、策略迭代算法、Q 学习算法、Sarsa 算法等，后续会逐步展开讲解。

4.1.4 动态规划

1. 动态规划简介

动态规划(dynamic programming，DP)是运筹学的一个分支，是求解决策过程最优化的过程。20 世纪 50 年代初，美国数学家贝尔曼(R. Bellman)等人在研究多阶段决策过程的优化问题时，提出了著名的最优化原理，从而创立了动态规划。动态规划的应用极其广泛，包括工程技术、经济、工业生产、军事以及自动化控制等领域，并在背包问题、生产经营问题、资金管理问题、资源分配问题、最短路径问题和复杂系统可靠性问题等中取得了显著的效果。

其基本思想是将待求解问题分解成若干个子问题，先求解子问题，然后从这些子问题的解中得到原问题的解。适合于用动态规划求解的问题，经分解得到的子问题往往不是相互独立的，因此在解决子问题的时候，通常需要将结果存储起来用以解决后续复杂问题。这样就可以避免大量地重复计算，节省了时间。

动态规划体现的是“分而治之”的思想。能够通过动态规划来解决的问题至少需要满足以下两个条件：

(1) 一个复杂问题的最优解由数个小问题的最优解构成，可以通过寻找子问题的最优解来得到复杂问题的最优解。

(2) 子问题在复杂问题内重复出现，使得子问题的解可以被存储起来重复利用。

2. 策略迭代算法

策略迭代算法是动态规划中求最优策略的基本方法之一。它借助于动态规划基本方程，交替使用“策略评估”和“策略改进”两个步骤，求出逐次改进的、最终达到或收敛于最优策略的策略序列。

求解给定策略的状态价值函数的过程叫作策略评估(policy evaluation)。策略评估的基本思路是从任意一个状态价值函数开始，依据给定的策略，结合贝尔曼期望方程、状态转移概率和奖励同步迭代更新状态价值函数，直至其收敛，得到该策略下最终的状态价值函数。

在用迭代法求解状态价值函数时，先为所有状态的价值函数设置初始值，然后用公式更新所有状态的价值函数，第 k 次迭代时状态价值函数的计算公式为

$$V_{k+1}(s)=\sum_{a\in A}\pi(a\mid s)\left[R_s^a+\gamma\sum_{s'\in S}P_{ss'}^a V_k(s')\right] \tag{4.41}$$

策略评估的目的是找到更好的策略，即策略改进。策略改进通过按照某种规则对当前

策略进行调整从而得到更好的策略。假设 π' 和 π 是两个不同的策略，如果对于所有状态 s，都有 $Q_\pi[s, \pi'(s)] > V_\pi(s)$，则称策略 π' 比 π 更好。可以遍历所有状态和所有动作，采用贪心策略获得新策略。具体做法是对于所有状态都按照下面的公式计算新的策略：

$$\pi(s) = \arg\max_a Q_\pi(s, a) \tag{4.42}$$

每次选择的都是能获得最好回报的动作，用它们来更新每个状态下的策略函数，从而完成对策略函数的更新。

策略迭代是策略评估和策略改进的结合。从一个初始策略开始，不断地改进这个策略达到最优解。在每次迭代中，首先进行策略评估，根据当前策略估计其状态价值函数。然后进行策略改进，根据评估结果调整策略以优化其性能。最后计算新策略的状态价值函数，如此反复直到收敛。策略迭代的原理如图 4.23 所示。

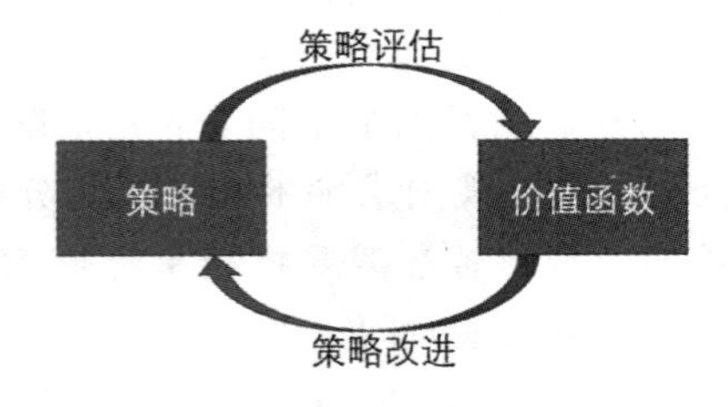

图 4.23　策略迭代的原理

完整的策略迭代算法流程如算法 4.1 所示。

算法 4.1　策略迭代算法流程

算法：策略迭代算法

　输入：MDP 五元组 $M=\langle S, A, P, R, \gamma\rangle$

　初始化值函数 $V(s)=0$，初始化策略 π_1 为随机策略

循环

　for　$k=0, 1, 2, 3, \cdots$, do

　　　$\forall s \in S': V_{k+1}(s) = \sum_{a\in A}\pi(a \mid s)[R_s^a + \gamma\sum_{s'\in S}P_{ss'}^a V_k(s')]$

　　if　$V_{k+1}(s) = v_k(s)$

　　break

　　end if

　end for

　$\forall s\in S': \pi'(s) = \arg\max_{a\in A} Q(s, a)$ or $\pi'(s) = \arg\max_{a\in A}[R_s^a + \gamma\sum_{s'\in S}P_{ss'}^a V_k(s')]$

　if $\forall s\in S': \pi'(s) = \pi(s)$ then

　　break

　else $\pi = \pi'$

end if

结束循环

输出：最优策略 π

---

3. 价值迭代算法

由于最优策略对应最优价值函数，因此可以通过直接求出最优价值函数推出最优策略，这就是价值迭代算法的思路。

根据贝尔曼最优化原理，如果一个策略是最优策略，整体最优的解的局部也一定最优，因此，最优策略可以分解成两部分：从状态 s 到 s' 采用了最优策略，在状态 s' 时采用的策略也是最优的。根据这一原理，每次选择当前回报和未来回报之和最大的动作，价值迭代的更新公式为

$$V_{k+1}(s)=\max_{a\in A}[R_s^a+\gamma\sum_{s'\in S}P_{ss'}^a V_k(s')] \tag{4.43}$$

价值迭代算法与策略迭代算法的区别在于，前者不是对某一策略的状态价值函数进行计算的，而是直接收敛到最优的价值函数。

价值迭代算法的流程如算法 4.2 所示。

算法 4.2　价值迭代算法流程

算法：价值迭代算法

输入：MDP 五元组 $M=\langle S, A, P, R, \gamma\rangle$

初始化值函数 $V(s)=0$，收敛阈值 θ

For　$k=0, 1, 2, 3, \cdots$, do

　$\forall s\in S'$：$V'(s)\max_{a\in A}[R_s^a+\gamma\sum_{s'\in S}P_{ss'}^a V_k(s')]$

　if $\max_{s\in S}|V'(s)-V(s)|<\theta$　then

　　　break

　　else $V=V'$

　end if

end for

$\forall s\in S'$：$\pi'(s)=\arg\max_{a\in A}Q(s, a)$ or $\pi'(s)=\arg\max_{a\in A}[R_s^a+\gamma\sum_{s'\in S}P_{ss'}^a V_k(s')]$

输出：最优策略 π'

4.1.5　蒙特卡罗算法

蒙特卡罗(Monte Carlo)算法也称为统计模拟方法、随机抽样技术，是一种随机模拟方

法，它以概率和统计理论方法为基础，是可使用随机数来解决很多计算问题的方法。将所求解的问题与一定的概率模型相联系，用电子计算机实现统计模拟或抽样，以获得问题的近似解。由于该方法可以象征性地表示概率统一特征，故借用赌城蒙特卡罗命名。

1. 算法简介

蒙特卡罗算法通过随机样本来计算目标函数的值，它使用随机数来进行场景的模拟或者过程的仿真，其核心思想就是通过模拟出来的大量样本集或者随机过程去近似我们想要研究的实际问题对象。当我们在强化学习中使用蒙特卡罗方法的时候，需要对来自不同片段或随机过程中的每个状态-动作对(state-action pair)相应的奖励值取平均。最开始，我们可能无法对状态价值有一个很好的预估，但是当我们做出更多的尝试以后，平均状态价值会向它们的真实值靠近。

2. 蒙特卡罗预测

蒙特卡罗预测是一种基于智能体与环境之间的交互片段来估计价值函数的方法。在这里先定义片段(episode)的概念，它是从某一状态开始，执行一些动作，直到终止状态为止的一个完整的状态和动作序列，这类似于循环神经网络中的时间序列样本。蒙特卡罗算法从这些片段样本中学习，估算出状态价值函数和动作价值函数。实现方法非常简单：按照一个策略执行，得到一个状态和回报序列，即片段；通过多次执行，收集多个这样的片段；然后基于这些片段样本来估计价值函数。

在蒙特卡罗算法中，状态价值函数的估计值是所有片段中以该状态计算得到的回报的平均值。具体实现时，根据给定的策略生成一些片段样本：

$$S_0, A_0, R_1, S_1, A_1, A_2, \cdots, S_{T-1}, A_{T-1}, R_T$$

如果要计算状态 s 的价值函数，则在这些片段中找到 s 出现的位置，假设为 s_t，然后按照状态价值函数的定义计算它的价值函数值：

$$V\pi(s) = R_{t+1} + \lambda R_{t+2} + \cdots \tag{4.44}$$

可能会出现这种情况：遇到从状态 s 离开后又返回此状态的情形时，蒙特卡罗算法有两种处理策略，即 First-Visit 和 Every-Visit。前者只使用第一次到达状态 s 时所计算的价值函数值，后者对每次进入状态 s 时的价值函数值累加取平均。

蒙特卡罗预测算法的流程如算法 4.3 所示。

算法 4.3　蒙特卡罗预测算法流程

算法：蒙特卡罗预测算法

输入：初始化策略 π

初始化所有状态的 $V(s)$

初始化回报：Return(s) 对所有状态

循环

　　通过 π：S_0，A_0，R_1，S_1，A_1，R_2，…，S_{T-1}，A_{T-1}，R_T 生成一个回合

　　回报：$G \leftarrow 0$

　　$t \leftarrow T-1$

　　for $t>=0$ do

　　　　$G \leftarrow \gamma G + R_{t+1}$

　　　　if S_0，S_1，…，S_{t-1} 中没有 S_t then

　　　　　　Returns(S_t). append(G)

　　　　　　$V(S_t) \leftarrow$ mean(Returns(S_t))

　　　　end if

　　　　$t \leftarrow t-1$

　　end for

until 收敛

输出：平均价值估计值 $V(S_t)$

---

3. 蒙特卡罗控制

在动态规划中介绍了策略迭代，现在可以把策略迭代运用到蒙特卡罗算法中。策略迭代包括策略评估和策略改进两个部分。策略评估的过程与在动态规划中一样。在此主要介绍策略改进。对状态-动作使用贪心策略，确保在一个状态下有最高价值的动作：

$$\pi(s) = \arg\max_a q(s, a) \tag{4.45}$$

对于每一次策略改进，都需要根据 $q_{\pi t}$ 来构造 π_{t+1}。策略改进通过下列方式实现：

$$\begin{aligned} q_{\pi t}[s, \pi_{t+1}(s)] &= q_{\pi t}[s, \arg\max_a q_{\pi t}(s, a)] \\ &= \max_a q_{\pi t}(s, a) \\ &\geqslant q_{\pi t}[s, \pi_t(s)] \\ &\geqslant v_{\pi t}(s) \end{aligned} \tag{4.46}$$

式(4.46)表明 π_{t+1} 优于 π_t，即会在迭代策略改进后最终找到最优策略。

蒙特拉罗控制算法流程如算法 4.4 所示。

算法 4.4　蒙特拉罗控制算法流程

算法：蒙特卡罗控制算法

输入：MDP 五元组 $M=\langle S, A, P, R, \gamma\rangle$

初始化所有状态的 $\pi(s)$

对于所有的状态-动作对，初始化 $Q(s, a)$ 和 Returns(s, a)

循环

随机选择 S_0 和 A_0，直到所有状态-动作对的概率为非零

根据 π：S_0，A_0，R_0，S_1，A_1，R_1，…，S_{T-1}，A_{T-1}，R_t 来生成 S_0，A_0

$G \leftarrow 0$

$t \leftarrow T-1$

for $t>=0$ do

$G \leftarrow \gamma G+R_{t+1}$

if S_0，A_0，S_1，…，S_{t-1}，A_{t-1} 中没有 S_t，A_t then

Returns(S_t，A_t). append(G)

$Q(S_t, A_t) \leftarrow$ mean(Returns(S_t，A_t))

$\pi(S_t) \leftarrow \arg\max\limits_a Q(S_t, a)$

End if

$t \leftarrow t-1$

end for

until 收敛

输出：最优策略 π

与价值迭代算法类似，这里首先计算了所有的状态-动作对的价值函数，然后更新策略，将每种状态下的动作置为使得动作价值函数最大的动作，反复迭代直至收敛。

4.1.6 时序差分算法

时序差分(temporal diference，TD)概念最早是由 A. sammuel 在他的跳棋算法中提出的。1988 年，Sutton 首次证明了时序差分算法在最小均方误差上的收敛性。时序差分算法是强化学习中的另一种核心方法，它结合了动态规划和蒙特卡罗算法的思想。与动态规划相似，时序差分算法在估算的过程中使用了自举(bootstrapping)；和蒙特卡罗算法一样的是，它不需要在学习过程中了解环境的全部信息。最基本的 TD 算法用贝尔曼方程估计价值函数的值，然后构造更新项。迭代更新公式为

$$V(S_t) \leftarrow V(S_t)+\alpha[R_{t+1}+\gamma V(S_{t+1})-V(S_t)] \tag{4.47}$$

式中：$R_{t+1}+\gamma V(S_{t+1})$称为 TD 目标值，$R_{t+1}+\gamma V(S_{t+1})-V(S_t)$称为 TD 误差，$\alpha$ 为步长参数。这种方法也叫作 TD(0)或者单步 TD。通过将目标值改为在 N 步未来中的折扣回报和 N 步过后的估计状态价值可实现 N 步 TD。TD(0)学习算法流程如算法 4.5 所示。

算法 4.5　TD(0)学习算法流程

算法：TD(0)学习算法

输入：初始化策略 π

初始化 $V(s)$和步长 $\alpha \in (0, 1]$

for 每一个回合 do

  初始化 S_0

  for 每一个在现有回合的 S_t do

    $A_t \leftarrow \pi(S_t)$

    $R_{t+1}, S_{t+1} \leftarrow \text{Env}(S_t, A_t)$

    $V(S_t) \leftarrow V(S_t) + \alpha[R_{t+1} + \gamma V(S_{t+1}) - V(S_t)]$

  end for

end for

输出：值函数 V

---

1. Sarsa 算法——在线策略 TD 控制

Sarsa 算法是由 Rummmy 和 Niranjan 于 1994 年提出的。它的迭代更新公式如下：

$$Q(S_t, A_t) \leftarrow Q(S_t, A_t) + \alpha[R_{t+1} + \gamma \max_a Q(S_{t+1}, a) - Q(S_t, A_t)] \quad (4.48)$$

该算法描述的是这一过程：在一个状态 S_t 下，选择一个行为 A_t，形成一个状态-行为对 (S_t, A_t)，经过与环境交互后得到回报 R_{t+1}，然后进入下一个状态 S_{t+1}；选择一个新的动作 A_{t+1} 产生第二个状态-行为对 (S_{t+1}, A_{t+1})，利用后一个状态-行为对的值函数 $Q(S_{t+1}, A_{t+1})$ 更新前一个状态-行为对的值函数 $Q(S_t, A_t)$。

Sarsa 算法的流程如算法 4.6 所示。

算法 4.6　Sarsa 算法流程

算法：Sarsa 算法

输入：MDP 五元组 $M=\langle S, A, P, R, \gamma\rangle$ 及步长 $\alpha \in (0, 1]$

对所有的状态-动作对初始化 $Q(S, A)$

for 每一个回合 do

  初始化 S_0

  用一个基于 Q 的策略选择 A_0

  for 每一个在当前回合的 S_t do

    用一个基于 Q 的策略选择 A_t

    $R_{t+1}, S_{t+1} \leftarrow \text{Env}(S_t, A_t)$

  根据 S_{t+1} 用一个基于 Q 的策略选择 A_{t+1}

  $Q(S_t, A_t) \leftarrow Q(S_t, A_t) + \alpha[R_{t+1} + \gamma Q(S_{t+1}, A_{t+1}) - Q(S_t, A_t)]$

  end for

end for

输出：值函数 $Q(S, A)$

上面展示的方法只有一步的时间范围，即它的估算只需要考虑下一步的状态-行为对的价值，称为单步 Sarsa 或 Sarsa(0)，n 步 Sarsa 方法读者可自行了解。

2. Q 学习算法——离线策略 TD 控制

Q 学习算法是 Watkins 和 Dayan 于 1992 年提出的。它的要点是目标值不再依赖所使用的策略，而只依赖状态-动作对的价值函数。其更新公式如下：

$$Q(S_t, A_t) \leftarrow Q(S_t, A_t) + \alpha[R_{t+1} + \gamma \max_a Q(S_{t+1}, a) - Q(S_t, A_t)] \tag{4.49}$$

Q 学习算法流程如算法 4.7 所示。

算法 4.7　Q 学习算法流程

算法：Q 学习算法

输入：MDP 五元组 $\langle S, A, P, R, \gamma \rangle$

初始化所有的状态-动作对的 $Q(s, a)$ 及步长 $\alpha \in (0, 1]$

for 每一个回合 do

　　初始化 S_0

　　for 每一个在当前回合的 S_t do

　　　　用一个基于 Q 的策略来选择 A_t

　　　　$R_{t+1}, S_{t+1} \leftarrow \mathrm{Env}(S_t, A_t)$

　　　　$Q(S_t, A_t) \leftarrow Q(S_t, A_t) + \alpha[R_{t+1} + \gamma \max_a Q(S_{t+1}, a) - Q(S_t, A_t)]$

　　end for

end for

输出：值函数 $Q(S, A)$

Q 学习算法在更新价值函数时采用了一种完全贪心的方法。在选择行为时，所用的策略类似贪心策略，即在每一步都选择当前看起来最优的行为。这样的方法旨在确保学习过程最终能够收敛到最佳策略。

4.1.7　算法实践——迷宫寻宝

本节通过“迷宫寻宝”来对上述内容进行实践，本节的“迷宫寻宝”主要参考了《强化学习》相关内容。

1. 环境描述

迷宫是一个 5×5 的网格世界，对应的马尔可夫决策模型共有 24 个状态，如图 4.24 所示。

网格世界每个格子的边长是 40 像素，空心方块表示智能体，边长为 30 像素。状态用空心智能体移动至当前格子时，空心方块与网格格子中心重叠后，空心方块左上和右下角的坐标表示。例如，网格世界第一行第一列的格子所代表的状态可表示为(5，5，35，35)，以此类推，可得到迷宫游戏的全部状态空间。其中有七个陷阱(图中实心方块所在位置)和一个宝藏区(图中实心圆所在位置)。

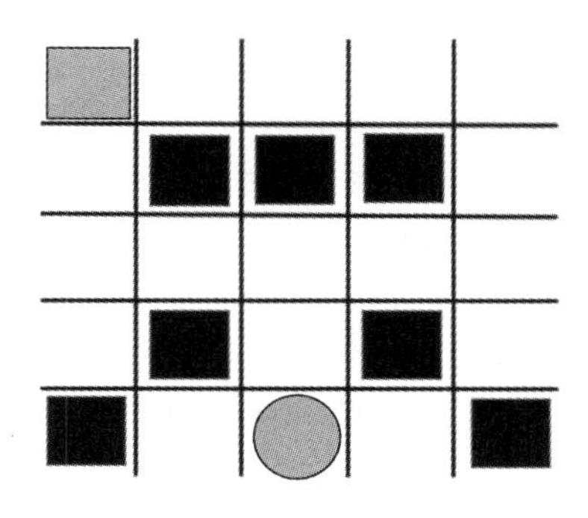

图 4.24　迷宫地图

空心方块表示智能体，可执行的行为分别为朝上、下、左、右移动一步，则动作空间标记为 $A=\{0，1，2，3\}$，0、1、2、3 分别对应上、下、左、右。

在这个迷宫游戏中，智能体一旦进入陷阱位置，就获得负 1 回报，游戏终止；智能体一旦进入宝藏区，就获得正 1 回报，游戏终止。除此之外，智能体任何移动的回报都为 0；并且当智能体位于网格世界边缘格子时，任何使得智能体试图离开格子世界的行为都会使得智能体停留在移动前的位置。

对于智能体来说，它不清楚整个格子世界的构造，不知道格子是长方形还是正方形，不知道格子世界的边界在哪里，也不清楚陷阱和宝藏的具体位置。智能体能做的就是不断地进行上下左右移动，与环境进行交互，通过环境反馈的回报不断调整自己的行为。

假设在此网格世界游戏中，智能体的状态转移概率 $P_{ss'}^{a}=1$，折扣因子 $\gamma=1$。接下来求解此网格世界寻找宝藏的最优策略。

2. 环境代码

下面根据上述内容构建网格寻宝环境，环境代码主要由一个 Maze 类构成，包含如下方法。

def_ build_ maze (self)：构建迷宫的方法，该方法给出了陷阱位置、宝藏位置及智能体的初始位置；并且定义了动作空间，给出了状态转换过程以及行为回报。

def step(self，action)：根据当前行为，返回下一步的位置、立即回报，以及判断游戏是否终止。

def reset(self)：根据当前状态，重置画布。

def render by_ policy(self，policy ，result_list)：根据传入策略进行界面渲染。

环境代码如下：

```
1.  import numpy as np
2.  import time
3.  import sys
4.  if sys.version_info.major==2:
5.      import Tkinter as tk
6.  else:
```

```
7.    import tkinter as tk
8.  UNIT=40   # 每个格子的大小
9.  MAZE_H=5   # 行数
10.  MAZE_W=5   # 列数
11.  class Maze(tk.Tk, object):
12.    def _init_(self):
13.      super(Maze, self)._init_()
14.      self.action_space=['u', 'd', 'l', 'r']
15.      self.nS=np.prod([MAZE_H , MAZE_W])
16.      self.n_actions=len(self.action_space)
17.      self.title('寻宝')
18.      self.geometry('{0}x{1}'.format(MAZE_H * UNIT, MAZE_H * UNIT))
19.      self._build_maze()
20.    def _build_maze(self):
21.      # 创建一个画布
22.      self.canvas=tk.Canvas(self, bg='white',
23.                  height=MAZE_H * UNIT,
24.                  width=MAZE_W * UNIT)
25.    # 在画布上画出列
26.    for c in range(0, MAZE_W * UNIT, UNIT):
27.      x0, y0, x1, y1=c, 0, c, MAZE_H * UNIT
28.      self.canvas.create_line(x0, y0, x1, y1)
29.    # 在画布上画出行
30.    for r in range(0, MAZE_H * UNIT, UNIT):
31.      x0, y0, x1, y1=0, r, MAZE_H * UNIT, r
32.      self.canvas.create_line(x0, y0, x1, y1)
33.    # 创建探险者起始位置(默认为左上角)
34.    origin=np.array([20, 20])
35.    # 陷阱 1
36.    hell1_center=origin + np.array([UNIT, UNIT])
37.    self.hell1=self.canvas.create_rectangle(
38.      hell1_center[0]-15, hell1_center[1]-15,
39.      hell1_center[0] + 15, hell1_center[1] + 15,
40.      fill='black')
41.    # 陷阱 2
42.    hell2_center=origin + np.array([UNIT * 2, UNIT])
```

```
43.     self.hell2=self.canvas.create_rectangle(
44.         hell2_center[0]-15, hell2_center[1]-15,
45.         hell2_center[0] + 15, hell2_center[1] + 15,
46.         fill='black')
47.     # 陷阱 3
48.     hell3_center=origin + np.array([UNIT * 3, UNIT])
49.     self.hell3=self.canvas.create_rectangle(
50.         hell3_center[0]-15, hell3_center[1]-15,
51.         hell3_center[0] + 15, hell3_center[1] + 15,
52.         fill='black')
53.     # 陷阱 4
54.     hell4_center=origin + np.array([UNIT, UNIT * 3])
55.     self.hell4=self.canvas.create_rectangle(
56.         hell4_center[0]-15, hell4_center[1]-15,
57.         hell4_center[0] + 15, hell4_center[1] + 15,
58.         fill='black')
59.     # 陷阱 5
60.     hell5_center=origin + np.array([UNIT * 3, UNIT * 3])
61.     self.hell5=self.canvas.create_rectangle(
62.         hell5_center[0]-15, hell5_center[1]-15,
63.         hell5_center[0] + 15, hell5_center[1] + 15,
64.         fill='black')
65.     # 陷阱 6
66.     hell6_center=origin + np.array([0, UNIT * 4])
67.     self.hell6=self.canvas.create_rectangle(
68.         hell6_center[0]-15, hell6_center[1]-15,
69.         hell6_center[0] + 15, hell6_center[1] + 15,
70.         fill='black')
71.     # 陷阱 7
72.     hell7_center=origin + np.array([UNIT * 4, UNIT * 4])
73.     self.hell7=self.canvas.create_rectangle(
74.         hell7_center[0]-15, hell7_center[1]-15,
75.         hell7_center[0] + 15, hell7_center[1] + 15,
76.         fill='black')
77.     # 宝藏位置
78.     oval_center=origin + np.array([UNIT * 2, UNIT * 4])
```

```
79.     self.oval=self.canvas.create_oval(
80.         oval_center[0]-15, oval_center[1]-15,
81.         oval_center[0] + 15, oval_center[1] + 15,
82.         fill='yellow')
83.     # 将探险者用矩形表示
84.     self.rect=self.canvas.create_rectangle(
85.         origin[0]-15, origin[1]-15,
86.         origin[0] + 15, origin[1] + 15,
87.         fill='red')
88.     # 画布展示
89.     self.canvas.pack()
90.   # 根据当前的状态重置画布(为了展示动态效果)
91.   def reset(self):
92.     self.update()
93.     time.sleep(0.5)
94.     self.canvas.delete(self.rect)
95.     origin=np.array([20, 20])
96.     self.rect=self.canvas.create_rectangle(
97.         origin[0]-15, origin[1]-15,
98.         origin[0] + 15, origin[1] + 15,
99.         fill='red')
100.     return self.canvas.coords(self.rect)
101.   # 根据当前行为，确认下一步的位置
102.   def step(self, action):
103.     s=self.canvas.coords(self.rect)
104.     base_action=np.array([0, 0])
105.     if action==0:    # 上
106.       if s[1] > UNIT:
107.         base_action[1]-=UNIT
108.     elif action==1:    # 下
109.       if s[1] < (MAZE_H-1) * UNIT:
110.         base_action[1] +=UNIT
111.     elif action==2:    # 左
112.     if s[0] > UNIT:
113.         base_action[0]-=UNIT
114.     elif action==3:    # 右
```

```
115.         if s[0] < (MAZE_W-1) * UNIT:
116.           base_action[0] +=UNIT
117.       # 在画布上将探险者移动到下一位置
118.       self.canvas.move(self.rect, base_action[0], base_action[1])
119.       # 重新渲染整个界面
120.       s_=self.canvas.coords(self.rect)
121.       oval_flag=False
122.       # 根据当前位置来获得回报值，以及判断是否终止
123.       if s_==self.canvas.coords(self.oval):
124.         reward=1
125.         done=True
126.         s_='terminal'
127.         oval_flag=True
128.       elif s_ in [self.canvas.coords(self.hell1), self.canvas.coords(self.hell2), self.canvas.
    coords(self.hell3), self.canvas.coords(self.hell4), self.canvas.coords(self.hell5), self.
    canvas.coords(self.hell6), self.canvas.coords(self.hell7)]:
1.29         reward=-1
1.30         done=True
1.31         s_='terminal'
1.32       else:
1.33         reward=0
1.34         done=False
1.35       return s_, reward, done, oval_flag
1.36     def render(self):
1.37       time.sleep(0.1)
1.38       self.update()
```

3. 算法详情

本节使用 Sarsa 算法对带陷阱的网格世界马尔可夫决策问题进行求解。总体思路是以 ε-贪心策略采样数据生成轨迹。针对每一条轨迹的每个时间步，进行次策略评估，根据下式更新状态-行为对的行为值函数：

$$Q(s_1, a_1) \leftarrow Q(s_1, a_1) + \alpha[r + \gamma Q(s_2, a_2) - Q(s_1, a_1)] \tag{4.50}$$

每条轨迹结束后，根据更新的值函数对策略进行改进。规定轨迹总数目为 100 条。超出轨迹数目之后，输出最优策略。具体操作过程如下。

(1) 初始化全部行为值函数 $Q(s, a)=0$。当前的 q 值以 q 表形式存储，创建 q 表，代码如下：

```
self.q_table    =pd.DataFrame(columns=self.action, dtype=np.float64)
```

初始化值函数：

```
1. self.q_table=self.q_table.append(
2.     pd.Series(
3.         [0] * len(self.actions),
4.         index=self.q_table.columns,
5.         name=state,
6.     )
7. )
```

(2) 初始化环境，得到初始状态 $s1$。这里指的是智能体的初始位置，$s1$=(5，5，35，35)，代码如下：

```
observation=env.reset()
```

(3) 基于状态 $s1$，遵循 ε- 贪心策略选择行为为 $a1$。例如，得到动作 $a1$=2(表示向右移动一格)，得到第一个状态-行为对($s1$，$a1$)。

```
1.  # 基于当前状态选择行为
2.  action = RL.chosse_action(str(observation))
3.
4.     def choose_action(self, observation):
5.       self.check_state_exist(observation)
6.  # 从均匀分布的[0, 1)中随机采样，当小于阈值时采用选择最优行为的方式，当大于阈值时选择随机行为的方式，这样人为增加随机性是为了防止陷入局部最优
7.       if np.random.rand() < self.epsilon:
8.  # 选择最优行为
9.          state_action = self.q_table.ix[observation, :]
10.  # 因为一个状态下最优行为可能会有多个，所以在碰到这种情况时，需要随机选择一个行为进行
11.          state_action = state_action.reindex(np.random.permutation(state_action.index))
12.          action = state_action.idxmax()
13.       else:
14.  # 选择随机行为
15.          action = np.random.choice(self.actions)
16.       return action
```

(4) 动作 $a1$ 作用于环境，获得立即回报 $R1$ 和下一个状态 $s2$，同时得到了轨迹是否终止的标识。这里：$s2$=(45，5，75，35)，$R1$=0，done=false(表示轨迹未终止)。代码如下：

```
observation, reward, done, oval_flag=env.step(action)
```

(5) 基于状态 $s2$，继续遵循 ε- 贪心策略，得到行为 $a2$。这里动作 $a2$=0(表示向右移动

一格)，得到第二个状态-行为对($s2$，$a2$)。代码如下：

```
action_  =RL.choose_action(str(observation_))
```

(6) 通过第二个状态-行为对(s_2，a_2)的行为值函数 $Q(s_2, a_2)$更新第一个状态-行为对(s_2，a_2)的行为值函数 $Q(s_2, a_2)$。根据公式 $Q(s_1, a_1) \leftarrow Q(s_1, a_1) + \alpha[r + \gamma Q(s_2, a_2) - Q(s_1, a_1)]$，计算得到 $Q(s_1, a_1)=0$，紧接着，令 $s_2 = s_1$。代码如下：

```
1.  RL.learn(str(observation), action, reward, str(observation_), action_)
2.
3.  def learn(self, s, a, r, s_, a_):
4.      self.check_state_exist(s_)
5.      q_predict = self.q_table.ix[s, a]
6.      if s_ ! = 'terminal':
7.          #使用公式：Q_target = r + γQ(s', a')
8.          q_target = r + self.gama * self.q_table.ix[s_, a_]
9.      else:
10.         q_target = r
11.         # 更新公式：Q(s, a) ←— Q(s, a) + α(r + γ(Q(s'+a')−Q(s, a))
12.         self.q_table.ix[s, a] += self.lr * (q_target − q_predict)
13.
14.   observation = observation_
```

(7) 重复步骤(3)和(6)，直至轨迹结束。

(8) 结合更新后的行为值函数，采用 ε⁻贪心法对原始策略进行更新。代码如下：

```
1.  #开始输出最终的q表
2.  q_table_result = RL.q_table
3.
4.  # 使用Q表输出各状态的最优策略
5.  policy = get_policy(q_table_result)
6.
7.  def get_policy(q_table, rows=5, cols=5, pixels=40, orign=20):
8.      policy = []
9.
10.     for i in range(rows):
11.         for j in range(cols):
12.             # 求出每个状态
13.             item_center_x, item_center_y=(j * pixels + orign), (i * pixels + orign)
14.             item_state=[item_center_x - 15.0, item_center_y - 15.0, item_center_x+15.0, item_
    center_y+15.0]
```

```
15.
16.         # 如果当前状态为各终止状态，则值为−1
17.         if item_state in [env.canvas.coords(env.hell1), env.canvas.coords(env.hell2),
18.                           env.canvas.coords(env.hell3), env.canvas.coords(env.hell4),
19.                           env.canvas.coords(env.hell5), env.canvas.coords(env.hell6),
20.                           env.canvas.coords(env.hell7), env.canvas.coords(env.oval)]:
21.             policy.append(−1)
22.             continue
23.
24.         if str(item_state) not in q_table.index:
25.             policy.append((0, 1, 2, 3))
26.             continue
27.
28.         # 选择最优行为
29.         item_action_max = get_action(q_table, str(item_state))
30.
31.         policy.append(item_action_max)
32.
33.     return policy
```

(9) 重复步骤(2)～(8)，直至轨迹数等于100。最终得到的最优策略如图4.25所示。

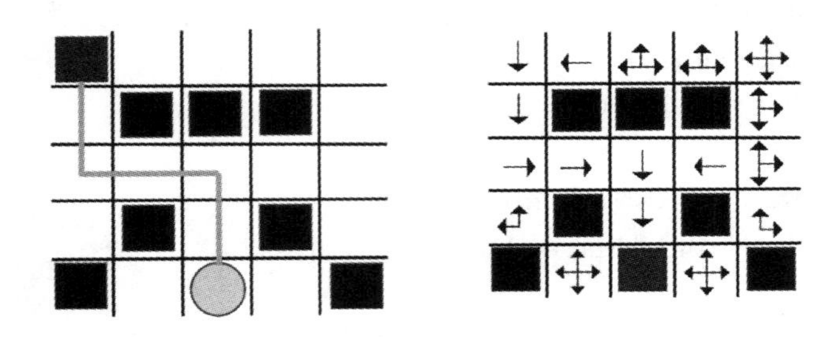

图4.25　Sarsa算法得到的最优策略

图4.25所示为智能体从起点出发找到宝藏的最优路径。最优路径所在状态经历了多次探索，由此可得到比较准确的最优行为。而其他状态经历次数很少，给出的最优行为不精确。例如，宝藏左右两侧的网格位置，因为智能体从没有经历过，因此其四个方向的行为值函数均为0，对应的最优行为为四个方向中的任意一个。为简要地说明问题，仅列出最优路径经历的状态及采取的最优行为，见表4.3。其中最优行为是带有ε随机性的随机行为，以ε的概率选择当前最优动作，以1−ε的概率随机选择一种行为。

表 4.3　最优路径经历的状态及采取的最优行为

状　态	行　为
(5.0，5.0，35.0，35.0)	1
(5.0，45.0，35.0，75.0)	1
(5.0，85.0，35.0，115.0)	3
(45.0，85.0，75.0，115.0)	3
(85.0，85.0，115.0，115.0)	1
(85.0，125.0，115.0，115.0)	1

4. 核心代码

Sarsa 算法中最核心的方法是 update( )方法，循环遍历 100 条轨迹中的每一个时间步；进行行为的选择和行为值函数的更新，并基于行为值函数进行策略改进。

update()方法调用的其他基础方法均写在 RL 类中，例如：

def choose_ action(str(observation))：基于输入状态，根据 ε⁻贪心策略选择行为。

def learn(str(observation)，action，reward，str(observation_)，action_)：Sarsa 的值函数更新方法。由代码可见，Sarsa 算法自始至终都在维护一个 q 表(q_ table，行为值函数表)，此表记录了智能体所经历过的状态-行为对的行为值函数。

def get_policy(…)：基于当前 q 表，绘制最优策略图。

具体代码如下。

```
1.  def update():
2.      for episode in range(100):
3.          # 初始化状态
4.          observation=env.reset()
5.          c=0
6.          tmp_policy={}
7.          while True:
8.              # 渲染当前环境
9.              env.render()
10.             # 基于当前状态选择行为
11.             action=RL.choose_action(str(observation))
12.             state_item=tuple(observation)
13.             tmp_policy[state_item]=action
14.             # 采取行为获得下一个状态和回报，以及判断是否终止
15.             observation_, reward, done, oval_flag=env.step(action)
```

```
16.         if METHOD=="SARSA":
17.           # 基于下一个状态选择行为
18.           action_=RL.choose_action(str(observation_))
19.           # 基于变化 (s, a, r, s, a)使用 Sarsa 进行 Q 的更新
20.           RL.learn(str(observation), action, reward, str(observation_), action_)
21.         elif METHOD == "Q-Learning":
22.           # 根据当前的变化开始更新 Q
23.           RL.learn(str(observation), action, reward, str(observation_))
24.         # 改变状态和行为
25.         observation=observation_
26.         c += 1
27.         # 如果为终止状态,结束当前的局数
28.         if done:
29.           break
30.     print('游戏结束')
31.     # 开始输出最终的 Q 表
32.     q_table_result=RL.q_table
33.     # 使用 Q 表输出各状态的最优策略
34.     policy=get_policy(q_table_result)
35.     policy_result=np.array(policy).reshape(5, 5)
36.     env.render_by_policy_new(policy_result)
37.     # env.destroy()
38.
39.   if _name_ == "_main_":
40.     env=Maze()
41.     RL=SarsaTable(actions=list(range(env.n_actions)))
42.     if METHOD =="Q-Learning":
43.       RL=QLearningTable(actions=list(range(env.n_actions)))
44.     env.after(100, update)
45.     env.mainloop()
46.
47.   class RL(object):
48.     def _init_(self, action_space, learning_rate=0.01, reward_decay=0.9, e_greedy=0.9):
49.       self.actions=action_space
50.       self.lr=learning_rate
51.       self.gamma=reward_decay
52.       self.epsilon=e_greedy
```

```
53.
54.         self.q_table=pd.DataFrame(columns=self.actions, dtype=np.float64)
55.
56.     def check_state_exist(self, state):
57.         if state not in self.q_table.index:
58.             # 如果状态在当前的Q表中不存在，将当前状态加入Q表中
59.             self.q_table=self.q_table.append(
60.                 pd.Series(
61.                     [0]*len(self.actions),
62.                     index=self.q_table.columns,
63.                     name=state,
64.                 )
65.             )
66.
67.     def choose_action(self, observation):
68.         self.check_state_exist(observation)
69.         # 从均匀分布的[0, 1)中随机采样，当小于阈值时采用选择最优行为的方式，当大于阈值时选择随机行为的方式，这样人为增加随机性是为了避免陷入局部最优
70.         if np.random.rand() < self.epsilon:
71.             # 选择最优行为
72.             state_action=self.q_table.ix[observation, :]
73.             # 因为一个状态下最优行为可能会有多个，所以在碰到这种情况时，需要随机选择一个行为进行
74.             state_action=state_action.reindex(np.random.permutation(state_action.index))
75.             action=state_action.idxmax()
76.         else:
77.             # # 选择随机行为
78.             action=np.random.choice(self.actions)
79.         return action
80.
81.     def learn(self, *args):
82.         pass
83.
84. # 在线策略Sarsa
85. class SarsaTable(RL):
86.
87.     def _init_(self, actions, learning_rate=0.01, reward_decay=0.9, e_greedy=0.9):
```

```
88.        super(SarsaTable, self)._init_(actions, learning_rate, reward_decay, e_greedy)
89.
90.     def learn(self, s, a, r, s_, a_):
91.        self.check_state_exist(s_)
92.        q_predict=self.q_table.ix[s, a]
93.        if s_ != 'terminal':
94.          # 使用公式：Q_taget=r+γQ(s', a')
95.          q_target=r+self.gamma * self.q_table.ix[s_, a_]
96.        else:
97.          q_target=r
98.        # 更新公式：Q(s, a)←Q(s, a)+α(r+γQ(s', a')-Q(s, a))
99.        self.q_table.ix[s, a] += self.lr * (q_target-q_predict)
100.
101.  def get_action(q_table, state):
102.      # 选择最优行为
103.      state_action=q_table.ix[state, :]
104.      # 因为一个状态下最优行为可能会有多个，所以在碰到这种情况时，需要随机选择一个
  行为进行
105.      state_action_max=state_action.max()
106.      idxs=[]
107.      for max_item in range(len(state_action)):
108.        if state_action[max_item] == state_action_max:
109.          idxs.append(max_item)
110.      sorted(idxs)
111.      return tuple(idxs)
112.
113.  def get_policy(q_table, rows=5, cols=5, pixels=40, orign=20):
114.      policy=[]
115.      for i in range(rows):
116.        for j in range(cols):
117.          # 求出每个行为各自的状态
118.          item_center_x, item_center_y=(j * pixels+orign), (i * pixels+orign)
119.          item_state=[item_center_x-15.0, item_center_y-15.0, item_center_x+15.0, item
    _center_y+15.0]
120.          # 如果当前状态为各终止状态，则值为-1
121.          if item_state in [env.canvas.coords(env.hell1), env.canvas.coords(env.hell2),
122.                     env.canvas.coords(env.hell3), env.canvas.coords(env.hell4),
```

```
123.                  env.canvas.coords(env.hell5), env.canvas.coords(env.hell6),
124.                  env.canvas.coords(env.hell7), env.canvas.coords(env.oval)]:
125.            policy.append(-1)
126.            continue
127.        if str(item_state) not in q_table.index:
128.            policy.append((0, 1, 2, 3))
129.            continue
130.        # 选择最优行为
131.        item_action_max=get_action(q_table, str(item_state))
132.        policy.append(item_action_max)
133.    return policy
```

4.2 路径规划算法

4.2.1 传统路径规划算法

传统路径规划算法包括 Dijkstra 算法、A* 算法、D* 算法、人工势场法等，下面着重介绍 Dijkstra 算法和A* 算法。

1. Dijkstra 算法

Dijkstra 算法由荷兰计算机科学家 Edsger W. Dijkstra 于 1959 年提出。Dijkstra 算法是很有代表性的最短路径算法，用于计算一个结点到其他结点的最短路径。该算法指定一个点(源点)到其余各个结点的最短路径，因此也叫作单源最短路径算法。Dijkstra 算法的思想是广度优先搜索贪心策略。对于计算非加权图中的最短路径，也可使用贪心算法。Dijkstra 算法是对贪心算法的推广，以起始点为中心向外层扩展，并且每一次都选择最优的结点进行扩展，直到扩展到终点为止。Dijkstra 算法可以划归为贪心算法，下一条路径都是由当前更短的路径派生出来的更长的路径。该算法在移动机器人路径规划领域应用得非常广泛，算法 4.8 为 Dijkstra 算法伪代码。

算法 4.8　Dijkstra 算法伪代码

```
Function Dijkstra(G, w, s)
---
Begin:
初始化: for each vertex v in V[G]
        d[v] :=infinity
```

```
定义集合：previous[v] :=undefined
          S:=empty set
While Q is not an empty set
u :=Extract_Min(Q)
S.append(u)
for each edge outgoing from u as (u, v)
    if d[v]>d[u]+w(u, v):
        更新路径：d[v] :=d[u]+w(u, v)
        记录顶点：previous[v]:=u
End
```

算法中，G 为带权重的有向图，s 是起点(源点)，V 表示 G 中所有顶点的集合，(u, v) 表示顶点 u 到 v 有路径相连，$w(u, v)$表示顶点 u 到 v 之间的非负权重。算法是通过为每个顶点 u 保留当前为止找到的从 s 到 v 的最短路径进行工作的。初始时，源点 s 的路径权重被赋为 0，所以 $d[s]=0$。若对于顶点 u 存在能够直接到达的边(s, u)，则把 $d[v]$设为 $w(s, u)$，同时把所有其他源点 s 不能直接到达的顶点的路径长度设为无穷大，即表示当前还不知道任何通向这些顶点的路径。当算法结束时，$d[v]$中存储的便是从 s 到 u 的最短路径，如果路径不存在，则其值是无穷大。

Dijkstra 算法中边的拓展如下：如果存在一条从 u 到 v 的边，那么从 s 到 u 的最短路径可以通过将边(s, u)添加到从 s 到 u 的路径尾部拓展一条从 s 到 v 的路径。这条路径的长度是 $d[u]+w(u, v)$。如果这个值比当前已知的 $d[v]$的值小，则可以用新值替代当前 $d[v]$中的值。拓展边的操作，一直运行到所有的 $d[v]$都代表从 s 到 v 的最短路径的长度值。此算法的组织令 $d[u]$达到其最终值时，每条边(u, v)都只被拓展一次。

算法维护两个顶点集合 S 和 Q。集合 S 保留所有已知最小 $d[v]$值的顶点 v，而集合 Q 则保留其他所有顶点。集合 S 的初始状态为空，而后每一步都有一个顶点从 Q 移动到 S。这个被选择的顶点是 Q 中拥有最小 $d[u]$值的顶点。当一个顶点 u 从 Q 中转移到 S 中时，算法对 u 的每条外接边(u, v)进行拓展。

同时，上述算法保留图 G 中源点 s 到每一个顶点 v 的最短距离 $d[v]$，同时找出并保留 v 在此最短路径上的"前趋"，即沿此路径由 s 前往 v，到达 v 之前所到达的顶点。其中，函数 Extract Min(Q)将顶点集合 Q 中拥有最小 $d[u]$值的顶点 u 从 Q 中删除并返回 u。

在移动机器人导航应用中，通常只需要求出起点到目标点间的最短距离，此时可在上述经典算法结构中添加判断，判断当前点是否为目标点，若为目标点，即结束。

2. A* 算法

作为 Dijkstra 算法的拓展，A* 算法最早由 Stanford 研究院的 Peter Hart、Nils Nilsson

以及 Bertram Raphael 于 1968 年发表，是一种启发式搜索算法。A* 算法作为启发式搜索算法的典型代表，在移动机器人最短路径问题中广泛应用。该算法最核心的部分是合理地设计估价函数，利用估价函数评估路径中顶点的价值。当然，如果估价值和实际目标值接近，就认为估价函数是合理的。A* 算法可以说是一个具有完备性的最优搜索算法，是静态路网中求解最短路径最有效的直接搜索方法。

A* 算法核心表达式为

$$f(n) = g(n) + h(n) \tag{4.51}$$

式中：$f(n)$是节点 n 的综合优先级。当我们选择下一个要遍历的节点时，总会选取综合优先级最高(值最小)的节点。

$g(n)$是节点 n 距离起点的代价。

$h(n)$是节点 n 距离终点的预计代价，也就是 A* 算法的启发函数。

经典的 A* 算法伪代码见算法 4.9。算法中创建了两个表：一个是 openSet 表，用于存放已经生成但未访问过的节点；一个是 closedSet 表，用于存放已经访问过的节点。cameFrom[n]是从起点 start 到当前节点的最佳路径上的 n 的父节点，gScore[n]是从 n 到当前节点间最佳路径的代价，d(current, neighbor)是从当前节点 current 到邻节点 neighbor 之间边上的权重。tentative_gScore 是从开始节点经过 current 到 neighbor 的距离。

算法 4.9　A* 算法伪代码

```
Function A_star(start, goal, h)
Begin:
输入：起点 start，终点 goal
设置 openSet(初始时只知道起始节点)：
分类计算 openSet 为空集和非空集的代价值：
openSet := {start}
cameFrom := an empty map
gScore := mapwith default value of Infinity
gScore[start] := 0
fScore := mapwith default value of Infinity
fScore[start] := h(start)
while openSet is not empty
current := the node in openSet having the lowest fScore[value]
if current=goal
            return reconstruct_ path(cameFrom, current)
openSet. Remove current)
```

```
closedSet. Add(current)
遍历当前点临近点的代价值:
for each neighbor of current
  if neighbor in closedSet
    continue
  tentative_ gScore :=gScore[current]+d(current, neighbor)
  if neighbor not in openSet
  openSet. add(neighbor)
  else if tentative_gScore >=gScore[neighbor]
  continue
  cameFrom[neighbor] :=current
  gScore[neighbor] :=tentative_gScore
  fScore[neighbor] :=gScore[neighbor]+h(neighbor)
  return failue
End
输出：最短路径
```

若 A* 算法的估价函数中启发式代价的影响增大，则该算法在路径规划中的搜索方向更趋向于有目的地接近终点，因此该算法的效率更高。另一方面，A* 算法的估价函数直接将实际代价和启发式代价相加。实际上，在最佳估价函数中，实际代价和启发式代价的权重往往是不相等的。因此，为不同环境下的启发式代价设定一定的权重，可以改善 A* 算法的评估功能。

4.2.2 基于采样的路径规划算法

路径规划算法大致可以分为两类，一类是基于搜索的规划，另一类是基于采样的规划。基于采样的规划算法的核心在于随机采样，从父节点开始，随机在地图上生成子节点，连接父子节点并进行碰撞检测，如果无碰撞，就扩展该子节点。这样不断地随机扩展样本点，直到生成一条连接起点和终点的路径。采样规划算法中，常用的有概率路图(probabilistic road map，PRM)法和快速扩展随机树(rapidly-exploring random trees，RRT)法。

1. 概率路图法

概率路图法是由 Lydia Kavraki、Jean-Claude Latomde 提出的一种基于图搜索的算法，是基于启发式节点增强策略的一种路径规划方法，很好地解决了在高维空间中构造有效路径图的困难。该算法通过在构形空间中进行采样、对采样点进行碰撞检测、测试相邻采样点是否能够连接来表示路径图的连通性。此方法的一个优点是，其复杂度主要依赖寻找路径的难度，跟整个规划场景的大小和构形空间的维数关系不大。

概率路图法主要分为两个阶段，即学习阶段和查询阶段。在学习阶段，随机采样大量的机器人位姿点，为每个节点搜索邻居节点并建立连接，构建出路标地图；在查询阶段，根据起始点、目标点、路标地图信息，采用启发式搜索算法从路标图中搜索出一条可行路径。概率路图法可以有效避免对位姿空间中的障碍物进行精确建模，能够有效解决复杂的运动动力学约束下的路径规划问题。

1）学习阶段

学习阶段可以在自由空间中尽可能随机且均匀地进行采样，然后连接各个点，构建出一幅路径网络图。

PRM 算法学习阶段是指在地图内进行随机采样，对采样点进行碰撞检测，从而保证采样点不会落在地图障碍物内，采样点随机均匀地分布在自由无障碍空间内。采样完成后通过连接各个点构建路径网络图。构建网络图时，采用从一个点开始向周围点扩散的方法，如果两个点之间可以连接，且没有碰到障碍物，就把路线添加到网络图中，反之则舍弃，从而构建出整幅路径网络图，如图 4.26 所示。其中：左下角圆点代表起始点，右上角圆点代表终点，四边形为障碍物，小点为采样点，细线为路径网络图中的路径。

2）查询阶段

查询阶段利用学习阶段建立好的无向路径网络图，在无向路径网络图中设置好起点和终点，根据设置好的起点和终点搜索出一条符合需求的路径，具体可以分为以下三步：

（1）把地图中离起始点和目标点最近的两个点分别进行连接。

（2）在网络图中搜索路径，找到起始点到目标点的路径。

（3）找到路径后，通过平滑处理，优化路径。

最终结果如图 4.26(c)所示，深色粗线为规划出的路径。

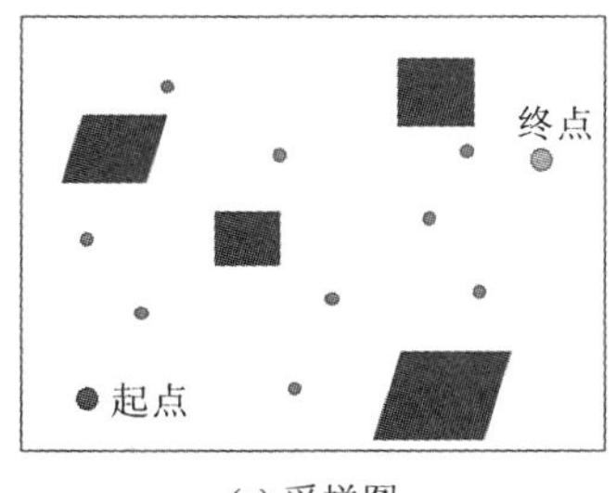

(a) 采样图

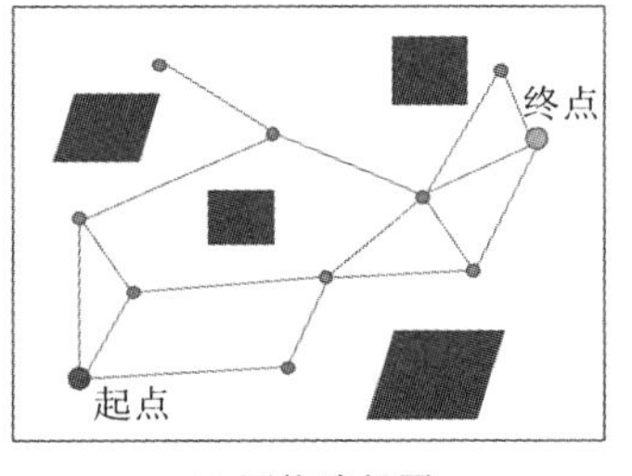

(b) 网络路径图

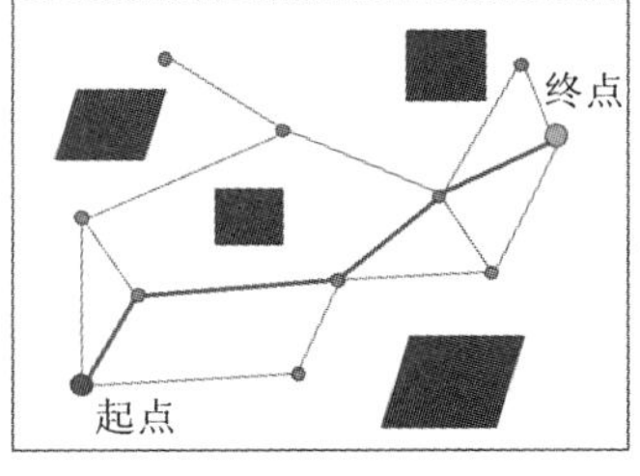

(c) PRM最终结果

图 4.26　概率路图法示意图

传统的 PRM 算法中的采样策略是均匀采样策略，它在整个空间中采样的概率处处相等，采样点数目与空间的大小成正比，狭窄通道内的采样点数相对其他区域较少，不能很好地连通狭窄通道两端的区域，所以当机器人路径规划需要经过狭窄通道时，往往效率低下，因此需要改进 PRM 算法。常用的改进算法之一是在 PRM 算法中引入人工势场。对落在威胁体内的点施加势场力，使之移动到自由空间内，从而增加狭窄通道内的节点数量，在不增加采样次数的情况下完成路线图的构建；另一种则是将 PRM 算法与蚁群算法结合。

2. 快速扩展随机树法

快速扩展随机树法是一种在多维空间中通过递增采样实现高效率的搜索规划的方法，其主要优点是能够快速地在新场景中找到一条可行路径解。它以一个初始点作为根节点，通过对状态空间中的采样点进行碰撞检测，避免了对空间的建模，能够有效地解决高维空间和复杂约束的路径规划问题。逐步提高扩展树的分辨率，当随机树中的叶子节点包含目标点或进入了目标区域时，便可以在随机树中找到一条由树节点组成的从初始点到目标点的路径。

RRT 算法的流程如下：

(1) 将起点作为根节点。

(2) 在机器人的工作空间中，随机生成一个位姿点。

(3) 在位姿树上寻找(2)中位姿点的最近邻位姿点。

(4) 在(3)中的两个位姿点之间构造插值点，判断它们是否与障碍物碰撞。若不碰撞，则将(2)中的位姿加入位姿树。

(5) 判断随机位姿点是否到达目标点附近或迭代步数到达最大值，如到达目标点，溯源获得路径。

图 4.27 所示为 RRT 算法在空间中的拓展过程。图中，机器人的起始点在右下角，目标位置在左上角，每条线代表树中的拓展边，通过不断采样遍历工作中的可达空间寻找目标位置。

RRT 算法见算法 4.10。在原始 RRT 算法中，将起始位置初始化为随机树的父节点。先初始化树并将起始位置插入树中。然后通过在可达空间中选择随机的、无碰撞的节点，尝试将树扩展到该位置。这个阶段继续进行，对空间进行采样并添加新的顶点和边，直到达到最大允许顶点数，或者根据设定的终止条件找到目标。在算法描述的函数中，Δt 称为生长节点的预定步长。生长步长对树的扩张可以产生显著的影响。若步长过小，最终得到的随机搜索树会有很多短枝，需要更多的节点探索可达空间并找到可行路径，整个算法的搜索时间也会变长。若步长过大，树会有长枝，但是扩展树将有可能频繁地遇到障碍物而节点更新失败，导致算法重新采样新的位置，因此在指定生长步长方面需要选择合适的值。

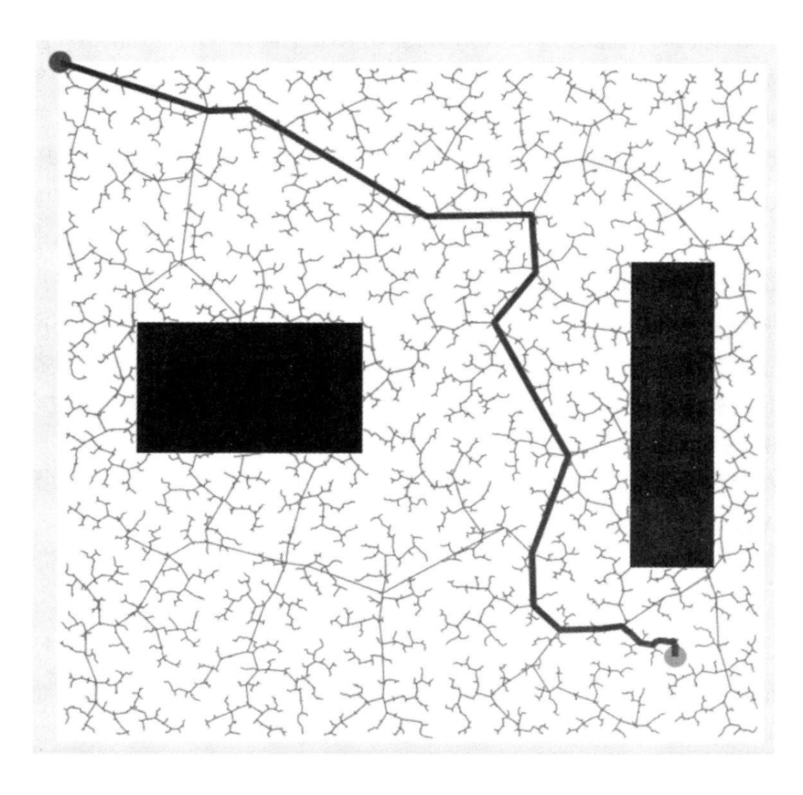

图 4.27 RRT 算法在空间中的拓展过程

算法 4.10 RRT 算法

Generate_RRT(x_{init}, K, Δt)

Begin:

输入：初始位置 x_{init}，RRT 的节点数 k，生长节点的预订步长 Δt

G. init(x_{init})

搜索平面：for k=1 to k do

  随机生成一个点：x_{rand} ← RAND_STATE()

  寻找与当前最近的已知点：x_{near} ← NEAREST_VERTEX(x_{rand}, G)

    u ← SELECT_INPUT(x_{rand}, G)

  判断能否从 x_{near} 到 x_{new}：x_{new} ← NEW_STATE(x_{near}, u, Δt)

  G. add_vertex(x_{new})

    G. add_edge(x_{near}, x_{new})

输出：RRT 树 G

End

基于快速扩展随机树的路径规划算法通过对状态空间中的采样点进行碰撞检测，避免了对空间的建模，能够有效地解决高维空间和复杂约束的路径规划问题。该方法的特点是能够快速有效地搜索高维空间，通过状态空间的随机采样点，把搜索导向空白区域，从而寻找一条从起始点到目标点的规划路径，适合解决多自由度机器人在复杂环境下和动态环境下的路径规划。但RRT算法由于随机性太强，也有一些缺点。由于随机树在自由空间中的生长方向随机，同时障碍物不断运动，因此在动态环境中路径规划的稳定性较差。而且由该算法得到的路径不是最优的，不会收敛到渐进最优解。若地图中存在可行路径解，基于搜索的路径规划算法则可以通过不停地迭代计算找到最优路径，RRT算法的目标则是快速找到一条可行路径，而这条可行路径是由单个节点连接形成的，由于冗余节点的存在和连接方式造成的曲折，该路径一定不是最优路径。此外，该算法还有搜索过于平均、浪费资源时间、偏离最优解等缺陷，这些缺陷可在应用中改进。

目前已经有很多方法来改进这个问题，其中比较重要的且会被大多数算法采用的是基于目标概率采样的RRT算法和RRT*算法，读者可以自行了解。

4.2.3 现代智能路径规划算法

在未知动态环境下处理路径规划问题时，传统的算法已经无法满足路径规划的相关要求，由此仿生智能算法应运而生，该方法在解决移动机器人路径规划方面表现出色。常用的现代仿生智能路径规划算法有蚁群算法、遗传算法、粒子群算法等。

1. 蚁群算法

蚁群算法(ant colony optimization，ACO)是一种用来寻找优化路径的概率型算法。它由Marco Dorigo于1992年在他的博士论文中提出，其灵感来源于蚂蚁在寻找食物过程中发现路径的行为。这种算法具有分布计算、信息正反馈和启发式搜索的特征，本质上是进化算法中的一种启发式全局优化算法。

蚂蚁在寻找食物源时，会在其经过的路径上释放一种信息素，并能够感知其他蚂蚁释放的信息素。信息素浓度的大小表征到食物源路径的远近，信息素浓度越高，表示对应的路径距离越短。通常，蚂蚁会以较大的概率优先选择信息素浓度较高的路径，并释放一定量的信息素，以增强该条路径上的信息素浓度，这样会形成一种正反馈。伴随信息素的挥发，选择较差路径的蚂蚁数量减少，形成负反馈。这个不断反馈的过程使得蚁群的搜索变成一个集体的“智能”行为。最终，蚂蚁能够找到一条从巢穴到食物源的最佳路径，即最短距离。

由上述分析可知，蚁群算法最重要的参数是路径距离和信息素，进行路径规划前，应先建立算法的数学模型。

假定蚂蚁总数为m，蚂蚁从某个节点向另一个节点移动是由路径上的信息素浓度决定

的。在 t 时刻，蚂蚁 k 从节点 i 移动到节点 j 的状态转移概率 $p_{ij}^k(t)$ 为

$$p_{ij}^k(t)=\begin{cases}\dfrac{\tau_{ij}^\alpha(t)\eta_{ij}^\beta(t)}{\sum\limits_{s\in \text{allowed}_k}\tau_{ij}^\alpha(t)\eta_{ij}^\beta(t)}, & j\in \text{allowed}_k\\ 0, & j\notin \text{allowed}_k\end{cases} \tag{4.52}$$

式中：allowed_k 是蚂蚁 k 在下一步的可选路径节点集合；信息启发因子 α 表示路径上的信息素对蚂蚁选择该路径的影响程度，取值越大，信息素的作用越强；β 是期望启发因子，反映下一目标点的距离在指导蚁群搜索过程中的相对重要程度，β 值越大，转移概率越靠近贪心算法；$\tau_{ij}(t)$是节点 i 和节点 j 间的信息素浓度；$\eta_{ij}(t)$是启发函数，一般取节点 i 和节点 j 间欧几里得距离的倒数，即

$$\eta_{ij}(t)=\frac{1}{d_{ij}} \tag{4.53}$$

蚁群算法是正反馈算法，随着时间的推移，某条路径上的信息素值会累积到很大，启发函数的作用会减弱，直至最终消失，故需要对信息素进行更新。信息素的更新可采用实时信息素更新与路径信息素更新两种方式，前者是指蚁群中每只蚂蚁在到达其选择的路径节点后，对路径节点的信息素进行更新，更新公式如下：

$$\tau_{ij}(t+1)=(1-\rho)\tau_{ij}(t)+\rho\tau_0(t) \tag{4.54}$$

式中：τ_0 是节点信息素的初始值；可调参数 $\rho\in[0, 1]$，是信息素挥发系数。

路径信息素更新是指蚁群中的所有蚂蚁从起点走到目标点，完成一次迭代搜索之后，路径(i, j)上的信息素更新，更新公式如下：

$$\tau_{ij}(t+1)=\rho\tau_{ij}(t)+\sum_{k=1}^{m}\Delta\tau_{ij}^k(t) \tag{4.55}$$

式中有三种不同的基本蚁群算法模型，此处取 Ant-Cycle 模型中的算式：

$$\Delta\tau_{ij}^k(t)=\begin{cases}\dfrac{Q}{L_k}, & \text{蚂蚁 } k \text{ 在本次循环中所走的路径长度}\\ 0, & \text{其他}\end{cases} \tag{4.56}$$

式中：Q 是信息素强度，L_k 是蚂蚁 k 所走的路径的总长度。

蚁群算法流程如图 4.28 所示。

按照上述传统蚁群算法虽然能够找到机器人的全局最优路径，但是效率不高，迭代次数较多，收敛较慢，当环境模型更加复杂时，算法的时间和空间复杂度都会增长，因此需要对算法进行优化。蚁群算法的优化大致有两个方向：一是优化蚁群算法中参数的设定值，包括蚂蚁群体的个数、信息素重要程度因子、启发函数重要程度因子、信息素挥发因子以及信息素释放总量等；二是将蚁群算法和其他算法相结合，取长补短，以改进蚁群算法。

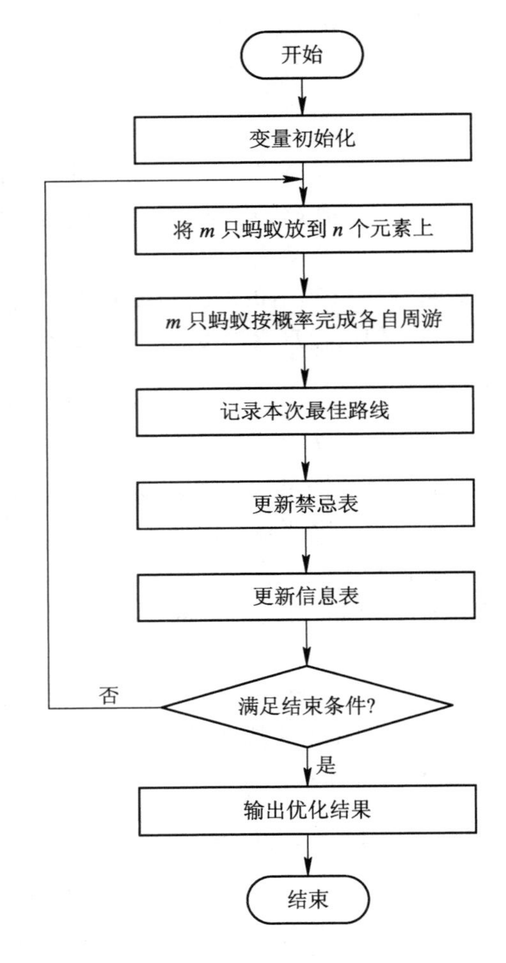

图 4.28　蚁群算法流程图

2. 遗传算法

遗传算法(genetic algorithm，GA)最早由美国的 John Holland 于 20 世纪 70 年代提出，该算法是根据大自然中生物体的进化规律而设计提出的，是模拟达尔文生物进化论的自然选择和遗传学机理的生物进化过程的计算模型，也是一种通过模拟自然进化过程搜索最优解的方法。该算法通过数学的方式，利用计算机仿真运算，将问题的求解过程转换成类似生物进化中染色体基因的交叉、变异等过程。在求解较为复杂的组合优化问题时，相对一些常规的优化算法，通常能够较快地获得较好的优化结果。

基本遗传算法是一种群体型操作，该操作以群体中的所有个体为对象，只使用基本遗传算子(genetic operator)，即选择算子(selection operator)、交叉算子(crossover operator)

和变异算子(mutation oerator)，其遗传进化操作过程简单，容易理解，是其他一些遗传算法的基础，它不仅给各种遗传算法提供了一个基本框架，同时也具有一定的应用价值。选择、交叉和变异算子是遗传算法的 3 个主要操作算子，它们构成了遗传操作，使遗传算法具有了其他方法没有的特点。

遗传算法主要由染色体编码、初始化种群、适应度函数、遗传算子、算法终止条件等模块组成。以下将简要介绍遗传算法的步骤。

1）*染色体编码*

(1) 编码。染色体编码关系到解空间中的解在遗传算法中的表示形式。从问题的解到基因型的映射称为编码，即把一个问题的可行解从其解空间转换到遗传算法的搜索空间的转换方法。遗传算法在进行搜索之前先将解空间的解表示成遗传算法的基因型串(也就是染色体)结构数据，这些串结构数据的不同组合就构成了不同的点。常见的编码方法有二进制编码、格雷码编码、浮点数编码、各参数级联编码、多参数交叉编码等。几种编码方式的特点如下：

① 二进制编码：组成染色体的基因序列是由二进制数表示的，具有编码解码简单易用，交叉变异易于程序实现等特点。

② 格雷编码：两个相邻的数用格雷码表示，其对应的码位只有一个不相同，从而可以提高算法的局部搜索能力。这是格雷编码相比二进制编码而言所具备的优势。

③ 浮点数编码：将个体范围映射到对应浮点数区间范围，精度可以随浮点数区间大小而改变。

以二进制编码为例，设某一参数的取值范围为$[U_1, U_2]$，用长度为 k 的二进制编码符号来表示该参数，则它总共产生 2^k 种不同的编码，参数与编码的对应关系如下：

$$000000\cdots0000 = 0 \rightarrow U_1$$

$$000000\cdots0001 = 0 \rightarrow U_1 + \sigma$$

$$000000\cdots0010 = 0 \rightarrow U_1 + 2\sigma$$

$$\cdots$$

$$111111\cdots1111 = 2^k - 1 \rightarrow U_2$$

其中：$\sigma=\dfrac{U_2-U_1}{2^k-1}$。

(2) 解码。解码即遗传算法染色体向问题解的转换。假设某一个体采用二进制编码，则对应的解码公式为

$$X = U_1 + \left(\sum_{i=1}^{k} b_i 2^{i-1}\right)\frac{U_2 - U_1}{2^k - 1} \tag{4.57}$$

2）*初始化种群*

设最大进化代数为 T，群体大小为 M，交叉概率为 P_c，变异概率为 P_m，随机生成 M

个个体作为初始化群体 p_0。

3）适应度函数

适应度函数表明个体或解的优劣性。对于不同的问题，适应度函数的定义方式不同。根据具体问题，计算群体 $P(t)$ 中各个个体的适应度。

适应度尺度变换是指算法迭代的不同阶段能够通过适当改变个体的适应度大小，进而避免群体间适应度相当而造成的竞争减弱，导致种群收敛于局部最优解。

尺度变换选用的经典方法包括线性尺度变换、乘幂尺度变换以及指数尺度变换。

(1) 线性尺度变换：用一个线性函数表示，其中 a 为比例系数，b 为平移系数，F 为变换前适应度尺度，变换后适应度尺度 F' 如下：

$$F' = aF + b \tag{4.58}$$

(2) 乘幂尺度变换：将原适应度尺度 F 取 k 次幂，其中 k 为幂，F 为转变前适应度尺度，F' 为转变后适应度尺度。

$$F' = F^k \tag{4.59}$$

(3) 指数尺度变换：首先将原尺度乘以系数 β，然后取反，将 βF 作为自然底数 e 的幂，其中系数 β 的大小决定了适应度尺度变换的强弱。

$$F' = \mathrm{e}^{-\beta F} \tag{4.60}$$

4）遗传算子

遗传算法使用以下三种遗传算子。

(1) 选择。

选择操作从旧群体中以一定的概率选择优良个体组成新的种群，以繁殖得到下一代个体。个体被选中的概率跟适应度值有关，个体适应度值越高，被选中的概率越大。以轮盘赌法为例，若设种群数为 M，个体 i 的适应度为 f_i，则个体 i 被选取的概率为

$$P_i = \frac{f_i}{\sum_{k=1}^{M} f_k} \tag{4.61}$$

当个体选择的概率给定后，产生[0, 1]之间的均匀随机数来决定由哪个个体参加交配。若个体的选择概率大，则有机会被多次选中，那么它的遗传基因就会在种群中扩大；若个体的选择概率小，则被淘汰的可能性会大。

(2) 交叉。

交叉操作是指从种群中随机选择两个个体，通过两个染色体的交换组合，把父串的优秀特征遗传给子串，从而产生新的优秀个体。在实际应用中，使用率最高的是单点交叉算子，该算子在配对的染色体中随机选择一个交叉位置，然后在该交叉位置对配对的染色体进行基因位变换。其他交叉算子有双点交叉或多点交叉、均匀交叉、算术交叉，读者可自行了解。

(3) 变异。

为了防止遗传算法在优化过程中陷入局部最优解，在搜索过程中，需要对个体进行变异。在实际应用中，主要采用单点变异(也叫位变异)，即只需要对基因序列中的某一个位进行变异。以二进制编码为例，即 0 变为 1，而 1 变为 0，如图 4.29 所示。

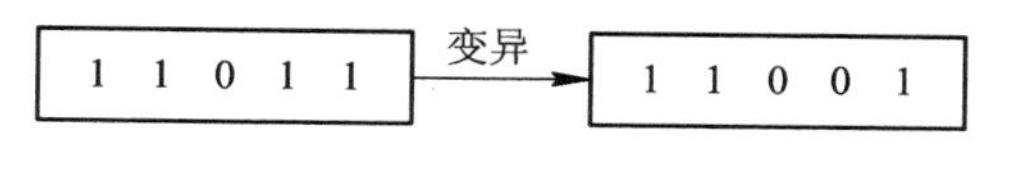

图 4.29 基因序列变异

群体 $P(t)$ 经过选择、交叉、变异运算后得到下一代群体 $P(t+1)$。

5) 算法终止条件

若 $t \leqslant T$，则 $t \leftarrow t+1$，转到步骤 2；否则以进化过程中所得到的具有最大适应度的个体作为最好的解输出，终止运算。

遗传算法流程如图 4.30。

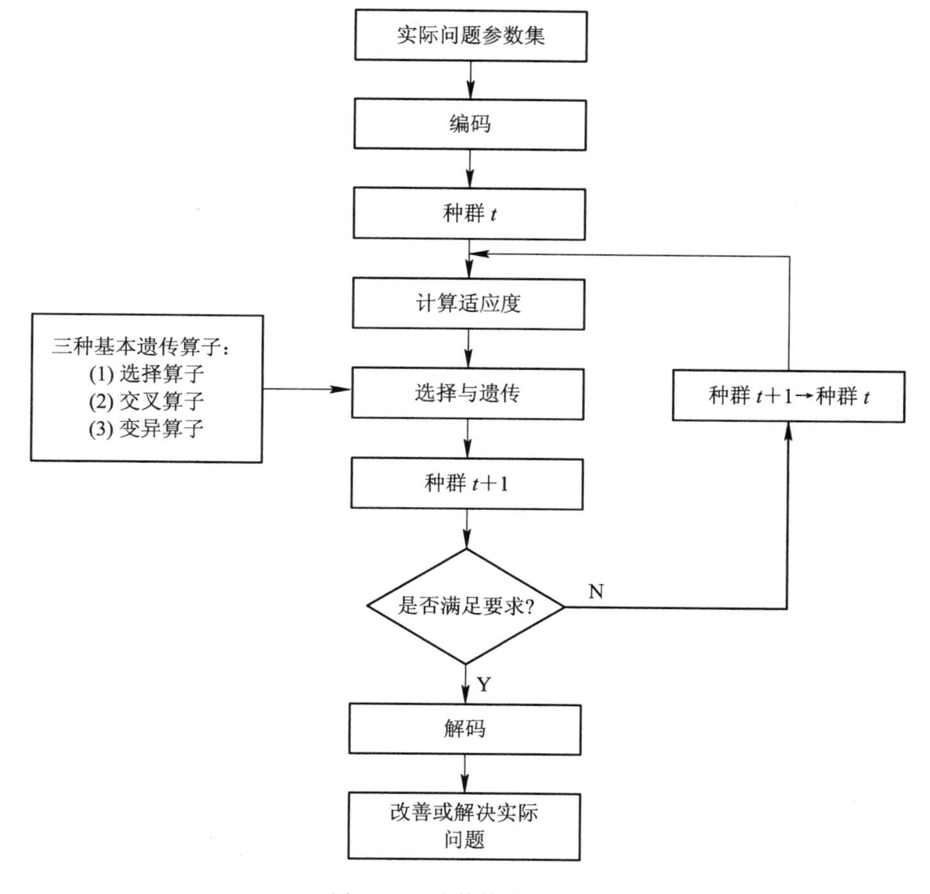

图 4.30 遗传算法流程图

由遗传算法流程图可以看出，进化操作过程简单，容易理解，它给其他各种遗传算法提供了一个基本框架。

需要注意的是：遗传算法有 4 个运行参数需要预先设定，即

M：种群大小。

T：遗传算法的终止进化代数。

P_c：交叉概率，一般为 0.4～0.99。

P_m：变异概率，一般取 0.001～0.1。

3. 粒子群算法

粒子群算法(particle swarm optimization，PSO)是 1995 年 Eberhart 博士和 Kennedy 博士一起提出的。粒子群算法是通过模拟鸟群捕食行为设计的一种群智能算法。区域内有大大小小不同的食物源，鸟群的任务是找到最大的食物源(全局最优解)。鸟群在整个搜寻过程中，通过相互传递各自位置的信息，让其他的鸟知道食物源的位置，最终整个鸟群都能聚集在食物源周围，即我们所说的找到了最优解，问题收敛。

粒子群算法的目标是使所有粒子在多维超体(multi-dimensional hyper-volume)中找到最优解。首先给空间中的所有粒子分配初始随机位置和初始随机速度。然后根据每个粒子的速度、空间中已知的全局最优位置和粒子已知的历史最优位置依次推进每个粒子的位置。随着计算的推移，通过探索和利用搜索空间中已知的有利位置，粒子围绕一个或多个最优点聚集。该算法设计玄妙之处在于它保留了最优全局位置和粒子已知的最优位置两个信息。后续的实验发现，保留这两个信息对于加快收敛速度以及避免过早陷入局部最优解都具有较好的效果。这也奠定了后续粒子群算法改进方向的基础。

粒子的变化公式如下：

$$v_{id}(t+1)=v_{id}(t)+c_1\times \text{rand}()\times[p_{id}(t)-x_{id}(t)]+c_2\times \text{rand}()\times[g_d(t)-x_{id}(t)] \tag{4.62}$$

$$x_{id}(t+1)=x_{id}(t)+v_{id}(t+1),\qquad 1\leqslant i\leqslant n,\ 1\leqslant d\leqslant D \tag{4.63}$$

式中：c_1、c_2 是正常数，称为加速因子，c_1 调节粒子飞向自身最优位置的步长，c_2 调节粒子飞向全局最优位置的步长。rand()是随机函数，生成[0，1]的随机数，以增强搜索的随机性；$v_{id}(t)$表示粒子 i 在第 t 次迭代中第 d 维的速度分量；$x_{id}(t)$表示粒子 i 在第 t 次迭代中第 d 维的位置分量；$p_{id}(t)$表示粒子 i 在第 t 次迭代中第 d 维的历史最优位置，即在第 t 次迭代后，第 i 个粒子(个体)搜索得到的最优解；$g_d(t)$表示群体在第 t 次迭代中第 d 维的历史最优位置，即在第 t 次迭代后，整个粒子群的最优解。

粒子在探索过程中可能会离开探索空间，为了避免这种情况发生，将第 d 维的位置变化限定在位置的最大值与最小值之间，速度变化限定在最大速度的正负边界值之间。粒子种群随机产生粒子的初始位置和速度，计算每个粒子的适应值，然后将每个粒子的适应值

与其经历过的最优位置 p_{Best_i} 的适应值进行比较，若高，则将最优位置的适应值替换成当前粒子的适应值；同理，再将每个粒子的适应值与全局经历的最优位置 g_{Best_i} 的适应值作比较，之后按式(4.62)和式(4.63)进行迭代，直至找到最满意的解。

粒子群算法流程如图 4.31 所示。

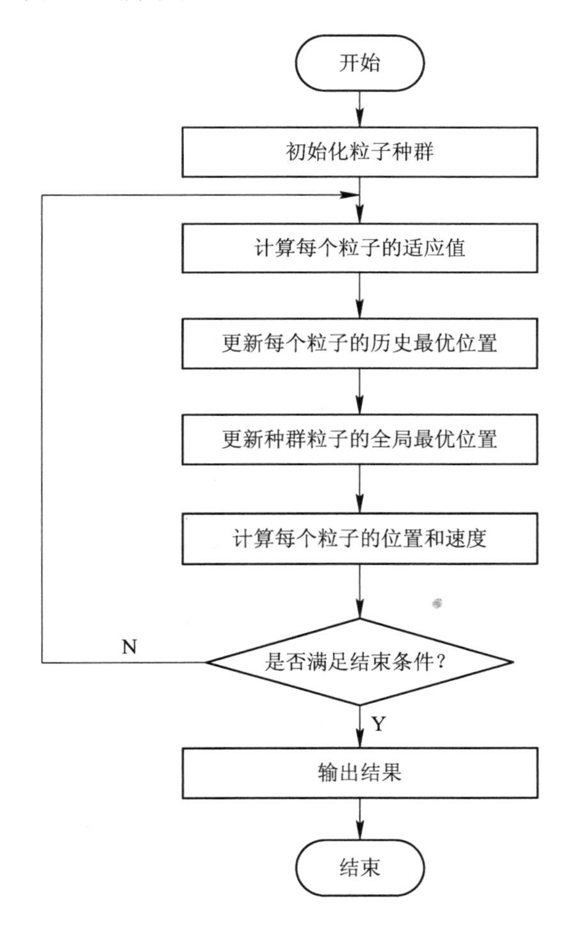

图 4.31　粒子群算法流程图

4.2.4　算法实践——最短路径规划

1. 问题描述

给定地图由 35×35 的栅格组成，已知起点 s 和终点 e，现要规划一条从起点到终点的最短路径，其中黑色围挡为障碍物(障碍物不可跨越)，如图 4.32 所示。

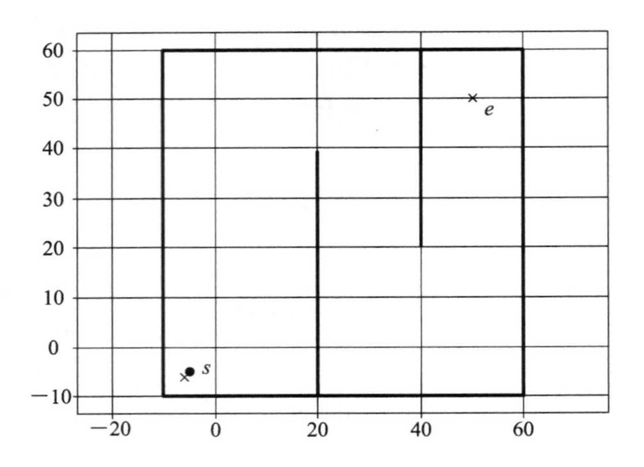

图 4.32　路径规划地图

节点每次可以从当前栅格移动至周围八个栅格中的任一栅格，即上下左右以及斜着移动，如图 4.33 所示，当节点上下左右移动一个栅格时，距离为 1，当节点斜着移动一个栅格时，距离为$\sqrt{2}$，分别用 Dijkstra 算法和 A^* 算法从起点 s 开始逐步扩展，搜索出一条从起点到终点的最短路径。

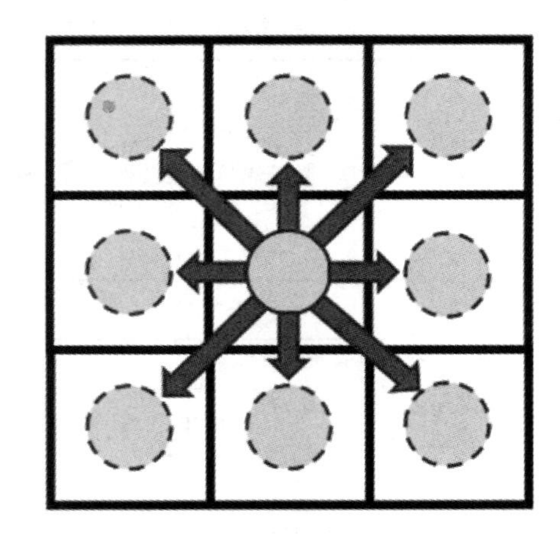

图 4.33　节点移动方向示意图

2. Dijkstra 算法

Dijkstra 算法使用宽度优先搜索解决带权有向图的最短路径问题。它是非常典型的最短路径算法，因此可用于求解移动机器人行进路线中的一个节点到其他所有节点的最短路径问题。Dijkstra 算法以起始点为中心向外扩展，扩展到最终目标点为止，通过节点和权值边的关系构成整个路径网络图。首先把起点到所有点的距离存下来找出最短距离，然后松弛一次再找出最短距离。所谓的松弛操作就是，遍历一遍看通过刚刚找到的距离最短的点作为中转站会不会更近，如果更近了就更新距离，这样把所有的点找遍之后就存下了起点到其他所有点的最短距离。

假设 v 表示地图中所有节点的集合，Dijkstra 算法主要包括下面的流程。

(1) 用一个集合 F 保存已经访问过的节点，初始时 F 只包含起点 s。用一个数组 D 保存起点 s 到其余所有节点的最短路径，初始时 D 的数值用下面的公式计算：

$$D[v]=\begin{cases} s \text{ 和 } v \text{ 的距离}, & s \text{ 可以直接到达 } v \\ \infty, & s \text{ 不可以直接到达 } v \end{cases} \tag{4.64}$$

(2) 找到一个不在 F 中，并且 $D[u]$ 最小的节点 u($D[u]$ 就是起点 s 到节点 u 的最短距离)，把 u 加入 F。

(3) 用节点 u 更新数组 D 中的最短距离，如下面的公式：

$$D[v]=\begin{cases} \min(D[v],\ D[v]+u \text{ 和 } v \text{ 的距离}), & u \text{ 可以直接到达 } v \\ D[v], & u \text{ 不可以直接到达 } v \end{cases} \tag{4.65}$$

(4) 如果 F 中已经包含了终点 e，则最短路径已找到；否则继续执行步骤(2)。

3. 核心代码

Dijkstra 算法的核心代码如下：

```
1.  import matplotlib.pyplot as plt
2.  import math
3.
4.  show_animation = True
5.
6.
7.  class Dijkstra:
8.
9.      def _init_(self, ox, oy, resolution, robot_radius):
10.         """
11.         Initialize map for planning
12.
13.         ox: x position list of Obstacles [m]
14.         oy: y position list of Obstacles [m]
15.         resolution: grid resolution [m]
16.         rr: robot radius[m]
17.         """
18.
```

```
19.             self. min_x = None
20.             self. min_y = None
21.             self. max_x = None
22.             self. max_y = None
23.             self. x_width = None
24.             self. y_width = None
25.             self. obstacle_map = None
26.
27.             self. resolution = resolution
28.             self. robot_radius = robot_radius
29.             self. calc_obstacle_map(ox,oy)
30.             self. motion = self. get_motion_model()
31.
32.         class Node:
33.             def _init_(self, x, y, cost, parent_index):
34.                 self. x = x  # index of grid
35.                 self. y = y  # index of grid
36.                 self. cost = cost  # g(n)
37.                 self. parent_index = parent_index  # index of previous Node
38.
39.             def_str_(self):
40.                 return str(self. x) + "," + str(self. y) + "," + str(
41.                     self. cost) + "," + str(self. parent_index)
42.
43.         def planning(self, sx, sy, gx, gy):
44.             """
45.             dijkstra path search
46.
47.             input:
48.                 s_x: start x position [m]
49.                 s_y: start y position [m]
50.                 gx: goal x position [m]
51.                 gx: goal x position [m]
52.
53.             output:
54.                 rx: x position list of the final path
55.                 ry: y position list of the final path
```

```
56.         """
57.
58.         start_node = self.Node(self.calc_xy_index(sx, self.min_x),
59.                                self.calc_xy_index(sy, self.min_y), 0.0,-1)   # round((position
    - minp) / self.resolution)
60.         goal_node = self.Node(self.calc_xy_index(gx, self.min_x),
61.                               self.calc_xy_index(gy, self.min_y), 0.0, -1)
62.
63.         open_set,closed_set = dict(), dict()   # key-value: hash 表
64.         open_set[self.calc_index(start_node)] = start_node
65.
66.         while 1:
67.             c_id = min(open_set, key=lambda o: open_set[o].cost)   # 取 cost 最小的节点
68.             current = open_set[c_id]
69.
70.             # show graph
71.             if show_animation: # pragma: no cover
72.                 plt.plot(self.calc_position(current.x, self.min_x),
73.                          self.calc_position(current.y, self.min_y),"xc")
74.                 # for stopping simulation with the esc key.
75.                 plt.gcf().canvas.mpl_connect(
76.                     'key_release_event',
77.                     lambda event: [exit(0) if event.key == 'escape' else None])
78.                 if len(closed_set.keys()) % 10 == 0:
79.                     plt.pause(0.001)
80.
81.             # 判断是否是终点
82.             if current.x == goal_node.x and current.y == goal_node.y:
83.                 print("Find goal")
84.                 goal_node.parent_index = current.parent_index
85.                 goal_node.cost = current.cost
86.                 break
87.
88.             # Remove the item from the open set
89.             del open_set[c_id]
90.
91.             # Add it to the closed set
```

```
92.                closed_set[c_id] = current
93.
94.                # expand search grid based on motion model
95.                for move_x, move_y, move_cost in self.motion:
96.                    node = self.Node(current.x + move_x,
97.                                     current.y + move_y,
98.                                     current.cost + move_cost, c_id)
99.                    n_id = self.calc_index(node)
100.
101.                   if n_id in closed_set:
102.                       continue
103.
104.                   if not self.verify_node(node):
105.                       continue
106.
107.                   if n_id not in open_set:
108.                       open_set[n_id] = node  # Discover a new node
109.                   else:
110.                       if open_set[n_id].cost >= node.cost:
111.                           # This path is the best until now. record it!
112.                           open_set[n_id] = node
113.
114.            rx, ry = self.calc_final_path(goal_node, closed_set)
115.
116.            return rx, ry
117.
118.        def calc_final_path(self, goal_node, closed_set):
119.            # generate final course
120.            rx, ry = [self.calc_position(goal_node.x, self.min_x)], [
121.                self.calc_position(goal_node.y, self.min_y)]
122.            parent_index = goal_node.parent_index
123.            while parent_index != -1:
124.                n = closed_set[parent_index]
125.                rx.append(self.calc_position(n.x, self.min_x))
126.                ry.append(self.calc_position(n.y, self.min_y))
127.                parent_index = n.parent_index
128.
```

```
129.            return rx, ry
130.
131.        def calc_position(self, index, minp):
132.            pos = index * self.resolution + minp
133.            return pos
134.
135.        def calc_xy_index(self, position, minp):
136.            return round((position - minp) / self.resolution)
137.
138.        def calc_index(self, node):
139.            return node.y * self.x_width + node.x
140.
141.        def verify_node(self, node):
142.            px = self.calc_position(node.x, self.min_x)
143.            py = self.calc_position(node.y, self.min_y)
144.
145.            if px < self.min_x:
146.                return False
147.            if py < self.min_y:
148.                return False
149.            if px >= self.max_x:
150.                return False
151.            if py >= self.max_y:
152.                return False
153.
154.            if self.obstacle_map[node.x][node.y]:
155.                return False
156.
157.            return True
158.
159.        def calc_obstacle_map(self, ox, oy):
160.            '''第1步：构建栅格地图'''
161.            self.min_x = round(min(ox))
162.            self.min_y = round(min(oy))
163.            self.max_x = round(max(ox))
164.            self.max_y = round(max(oy))
165.            print("min_x:", self.min_x)
```

```
166.            print("min_y:",   self.min_y)
167.            print("max_x:",   self.max_x)
168.            print("max_y:",   self.max_y)
169.
170.            self.x_width = round((self.max_x - self.min_x) / self.resolution)
171.            self.y_width = round((self.max_y - self.min_y) / self.resolution)
172.            print("x_width:", self.x_width)
173.            print("y_width:", self.y_width)
174.
175.            # obstacle map generation
176.            # 初始化地图
177.            self.obstacle_map = [[False for _ in range(self.y_width)]
178.                                 for _ in range(self.x_width)]
179.            # 设置障碍物
180.            for ix in range(self.x_width):
181.                x = self.calc_position(ix, self.min_x)
182.                for iy in range(self.y_width):
183.                    y = self.calc_position(iy, self.min_y)
184.                    for iox, ioy in zip(ox, oy):
185.                        d = math.hypot(iox - x, ioy - y)
186.                        if d <= self.robot_radius:
187.                            self.obstacle_map[ix][iy] = True
188.                            break
189.
190.        @staticmethod
191.        def get_motion_model():
192.            # dx, dy, cost
193.            motion = [[1,  0,  1],
194.                      [0,  1,  1],
195.                      [-1,  0,  1],
196.                      [0,  -1,  1],
197.                      [-1,  -1,  math.sqrt(2)],
198.                      [-1,  1,  math.sqrt(2)],
199.                      [1,  -1,  math.sqrt(2)],
200.                      [1,  1,  math.sqrt(2)]]
201.
202.            return motion
```

```
203.
204.  def main():
205.      # start and goal position
206.      sx = -5.0   # [m]
207.      sy = -5.0   # [m]
208.      gx = 50.0   # [m]
209.      gy = 50.0   # [m]
210.      grid_size = 2.0   # [m]
211.      robot_radius = 1.0   # [m]
212.
213.      # set obstacle positions
214.      ox, oy = [], []
215.      for i in range(-10,60):
216.          ox.append(i)
217.          oy.append(-10.0)
218.      for i in range(-10,60):
219.          ox.append(60.0)
220.          oy.append(i)
221.      for i in range(-10,61):
222.          ox.append(i)
223.          oy.append(60.0)
224.      for i in range(-10,61):
225.          ox.append(-10.0)
226.          oy.append(i)
227.      for i in range(-10,40):
228.          ox.append(20.0)
229.          oy.append(i)
230.      for i in range(0, 40):
231.          ox.append(40.0)
232.          oy.append(60.0 - i)
233.
234.      if show_animation: # pragma: no cover
235.          plt.plot(ox oy,".k")
236.          plt.plot(sx,sy,"og")
237.          plt.plot(gx,gy,"xb")
238.          plt.grid(True)
239.          plt.axis("equal")
```

```
240.
241.        dijkstra = Dijkstra(ox,oy, grid_size,robot_radius)
242.        rx, ry = dijkstra.planning(sx,sy,gx,gy)
243.
244.        if show_animation: # pragma: no cover
245.            plt.plot(rx,ry,"-r")
246.            plt.pause(0.01)
247.            plt.show()
248.
249.    if _name_ == '_main_':
250.        main()
```

Dijkstra 算法效果如图 4.34 所示。

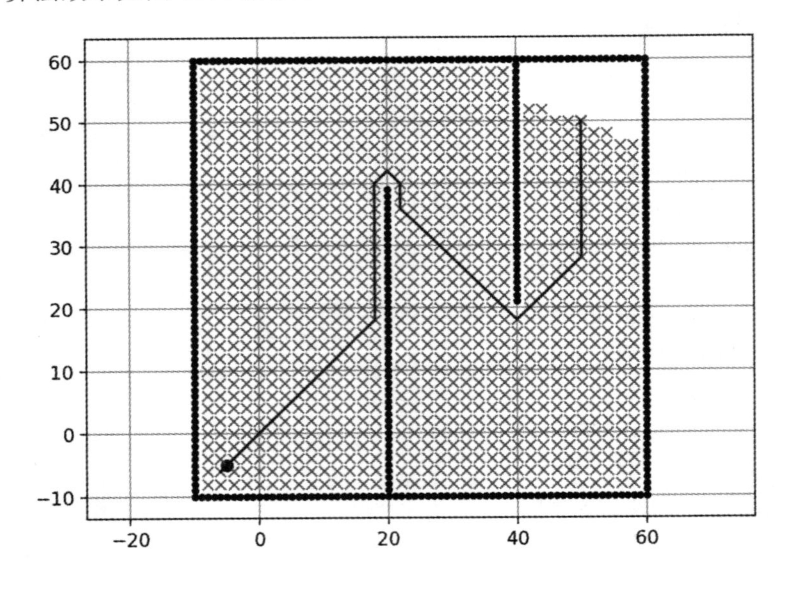

图 4.34　Dijkstra 算法效果图

4. A* 算法

A* 算法是一种启发式搜索算法。该算法最核心的部分是合理地设计估价函数，利用估价函数评估路径中顶点的价值，最后决定采用哪一种方案。当然，如果估价值和实际目标值接近，就认为估价函数是合理的。A* 算法使用了一个估计值 F 代表某一个节点到终点的估计距离，计算公式如下：

$$F(n) = G(n) + H(n) \tag{4.66}$$

式中：$G(n)$表示起点到节点 n 的真实距离，$H(n)$表示用启发式函数计算的节点 n 到终点的距离。

A* 算法包含两个集合，即 open_set 和 close_set。open_set 保存了等待探索的节点，close_set 表示已经探索的节点。

假设 v 表示地图中所有节点的集合，A* 算法的主要流程如下：

(1) 把起点 s 放入 open_set 里。

(2) 检查 open_set，如果终点 e 在 open_set 里，则路径搜索完成。如果 open_set 为空，则说明不存在路径。

(3) 在 open_set 里选择估计值 F 最小的节点 u，将其作为当前节点，然后加入 close_set 里。

(4) 取得所有节点 u 可以直接到达的节点 v，然后更新 open_set。更新规则：如果 v 在 close_set 里，则不处理；如果 v 不在 open_set 里，则把 v 加入 open_set，其对应的 F 值为 G(u)＋distance(u，v)＋H(v)；如果 v 在 open list 里，则检查 v 是否有更小的 F 值（如果有更小的 F 值，就更新 v 的 F 值）；

重复步骤(2)到步骤(4)，直到终止。

5. 核心代码

A* 算法的核心代码如下：

```
1.  import math
2.  import matplotlib. pyplot as plt
3.  show_animation=True
4.  
5.  class AStarPlanner:
6.  
7.      def _init_(self, ox, oy, resolution, rr):
8.          """
9.          Initialize grid map for a star planning
10. 
11.           ox: x position list of Obstacles [m]
12.           oy: y position list of Obstacles [m]
13.           resolution: grid resolution [m]
14.           rr: robot radius[m]
15.           """
16.           self. resolution=resolution
```

```
17.         self. rr=rr
18.         self. min_x, self. min_y=0, 0
19.         self. max_x, self. max_y=0, 0
20.         self. obstacle_map=None
21.         self. x_width, self. y_width=0, 0
22.         self. motion=self. get_motion_model()
23.         self. calc_obstacle_map(ox, oy)
24.
25.     class Node:
26.         def _init_(self, x, y, cost, parent_index):
27.             self. x=x # index of grid
28.             self. y=y # index of grid
29.             self. cost=cost
30.             self. parent_index=parent_index
31.
32.         def _str_(self):
33.             return str(self. x) + "," + str(self. y) + "," + str(
34.                 self. cost) + "," + str(self. parent_index)
35.
36.     def planning(self, sx, sy, gx, gy):
37.         """
38.         A star path search
39.
40.         input:
41.             s_x: start x position [m]
42.             s_y: start y position [m]
43.             gx: goal x position [m]
44.             gy: goal y position [m]
45.
46.         output:
47.             rx: x position list of the final path
48.             ry: y position list of the final path
49.         """
50.
51.         start_node=self. Node(self. calc_xy_index(sx, self. min_x),
52.                                self. calc_xy_index(sy, self. min_y), 0.0, -1)
```

```
53.        goal_node=self.Node(self.calc_xy_index(gx, self.min_x),
54.                            self.calc_xy_index(gy, self.min_y), 0.0, -1)
55.
56.        open_set, closed_set=dict(), dict()
57.        open_set[self.calc_grid_index(start_node)]=start_node
58.
59.        while 1:
60.            if len(open_set) == 0:
61.                print("Open set is empty..")
62.                break
63.
64.            # 选择扩展点 f(n)=g(n) + h(n)
65.            c_id=min(
66.                open_set,
67.                key=lambda o: open_set[o].cost + self.calc_heuristic(goal_node,
68.                                                                     open_set[o]))
69.
70.            current=open_set[c_id]
71.
72.            # show graph
73.            if show_animation: # pragma: no cover
74.                plt.plot(self.calc_grid_position(current.x, self.min_x),
75.                         self.calc_grid_position(current.y, self.min_y), "xc")
76.                # for stopping simulation with the esc key.
77.                plt.gcf().canvas.mpl_connect('key_release_event',
78.                                             lambda event: [exit(0)if event.key =='escape'else None])
79.
80.                if len(closed_set.keys()) %10 == 0:
81.                    plt.pause(0.001)
82.
83.            if current.x == goal_node.x and current.y == goal_node.y:
84.                print("Find goal")
85.                goal_node.parent_index=current.parent_index
86.                goal_node.cost=current.cost
87.                break
88.
```

```
89.         # Remove the item from the open set
90.         del open_set[c_id]
91.
92.         # Add it to the closed set
93.         closed_set[c_id]=current
94.
95.         # expand_grid search grid based on motion model
96.         for i, _ in enumerate(self. motion):
97.             node=self. Node(current. x + self. motion[i][0],
98.                             current. y + self. motion[i][1],
99.                             current. cost + self. motion[i][2], c_id)
100.            n_id=self. calc_grid_index(node)
101.
102.            # If the node is not safe, do nothing
103.            if not self. verify_node(node):
104.                continue
105.
106.            if n_id in closed_set:
107.                continue
108.
109.            if n_id not in open_set:
110.                open_set[n_id]=node # discovered a new node
111.            else:
112.                if open_set[n_id]. cost > node. cost:
113.                    # This path is the best until now. record it
114.                    open_set[n_id]=node
115.
116.        rx, ry=self. calc_final_path(goal_node, closed_set)
117.
118.        return rx, ry
119.
120.    def calc_final_path(self, goal_node, closed_set):
121.        # generate final course
122.        rx, ry=[self. calc_grid_position(goal_node. x, self. min_x)], [
123.            self. calc_grid_position(goal_node. y, self. min_y)]
124.        parent_index=goal_node. parent_index
```

```
125.         while parent_index ! = -1:
126.             n=closed_set[parent_index]
127.             rx.append(self.calc_grid_position(n.x, self.min_x))
128.             ry.append(self.calc_grid_position(n.y, self.min_y))
129.             parent_index=n.parent_index
130.
131.         return rx, ry
132.
133.     @staticmethod
134.     def calc_heuristic(n1, n2):
135.         w =1.0 # weight of heuristic
136.         d=w * math.hypot(n1.x - n2.x, n1.y - n2.y)
137.         return d
138.
139.     def calc_grid_position(self, index, min_position):
140.         """
141.         calc grid position
142.
143.         :param index:
144.         :param min_position:
145.         :return:
146.         """
147.         pos=index * self.resolution + min_position
148.         return pos
149.
150.     def calc_xy_index(self, position, min_pos):
151.         return round((position - min_pos) / self.resolution)
152.
153.     def calc_grid_index(self, node):
154.         return node.y * self.x_width + node.x
155.
156.     def verify_node(self, node):
157.         px=self.calc_grid_position(node.x, self.min_x)
158.         py=self.calc_grid_position(node.y, self.min_y)
159.
160.         if px < self.min_x:
```

```
161.            return False
162.        elif py < self.min_y:
163.            return False
164.        elif px >= self.max_x:
165.            return False
166.        elif py >= self.max_y:
167.            return False
168.
169.        # collision check
170.        if self.obstacle_map[node.x][node.y]:
171.            return False
172.
173.        return True
174.
175.    def calc_obstacle_map(self, ox, oy):
176.
177.        self.min_x=round(min(ox))
178.        self.min_y=round(min(oy))
179.        self.max_x=round(max(ox))
180.        self.max_y=round(max(oy))
181.        print("min_x:", self.min_x)
182.        print("min_y:", self.min_y)
183.        print("max_x:", self.max_x)
184.        print("max_y:", self.max_y)
185.
186.        self.x_width=round((self.max_x - self.min_x) / self.resolution)
187.        self.y_width=round((self.max_y - self.min_y) / self.resolution)
188.        print("x_width:", self.x_width)
189.        print("y_width:", self.y_width)
190.
191.        # obstacle map generation
192.        self.obstacle_map=[[False for _ in range(self.y_width)]
193.                    for _ in range(self.x_width)]
194.        for ix in range(self.x_width):
195.            x=self.calc_grid_position(ix, self.min_x)
196.            for iy in range(self.y_width):
```

```
197.            y=self.calc_grid_position(iy, self.min_y)
198.            for iox, ioy in zip(ox, oy):
199.                d=math.hypot(iox - x, ioy - y)
200.                if d <= self.rr:
201.                    self.obstacle_map[ix][iy]=True
202.                    break
203.
204.    @staticmethod
205.    def get_motion_model():
206.        # dx, dy, cost
207.        motion=[[1, 0, 1],
208.                [0, 1, 1],
209.                [-1, 0, 1],
210.                [0, -1, 1],
211.                [-1, -1, math.sqrt(2)],
212.                [-1, 1, math.sqrt(2)],
213.                [1, -1, math.sqrt(2)],
214.                [1, 1, math.sqrt(2)]]
215.
216.        return motion
217.
218.
219. def main():
220.     print(_file_ + " start!!")
221.
222.     # start and goal position
223.     sx=-5.0 # [m]
224.     sy=-5.0 # [m]
225.     gx=50.0 # [m]
226.     gy=50.0 # [m]
227.     grid_size=2.0 # [m]
228.     robot_radius=1.0 # [m]
229.
230.     # set obstacle positions
231.     ox, oy=[], []
232.     for i in range(-10, 60):
```

```
233.         ox. append(i)
234.         oy. append(-10.0)
235.     for i in range(-10, 60):
236.         ox. append(60.0)
237.         oy. append(i)
238.     for i in range(-10, 61):
239.         ox. append(i)
240.         oy. append(60.0)
241.     for i in range(-10, 61):
242.         ox. append(-10.0)
243.         oy. append(i)
244.     for i in range(-10, 40):
245.         ox. append(20.0)
246.         oy. append(i)
247.     for i in range(0, 40):
248.         ox. append(40.0)
249.         oy. append(60.0 - i)
250.
251.     if show_animation: # pragma: no cover
252.         plt. plot(ox, oy, ".k")
253.         plt. plot(sx, sy, "og")
254.         plt. plot(gx, gy, "xb")
255.         plt. grid(True)
256.         plt. axis("equal")
257.
258.     a_star=AStarPlanner(ox, oy, grid_size, robot_radius)
259.     rx, ry=a_star. planning(sx, sy, gx, gy)
260.
261.     if show_animation: # pragma: no cover
262.         plt. plot(rx, ry, "-r")
263.         plt. pause(0.001)
264.         plt. show()
265.
266. if _name_ == '_main_':
267.     main()
```

A^* 算法效果如图 4.35 所示。

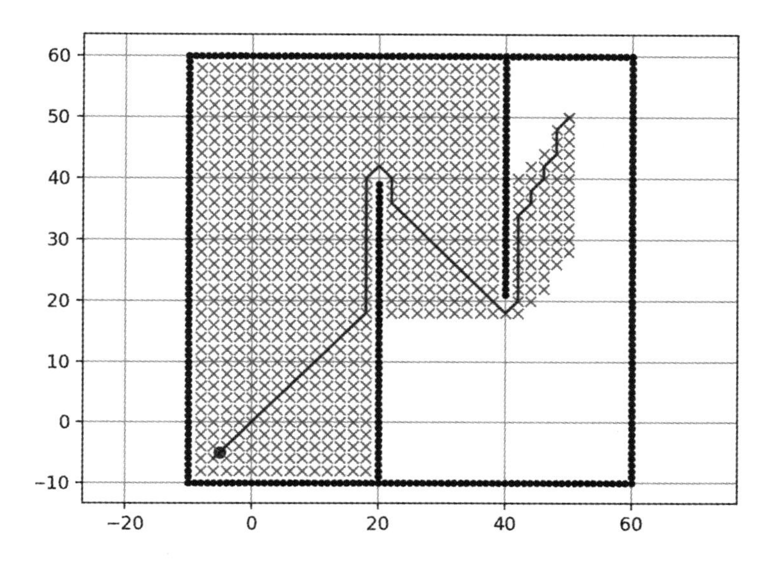

图 4.35　A^* 算法效果图

由以上实验可以看出，Dijkstra 算法和 A^* 算法都能够从起点出发，经过计算搜索到达终点，Dijkstra 算法使用宽度优先搜索，虽然可以得到起点到目标终点间的最短路径，但忽略了很多有用的信息，盲目搜索导致效率低下，耗费时间和空间。A^* 算法使用了启发式函数，可进行启发式搜索，提高了效率，降低了使用时间复杂度。长距离路径下，全局路径 A^* 算法相对 Dijkstra 算法，规划路径更加平滑。

第5章 聊天机器人

聊天机器人是自然语言处理中的一个重要研究方向。随着自然语言处理技术的迅猛发展以及大数据时代"互联网"中对话语料的不断积累，聊天机器人受到了学术界和工业的广泛关注，并且目前已经有许多产品出现在我们的生活中，如苹果的 Siri、微软的 Cortana、百度的小度等。

聊天机器人是模拟人类通过文字或语音进行交流的计算机程序。图灵（Alan M. Turing)第一次提出了"机器智能"的概念，并且也提出将"图灵测试"作为判断机器是否具有智能的测试。图灵测试是指：在测试者与被测试者(一个人和一台机器)隔开的情况下，通过一些装置向被测试者随意提问，如果超过 30%的测试者不能确定被测试者是人还是机器，那么这台机器就通过了测试。随着科技和社会的发展，聊天机器人作为一种交互方式，在现代人的生活中越来越重要。本章内容将从检索式聊天机器人入手，带领读者学习制作一个属于自己的聊天机器人。

5.1 主要应用背景

国外在聊天机器人领域的研究起步比较早，国内在聊天机器人领域的研究相对较晚。这是因为早期国内聊天机器人的研究面临着两大难题：一是中文在信息处理方面的特殊性；二是缺乏相应的自然语言处理的相关基础资源，如语料库、知识库等。而近年来，国内的聊天机器人研究也取得了很大的进展。关于聊天机器人的研究工作开始于 20 世纪 60 年代，图灵(Alan M. Turing)通过"机器能思考吗"的问题，进而提出了图灵猜想，为聊天机器人的研发埋下了种子。从此之后，各界研究者就开始对聊天机器人展开了深入的研究和系统的开发，进而产生了五个关键时期。

第一时期为 1966 年，世界上最早的聊天机器人 ELIZA 诞生。该机器人由麻省理工学院的约瑟夫·魏泽鲍姆(Joseph Weizenbaum)研发，被用于在精神病临床治疗中模仿心理医生。其实现技术是在数据库中查找与用户问句中相应的关键词，然后使关键词与相应的模式进行匹配，最后输出与之匹配的答案，也即为模式以及关键字匹配和置换。虽然它本身并没有形成一套自然语言理解的理论、技术体系，却开启了智能聊天机器人的时代，具有启发意义。第二时期为1981年，罗洛·卡朋特(Rollo Carpenter)受到ELIZA和它的变体Parry的启发，研发了语音聊天机器人Jabberwacky。Jabberwacky聊天机器人主要用于模仿人类的对话，目标是"以有趣和幽默的方式模拟自然的人类聊天"，从而达到通过图灵测试的目的。第三时期为1988年，罗伯特·威林斯基(Robert Wilensky)等人研发了名为UC(UNIX Consultant)的聊天机器人系统，主要目的帮助用户学习使用UNIX操作系统。UC通过分析用户需求、操作目标，生成与其对话的内容，并根据用户对UNIX系统的熟悉程度进行建模。UC的出现使得聊天机器人距离智能化更进了一步。第四时期为1995年，理查德·华勒斯(Richard Wallace)研制了业界有名的聊天机器人系统ALICE(artificial linguistic internet computer entity)，采用的是启发式模板匹配的对话策略，它被认为是同类型聊天机器人中性能优良者之一。与其一同问世的还有人工智能标记语言AIML(artificial intelligence markup language)，该语言到目前为止仍被广泛使用在移动端虚拟助手开发中。

第五时期即为本世纪，随着科技水平的进步，人类社会开始步入了智能终端的时代。智能手机的兴起使聊天机器人的应用更加方便快捷，工业界对聊天机器人的研究兴趣持续上涨，聊天机器人类别如图5.1所示。这一时期涌现出Siri、Google Now、Alexa和Cortana等一系列被大家所熟知的手机助手机器人。随着人类需求的变化，国内外越来越多的团队开始构建服务型聊天机器人系统，这其中具有代表性的产品有Wit. ai、Api. ai、Luis. ai等。

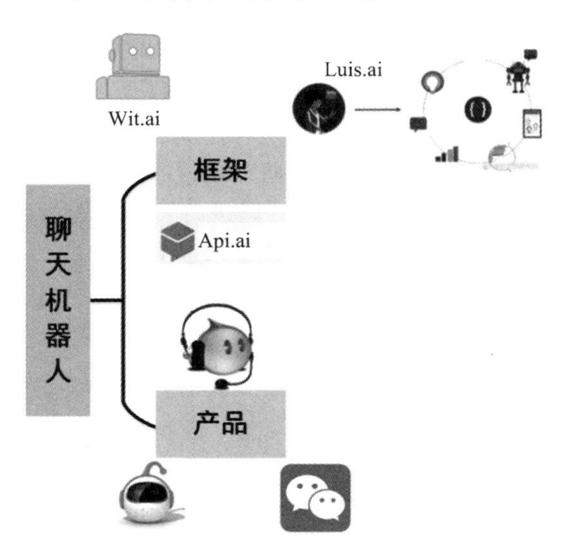

图5.1　聊天机器人类别

互联网时代的到来为智能聊天机器人创造了更大的发展空间，机器学习的发展为智能聊天机器人提供了更加坚实的发展基础。具有良好的人机交互性的聊天机器人也在多个人机交互场景中发挥着重要作用，聊天机器人已经融入人们的日常生活中，在未来也会有更加长足的发展。

5.2 算法原理

检索式聊天机器人通过文本匹配和排序学习技术，从对话语料库中寻找最适合当前输入的内容进行回复，检索式聊天机器人的实现过程整体流程如图 5.2 所示。首先，聊天机器人需要对输入的数据进行预处理，通常数据的预处理方式决定着模型是否可以生成流畅的对话结果。如果是文字输入，就可以直接利用自然语言理解模块进行处理；如果是语音输入，就需要先将语音转换成文字形式。本章主要围绕文字输入的聊天机器人展开，通过序列模型对预处理过的语言进行编码，生成对应的答句。

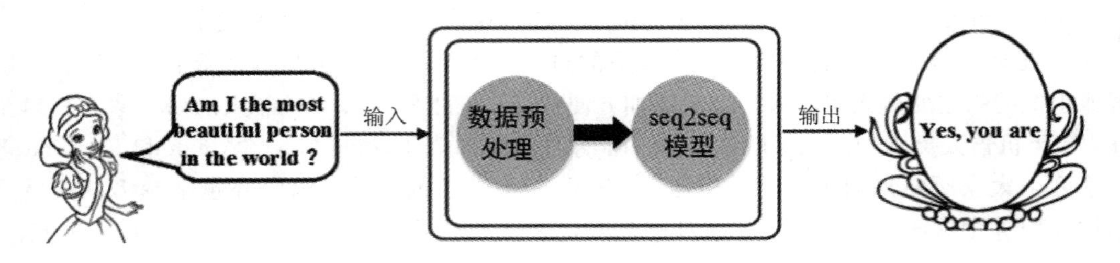

图 5.2 检索式聊天机器人实现过程整体流程图

具体而言，数据的预处理过程是使用词向量模型(如 word2vec、BERT、glove 等)生成机器人所识别语言的过程。首先词向量模型会对输入的语言进行编码，将每个单词生成对应的词向量。由此，在训练的过程中，所有单词对应的词向量就组成了一本“字典”，每当和机器人进行对话时，机器人都会在这本“字典”里进行搜索匹配，生成自身可理解的语言。其次，经过数据预处理，使用序列模型(如 RNN，LSTM，GRU，seq2seq 等)对词向量进行学习，该过程分为两步完成：第一步，解读机器人读入的语言(编码过程)；第二步，机器人生成对应的答句(解码过程)。最后，利用损失函数来初步计算学习结果，当模型不断学习使损失函数趋于稳定时，即认为模型已经训练好了。

5.2.1 数据预处理

数据预处理是模型训练的基础，也是首要工作，处理的结果关系到模型性能的优劣。将数据集分为训练集和验证集，训练集数据训练部分将会作为模型的输入进行模型训练，测试集则用来测试模型的性能。

数据预处理流程如图 5.3 所示。图 5.3 表明本实验的数据预处理主要分为三个步骤：第一步，将测试集和训练集中的问答句进行划分存储；第二步，生成字典，统计每个词被输入的次数，将其按照从小到大的顺序排列，每个词所对应的序号就是它的编码，所有词的编码组成了字典；第三步，将语句转换为词向量(本章选用的词向量模型为 word2vec 模型)。表 5.1 所示为词向量的示例。

图 5.3 数据预处理流程图

表 5.1 原句对应词向量列举

原 句	词 向 量
Why ?	1048
Where 've you been ?	1 285 609 888
Forget it .	792 154
She okay ?	1 182 218
Hi .	3804

word2vec 是 Google 研究团队 Tomas Mikolov 等人提出的词向量模型。word2vec 的作用是将词语转换为实数向量，如图 5.4 所示。它主要分为两种模式：跳字模式(skip-gram)和连续词袋模式(continuous bag of words，CBOW)。其中跳字模式是根据一个词来预测它周围的词，而连续词袋模式则是根据一个词的上下文来预测它本身。假设给定词序列(w_{t-2}，w_{t-1}，w_t，w_{t+1}，w_{t+2})，w_t 为当前词，其余词可表示为 context(w_t)。跳字模式的任务是构造 $p(\text{context}(w_t)|w_t)$，连续词袋模式的任务是构造 $p(w_t|\text{context}(w_t))$。

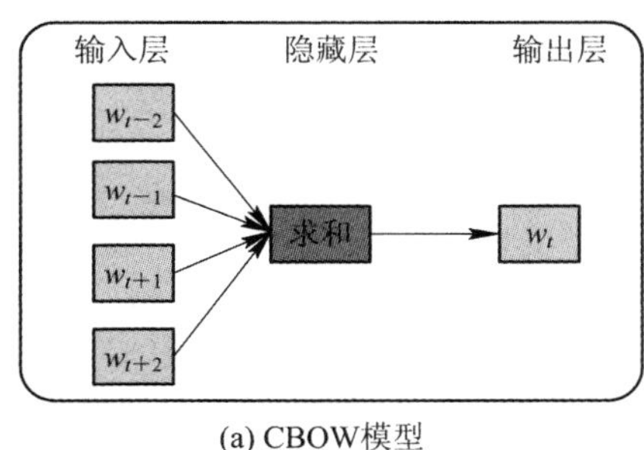

(a) CBOW模型

(b) skip-gram模型

图 5.4 word2vec 网络结构

本实验选用跳字模式，如图 5.4(b)所示跳字模式算法的背后是一个三层神经网络，它具有一般神经网络普遍具有的输入层、隐藏层、输出层。其中输入层和传统的神经网络模型有所不同，输入的每一个节点单元不再是一个标量值，而是一个动态向量，这个向量就是输入语句所对应的词向量，训练过程中要对其进行更新。隐藏层和传统神经网络模型不同，它使用线性激活函数。输出层和传统神经网络模型一样，将上一层的输出结果输入

softmax 函数对词向量进行分类，并输出分类结果。连续词袋模式与跳字模式的输入/输出内容恰好相反。对于连续词袋模式，输入特征词上下文对应的词向量就能够输出该特定词的词向量。

跳字模式主要分为两个部分：第一部分是建立模型，第二部分是通过该模型获得 Embedding 词向量。其主要步骤是需要通过训练数据构建一个神经网络，得到训练模型后提取其中的训练参数，即隐藏层的权重矩阵，这些权重矩阵就是希望得到的词向量。下面将以“I feel wonderful tonight too.”来阐述跳字模式训练神经网络的具体步骤：

(1) 选择 input_word，在句子中选择一个单词作为输入，这里选择“feel”。

(2) 定义 skip_window 参数，输入 skip_window=2。其中，数字 2 表示在输入中心词一侧的选词数量。那么可以得到以“feel”为中心词、窗口大小为 2 的单词为[I，feel，wonderful，tonight]，训练模型的输入格式为(input_word，output_word)，所以根据窗口中的单词，可得到训练单词对(word pair)为(feel，I)、(feel，wonderful)、(feel，tonight)。

(3) 将训练数据集输入神经网络中，即通过给神经网络“喂养”数据集中的“单词对”来训练神经网络。根据这些训练数据可得到一个概率(这个概率表示如果输入为“feel”，那么输出为 output_word 的概率值，可以根据概率值的大小，预测和 output_word 语义相近的单词)分布表。

5.2.2 seq2seq 模型原理

sequence to sequence(简称 seq2seq)是基于递归神经网络(recurrent neural network，RNN)的生成序列模型。该模型先通过 RNN 对输入的序列(问句)进行编码，生成中间语义向量；再将语义向量输入至另一个 RNN 进行解码，得到输出序列(答句)。其中，在生成中间语义向量时引入注意力机制，以确保网络对每个分词的“关注度”不同，从而达到更加优良的问答效果。seq2seq 模型如图 5.5 所示。接下来将对 seq2seq 模型的编码原理、解码原理以及基于注意力机制的 seq2seq 模型分别进行介绍。

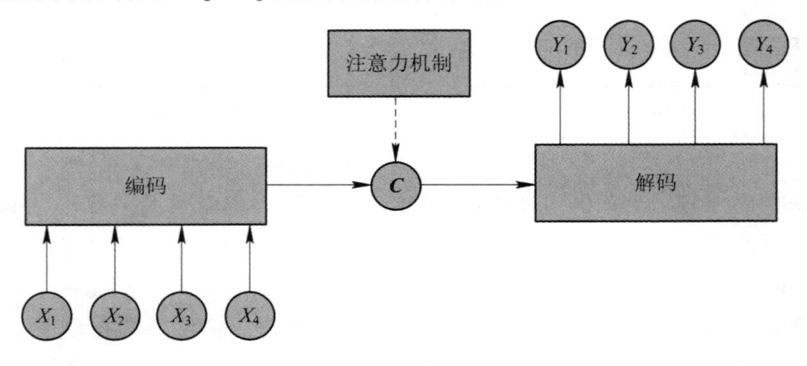

图 5.5 seq2seq 模型

1. 编码原理

编码器的作用是将定长的语句转变为一个确定长的中间变量 **C**，编码结构如图 5.6 所示。本实验所使用的编码器为长短期记忆网络(long short-term memory，LSTM)和门控循环神经网络(gated recurrent neural network，GRU)。

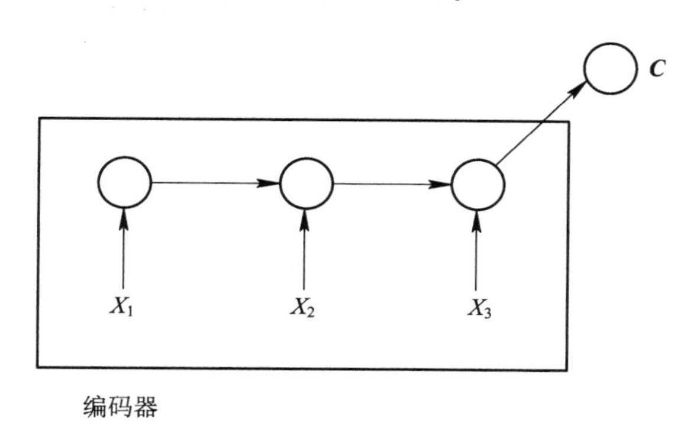

图 5.6　编码结构

LSTM 之所以能够记忆长短期的信息，是因为它具有通过"门"结构来去除和增加信息到神经元的能力。"门"是一种让信息选择性通过的方法。LSTM 结构如图 5.7 所示，它的三个门分别是，输入门(input gate)、输出门(output gate)和遗忘门(forget gate)。其中输入门和遗忘门是 LSTM 能够记忆长期依赖的关键。首先通过遗忘门判断需要从神经元状态中遗忘哪些信息，将这些信息输入至 sigmoid 函数中，经过处理，得到 0～1 的数值。0 表示信息"完全遗忘"，1 表示信息"完全保留"。然后通过输入门判断什么样的新信息可以被存储进神经元中。这部分的两个输入分别是通过 sigmoid 层判断需要被更新的值和 tanh 层创建的一个新候选值向量，这个新候选值向量用来决定输入的信息。在此过程中，遗忘门会丢弃一些无用信息。最后由输出门决定当前时刻的网络内部有多少信息需要输出。

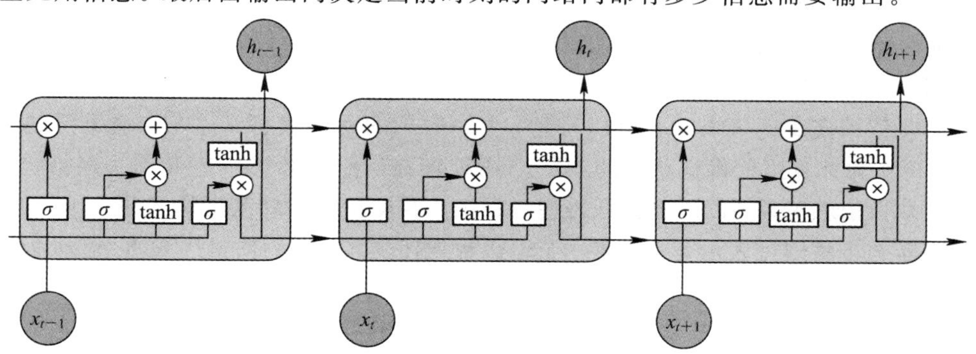

图 5.7　LSTM 结构

具体而言，输入门、输出门和遗忘门的数学表达如下：

(1) 遗忘门。

遗忘门控制前一神经单元信息 C_{t-1} 传递到当前神经单元中需要丢弃哪些信息。如式(5.1)所示，$\boldsymbol{h}_{t-1}$ 是上一单元的输出信息，x_t 是本单元的输入，通过 sigmoid 激活函数作用于 $\boldsymbol{h}_{t-1}$ 和 $\boldsymbol{x}_t$ 输出[0，1]之间的向量，再与输入信息相乘，决定遗忘的信息：

$$\boldsymbol{f}_t = \sigma(\boldsymbol{W}_f \cdot [\boldsymbol{h}_{t-1}, \boldsymbol{x}_i] + \boldsymbol{b}_f) \tag{5.1}$$

式中：f_t 表示时刻 i 的自环权重，$\boldsymbol{W}_f$ 和 $\boldsymbol{b}_f$ 分别是遗忘门的权重矩阵和偏置。

(2) 输入门。

输入门决定添加哪些新的信息，主要包括两部分：第一部分是由 sigmoid 激活函数组成的“输入门”产生的介于 0 到 1 之间的控制信号，用来控制更新哪些值；第二部分是通过 tanh 层产生当前时刻的 $\boldsymbol{C}_t$。再将两者结合起来以更新得到的 $\boldsymbol{C}_t$，其具体步骤如下：

$$\boldsymbol{\tau}_i = \sigma(\boldsymbol{W}_\tau \cdot [\boldsymbol{h}_{t-1}, \boldsymbol{x}_t] + \boldsymbol{b}_\tau) \tag{5.2}$$

$$\widetilde{\boldsymbol{C}}_t = \tanh(\boldsymbol{W}_c \cdot [\boldsymbol{h}_{t-1}, \boldsymbol{x}_i] + \boldsymbol{b}_c) \tag{5.3}$$

$$\boldsymbol{C}_t = \boldsymbol{f}_t * \boldsymbol{C}_{t-1} + \boldsymbol{\tau}_i * \widetilde{\boldsymbol{C}}_t \tag{5.4}$$

式中：$\boldsymbol{W}_\tau$ 和 $\boldsymbol{b}_\tau$ 分别是输入门的权重矩阵和偏置，$\boldsymbol{W}_c$ 和 $\boldsymbol{b}_c$ 分别表示候选值向量的权重矩阵和偏置。

(3) 输出门。

输出门的作用是控制当前神经单元的信息输出。如式(5.5)与式(5.6)所示，输出门会把输出矩阵中的每一个元素映射到[0，1]之间，从而决定哪些信息被过滤：

$$\boldsymbol{O}_t = \sigma(\boldsymbol{W}_o \cdot [\boldsymbol{h}_{t-1}, \boldsymbol{x}_t] + \boldsymbol{b}_o) \tag{5.5}$$

$$\boldsymbol{h}_t = \boldsymbol{O}_t * \tanh(\boldsymbol{C}_t) \tag{5.6}$$

式中：$\boldsymbol{W}_o$ 和 $\boldsymbol{b}_o$ 分别是输出门的权重矩阵和偏置，$\boldsymbol{O}_t$ 表示输出门系数，$\boldsymbol{h}_t$ 表示最终输出的信息。

GRU 将 LSTM 的输入门和遗忘门合并为更新门，其结构如图 5.8 所示。更新门用来控制当前时刻输出的状态 $\boldsymbol{h}_t$ 中要保留多少历史状态 $\boldsymbol{h}_{t-1}$，以及保留多少当前时刻的候选状态 $\tilde{\boldsymbol{h}}_t$。GRU 的输出门的作用是决定当前时刻的候选状态是否需要依赖上一时刻的网络状态以及需要依赖多少，从图 5.8 可以看到，上一时刻的网络状态 $\boldsymbol{h}_{t-1}$ 先和输出门的输出 $\boldsymbol{r}_t$ 相乘后，再作为计算当前候选状态的参数。GRU 还在当前网络状态 $\boldsymbol{h}_t$ 和前一网络状态 $\boldsymbol{h}_{t-1}$ 中添加了线性依赖关系，以解决数据传递过程中的梯度消失和梯度爆炸问题。

编码器的步骤则可表示为：给定一个输入数据序列，表示为向量序列 $\boldsymbol{X}=[\boldsymbol{x}_1, \boldsymbol{x}_2, \cdots, \boldsymbol{x}_n]$，其中每个 $\boldsymbol{x}_t$ 是时间步 t 的特征向量。LSTM 或 GRU 在每个时间步按照 $\boldsymbol{h}_t=\mathrm{LSTM}/\mathrm{GRU}(\boldsymbol{h}_{t-1}, \boldsymbol{x}_t)$ 更新隐藏状态，其中 $\boldsymbol{h}_t$ 表示时间步 t 的隐藏状态。通常在没有注意力机制的情况下，将 LSTM 和 GRU 最后一层隐藏层的输出 $\boldsymbol{h}_n$ 作为语义向量 $\boldsymbol{C}$。

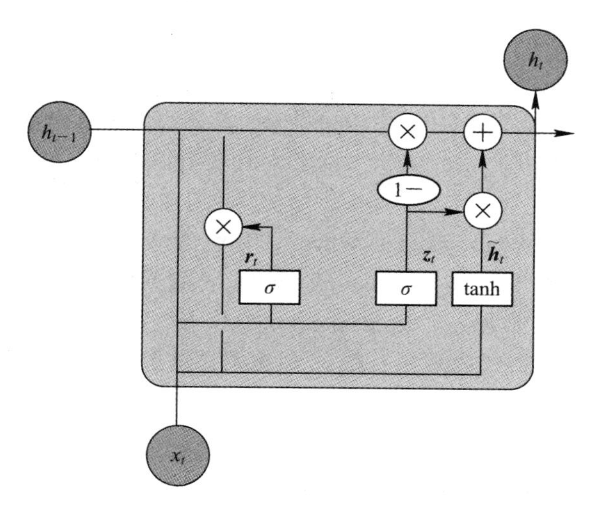

图 5.8　GRU 结构

2. 解码原理

解码器也是一种逻辑框架，在本实验中同样由 LSTM 或 GRU 组成。它将编码器所产生的中间语义向量作为输入，根据上述 LSTM 的原理将其生成对应的输出序列，即对话中的答句，解码结构如图 5.9 所示。

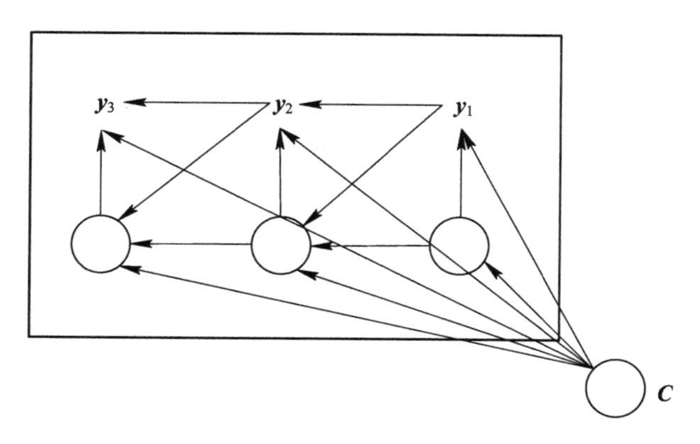

图 5.9　解码结构

解码器的步骤则可表示为：解码器接收上下文向量 $\boldsymbol{C}$，并生成一个输出数据序列 $\boldsymbol{Y}=[\boldsymbol{y}_1, \boldsymbol{y}_2, \cdots, \boldsymbol{y}_m]$，其中每个 $\boldsymbol{y}_t$ 是时间步 t 的特征向量。解码器 LSTM 根据公式 $\boldsymbol{s}_t=\mathrm{LSTM/GRU}(\boldsymbol{s}_{t-1}, \boldsymbol{y}_{t-1}, \boldsymbol{C})$ 在每个时间步更新其隐藏状态，其中 $\boldsymbol{s}_t$ 表示时间步 t 的隐藏状态。在每个时间步，解码器使用线性变换和可能的激活函数生成输出：$\hat{\boldsymbol{y}}_t=f(\boldsymbol{W}_t \cdot \boldsymbol{s}_t+\boldsymbol{b}_t)$，其中 $\boldsymbol{W}_t$ 和 $\boldsymbol{b}_t$ 是权重和偏置参数，f 为激活函数。

3. 基于注意力机制的 seq2seq 模型

所谓注意力机制就是对编码所生成的序列中每一部分词语的关注度不同，如图 5.10 所示。这很类似于人眼在观察事物时没有所要关注的焦点。没有引入注意力机制的解码-编码模型在输入语句较短时并不会产生较大问题，但是当输入语句较长时“没有焦点地观察”会丢失很多重要信息。

在自然语言任务中，注意力机制由 Query、Key、Value 三部分组成，如图 5.10 所示。Query 代表上一时刻的输出信息，而 Key 和 Value 一般是相同的，如代表隐藏层的输出。具体计算过程可分成三个阶段：一是根据 Query 和 Key 计算两者的相似度，在实验中，Query 和 Key 分别为解码器的隐藏层状态 $\boldsymbol{s}_i$ 和编码器的隐藏层状态 $\boldsymbol{h}_j$，则其相似度如下式所示：

$$\text{similarity(Query, Key)} = f_{\text{att}}(\boldsymbol{s}_{i-1}, \boldsymbol{h}_j) \tag{5.7}$$

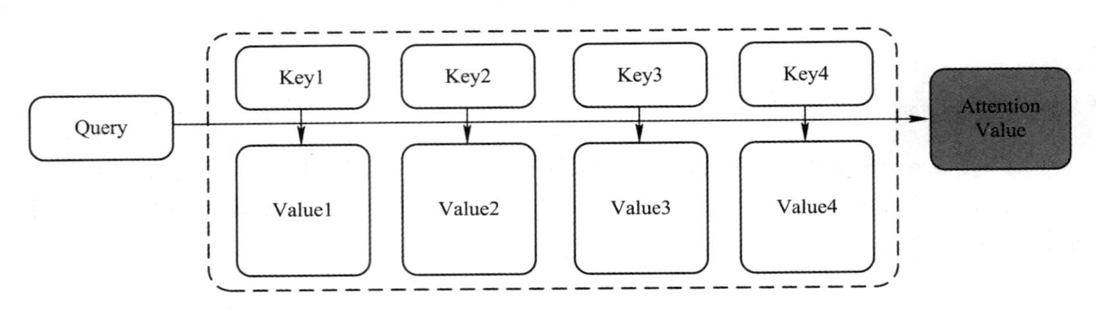

图 5.10　自然语言任务中的注意力机制

式中：f_{att}表示相似度计算公式，$\boldsymbol{s}_{i-1}$是输出序列中第 $i-1$ 个单词的隐藏层状态，$\boldsymbol{h}_j$ 是输入序列中第 j 个单词的隐藏层状态。

二是进行归一化处理计算得到注意力权重值：

$$\boldsymbol{a}_{ij} = \frac{\exp[f_{\text{att}}(\boldsymbol{s}_i, \boldsymbol{h}_j)]}{\sum_{k=1}^{T_x} f_{\text{att}}(\boldsymbol{s}_i, \boldsymbol{h}_k)} \tag{5.8}$$

式中：T_x 表示编码器隐藏层的个数，$\boldsymbol{a}_{ij}$ 表示每一个编码器隐藏层对应的权重。最后通过下式得到与每一层解码器隐藏层相关的中间向量 $\boldsymbol{C}_i$：

$$\boldsymbol{C}_i = \sum_{j=1}^{T_x} \boldsymbol{a}_{ij}\boldsymbol{h}_j \tag{5.9}$$

这个过程使解码器在不同时间步关注到序列中的不同部分，这时解码过程对每个单词的“注意力”就会有所不同。如图 5.11 所示，引入注意力机制的 seq2seq 模型相对于 seq2seq 模型具有更丰富的中间向量 $\boldsymbol{C}_i$。

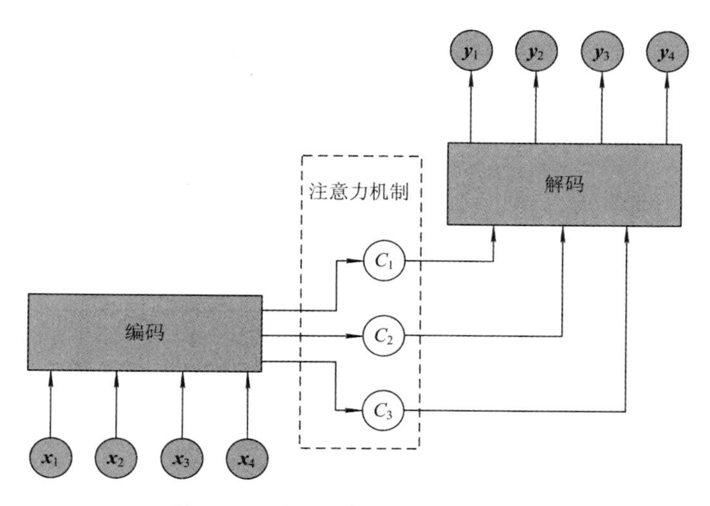

图 5.11　引入注意力机制的 seq2seq

设输入序列 $\boldsymbol{X}=[\boldsymbol{x}_1, \boldsymbol{x}_2, \cdots, \boldsymbol{x}_n]$，输出序列 $\boldsymbol{Y}=[\boldsymbol{y}_1, \boldsymbol{y}_2, \cdots, \boldsymbol{y}_m]$，则基于注意力机制的 seq2seq 框架可整体表示为：输入序列 $\boldsymbol{X}$ 通过数据预处理后，进入 LSTM 或 GRU 模型编码器中。LSTM 或 GRU 模型在第 j 层输出一个隐藏层状态，用 $\boldsymbol{h}_j$ 表示。如式(5.10)所示，当前隐藏层状态 $\boldsymbol{h}_j$ 不仅由当前的输入 $\boldsymbol{x}_j$ 决定，还取决于上一时刻的隐藏层状态 $\boldsymbol{h}_{j-1}$，则可得

$$\boldsymbol{h}_j = f(\boldsymbol{h}_{j-1}, \boldsymbol{x}_j) \tag{5.10}$$

然后将输出序列 $\boldsymbol{Y}$ 通过数据预处理后，输入至 LSTM 或 GRU 模型解码器中。LSTM 或 GRU 模型的第 i 层输出一个隐藏层状态，用 $\boldsymbol{s}_i$ 表示 。如式(5.10)所示，当前隐藏层状态 $\boldsymbol{s}_i$ 不仅由当前的输入 $\boldsymbol{y}_i$决定，还取决于上一时刻的隐藏层状态 $\boldsymbol{s}_{i-1}$，则可得：

$$\boldsymbol{s}_i = f(\boldsymbol{s}_{i-1}, \boldsymbol{y}_i) \tag{5.11}$$

利用注意力机制，即式(5.7)～式(5.9)，可得文本语义的表示编码向量 $\boldsymbol{C}_i$。然后，将 $\boldsymbol{C}_i$ 和解码器的 $\boldsymbol{s}_i$ 拼接起来得到$\hat{\boldsymbol{s}}_i$，再将其输入至预测器中输出向量 $\boldsymbol{p}_i$。通常情况下，预测器包含 sofmax 函数。

5.2.3　网络结构介绍

本实验使用的模型有 3 个 GRU 或 LSTM 层(可自己选择)，每层有 256 个隐藏单元。每一层的编码器或解码器分别选取一个 GRU 或 LSTM。该模型首先输入训练“问题”，注意力机制使用 softmax 函数来生成分数嵌入编码器的隐藏层，生成的中间向量被输入到解码器，解码器输出“答案”，在此过程中，每一时间步更新一次分数以得到不同的中间向量，计算输出“答案”的条件概率。具体网络结构如图 5.12 所示。

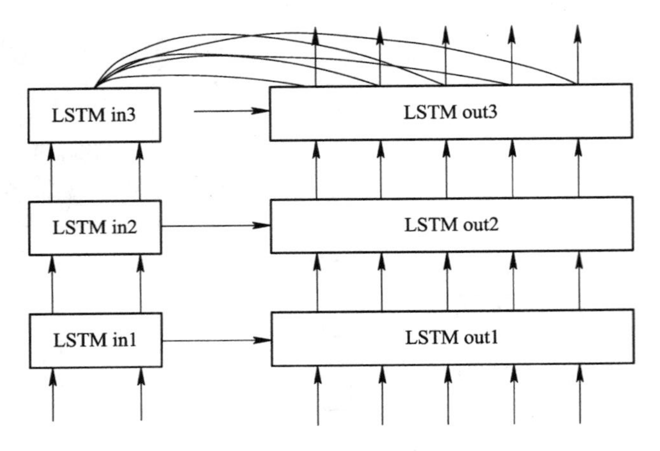

图 5.12　网络结构

利用小批量随机梯度下降的方式训练交叉熵损失函数，该函数使得输出向训练集中的标签逼近。

5.3　实践操作与步骤

5.3.1　实验环境

1. 实验软件环境

聊天机器人实验软件环境如表 5.2 所示。

表 5.2　实验软件环境

条　　件	环　　境
操作系统	Ubuntu16.04
开发语言	Python3.7
深度学习框架	TensorFlow1.10.1
相关库	Jieba0.39 Flask0.11.1

2. 数据集介绍

本实验所使用的数据集为康奈尔大学的电影对白语料库——Cornell Movie-Dialogs Corpus。该语料库从原始电影脚本中提取对话，其中涉及 617 部电影中的 9035 个角色，总共 304 713 个话语。数据集文件结构如图 5.13 所示，其中，movie_titles_metadata.txt 包含每部电影的标题信息，movie_characters_metadata.txt 包含每部电影的角色信息，movie_lines.txt 包含每个表达(utterance)的实际文本，movie_conversations.txt 为数据集对话的结构，raw_script_urls.txt 为数据原始来源的 url。实验时建议下载已处理好的数据集。语料库部分内容如表 5.3 所示。

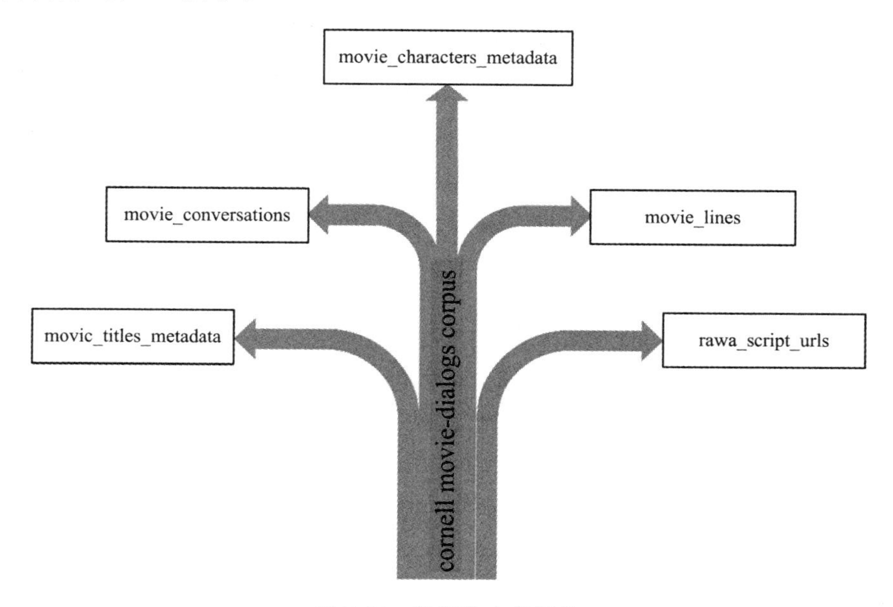

图 5.13 数据集文件结构

表 5.3 语料库部分内容展示

问：	答：
Where' ve you been ?	
	Nowhere... Hi, Daddy.
Pay money ?	
	Yeah, dummy. Money.
Is that better ?	
	Perfect, Mr. President.
Are you alright ?	
	I'm okay, honey, I'm okay.
Did you change your hair ?	
	No.

下载地址如下：

(1) 未处理数据集代码：

http：//www.cs.cornell.edu/～cristian/Cornell_Movie－Dialogs_Corpus.html

(2) 处理后的数据集代码：

https：//www.dropbox.com/s/ncfa5t950gvtaeb/test.enc？ dl＝0

https：//www.dropbox.com/s/48ro4759jaikque/test.dec？ dl＝0

https：//www.dropbox.com/s/gu54ngk3xpwite4/train.enc？ dl＝0

https：//www.dropbox.com/s/g3z2msjziqocndl/train.dec？ dl＝0

5.3.2 实验代码

1. 实验代码下载地址

实验代码下载地址如下：

https：//github.com/undersail/easybot

2. 代码文件目录结构

代码文件目录结构如下：

```
├── app.py--------------------------------------------------可视化模块
├── data ---------------------------------------------------数据集
│   ├── test.dec--------------------------------------------测试集答句
│   ├── test.enc--------------------------------------------测试集问句
│   ├── train.dec-------------------------------------------训练集答句
│   ├── train.enc-------------------------------------------训练集问句
├── data_utls.py -------------------------------------------数据集预处理
├── execute.py----------------------------------------------执行程序
├── seq2seq.ini---------------------------------------------模型参数
├── seq2seq_model.py----------------------------------------实验模型
├── seq2seq_serve.ini---------------------------------------模型参数
├── working_dir
│   ├── checkpoint------------------------------------------已有模型统计
│   ├── test.dec.ids20000-----------------------------------测试集答句词向量
```

```
│    ├── test.enc.ids20000--------------------------------------测试集问句词向量
│    ├── train.dec.ids20000-------------------------------------训练集答句词向量
│    ├── train.enc.ids20000-------------------------------------训练集问句词向量
│    ├── vocab20000.dec-----------------------------------------答句字典
│    └── vocab20000.enc-----------------------------------------问句字典
```

1）程序运行前目录

程序运行前目录包括 data 数据、.py 文件和 .ini 文件。

（1）data 用于已处理好的实验数据集，其中的数据集文件包括：test. dec，存放数据集中的测试集答句；test. enc，存放数据集中的测试集问句；train. dec，存放数据集中的训练集答句；train. enc，存放数据集中的训练集问句。

（2）.py 文件为本实验所需的执行文件：data_utls. py，本实验的数据集预处理文件，包括将数据集转换为词向量并生成字典；execute. py，本实验主要操作程序，其中包括训练函数，测试函数、seq2seq_model. py，本实验的模型程序，实现序列的编码解码；app. py，前端可视化聊天界面，可以在该页面与机器人进行对话。

（3）.ini 文件为本实验模型的参数设置文件：seq2seq. ini、seq2seq_serve. ini 两个文件包含了实验模型所需的参数，以及文件保存和读取路径。

2）程序运行后目录

程序运行后目录 working_dir：用于存放实验数据集的词向量、字典和训练好的模型。其中所包含的文件如下：

（1）checkpoint，用于记录已经训练好的模型。

（2）test. dec. ids20000，运行程序 data_utls. py 后生成的测试集答句所对应的词向量。

（3）test. enc. ids20000，运行程序 data_utls. py 后生成的测试集问句所对应的词向量。

（4）train. dec. ids20000，运行程序 data_utls. py 后生成的训练集答句所对应的词向量。

（5）train. enc. ids20000，运行程序 data_utls. py 后生成的训练集问句所对应的词向量。

（6）vocab20000. dec，运行程序 data_utls. py 后生成的答句字典。

（7）vocab20000. enc，运行程序 data_utls. py 后生成的问句字典。

5.3.3 实验操作及结果

seq2seq. ini 文件中的重要参数介绍见表 5.4。

表 5.4　seq2seq.ini 文件重要参数

参　数	参 数 说 明
train_enc，train_dec test_enc，test_dec	4 个参数为存储对应的 4 个数据集的路径
working_directory	working_dir 文件夹的路径
steps_per_checkpoint	保存模型参数、评估模型并打印结果时的训练步数
use_lstm	False：循环网络使用 GRU；True：循环网络使用 LSTM
learning_rate	学习速率

在运行实验程序之前，需要对 train_enc、train_dec、test_enc、test_dec、working_directory 根据自己程序文件存储的路径进行设置，也可以根据自己的需要改变 steps_per_checkpoint 和 learning_rate 的值，观察实验的运行时间。

1. 数据预处理

在终端输入，执行数据预处理程序：

```
$ python data_utls.py
```

程序运行后会在 working_dir 中生成第 5.3.1 节所提到的文件。

2. 训练模型

首先，执行训练程序之前，要将 seq2seq.ini 文件中的 mode 设置为 train，此操作会执行 executa.py 中的 train( )函数；然后，在终端执行如下程序：

```
$ python executa.py
```

在训练过程中，每 300 次迭代生成一个训练好的模型存储在 working_dir 文件中，并在 checkpoint 文件中产生一个当前模型的记录。本实验会在训练过程中自动调节 learning_rate 的值，随着损失函数的减小，learning_rate 的值也会减小，当损失值等于 0 时即得到最优的训练模型。

3. 测试模型

方法一：

首先，改写 seq2seq.ini 文件中的 mode 值，将它设置为 test，以执行 execute.py 中的 decode( )函数；然后，在终端输入如下程序：

```
$ python executa.py
```

若操作正确，将输出如下信息：

>>Mode : test

2019-12-03 12:04:29.230699: I…

2019-12-03 12:04:32.076722: W…

Created model with fresh parameters.

Instructions for updating:

Use `tf.global_variables_initializer` instead.

>

在该符号后面输入问句，机器人会做出回答。

测试结果如图 5.14 所示。

```
> Who is there?
Bertrand , sire .
> Where are we going?
To the hospital .
> Are you alright?
I ' m fine .
> What about Margie?
You don ' t know ?
> How many others killed ?
Two I guess .
> Do you have a daughter?
No .
```

图 5.14　测试结果

方法二：

通过可视化模块进行在线聊天服务，在终端输入如下程序：

$ python app.py

若运行正确，将输出如下信息：

2019-12-03 12:04:29.230699: I...

2019-12-03 12:04:32.076722: W...

Created model with fresh parameters.

Instructions for updating:

Use `tf.global_variables_initializer` instead.

* Running onhttp://0.0.0.0:8808/(Press CTRL+C to quit)

在本机浏览器中打开输出信息中的网址，程序会自动调用 execute.py 中的 decode( ) 函数，在网页显示的对话界面中可以与机器人进行聊天。

测试结果界面如图 5.15 所示。

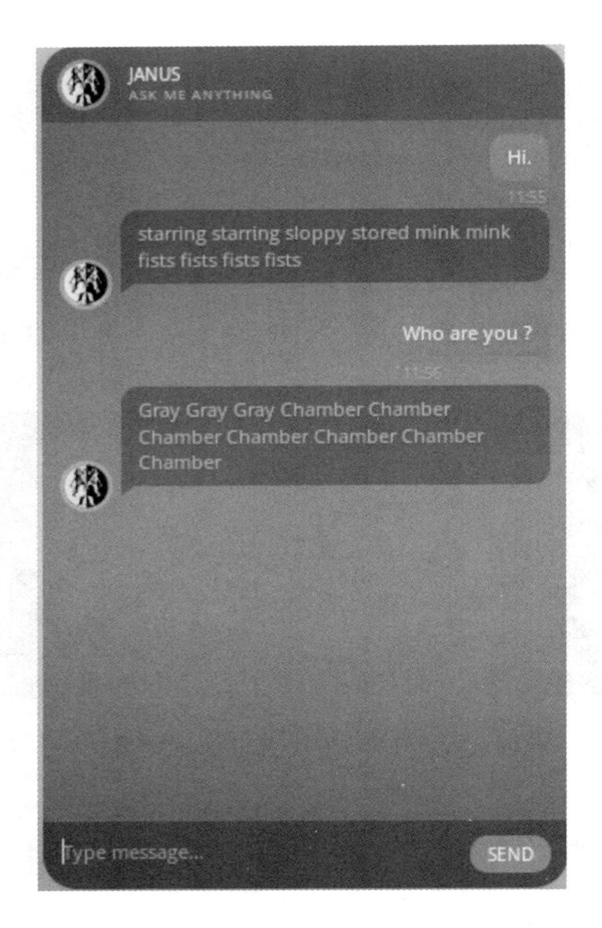

图 5.15　测试结果界面

5.4　总结与展望

本实验使用 seq2seq 模型结合注意力机制，对输入问句进行解码编码，生成输出答句。其中编码器和解码器都由 GRU 或 LSTM 完成。本聊天机器人可以完成一些日常的英文文本对话。随着深度学习和自然语言处理技术的飞速发展，现阶段生成式机器人也越来越受到人们的关注。聊天机器人不再只包含文本之间的问答，还包括语音转文本、文本转语音，以及不同语言之间的对话交流。未来的研究将着眼于以下两方面：

(1) 面向多模态的场景。随着社会的发展，人们对聊天机器人提出了更高的要求，如帮助视力障碍者的聊天机器人、医疗机器人、推荐系统以及早教机，这些场景往往需要融合多模态的信息，对聊天机器人提出了更高的挑战。例如，Sophia J J 等人提出了“EDUBOT”，包含用于处理语言部分的循环神经网络（RNN）、用于处理图像部分的卷积神经网络（CNN）、Dialogflow 和关键字匹配技术等，帮助学生在疫情期间更好地居家进行学习。Chen 等人结合视频问答以及对话机器人等技术，设计了一个聊天机器人“Meccanoid”，帮助用户完成模拟制造环境中的组装任务。

（2）拥有自动学习能力。随着大数据时代的到来，一方面，开放域的聊天机器人系统得以获取丰富的对话数据用于训练；另一方面，在大数据上可以自动聚类或抽取对话行为等信息，避免繁杂的人工定义。但现阶段聊天机器人学习的能力依然是有限的，仍需要大量的人工知识辅助。因此，如何将自动机器学习与聊天机器人相结合也是走向人工智能的重要一步。

第6章 智能循迹车

全世界已有为数较多的机器人在运行，机器人行业已成为一个很有发展前景的行业，对国民经济和人们生活的各个方面已产生重要影响。在众多智能化机器人中，智能车辆可以称得上是一项最早走出实验室的实用发明，是未来重要的发展方向。智能车辆可以按照预先设定的模式在一个环境里自动运作，不需要人为管理。智能循迹车是目前智能车辆研究的热点，这种车辆的实现需要计算机、嵌入式软件及数字技术等的有机结合，也需要跨学科(通信、电子、计算机等)的设计能力。

本章主要从技术原理和实践操作角度对智能循迹车进行描述，通过介绍基于STM32微控制器和基于树莓派的智能循迹小车的技术原理，以及基于树莓派的智能小车的实践操作，使读者对智能循迹车有一个大致的了解。通过构建智能小车系统，可以培养读者设计并实现自动控制系统的能力。在实践过程中，熟悉如何设计小车的外围电路，如何采用智能控制算法实现小车的智能循迹。通过灵活运用相关学科的理论知识，并动手进行实际操作，达到理论和实践的统一，在此过程中，逐步加深对智能循迹车的理解和认识。

6.1 主要应用背景

车辆作为一种简单高效的运载工具，兼顾机动性与灵活性，非常适合用来制作可移动式机器人。在小车上安装控制电路与传感器，再辅以电机驱动，它就从一辆普通小车进化成了一辆智能小车。

随着智能化技术的发展，全国电子竞赛与各省电子竞赛几乎每次都有智能小车方面的题目，比如飞思卡尔智能车竞赛。全国各大高校也都重视智能小车项目的研究，可见智能小车具有较大的研究意义。智能小车的主要应用场所有很多，比如，在仓储业、制造业中，智能小车可用作无人搬运车；在石油化工领域，智能小车可用于检测工业管道中存在的损伤、裂纹等问题；在特种行业中，智能小车可用于灾难救援、排爆灭火等；在军事方面，智能小车能较隐蔽地完成监视、安全巡逻等军事任务。

智能小车能够实时显示时间、速度、里程，具有自动寻迹、寻光、避障功能，可控行驶速度、准确定位停车，并具有远程传输图像等功能，常见的智能小车如图6.1所示。

图 6.1　常见的智能小车

世界上许多国家都在如火如荼地进行智能车辆的研究和开发。第一台智能小车是由斯坦福研究院(SRI)的 Nils Ni-ssen 和 Charlenrosen 等人在 1972 年研制而成的，并取名为 Shakey，如图 6.2 所示。

图 6.2　Shakey 智能小车

20 世纪 50 年代开始，美国等发达国家着手进行智能车辆的研究，1954 年美国 BarrettElectronics 公司研究开发了世界上第一台自主引导车系统 AGVS(automated guided vehicle system)，如图 6.3 所示。20 世纪 90 年代开始，智能车辆进入了深入、系统、大规模的研究阶段。

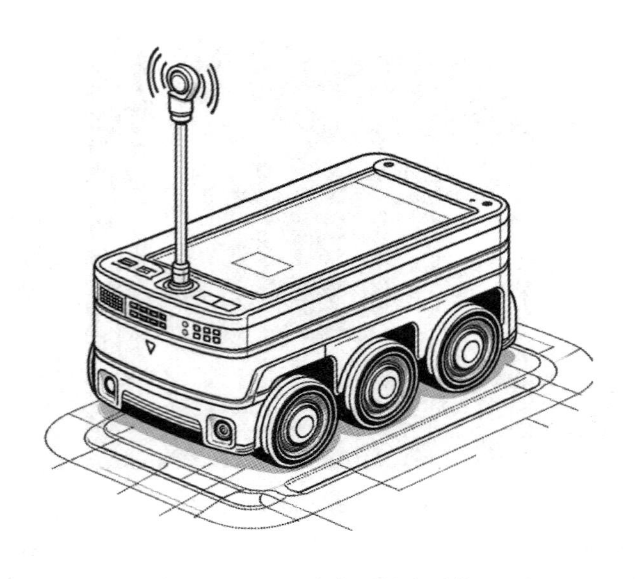

图 6.3　AGVS 自主引导车系统

我国开展智能车辆方面的技术研究较晚，开始于 20 世纪 80 年代。虽然我国在智能车辆技术方面的研究总体上落后于发达国家，并且存在一定程度的技术差距，但是我们也取得了一系列的成果，主要有：

（1）2003 年，由中国第一汽车集团公司和国防科学技术大学历时一年半合作研制的红旗 CA7460 自主驾驶轿车在湖南长沙试验成功，这标志着我国第一辆自主驾驶轿车的诞生。

（2）南京理工大学、北京理工大学、浙江大学、国防科技大学、清华大学等多所院校联合研制了 7B.8 军用室外自主车，该车装有彩色摄像机、激光雷达、陀螺惯导定位等传感器。

6.2　技术原理

6.2.1　系统硬件组成

1. STM32 微控制器智能小车

智能小车控制系统将采集到的传感器信号送入 STM32 微控制器中，STM32 微控制器根据采集到的信号做出不同的判断，从而控制小车的运动方向和运动速度。

1）主控板

STM32F103C8T6 是 ST 旗下一款常用的基于 Cortex-M3 内核的微控制器，具有执行代码效率高、外设资源丰富等众多优点。该系列微控制器的工作频率设定在 72 MHz，内置高达 128 KB 的内置 Flash 存储器和 20 KB 的 SRAM，具有丰富的通用 I/O 端口及时钟电路、复位电路和电源管理。

存储器根据控制器指定的位置存进和取出信息。STM32 微控制器内部结构如图 6.4 所示。

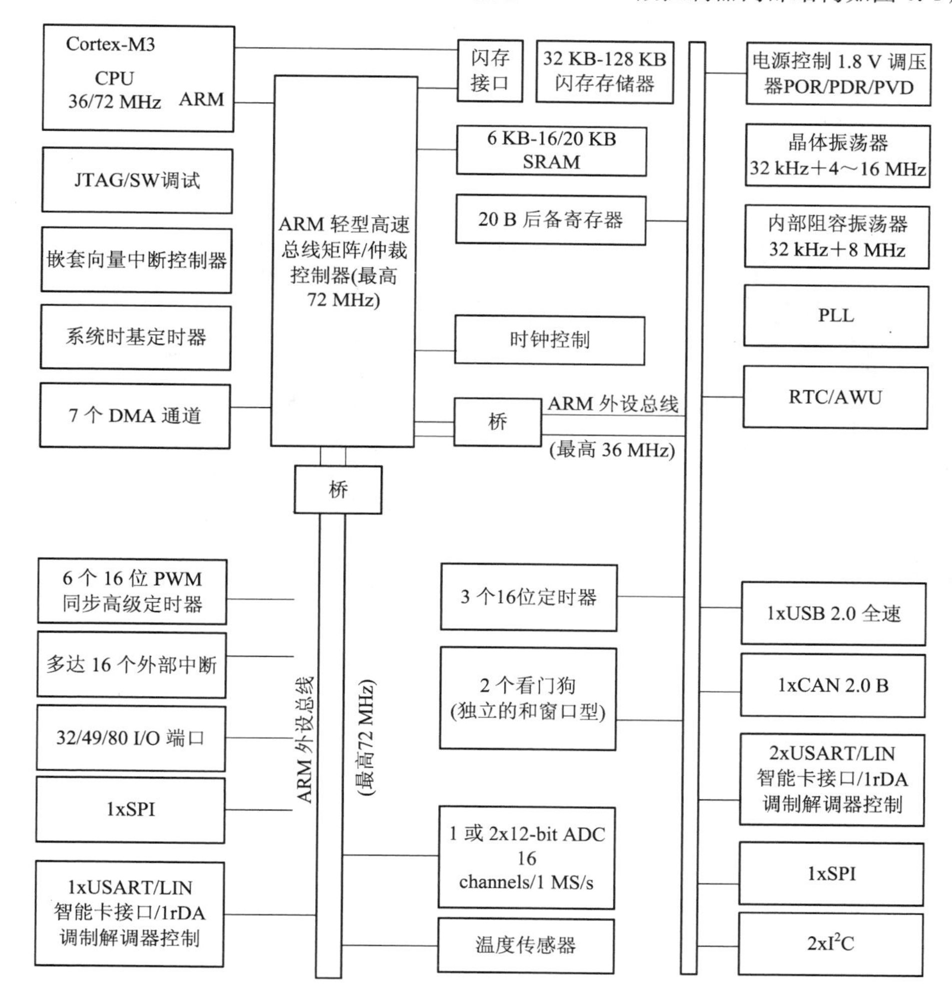

图 6.4　STM32 微控制器内部结构图

STM32 微控制器主系统主要由 4 个驱动单元和 4 个被动单元构成。4 个驱动单元是：通用 DMA1、通用 DMA2、内核 DCode 总线和 ICode 系统总线。4 个被动单元是：AHB 到 APB 的桥，连接所有的 APB 设备、内部 flash 闪存、内部 SRAM、FSMC，它们通过一个多级的 AHB 总线相互连接。

2）红外传感器循迹模块

红外传感器主要由红外发射管、红外接收管和部分电路组成。要做到 4 路循迹，则需要使用 4 个独立的红外传感器。红外传感器模块实物如图 6.5 所示，红外传感器模块电路如图 6.6 所示。

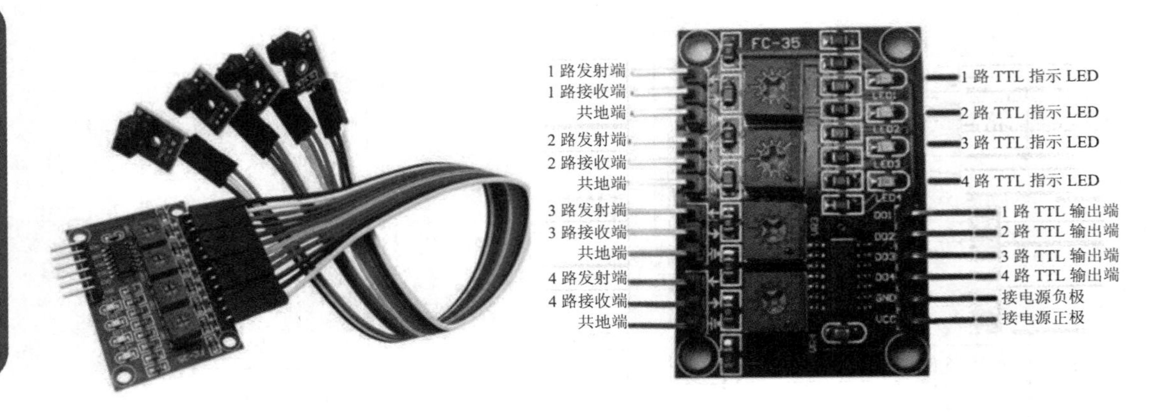

图 6.5　红外传感器模块实物图

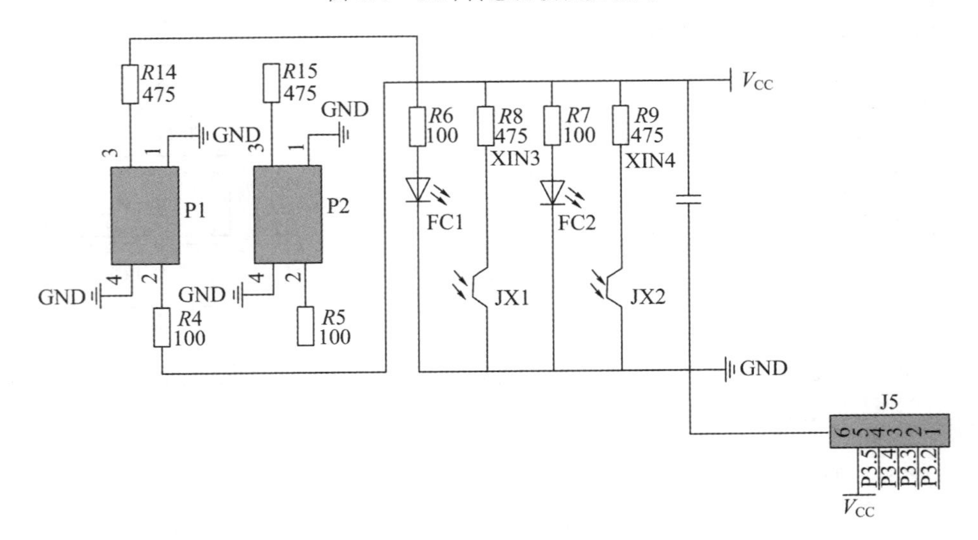

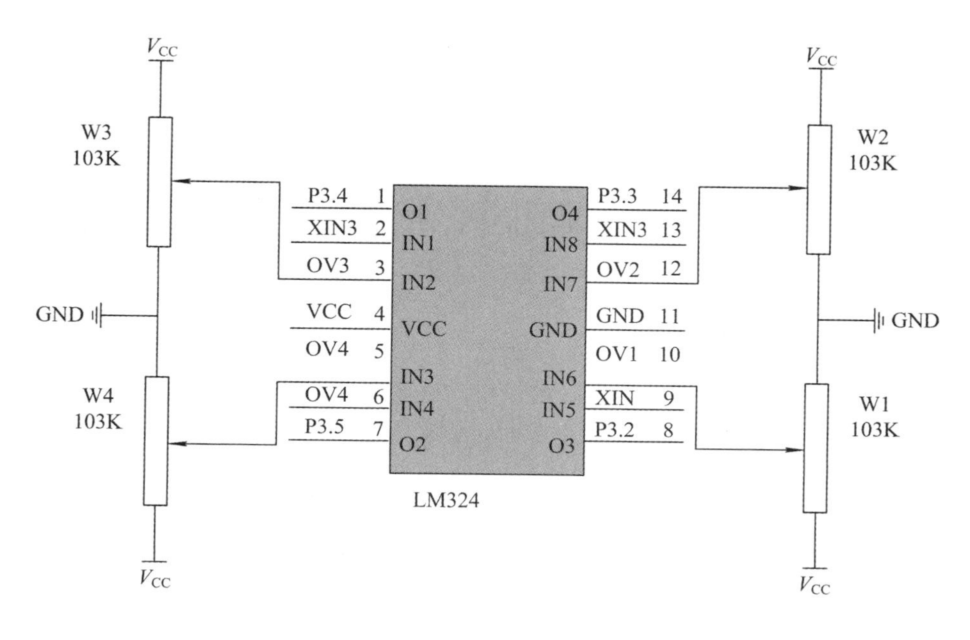

图 6.6　红外传感器模块电路图

3）其他传感器

其他传感器如火焰识别传感器等，其工作原理为：火焰的热辐射具有离散光谱的气体辐射和连续光谱的固体辐射，不同燃烧物的火焰辐射强度、波长分布有所差异，但总体来说，燃烧物对应火焰温度的 1～2 μm 近红外波长域有最大的辐射强度。火焰识别传感器是机器人专门用来搜寻火源的传感器，它利用自身对红外线十分敏感的特点，将火焰的亮点转化成高度变化的电平信号，输入到处理器中。火焰识别传感器如图 6.7 所示。

图 6.7　火焰识别传感器

4）驱动单元

通常智能小车的驱动单元会选择小型电机，其中电机可分为无刷电机和有刷电机。相对而言，无刷电机拥有更好的性能，因为无刷电机没有损耗，并且噪声比较小。

除此之外，电机的转速对车辆的行进速度至关重要。以正常成年人为例，其走路的速度为4～5 km/h，大约为1 m/s。如果选择常规的直径为4.2 cm左右的轮胎，其周长＝0.042×3.14＝0.131 88 m，那么走1 m的距离需要转7.58圈，也就是每秒转7.58圈，其速度为455转/min。目前市场上售卖的电机均能实现每秒万转的速度，因此在设计循迹小车时，必须增加减速箱来达成400～500转的速度目标。常见驱动单元如图6.8所示。

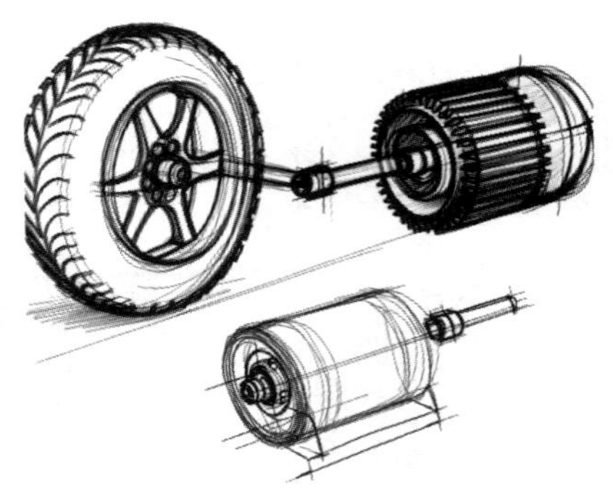

图6.8　常见驱动单元

5）驱动板

驱动板是一种集成了多种功能的电路板，用于控制智能小车的运动和操作。不同的驱动板有着不同的功能，驱动板通常负责电力提供、传感器接口、数据存储、处理器承载、播放器功能等。图6.9所示为市场上某款驱动板的多重功能接口。

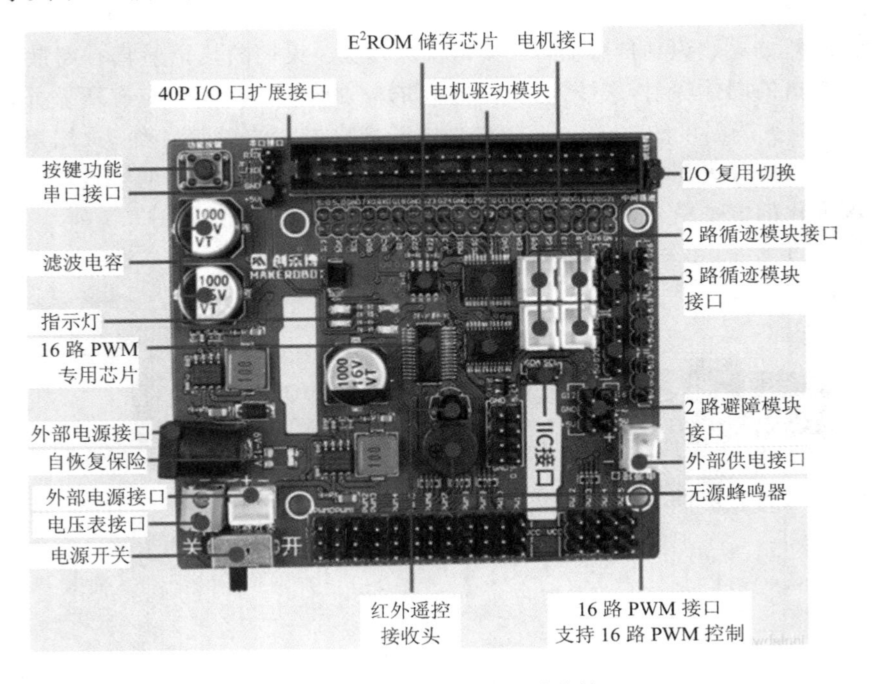

图6.9　某款驱动板的多重功能接口

6）红外避障模块

常见的红外避障模块如图 6.10 所示，红外避障模块与传感器之间的连线如图 6.11 所示。

图 6.10　红外避障模块

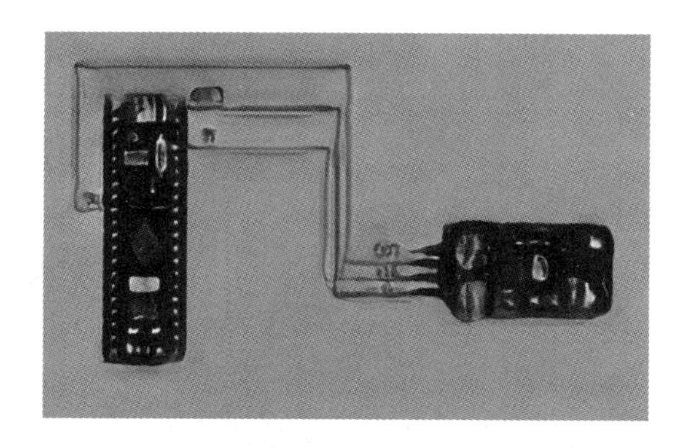

图 6.11　红外避障模块与传感器的连线图

2. 基于树莓派控制智能小车

树莓派是 Raspberry Pi 基金会开发的一款微型电脑，是专为学习使用而设计的。它是一款基于 ARM 的微型电脑主板，以 SD/MicroSD 卡为内存硬盘，卡片主板周围有 1/2/4 个 USB 接口和一个 10/100 以太网接口(A 型没有网口)，可连接键盘、鼠标和网线，同时拥有视频模拟信号的电视输出接口和 HDMI 高清视频输出接口。以上部件全部整合在一张仅比信用卡稍大的主板上，具备所有 PC 的基本功能，只需接通电视机和键盘，就能执行如处理电子表格、处理文字、玩游戏、播放高清视频等诸多功能。Raspberry Pi B 款只提供电脑主板，无内存、电源、键盘、机箱或连线，可以把它看作只有信用卡大小的微型电脑，适配的系统为 Linux 发行版。

智能小车的构成如下：

(1) 小车底板(2个)、电机(4个)、车轮(4个)、杜邦线、铜柱、螺丝若干。

(2) 超声波传感器(1个)，舵机(1个)。

(3) 循迹传感器(3个)。

(4) 避障传感器(2个，左右)。

(5) USB摄像头(1个)，舵机(2个)。

(6) 树莓派4B主控板(2G版本)(1个)。

(7) 树莓派扩展板(1个)。

(8) 电池(1个)。

(9) 电压显示模块(1个)。

(10) 四轮驱动模块。

四轮驱动模块的作用是驱动四个电机带动小车完成循迹的运动任务，其包含的控制内容有车辆的速度、车辆的状态(正转、反转、停止)，并且管理电机的供电部分。

图6.12所示为本文使用的树莓派四轮驱动板。其中包含了2个输出口、板载5 V供电和12 V供电、供电管理、逻辑输入口、2个通道。该驱动板可驱动2路直流电机，使能端ENA、ENB为高电平时有效，不同控制方式及直流电机状态如表6.1所示。

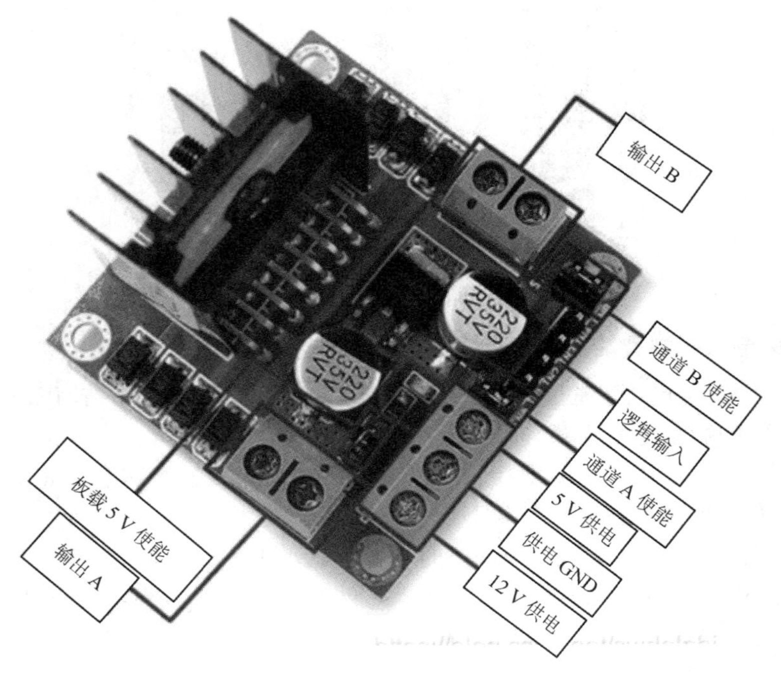

图6.12　树莓派小车的驱动模块

表 6.1　不同控制方式及直流电机状态表

ENA	IN1	IN2	直流电机状态
0	X	X	停止
1	0	0	制动
1	0	1	正转
1	1	0	反转
1	1	1	制动

若要对直流电机进行 PWM 调速，需设置 IN1 和 IN2，确定电机的转动方向。然后对使能端输出 PWM 脉冲，即可实现调速。注意当使能信号为 0 时，电机处于自由停止状态；当使能信号为 1，且 IN1 和 IN2 为 00 或 11 时，电机处于制动状态，阻止电机转动。

6.2.2　系统工作原理

1. 智能小车的循迹

智能循迹小车系统最关键的核心在于判定兴建的路线，该功能通常借助外界已经给定的轨迹进行。常见的轨迹标识有循迹指示线、交通标识、交通道路、指示激光等，如图 6.13～图 6.16 所示。

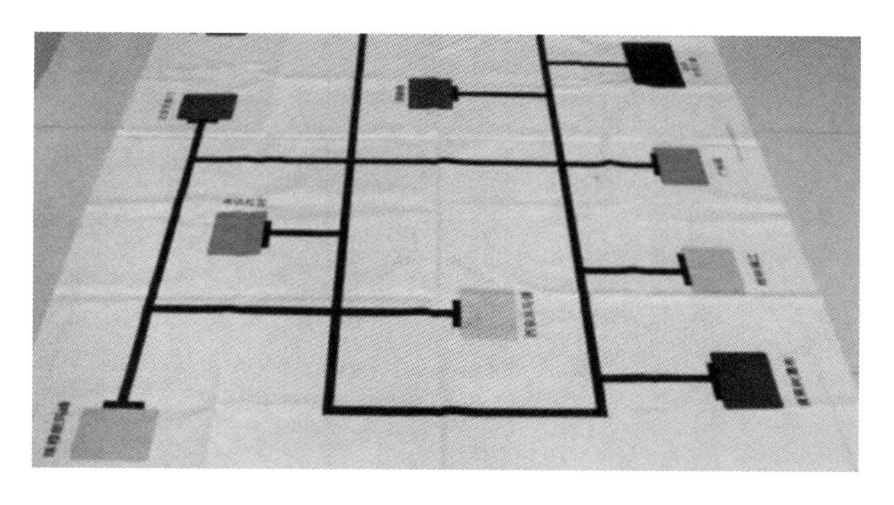

图 6.13　循迹指示线

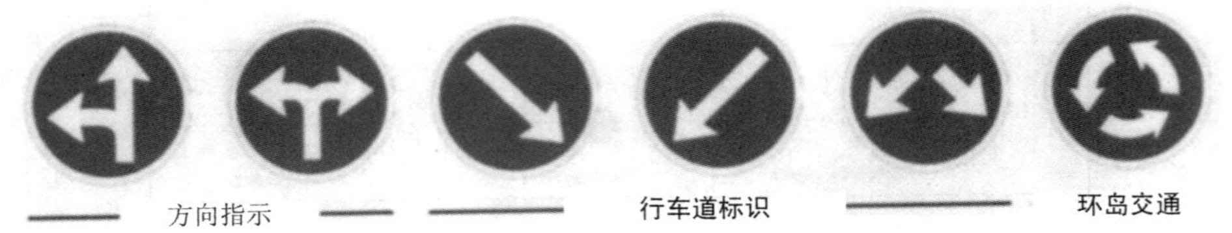

图 6.14　交通标识

图 6.15　交通道路

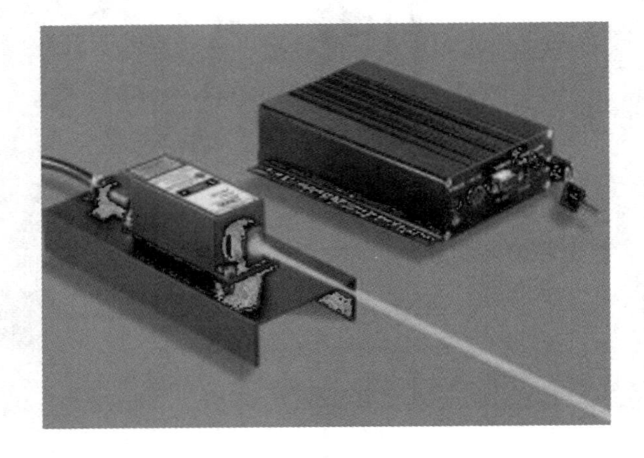

图 6.16　指示激光

这些方式在本质上都是通过人工的方式构建准确有效、可以通过的道路，主动式地生成路线，随后让承载接收器的小车被动进行循迹活动。

智能小车的循迹方法主要有以下三种：

第一种是红外循迹法，主要依靠小车的红外探测器实现。红外探测器主要由红外发射器和红外接收器组成，其原理是红外发射器发射的红外光经地面反射，黑色区域的红外光被吸收，非黑色区域的红外光被反射，使得红外接收器接收到的红外反射不同，改变其输出电平，从而判断黑线所在。

第二种是摄像头循迹法，利用摄像头读取车道信息，其获取的图像分为模拟信号和数字信号。

第三种是激光循迹法，此种方法也是利用了黑色和其他颜色对红外线的吸收作用不同，但相较于红外循迹法检测的距离更远。

2. 超声波避障

超声波是一种频率比较高的声音，指向性很强。超声波测距的原理是利用超声波在空气中的传播速度已知，测量声波在发射后遇到障碍物反射回来的时间，根据发射和接收的时间差计算出发射点到障碍物的实际距离。测距的公式为

$$L=C\times T$$

其中，L 是测量距离的长度，C 是超声波在空气中的传播速度，T 是测量距离传播的时间差，也就是发射到接收时间数值的一半。

小车中的超声波避障实物如图 6.17 所示。

图 6.17　小车中的超声波避障实物

本实验所使用的超声波模块的简明工作原理如下：

(1) 给超声波模块接入电源和地(供电)。

(2) 给单片机的触发引脚(trig) 输入一个时长为 20 μs 的高电平。

(3) 模块会自动发射 8 个 40 kHz 的声波，同时回波引脚(echo) 端的电平会由 0 变为 1 (此时应该启动定时器计时)。

(4) 当超声波返回被模块接收到时，回波引脚端的电平会由 1 变为 0(此时应该停止定时器计数)，定时器记下的这个时间即为超声波由发射到返回的总时长。

(5) 根据声音在空气中的速度(340 m/s)即可计算出所测的距离。

3. 舵机模块的设计实现

舵机简单地说就是集成了直流电机、电机控制器和减速器等，并将其封装在一个便于安装的外壳里的伺服单元。该单元可以有效地利用极简的输入信号实现电机转动。舵机上安装了一个电位器(或其他角度传感器)，可检测输出轴转动的角度，控制板根据电位器的信息能比较精确地控制和保持输出轴的角度。

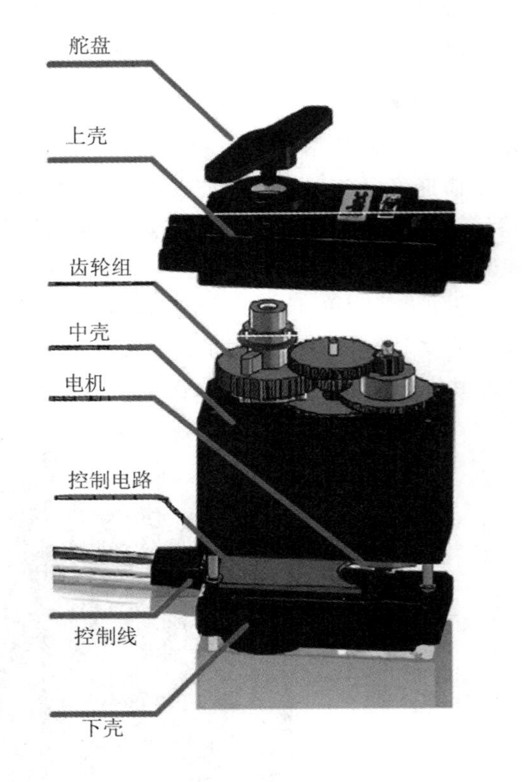

图 6.18　舵机的主体结构

舵机的主体结构如图 6.18 所示，主要组成部分有外壳(包括上壳、中壳和下壳)、齿轮组、电机、控制电路。其工作原理是：控制电路接收信号源发出的控制信号，并驱动电机转动；齿轮组将电机的速度进行倍速缩小，并将电机的输出扭矩进行倍速扩大，然后输出；电位器和齿轮组的末级一起转动，测量舵机轴转动的角度；电路板检测信号并根据电位器判断舵机转动的角度，然后控制舵机转动到目标角度或保持在目标角度。图 6.19 所示为输入的信号控制舵机臂变动的过程简图。

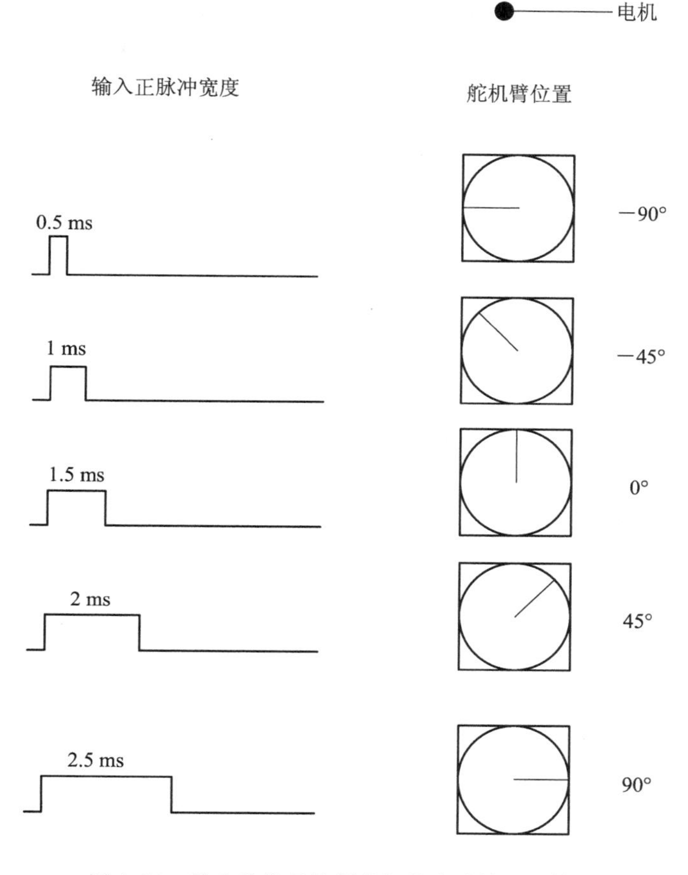

图 6.19　输入的信号控制舵机臂变动的过程简图

6.3　实践操作与步骤

为了更好地展示智能小车的循迹原理和设计，首先介绍常见的“树莓派”套件完成的智能循迹小车。

6.3.1　实验环境

相对于单片机，树莓派的开发群体更加广泛，读者在使用本章节基于树莓派开发的智能小车后尚可使用该开发板进行其他章节功能的实现。

实验环境如表 6.2 所示。

表 6.2　实 验 环 境

条　　件	环　　境
操作系统	Ubuntu16.04
开发语言	Python3.6
深度学习框架	Pytorch 1.7.0
相关库	OpenCV Torchvision

6.3.2　实验代码

1. 实验代码下载地址

代码下载地址为：https://github.com/undersail/easybot。

2. 代码文件目录结构

（1）代码文件目录结构如下：

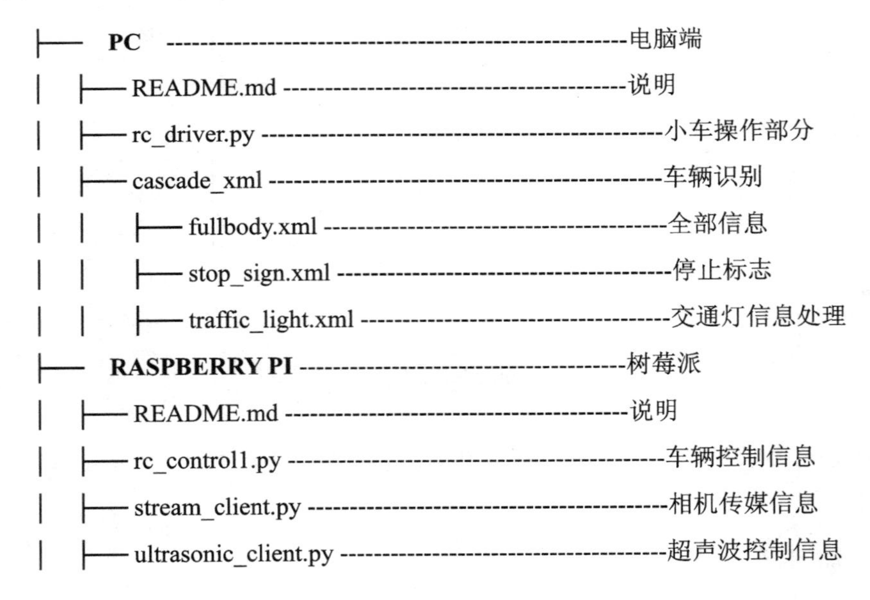

（2）.xml 文件是已经储存好“红绿灯行进信息”的控制文件。其中的数据集文件包括：fullbody.xml，存放全部信息；stop_sign.xml，存放停止标志；traffic_light.xml，存放交通灯信息处理。

(3) .py 文件为本实验所需的执行文件：rc_driver.py，PC 端的小车操作部分；rc_control1.py，车辆控制信息；stream_client.py，相机传媒信息；ultrasonic_client.py，超声波控制信息。

6.3.3 实验步骤及结果

1. 导入相关的库

```
import RPi.GPIO as GPIO
import asyncio
```

RPi.GPIO 是第三方对树莓派 40 个引脚进行控制的库。RPi.GPIO 中有两种引脚编号方式。第一种是使用电路板编号系统，这在树莓派电路板上是以 P1 开头的。使用这种编号系统的优势是：不管电路板是哪种版本的，都不需要重新修改代码。第二种是使用 BCM 数字编号系统，这是一种低水平的工作方式，也是一种常用的芯片引脚编号方式。

此部分关键代码如下：

```
class SingleMotor:
    def __init__(self, IN1, IN2, PWM=None):
        self.speed = 35
        self.freq  = 50
        self.run_state = "stop"
        self.PWM = PWM
        self.IN1 = IN1
        self.IN2 = IN2
        GPIO.setup(IN1, GPIO.OUT)
        GPIO.setup(IN2, GPIO.OUT)
        self.Motor = None
        if self.PWM != None:
            GPIO.setup(PWM, GPIO.OUT)
            self.Motor = GPIO.PWM(PWM, self.freq)
            self.Motor.start(0)
```

这段代码定义了一个名为"SingleMotor"的类，该类用于控制一个单个的直流电机。

speed：电机的转速，默认值为 35。

freq：PWM 信号的频率，默认值为 50 Hz。

run_state：电机的运行状态，默认为"stop"。

PWM：控制电机的 PWM 信号输出引脚。

IN1：控制电机正转的 GPIO 输出引脚。

IN2：控制电机反转的 GPIO 输出引脚。

Motor：保存 PWM 控制器的实例，如果未使用 PWM 控制电机，则为 None。

在构造函数中，使用 GPIO.setup() 函数设置 IN1 和 IN2 为输出引脚。如果 PWM 不为 None，则使用 GPIO.setup() 函数设置 PWM 为输出引脚，创建一个名为"Motor"的 PWM 控制器实例，并通过调用 start() 方法启动 PWM 控制器。

"SingleMotor"类可以通过修改 speed 属性来控制电机的转速，并通过修改 run_state 属性来控制电机的运行状态("stop" "forward" "backward")。如果 PWM 不为 None，则可以使用 PWM 控制器来实现对电机转速的控制。

"SingleMotor"类中设置电机转速的代码如下：

```
#设置速度(0-100)
def set_speed(self, speed):
    if self.Motor == None:
    return self.run_state
```

该方法中有一个名为"speed"的参数，表示要设置的电机速度，取值范围为 0～100。在方法的第一行，使用"if"语句判断当前是否使用 PWM 控制电机，如果未使用，则返回当前电机的运行状态"run_state"。

"SingleMotor"类中控制电机正转的代码如下：

```
#正转
def up(self):
    self.run_state = "up"
    GPIO.output(self.IN1, GPIO.HIGH)
    GPIO.output(self.IN2, GPIO.LOW)
```

在调用该方法时，将电机的运行状态"run_state"设置为"up"，表示电机正在正转。在方法的第二行和第三行中，使用 GPIO.output() 函数分别将电机的正转引脚 IN1 设置为高电平、反转引脚 IN2 设置为低电平、从而控制电机正转。

"SingleMotor"类中控制电机反转的代码如下：

```
#反转
    def down(self):
        self.run_state = "down"
        GPIO.output(self.IN1, GPIO.LOW)
        GPIO.output(self.IN2, GPIO.HIGH)
```

在调用该方法时，将电机的运行状态"run_state"设置为"down"，表示电机正在反转。在方法的第二行和第三行中，使用 GPIO.output() 函数分别将电机的正转引脚 IN1 设置为低电平、反转引脚 IN2 设置为高电平，从而控制电机反转。

"SingleMotor"类中控制电机停止的代码如下：

```
#停止
    def stop(self):
    self.run_state = "stop"
        GPIO.output(self.IN1, GPIO.LOW)
        GPIO.output(self.IN2, GPIO.LOW)
```

在调用该方法时，将电机的运行状态 "run_state" 设置为 "stop"，表示电机停止运行。在方法的第二行和第三行中，使用 GPIO.output() 函数分别将电机的正转引脚 IN1 和反转引脚 IN2 都设置为低电平，从而控制电机停止。

"CarWheel"类用于控制智能小车的轮子(由左轮和右轮组成)，其代码如下：

```
class CarWheel:
    def __init__(self, L_Motor, R_Motor):
        self.L_Wheel = L_Motor
        self.R_Wheel = R_Motor

        self.speed = 35
        self.set_speed(self.speed)

        self.run_state= "stop"
```

在类的构造函数 "init" 中，定义了以下属性：

L_Wheel：左轮的 "SingleMotor" 实例。

R_Wheel：右轮的 "SingleMotor" 实例。

speed：小车的速度，默认值为 35。

run_state：小车的运行状态，默认为 "stop"。

在构造函数中，通过调用 "set_speed" 设置小车的速度，并将小车的运行状态设置为 "stop"。

"CarWheel"类中控制小车左转的代码如下：

```
def left(self):
    self.run_state = "left"
    self.L_Wheel.stop()
    self.R_Wheel.up()
```

在调用上述方法时，将小车的运行状态 "run_state" 设置为 "left"，表示小车正在左转。在方法的第二行和第三行中，先调用左轮的 "stop" 停止左轮的运行，然后调用右轮的 "up" 使右轮正转，从而控制小车左转。

"CarWheel"类中控制小车右转的代码如下：

```
    def right(self):
        self.run_state = "right"
        self.L_Wheel.up()
        self.R_Wheel.stop()
```

在调用上述方法时，将小车的运行状态"run_state"设置为"right"，表示小车正在右转。在方法的第二行和第三行中，先调用左轮的"up"使左轮正转，然后调用右轮的"stop"停止右轮的运行，从而控制小车右转。

2. 超声波避障部分的代码实现

在超声波驱动部分的实现代码中，首先需要导入 gpiozero 库，该库最关键的功能是提供树莓派 GPIO 设备的接口。gpiozero 库包含了许多常见元器件的接口，同时也支持复杂的元器件，如各种传感器、模数转换器、全彩 LED 灯、机器人套件以及更多的元器件和套件。通过使用 gpiozero 库，用户可以方便地控制树莓派的 GPIO 设备，并实现各种有趣的项目，部分代码如下：

```
from gpiozero import DistanceSensor
from time import sleep
```

根据超声波组件的使用功能对设备进行控制的代码如下：

```
sensor=DistanceSensor(21, 20)
while True:
    print('Distance to nearest object is', sensor.distance, 'm')
    sleep(1)
```

这段代码使用 gpiozero 库中的 DistanceSensor 类来创建一个名为"sensor"的距离传感器实例，该实例使用 GPIO 引脚 21 和 20 连接到树莓派上。

3. 舵机模块部分的代码实现

首先在代码中导入所需的库（Adafruit_PCA9685），如图 6.20 所示，Adafruit_PCA9685 是一款用于控制树莓派的 16 路 PWM 输出的 PCA9685 库。通过使用该库，用户可以轻松控制多个 PWM 设备，如舵机、电机、LED 灯等。

舵机控制代码如下：

```
import Adafruit_PCA9685
import RPi.GPIO as GPIO
import time
```

这段代码导入了 Adafruit_PCA9685 库、RPi.GPIO 库和 time 库，其中 Adafruit_PCA9685 库用于控制树莓派的 PCA9685 PWM 设备，RPi.GPIO 库用于控制树莓派的 GPIO 引脚，time 库用于进行与时间相关的操作。

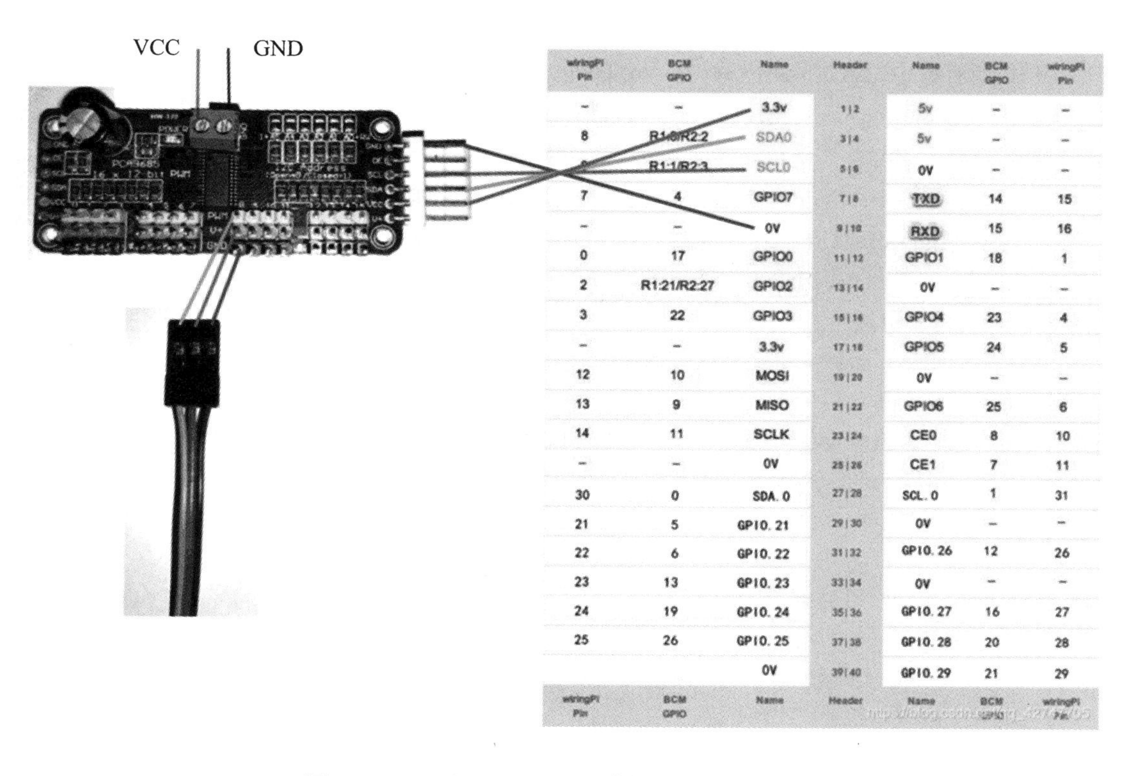

wiringPi Pin	BCM GPIO	Name	Header	Name	BCM GPIO	wiringPi Pin
–	–	3.3v	1 | 2	5v	–	–
8	R1:0/R2:2	SDA0	3 | 4	5v	–	–
9	R1:1/R2:3	SCL0	5 | 6	0v	–	–
7	4	GPIO7	7 | 8	TXD	14	15
–	–	0v	9 | 10	RXD	15	16
0	17	GPIO0	11 | 12	GPIO1	18	1
2	R1:21/R2:27	GPIO2	13 | 14	0v	–	–
3	22	GPIO3	15 | 16	GPIO4	23	4
–	–	3.3v	17 | 18	GPIO5	24	5
12	10	MOSI	19 | 20	0v	–	–
13	9	MISO	21 | 22	GPIO6	25	6
14	11	SCLK	23 | 24	CE0	8	10
–	–	0v	25 | 26	CE1	7	11
30	0	SDA.0	27 | 28	SCL.0	1	31
21	5	GPIO.21	29 | 30	0v	–	–
22	6	GPIO.22	31 | 32	GPIO.26	12	26
23	13	GPIO.23	33 | 34	0v	–	–
24	19	GPIO.24	35 | 36	GPIO.27	16	27
25	26	GPIO.25	37 | 38	GPIO.28	20	28
		0V	39 | 40	GPIO.29	21	29
wiringPi Pin	BCM GPIO	Name	Header	Name	BCM GPIO	wiringPi Pin

图 6.20　Adafruit_PCA9685 库软硬件对应示意图

"CarServo"为表示小车舵机控制器的类，其代码如下：

```
class CarServo:
    def __init__(self):
        #2 个摄像头舵机，1 个超声波舵机
    self.pwm_pca9685=Adafruit_PCA9685.PCA9685()
    self.pwm_pca9685.set_pwm_freq(50)

    self.servo = {}

    self.set_servo_angle(0, 110)
    self.set_servo_angle(1, 100)
    self.set_servo_angle(2, 20)
```

在类的构造函数 "init" 中，定义了以下属性：

pwm_pca9685：用于控制舵机的 PCA9685 PWM 设备实例。

servo：字典类型的变量，用于存储各个舵机的信息。

在构造函数中，通过调用"set_pwm_freq"设置舵机PWM设备的频率为50 Hz；然后通过调用"set_servo_angle"依次设置3个舵机的初始角度，分别是摄像头舵机1、摄像头舵机2和超声波舵机。

"set_servo_angle"用于设置指定舵机的角度，该方法接收两个参数，分别是channel和angle，其中channel表示舵机的通道号，angle表示设置的角度值，其代码如下：

```
def set_servo_angle(self, channel, angle):
    if (channel >= 0) and (channel <= 2):
        new_angle = angle
        if angle < 0:
            new_angle =0
        elif angle > 180:
            new_angle =180
        else:
            new_angle = angle
        print("channel={0}, angle={1}".format(channel, new_angle))
        #date=4096*((new_angle*11)+500)/20000
        #进行四舍五入运算
        date = int(4096*((new_angle*11)+500)/(20000)+0.5)
        self.pwm_pca9685.set_pwm(channel, 0, date)
        self.servo[channel] = new_angle
    else:
        print("set_servo_angle error. servo[{0}] = [{1}]".format(channel, angle))
```

在调用上述方法时，首先进行参数检查，确保通道号在0～2的范围内；然后将angle限制在0～180的范围内；接着，根据新的角度值计算得到PCA9685 PWM设备的实际数值date，并使用"set_pwm"方法将该值发送给舵机，控制其转动到指定的角度；最后将舵机的角度信息保存在"servo"字典中。如果传入的通道号不在0～2的范围内，则会输出错误信息。

4. 车辆的循迹部分

首先执行导入库的操作，其代码如下：

```
import cv2
import numpy as np
import utlis
```

创建"getLaneCurve"函数，用于从输入的图像中提取车道曲率信息。该函数接收一幅图像作为输入参数，并通过调用 "thresholding" 将其转换为二值图像。转换后的图像将用于后续的车道线检测和曲率计算，其代码如下：

```
def getLaneCurve(img):
    imgThres = utlis.thresholding(img)
```

这段代码定义了一个名为 "thresholding" 的函数，用于将输入的彩色图像转换为二值图像。该函数首先通过调用 OpenCV 库中的 "cvtColor"将输入图像从 BGR 颜色空间转换为 HSV 颜色空间。然后通过设置白色阈值的上下限，使用"inRange"将输入图像中符合要求的像素值提取出来，生成一个二值图像。最后将生成的二值图像作为函数的返回值。

通过这段代码可以使用颜色或边缘检测来获取路径。由于本文使用的是普通的 A4 纸来铺设道路，因此找到 A4 纸就意味着循迹成功，可以简单地使用颜色检测来找到路径。

```
def thresholding(img):
    hsv = cv2.cvtColor(img, cv2.COLOR_BGR2HSV)
    lowerWhite = np.array([85, 0, 0])
    upperWhite = np.array([179, 160, 255])
    maskedWhite= cv2.inRange(hsv, lowerWhite, upperWhite)
    return maskedWhite
```

根据代码生成的 Warped 图像(经过透视变换后的图像)如图 6.21 所示。

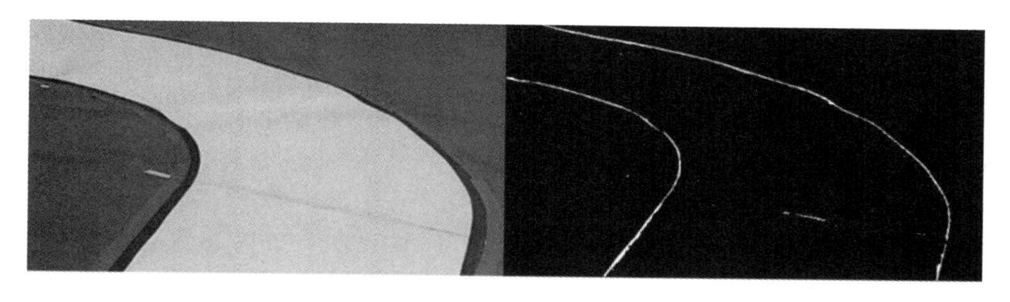

图 6.21 生成的 Warped 图像

在生成透视变幻的 Warped 图像后，还需找到路径中的曲线，这时可以通过使用像素的总和来实现。由于生成的 Warped 图像是二进制的，即它具有黑色或白色像素，因此可以将 y 方向上的像素值相加，如图 6.22 所示。

在图 6.22 中，显示所有白色像素的数值为 255，所有黑色像素的数值为 0。可以将这种方法应用于每一列，将每列的像素值相加求和，得到 480 个值。通过比较每个值与阈值，可以确定中心红线的左右方向。例如，如果中心红线的左侧有 1000 个像素值高于阈值，那么可以确定曲线向左，即车辆向左行驶。在上述例子中，有 8 列在左侧，3 列在右侧。

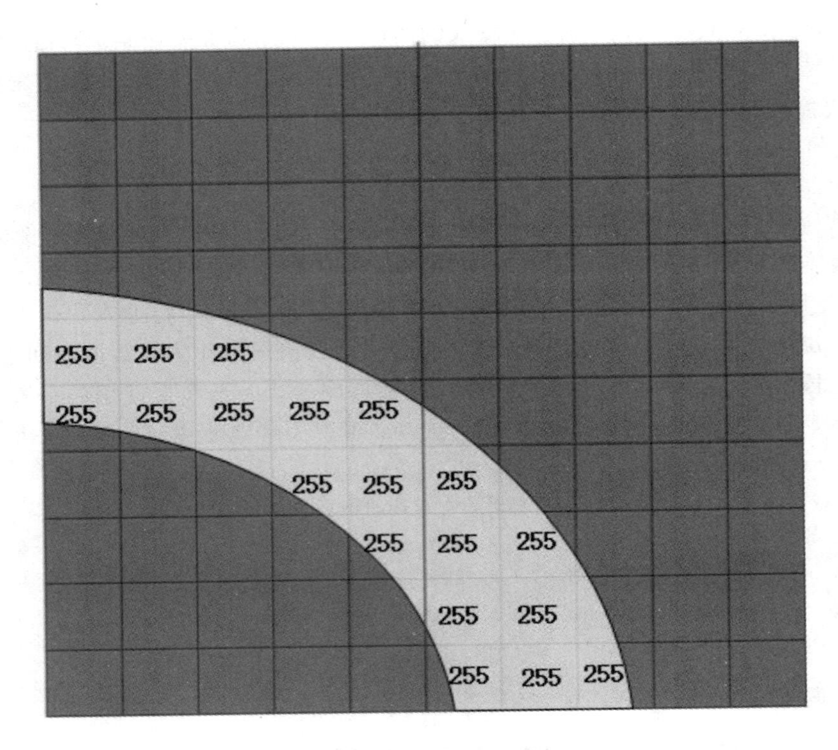

图 6.22　y 方向上像素值相加

基于上述概念，图 6.23 所示为根据像素多少判断循迹路线这一方法的正常工作的三种情况。从图中可以清晰地看到，当曲线向右时，右侧的像素数多于左侧，反之亦然。当曲线为直线时，两侧的像素数大致相同。然而，在图 6.24 中，该方法将会出现问题。

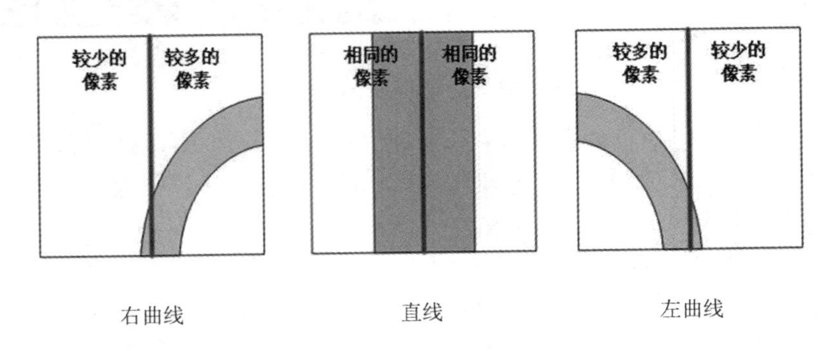

图 6.23　正常工作的三种情况

左曲线

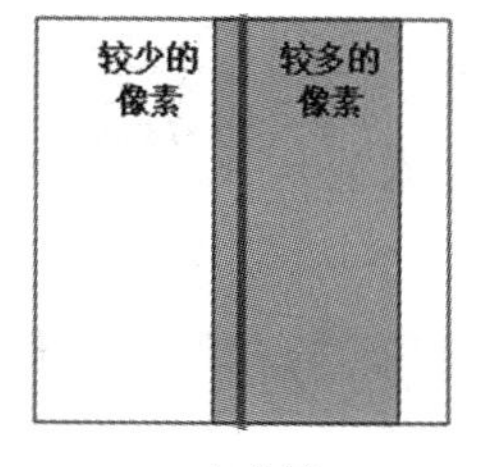

右曲线

图 6.24 判断失误可能会出现的两种故障情况

此时智能循迹小车的路线是直线，由于中心线一侧存在更多像素，算法也会将循迹路线输出为左曲线或右曲线。如何解决这个问题？答案是调整中心线。调整中心线后的循迹效果如图 6.25 所示。

直线

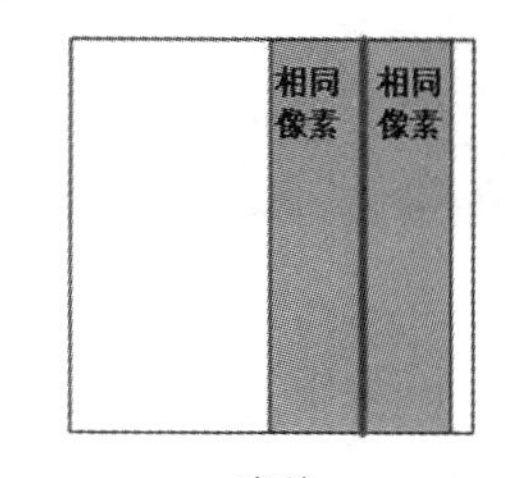

直线

图 6.25 调整中心线后智能循迹小车的正常工作图

因此开始循迹之前必须先找到基础图片的中心，然后比较中心线两边的像素，这两个过程都可以用同一个函数来计算，这个函数称为"getHistogram"。通过对这些像素进行求和，基本可以得到柱状图。"getHistogram"函数把图像作为一个输入参数，并对 y 方向上的所有像素进行求和，其代码如下：

```
def getHistogram(img, display=False, minVal = 0.1, region= 4):
histValues = np.sum(img, axis=0)
```

这里的"histValues"包含每列总和的 480 个值。因为图像中的一些像素可能只是噪声，所以不便在计算中使用。有两种方法可以提高精度，其一是基于实时数据动态确定这个阈值。这可以通过找到 histValues 中的最大值，并乘以用户定义的百分比来实现。这样得到的乘积将作为阈值，用于判断哪些列的总和足够大，其可能代表路径，而非噪声。另一种方法是设置硬编码值，但硬编码值最好根据实时数据获取。在本例中，可找到最大总和值，并将用户定义的百分比乘以最大总和值来创建阈值，其代码如下：

```
maxValue = np.max(histValues) # FIND THE MAX VALUE
minValue = minPer * maxValue
```

接下来将每边的所有像素数相加，找到左右或直线方向。

为了得到曲率的值，可以找到所有超过阈值的列的像素值，然后计算这些像素值的平均值。这意味着如果像素值从 30 开始到 300 结束，平均值将是(300－30)/2＋30＝165。智能小车实验循迹结果如图 6.26 所示。

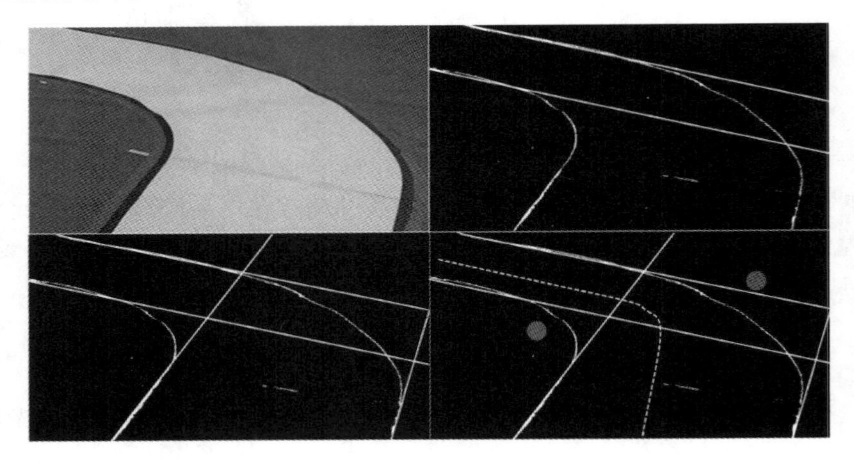

图 6.26　智能小车实验循迹结果图

进行阈值判断的代码如下：

```
indexArray = np.where(histValues >= minValue) # ALL INDICES WITH MIN VALUE OR ABOVE
basePoint = int(np.average(indexArray)) # AVERAGE ALL MAX INDICES VALUES
```

6.4　总结与展望

随着人工智能等技术取得进步，计算机视觉、生物识别、自然语言理解、机器学习、深度学习等关键技术也取得了突破，向下落地应用到汽车工业，“智能化”已是汽车技术改革升级的重要方向。

放眼未来，智能车辆将是继手机之后的第二大互联生态和服务集成。如果全自动驾驶成为现实，智能车辆将成为移动的智能空间和场景生态服务体验终端，成为工作、生活、娱乐的新载体。在 AI 算法的加持下，未来智能车辆会具有超级计算能力，可以实现各种复杂的运算，而其中智能循迹车的研究工作对促进自动控制及电子学科学术水平的提高具有良好的推动作用。同时，该研究在一定程度上体现了智能化、自动化，具有较好的应用前景。

第7章 五子棋机器人

深度学习的快速发展促进了智能机器人和机器视觉技术的成熟。随着越来越多的智能工业机器人和智能设备被研发并应用于生产和生活，人工智能领域已经不再局限于算法层面。现如今，完整的人工智能机器人系统由人工智能决策算法、机器视觉系统和硬件机械设备组成，这也成为了人工智能领域的发展趋势。智能五子棋机器人的发展可以划分为以下三个阶段：

第一阶段的智能五子棋机器人主要采用人工启发式算法。这种算法基于人类的直觉或经验，在可接受的计算时间和空间范围内提供一个可行解，但该可行解与最优解的偏差通常无法预测。虽然利用启发式算法通常可以在可接受的计算时间内求取问题的可行解，但不能保证其为全局最优解，并且该算法不稳定，其性能取决于具体问题和设计者经验。

第二阶段的智能五子棋机器人采用了蒙特卡罗树搜索算法。该算法基于实验求解事件出现的概率或随机变量的期望值，并将其作为问题的解。蒙特卡罗树搜索算法通过数学模拟实验，抓住事物运动的几何数量和几何特征，以概率模型为基础，模拟问题的过程，得到近似解。其解题流程可归结为三个主要步骤：构造或描述概率过程，实现从已知概率分布抽样，建立各种估计量。蒙特卡罗树搜索算法简单快速，在智能五子棋机器人领域得到了广泛的应用。

第三阶段的智能五子棋机器人突破性地采用了机器学习算法，成功地战胜了职业棋手。机器学习是一门关于计算机基于数据构建模型，并利用模型模拟人类智能活动的学科。借助其强大的泛化能力，机器学习展现了计算机向智能化发展的必然趋势。深蓝和"AlphaGo"等智能五子棋机器人均为基于机器学习算法的衍生产物。

本章建立了基于 Alpha Gobang Zero 算法的五子棋机器人。相比于传统方法，Alpha Gobang Zero 不使用手工构建的评估函数和移动排序启发式算法，而是使用具有参数的深度神经网络。该神经网络以棋盘位置为输入，输出具有分量的移动概率向量，同时对每个位置估计预期结果的标量值。Alpha Gobang Zero 完全从自我博弈中学习这些移动概率和价值估计，并用于指导它的搜索过程。

7.1 背景介绍

近年来，强化学习(reinforcement learning，RL)因其强大的探索能力和自主学习能力，已经与监督学习(supervised learning)、无监督学习(unsupervised learning)并称为三大机器学习技术。伴随着深度学习的蓬勃发展，功能强大的深度强化学习算法不断涌现，已经广泛应用于游戏对抗、机器人控制、城市交通和商业活动等领域，并取得了显著成果。Alpha Go 之父 David Silver 曾指出，“深度学习＋强化学习＝通用人工智能(artificial general intelligence)”，后续大量的研究成果也表明，强化学习是实现通用人工智能的关键步骤。

强化学习的核心是研究智能体(agent)与环境(environment)的相互作用，通过不断学习最优策略，做出序列决策并获得最大回报。强化学习过程可以描述为马尔可夫决策过程(Markov decision process，MDP)，MDP 中智能体与环境的交互作用如图 7.1 所示。其中参数空间可表示为一个五元组(A，S，P，R，γ)，包括动作空间(action space)A，状态空间(state space)S、状态转移 $P: S\times S\times A\rightarrow[0, 1]$、回报(reward)$R: S\times A\rightarrow R$ 和折扣因子(discounted factor)$\gamma\in[0, 1]$。在某些情况下，智能体无法观测到全部的状态空间，这类问题称为部分观测马尔可夫决策过程(partially observed Markov decision process，POMDP)，在多智能体强化学习(multi-agent RL)设置中尤其常见。

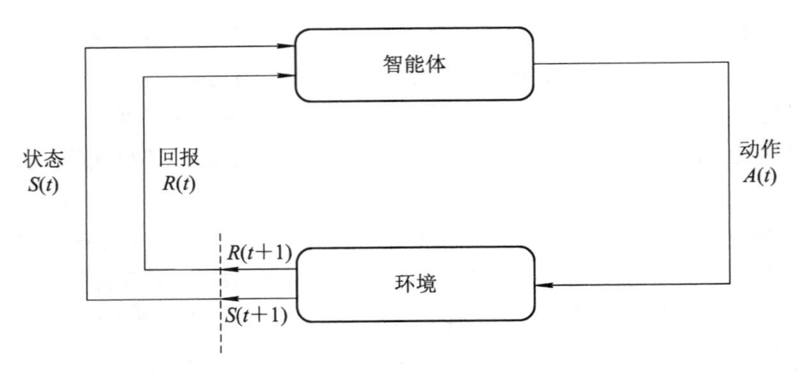

图 7.1 MDP 中智能体与环境的交互作用

自 Bellman 提出动态规划方法到 Alpha Go 打败人类围棋冠军，强化学习经历了 60 年的发展，成为机器学习领域最热门的研究和应用方向之一。2006 年，深度学习的提出引领了机器学习的第二次浪潮，在学术界和企业界不断升温，并成功推动了 2010 年之后深度强化学习的蓬勃发展。

人机对弈的起源很早，甚至早于计算机面世的时间。18 世纪，巴朗·冯·开普仑发明了一款弈棋机——“Turkey”，并带着它在欧洲各国巡回表演。近代人机对弈的主要研究对象是国际象棋、围棋、中国象棋、五子棋和西洋棋等。其中，国际象棋是研究历史最久、投入最多的项目，也是屡屡获得重大突破的项目。

五子棋起源于古代中国，又称为“五子连珠”“朝鲜五目”，英文名为“Gomoku”“Renju”或“Gobang”，传入日本后得到了广泛的发展和普及。在明治时期，出现了众多五子棋高手，并对规则进行了不断的改进，例如对黑方做出各种禁手限制和将棋盘大小从19×19改为15×15等。由于五子棋黑方有巨大优势(Alis等人于1994年证明:假设棋盘无限大，双方无限对弈下去，最终获胜的一定是黑方)，因此职业五子棋赛事都设有禁手规则。但为了简化问题的研究，本章采用自由式的五子棋博弈规则。

到了计算机时代，深蓝和“Alpha Go”则代表了过去和现在人类在人机对弈上的最大成就。1997年，由美国IBM公司开发的深蓝由32个微处理器组成，每秒可计算2亿步，它通过并行计算成功地在标准国际象棋比赛中打败了人类卫冕世界冠军。深蓝计算机采用混合决策的方法，通过将超级计算机处理器与加速器芯片相结合，在超级计算机上运行的软件执行一部分运算，更复杂的棋步交给加速器处理，然后计算出可能的棋步和结果。而Alpha Go由谷歌旗下DeepMind公司戴密斯·哈萨比斯领衔的团队开发，主要基于深度学习原理，通过自我博弈和神经网络训练，最终于2016年以4∶1的比分战胜了人类围棋世界冠军李世石。这两个系统的胜利标志着人工智能在棋类游戏上取得了重大突破，同时也推动了人工智能技术在其他领域的发展。

2016年末，Alpha Go又以账号“大师”在围棋类网站上连胜众多围棋高手多达60余次。之后在2017年5月，Alpha Go参加了在中国乌镇举办的“2017围棋峰会”，并以总比分3∶0战胜了排名世界第一的围棋冠军柯洁。至此，Alpha Go已完全进化为围棋界的“独孤求败”，在与人类棋手的对决中取得完胜的战绩。2017年10月，谷歌宣布推出了Alpha Go的最强版——Alpha Go Zero。与Alpha Go通过研究人类棋谱来增进自身棋力不同，Zero采用深度学习中的“生成对抗网络”(generative adversarial nets，GAN)来学习如何下棋，仅用了两个小时就打败了前任Alpha Go。

本章介绍一种基于计算机视觉、机器学习和机械控制技术的五子棋对弈系统。该系统借助计算机进行核心控制，通过相机对棋盘进行实时拍照，利用图像处理技术提取棋子信息并传输到五子棋策略价值网络中进行分析判定和计算。机械臂作为系统的执行工具，通过控制吸盘实现落子。在与人类棋手对弈时，系统会循环执行拍照、图像处理、棋局分析、计算下一步落子点坐标、机械臂控制落子等步骤，直到对弈结束。这一系统集成了多种技术，展示了人工智能在日常生活中的实际应用。

7.2 技术原理

本章所使用的Alpha Gobang Zero算法与Alpha Go Zero算法类似，因此接下来首先对 Alpha Go Zero 算法进行简单介绍。人工智能的众多长期目标之一是创建能够自己学习基本原则的程序，最近 Alpha Go Zero 算法通过使用深度卷积神经网络来学习相关围棋知识，仅通过从自博弈中进行强化学习来训练，从而在围棋游戏中实现了超人的性能。这些程序使用人类大师手动构造的特征和仔细调整的权重来评估位置，并结合高性能的 $\alpha-\beta$ 搜索，使用大量智能的启发式方法和特定领域的适应来扩展巨大的搜索树。

Alpha Go Zero 的算法主体主要包含两个部分，即蒙特卡罗树搜索算法与神经网络算法。在这两种算法中，神经网络算法可根据当前棋面形势给出落子方案，以及预测当前形势下哪一方的赢面较大；蒙特卡罗树搜索算法则可以看成一个对于当前落子步法的评价和改进工具，它能够模拟出 Alpha Go Zero 将棋子落在哪些地方可以获得更高的胜率。Alpha Go Zero 的神经网络算法计算出的落子方案与蒙特卡罗树搜索算法输出的结果越接近，则胜率越大，即回报越高。因此，每落一颗子，Alpha Go Zero 都要优化神经网络算法中的参数，使其计算出的落子方案更接近蒙特卡罗树搜索算法的结果，同时尽量减少胜者预测的偏差。

本章效仿 Alpha Go Zero 算法，采用使用了自博弈强化学习建立五子棋机器人的 AI 核心 Alpha Gobang Zero，Alpha Gobang Zero 不使用手工构建的评估函数和移动排序启发式算法，而使用具有参数的深度神经网络$(\boldsymbol{p}, v)=f_\theta(s)$。该神经网络将棋盘状态 s 作为输入，并输出具有分量 $p_a=\Pr(a|s)$的移动概率向量 $\boldsymbol{p}$。对于状态 s，$v\approx E[z|s]$估计预期结果 z 的价值 v。Alpha Gobang Zero 完全从自博弈中学习这些移动概率和价值估计并用来指导落子策略的搜索。

本章以计算机作为系统的控制端，相机作为棋盘信息的采集工具，机械臂作为计算机下棋的执行工具。系统的大致流程如图 7.2 所示，当人类选手完成落子后，相机将棋盘的图像送入计算机中由计算机进行处理并作出决策，计算机再将下一步的动作以及落子坐标送给机械臂，机械臂通过气泵控制吸盘，实现棋子的抓取和落子。完成后，人类棋手再次落子，循环上述步骤，直至对弈结束。

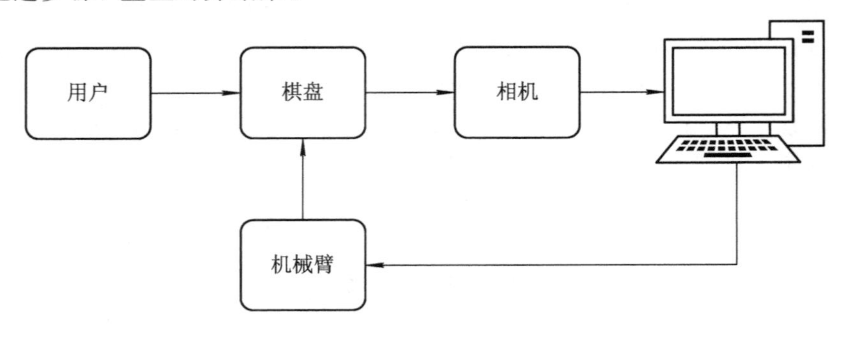

图 7.2　系统流程示意图

7.2.1 系统硬件组成

1. 高性能计算机

高性能计算机主要负责运行五子棋决策算法以及图像处理算法。程序首先将棋盘图像送入图像处理算法，然后对棋盘中的角点和棋子进行检测，并对棋盘进行建模，最后由策略算法进行决策。

2. RGB 摄像头

RGB 摄像头负责采集棋盘的图像信息。相机每隔 3 s 对棋盘进行一次拍照，并将得到的图像传送到高性能计算机中。RGB 摄像头是五子棋机器人与外界环境交互的主要信息来源。

3. 机械臂

当计算机完成对决策的分析后，通过机械臂来执行下棋的动作。计算机控制机械臂从零点移动到取子点取子，再移动到落子点落子，最后回到零点。本节采用 Dobot 机械臂，通过默认 USB 串口进行控制。

7.2.2 系统硬件工作原理

本节采用的 Dobot Magician 机械臂外观如图 7.3 所示，我们利用该机械臂提供的丰富的 I/O 接口进行二次开发。本节中正是以 PC 为上位机控制器，将 Magician 机械臂二次开发为执行机构，对棋子进行抓取的。

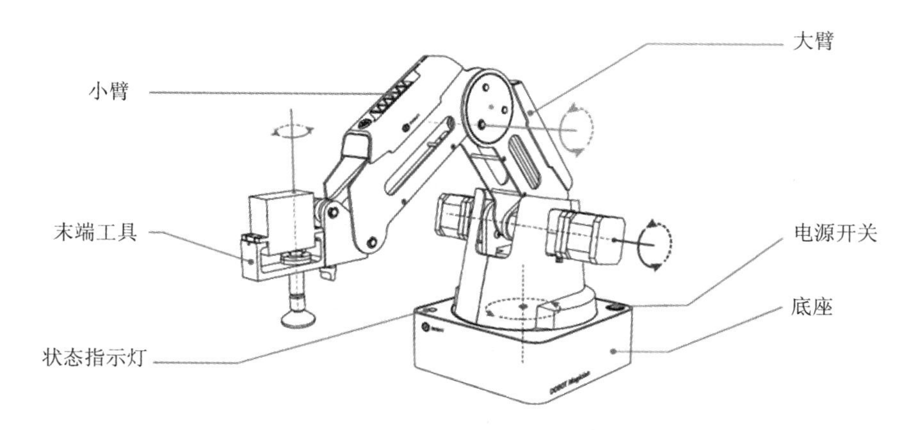

图 7.3 Dobot Magician 机械臂外观示意图

Dobot 运动模式包括点动模式、点位模式(PTP)、圆弧运动模式(ARC)。点动模式即示教时移动机械臂的坐标系，使机械臂移动至某一点。点位模式和圆弧运动模式总称为存点再现运动模式。点位模式即实现点到点运动，Dobot Magician 的点位模式包括 MOVJ、MOVL 以及 JUMP 三种，如图 7.4 和图 7.5 所示。

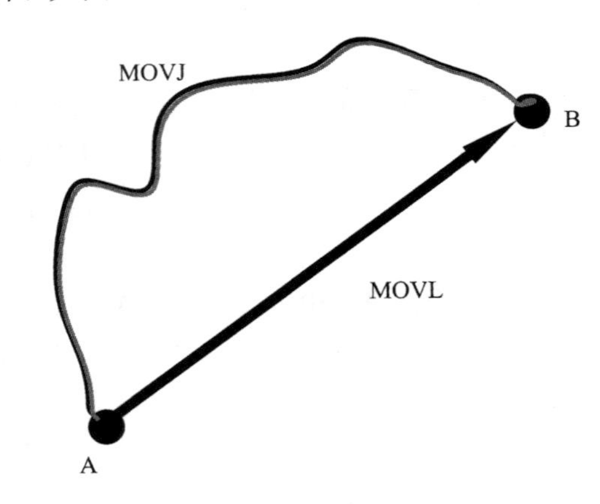

图 7.4 MOVJ 和 MOVL 运动模式

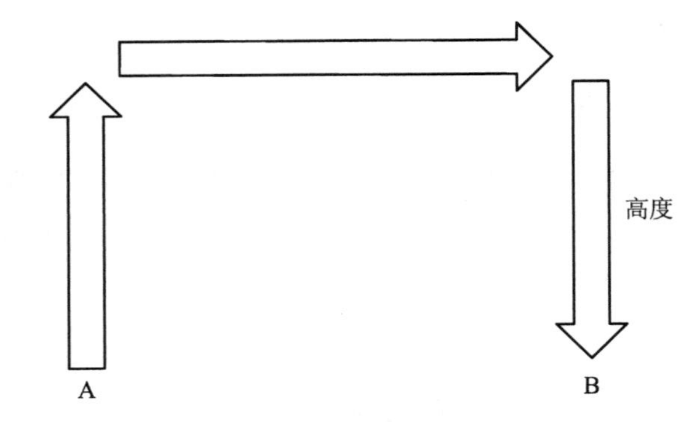

图 7.5 JUMP 运动模式

MOVJ 模式为关节运动模式，由 A 点运动到 B 点，各个关节从 A 点对应的关节角运行至 B 点对应的关节角。在关节运动过程中，各个关节轴的运行时间必须一致，且同时到达终点。MOVL 为直线运动，即 A 点到 B 点的路径为直线。JUMP 模式为门型运动轨迹，A 点到 B 点以 MOVJ 运动模式移动。对于本章的五子棋机器人来说，从零点出发到取子点、从取子点出发到落子点、从落子点回到零点，其每一步都可以看作门型运动轨迹，即 JUMP 运动模式。

Dobot 控制器根据以下信息计算出实时位姿的基准值：底座码盘读数（可通过回零得到），大臂角度传感器读数，小臂角度传感器读数。在控制 Dobot 时，Dobot 控制器将基于实时位姿的基准值、实时运动状态更新机械臂的实时位姿。

本节根据 Dobot 的通信协议利用 USB 的接口方式来对机械臂运动进行控制。Dobot 机械臂主要使用的 API 接口包括连接检测、警报机制、PTP 点位运动模式以及回零(归位)功能。机械臂每局对弈的执行流程如图 7.6 所示。

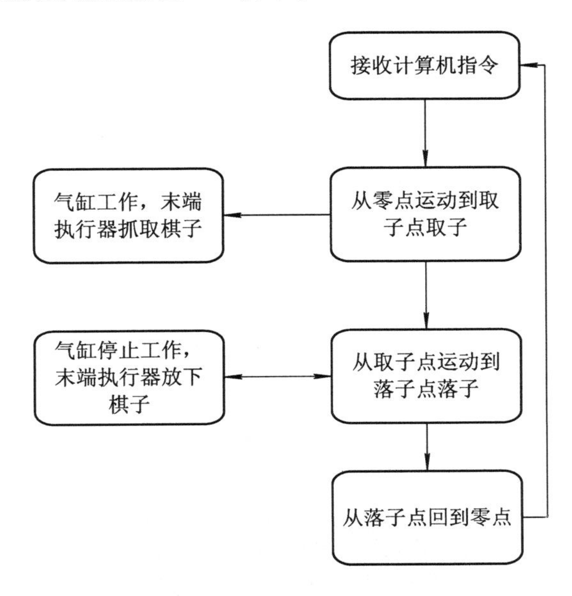

图 7.6 机械臂每局对弈的执行流程图

机械臂在每一次执行落子的环节中都可将动作分解为三步:零点到取子点，取子点到落子点，落子点到零点。通过 Dobot 运动模式分析，结合机械臂下棋的实际动作选用点位模式中的 JUMP 运动模式。Dobot 机械臂每次下棋的运动模式如图 7.7 所示。

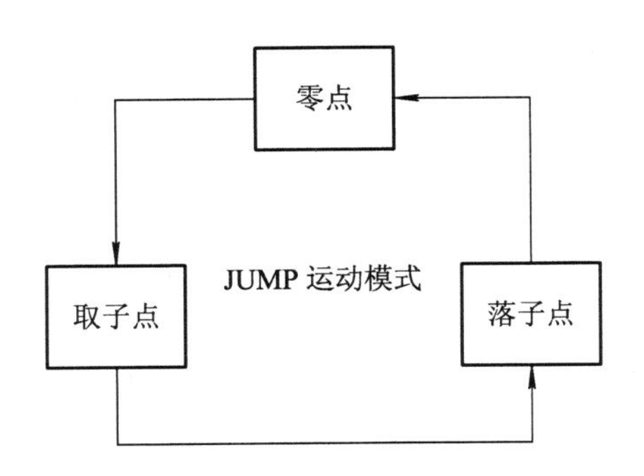

图 7.7 Dobot 机械臂下棋运动模式

7.2.3 策略价值网络

策略价值网络的输入是当前的局面状态 s，输出是当前局面下每一个可行行为的概率以及当前局面的评分 v。本节将通过 Self-Play 过程收集一系列(s，π，z)数据，并以此来训练策略价值网络。策略价值网络的目标是让策略价值网络输出的行为概率 P 更加接近 MCTS 输出的概率 π，让策略价值网络输出的局面评分 v 能更准确地预测真实的对局结果 z。对于价值网络，目标为使局面评分 v 和实际蒙特卡罗树搜索返回结果 z 的均方误差最小化。对于策略网络，目标为使目标策略的评估函数 $J(\pi_\theta)$ 的相反数 $-J(\pi_\theta)$ 最小化，即使目标策略的评估函数 $J(\pi_\theta)$ 最大化。

假定五子棋棋盘的尺寸为 19×19，那么策略价值网络接收的输入 s 的大小为 19×19×17，这个输入代表了棋盘的状态。如图 7.8 所示，s 由当前玩家过去的 8 个落子位置特征平面、对手过去的 8 个落子位置特征平面和 1 个代表当前玩家颜色的特征平面组成。假设当前玩家使用黑棋，那么在当前玩家的每一落子位置特征平面中，玩家棋子所在位置的值为 1，其他位置的值为 0，对手的落子位置特征平面同理。对于最后一个颜色特征平面，由于当前玩家使用黑棋，因此特征平面的值全为 1。

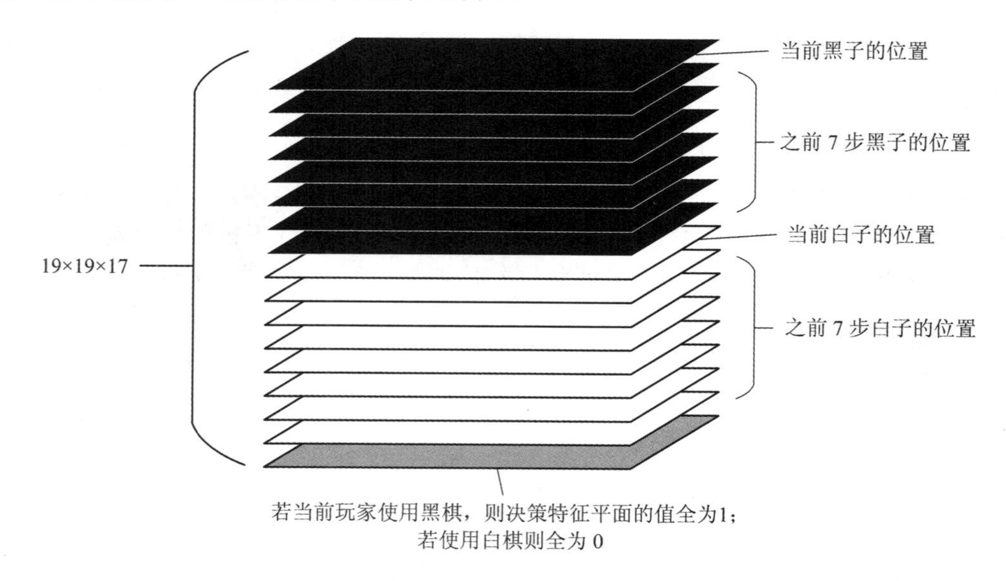

图 7.8 策略价值网络输入特征

输入策略价值网络的 s 经过内部层层处理之后，得到移动概率向量 $\boldsymbol{p}\in\mathbf{R}^{361}$ 和当前局面的评分 v。若将 19×19 的棋盘展平为 361 维的向量，那么 $\boldsymbol{p}$ 的前 361 维的每一个元素 p_i 代表在 361 维棋盘的第 i 维的落子概率。如图 7.9 所示，策略价值网络由 1 个卷积模块、19 或

39 个残差模块、1 个策略预测器和 1 个价值预测器组成，其中策略预测器输出 $\boldsymbol{p}$ 作为一个状态到动作的映射概率，而价值预测器输出 v 作为当前状态的价值估计。而这两个部分的输出都被引入到蒙特卡罗树搜索算法中，用来指导最终的下棋决策。

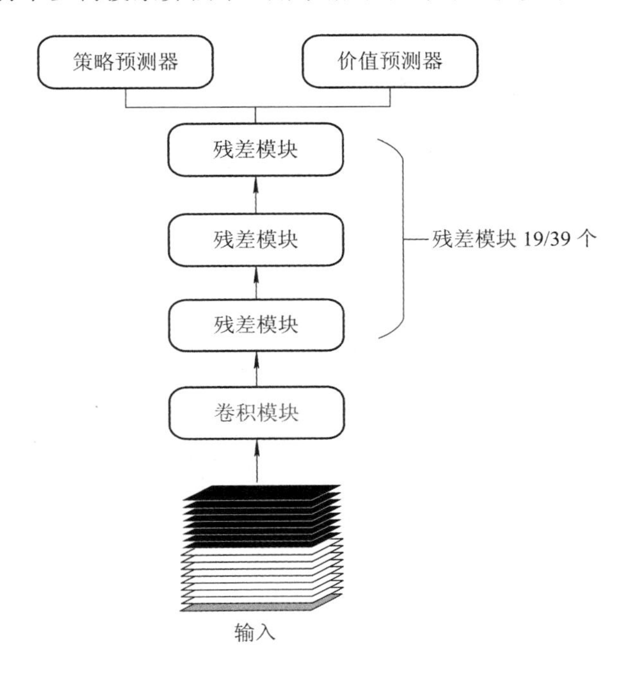

图 7.9　策略价值网络结构图

策略价值网络的第一块是卷积模块，它由 1 个卷积层、1 个批归一化层和 1 个 ReLU 激活函数组成，如图 7.10 所示。由于输入 s 的维度为 19×19×17，因此卷积层包含 256 个 filter，每个组包含 17 个 3×3 大小的卷积核。在卷积过程中，卷积核的步长为 1，同时为了保持输入的宽、高不变，需要置图像两侧的填充为 1。经过卷积模块、批归一化模块和 ReLU 激活函数处理后，卷积模块的输出为 19×19×256 的特征图像。

为了提升网络的特征提取能力并防止出现梯度消失问题，在卷积层下面堆叠了 19 或 39 个残差模块，如图 7.11 所示，每个残差模块由 2 个组成类似于卷积模块的子模块构成，唯一不同的就是在第二个子模块的 ReLU 激活函数之前加上了残差连接，使输入与批归一化模块的输出相加再输入 ReLU 激活函数，最终输出 19×19×256 的特征图像。

从最后一个残差模块输出的特征图像作为策略预测器(结构如图 7.12 所示)的输入，经过策略预测器内部的卷积层、批归一化层和全连接层的处理之后得到维度为 19×19+1=362 的移动概率向量 $\boldsymbol{p}$。实际上为了计算误差的方便，全连接层后会有 softmax 处理，由其得到对数概率 $\log\boldsymbol{p}$。

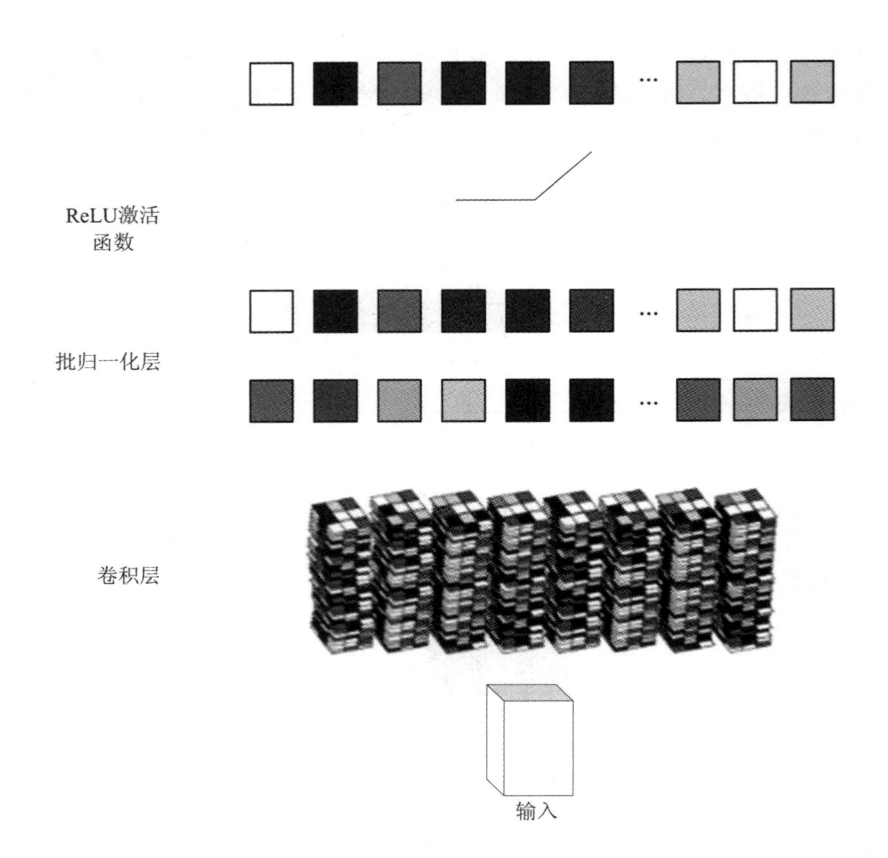

图 7.10　卷积模块结构图

最后一个残差块的输出还会输入到价值预测器中，与策略预测器不同的是，价值预测器(结构如图 7.13 所示)中有两个全连接层：第一个全连接层将输入映射为 256 维的向量；第二个全连接层将 256 维的向量变为标量，最后经过 tanh 函数将这个标量压缩到[－1，1]区间，得到 v。

Alpha Gobang Zero 的策略价值网络延续了 Alpha Go Zero 的策略价值网络架构，并对 Alpha Go Zero 的神经网络作出以下修改：

(1) 使用 9×9 的棋盘，输入 s_t 只保留当前玩家和对手过去 3 步的落子纪录，去掉了代表当前玩家的颜色特征平面，所以 s_t 的维度为 9×9×6。

(2) 卷积模块的卷积层的输出维度减少了 128 维。

(3) 残差模块设置为 4 个。

(4) $\boldsymbol{p}$ 的维度是 9×9＝81 维(因为五子棋没有停一手的操作)。

(5) 价值预测器的第一个全连接层将输入向量映射到 128 维，而不是 256 维。

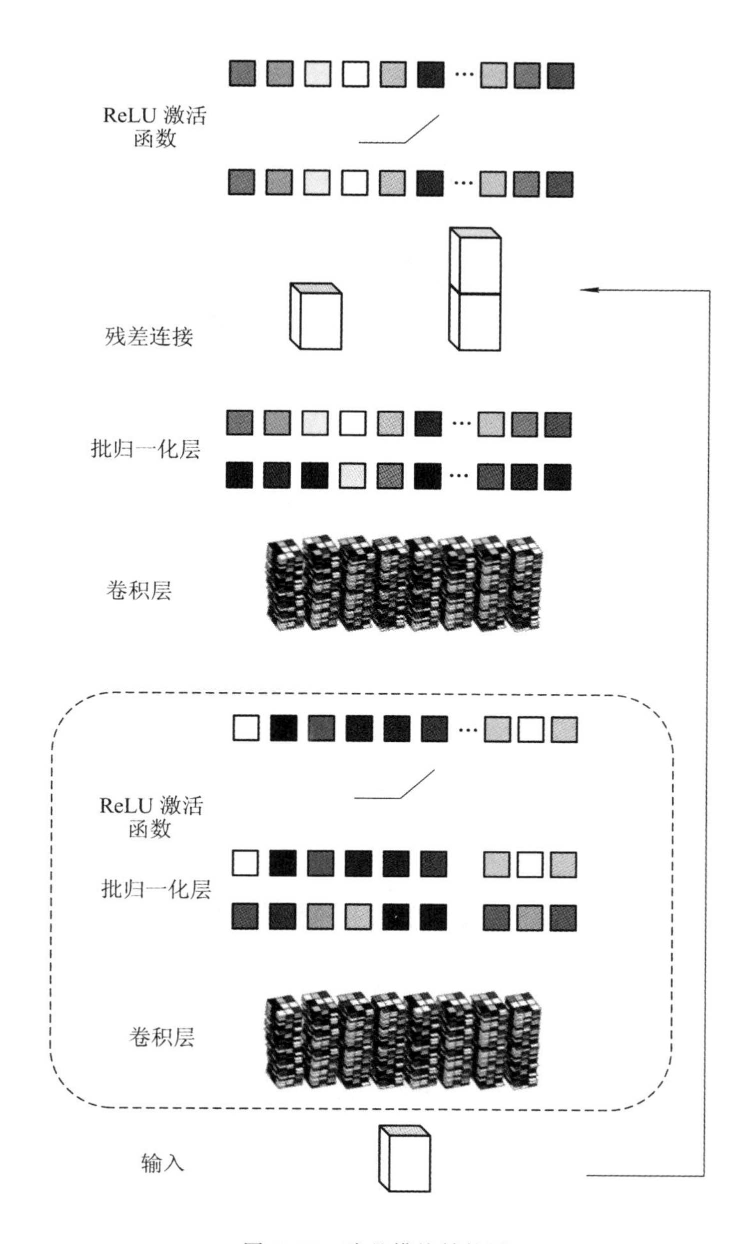

图 7.11　残差模块结构图

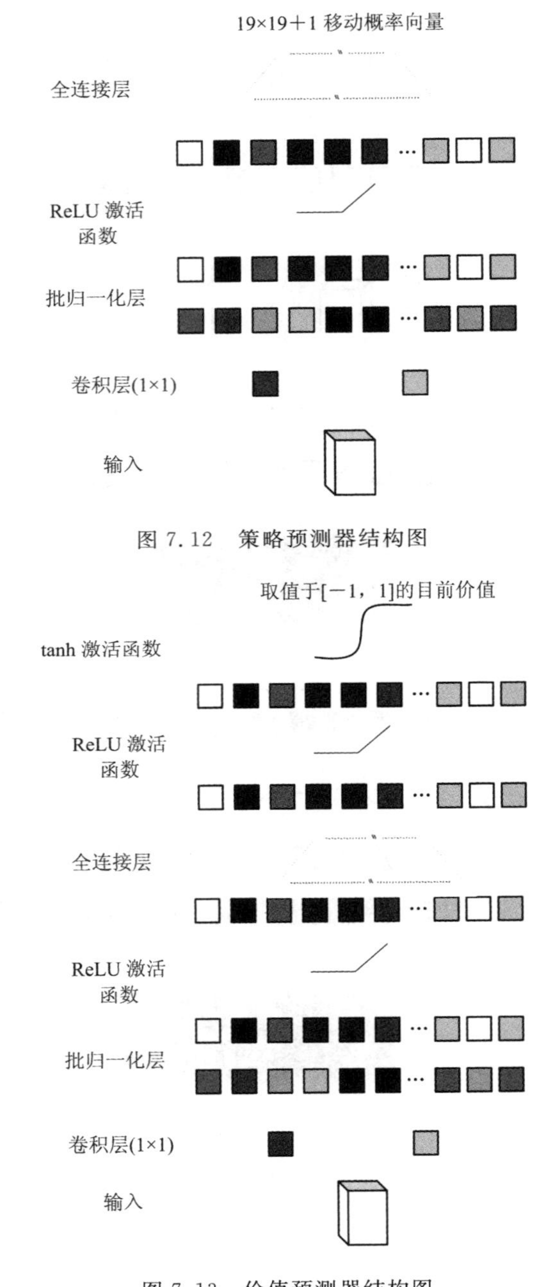

图 7.12　策略预测器结构图

图 7.13　价值预测器结构图

7.2.4 蒙特卡罗树搜索算法

蒙特卡罗树搜索算法的基本思想就是利用随机采样的样本值来估计真实值，理论基础是中心极限定理，样本数量越多，其平均值就越趋近真实值。理想情况下，使用策略价值网络就足以选择下一步走法。不过，蒙特卡罗树搜索算法考虑尽可能多的棋面，并确保选择了最好的走法。

对于五子棋，简单地用随机对局的方式就可以评价某一步落子。从需要评价的那一步开始，双方随机落子，直到一局比赛结束。为了保证结果的准确性，这样的随机对局通常需要进行上万盘，记录下每一盘的结果(比如接下来的落子是黑子，那就根据规则记录黑子胜了或输了多少子)，最后取这些结果的平均，就能得到对某一步棋的评价。最后要做的就是取评价最高的一步落子作为接下来的落子。也就是说为了决定一步落子就需要程序自己进行上万局的随机对局，这对随机对局的速度也提出了一定的要求。和使用了大量五子棋知识的传统方法相比，这种方法的好处显而易见，就是几乎不需要五子棋的专业知识，只需通过大量的随机对局就能估计出一步棋的价值。

在 19×19 的棋盘上，要穷举出接下来的所有走法是不太现实的一件事，所以 Alpha Gobang zero 使用了蒙特卡罗树搜索(MCTS)算法。如图 7.14 所示，Alpha Gobang Zero 的 MCTS 主要包含三个步骤，分别是选择、拓展与评估和反向传播。

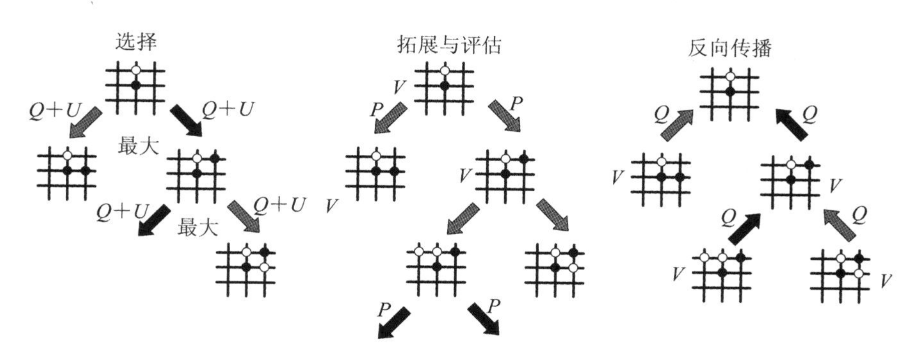

图 7.14　蒙特卡罗树搜索算法示意图

蒙特卡罗树的每一个节点代表一种棋盘状态 s，树上的每一个父节点 n_f 与其所有子节点的边上都存着一些变量：

(1) $P(s, a)$代表算法从父节点 n_f 进行动作 a 后到达子节点 n_c 的先验概率；

(2) $N(s, a)$代表算法对子节点 n_c 的访问次数；

(3) $Q(s, a)$代表子节点 n_c 上的累计平均奖赏；

(4) $U(s, a)=c_{\text{puct}}P(s, a)\sqrt{\sum_b N(s, b)}/[1+N(s, a)]$，代表在子节点 n_c 上应用上限

置信区间算法(UCT)得到的值，其中 c_{puct} 为探索常数，它的值越大，表示越有可能探索未被访问或者访问次数较少的子节点。

假设棋盘上当前落子数为 t，当前棋盘状态表示为 s_t，那么蒙特卡罗树的根节点就对应着 s_t。假设打算对当前局面进行 r 次蒙特卡罗树搜索，那么每一次搜索都会从根节点出发，根据 $a_t^* = \mathrm{argmax}_{a_t}\{Q(s_t, a_t) + U(s_t, a_t)\}$ 进行动作 a_t^*（对应一维棋盘上的一个落点）到达子节点 s_{t+1}，接着重复上述步骤直至遇到叶节点 n_l 或者游戏结束为止。

当在选择过程中遇到叶节点 n_l 时，先前介绍的神经网络就可以派上用场了。将叶节点对应的棋盘状态输入策略价值网络，神经网络对棋局进行评估后得到移动概率向量 $\boldsymbol{p}$ 和当前棋盘状态价值 v。

移动概率向量 $\boldsymbol{p}$ 用来拓展叶节点 n_l，$\boldsymbol{p}$ 中的每一个元素分别表示 n_l 每一个子节点的先验概率 $P(s, a)$，同时需要将所有子节点的访问次数初始化为 0。

在将叶节点 n_l 对应的棋盘状态送入策略价值网络后，就得到了叶节点对应的 v。所谓的反向传播，就是指将 v 传播到从根节点到叶节点这一路的所有节点上(不包含叶节点)，这里可以使用递归的方式。由于这些节点的当前玩家一直在切换，因此将 $-v$ 传入递归函数。至此算法完成了一次搜索。

当完成 r 次搜索后，根节点的每个子节点都被访问过若干次了。接下来就根据根节点的各个子节点的访问次数 $N(s, a)$，计算选择动作 a 的概率：

$$\pi(a \mid s) = \frac{N(s, a)^{1/\tau}}{\sum_b N(s, b)^{1/\tau}} \tag{7.1}$$

式中：τ 为温度常数。最后根据每个子节点的 π 来随机选择一种动作 a^* 并在棋盘上执行。从式(7.1)中可以看出，温度常数 τ 越小，就越有可能选择 π 越大的动作，即越趋近最佳选点，而温度常数 τ 越大，越容易选到较低概率的点。

7.2.5 棋盘建模

五子棋机器人在棋盘正上方布置高帧率相机，实时对棋盘状态进行建模。具体的方式为使用 Canny 边缘检测和 Hough 变换生成拍摄图片中棋盘的水平线与垂直线的交点(为中心)，并将其抽象为一个 19×19 的二维数组。在此之后算法使用模板匹配的方式匹配每个交点上的棋子。数组中，无棋子的位置标记为 0，白子位置标记为 −1，黑子位置标记为 1。最终，整张棋盘以一个二维数组的方式保存。

1. Canny 边缘检测

Canny 边缘检测是一种从不同视觉对象中提取有用结构信息并显著减少要处理的数据量的技术。它已广泛应用于各种计算机视觉系统。Canny 发现，在不同的视觉系统上应用边缘检测的要求是比较相似的。因此，可以在各种情况下实施满足这些要求的边缘检测解决方案。这些边缘检测的要求一般包括：

（1）以低错误率检测边缘，这意味着检测器应准确捕捉图像中显示的尽可能多的边缘。

（2）检测到的边缘点应准确定位在边缘的中心。

（3）图像中的给定边缘应仅标记一次，并且在可能的情况下，图像中的噪声不应被检测为错误边缘。

因为噪声的存在会轻易地影响到图像的边缘，所以在进行边缘检测时要先对图像进行平滑滤波，其中比较常用的滤波就是高斯滤波，将滤波记作 H，其尺寸是$(2k+1, 2k+1)$，下面给出其表达式：

$$H_{ij}=\frac{1}{2\pi\sigma^2}\exp\left\{-\frac{[i-(k+1)]^2+[j-(k+1)]^2}{2\sigma^2}\right\} \tag{7.2}$$

当 $k=2$ 时的矩阵 $\boldsymbol{H}$ 如下：

$$\boldsymbol{H}=\frac{1}{159}\begin{bmatrix}2 & 4 & 5 & 4 & 2\\ 4 & 9 & 12 & 9 & 2\\ 5 & 12 & 15 & 12 & 5\\ 4 & 9 & 12 & 9 & 4\\ 2 & 4 & 5 & 4 & 2\end{bmatrix} \tag{7.3}$$

记图像矩阵为 $\boldsymbol{A}$，那么使用高斯滤波对图像做下面的卷积运算：

$$\boldsymbol{B}=\boldsymbol{H}*\boldsymbol{A} \tag{7.4}$$

对图像进行高斯去噪后，接下来计算图像梯度来寻找图像中像素值变化更剧烈的点，即边缘。在图像中，用梯度来表示灰度值的变化程度和方向，首先给出计算梯度大小的公式：

$$G=\sqrt{G_x^2+G_y^2}$$
$$\theta=\arctan\left(\frac{G_y}{G_x}\right) \tag{7.5}$$

式中：G_x 和 G_y 表示在东西和南北方向上像素变化的差，G 为像素变化总梯度，θ 为总梯度的方向。在实际计算中，算法将连续梯度方向矢量分解为一小组离散方向，然后在前一步的输出(边缘强度和梯度方向)上移动 3×3 滤波器。当滤波器移动到每个像素时，如果其梯度幅度不大于梯度方向上两个邻居的大小，则抑制中心像素的边缘强度(将其值设置为 0)。例如：

（1）如果四舍五入后的梯度角度为 0°，且其梯度幅度大于东部和西部方向上像素的大小，则认为该点在边缘上。

（2）如果四舍五入后的梯度角度为 90°，且其梯度幅度大于北部和南部方向上像素的大小，则认为该点在边缘上。

（3）如果四舍五入后的梯度角度为 135°，且其梯度幅度大于西北部和东南部方向上像素的大小，则认为该点在边缘上。

(4) 如果四舍五入后的梯度角度为 45°，且其梯度幅度大于东北和西南部方向上像素的大小，则认为该点在边缘上。

一般情况下，可以使用一个阈值来检测边缘，但是这样做准确度并不高。如果能够使用启发式的方法确定两个阈值，那么位于较小阈值之上的像素点都可以作为边缘，这样就有可能提高准确度。

如图 7.15 所示，利用启发式方法设置两个阈值，分别为极大阈值和极小阈值。其中大于极大阈值的像素点都被检测为边缘，而小于极小阈值的像素点都被检测为非边缘。对于中间的像素点，如果与确定为边缘的像素点邻接，则判定为边缘；否则为非边缘。

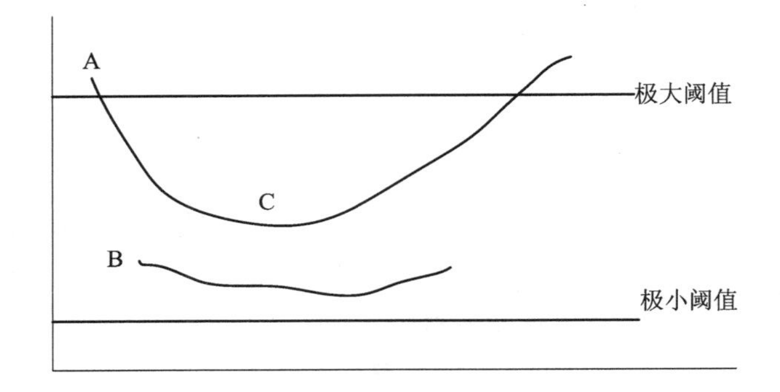

图 7.15　阈值示意图

2. Hough 变换

Hough 变换是一种广泛应用于计算机视觉和图像处理的变换方法，适用于检测图像中给定形状的曲线，并用参数方程来描述它们。Hough 变换的基本思想是对图像像素的坐标进行坐标变换，使得一些像素的坐标在另一坐标空间中的特定坐标位置出现峰值，从而将检测直线的问题转换为寻找峰值位置的问题。在实际应用中，通常将直线方程写成参数空间中的形式，以便使用 Hough 变换进行检测：

$$\rho = x\cos\theta + y\sin\theta \tag{7.6}$$

式中：ρ 为原点到直线的距离，θ 为直线的法线与 x 轴的夹角。根据这个方程，图像坐标空间中的一个点经过 Hough 变换后对应参数空间中的一条正弦曲线；图像坐标空间中的一条直线在参数空间变换为正弦曲线，则图像坐标空间中相交的线变换为参数空间中正弦曲线的交点，根据交点在参数空间中的 θ 和 ρ 值即可求得交点在图像空间对应的直线的方程。

摄像机标定用的棋盘格为黑白相间的正方形，通过对其边缘检测，可以得到两组平行直线，且这两组平行直线相互垂直。摄像机采集图像后，在模板平面与摄像机光轴垂直且无畸变和干扰的情况下，对图像进行边缘检测可得到与原模板相对应的两组相互垂直的平行直线：L_1，L_2。对检测到的直线进行 Hough 变换，将其变换为(θ, ρ)空间中的一系列曲线，根据 Hough 变换的性质，图像空间的一组平行直线在(θ, ρ)空间中对应的点集为$P(\theta, \rho)=\{p(\theta, \rho)\mid\theta=\text{const}\}$，因此在参数空间中只要得到$\theta$和$\rho$的值就可得到图像空间中的直线方程：

$$\rho_i = x\cos\theta_i + y\sin\theta_i \tag{7.7}$$

式中：$i=1, 2, \cdots, n$，n为图像空间中的直线条数；$\theta_i=\text{const}$，即同一组平行直线的法线与x轴的夹角都相等，只是与原点的距离不同。只需找出参数空间中每一个交点的θ和ρ值，即可求出每一条直线方程，从而将寻找直线的问题转化为在参数空间中寻找点的问题，使得问题简化。对于得到的两组相互垂直的直线：

$$\begin{cases} L_1: y = A_{1x} + b_i \\ L_2: y = A_{2x} + b_j \end{cases} \tag{7.8}$$

通过求解方程组L_1中的每一个方程与L_2中每一个方程的解，可求得所有的交点，从而找到棋盘格的角点。

在对棋盘角点进行定位后，将棋盘的角点与建模得到的二维矩阵中的每一个元素相匹配，这样在算法做出决策时，便可将二维矩阵中的点转换为实际棋盘的坐标，从而控制机械臂将棋子送往对应位置。

7.2.6 系统总体流程

1. 智能博弈算法

在与五子棋机器人进行对弈之前，我们首先需要通过自博弈方法对智能博弈算法中的神经网络进行训练。本节使用小批量梯度下降(mini-batch gradient descent)来训练神经网络。伪代码如算法 7.1 所示。

算法 7.1 智能博弈算法

神经网络参数随机初始化θ_0

Ⅰ. 每一轮迭代$i\geqslant 1$，都自对亦(self-play)一盘完整的棋局。

ⅰ. 在自对弈第t步：执行 MCTS 得到策略$\pi_t=\alpha_{\theta_{i-1}}(s_t)$，使用前一次迭代的神经网络$f_{\theta_{i-1}}$评估叶节点，根据$\pi_t$的分布选择落子。

ⅱ. 在T步：博弈结束，棋盘无地落子，或当价值评估函数得出的值低于阈值时，判断棋局分出胜负，树搜索达到叶节点。根据胜负得到奖励值 Reward$r_T\in\{-1, +1\}$。

ⅲ. MCTS 搜索过程中每一个第t步的数据存储为(s_t, π_t, z_t)，其中$z_t=\pm r_T$表示在第t步棋手的胜负情况。

ⅳ. 保留每一局自对弈过程中产生的训练样本(s_t, π_t, z_t)，将其存储为样本库，每一次迭代从总样本库中抽取一个 mini-batch 来训练网络参数θ_i。

Ⅱ. 将神经网络 $f_{\theta_i}(s)=(p, v)$ 采用归一化以后的访问频率作为评估函数，最大化策略的价值期望及最小化价值评估和博弈结果的误差，采用 L_2 正则化方法，损失函数如下：

$$l=(z-v)^2-\pi^T\log p+\lambda\sum_{i=1}^{n}w_i^2$$

根据损失函数梯度对神经网络进行更新

---

2. 机器人总体系统

在智能博弈算法的训练完成后，即可将机器人控制系统和智能博弈算法进行整合，完成完整的五子棋机器人系统。

系统整体流程如图 7.16 所示，整个五子棋机器人的系统可以简单拆分成以下几个步骤。

（1）摄像头以固定的刷新率对棋盘图像进行采集，并将图像传输到高性能计算机。

（2）高性能计算机接收上传的图片，使用 Canny 边缘检测以及 Hough 变换对棋盘进行建模，将棋盘状态抽象为二维数组。同时系统判断二维数组的变化，若对手已完成落子，则进入步骤(3)；否则回到步骤(1)。

（3）将对应的棋盘状态送入策略价值网络并结合蒙特卡罗树进行推演，预测出最佳落子位置，将落子位置映射到真实坐标，传输给机械臂。若算法判断博弈结束，则系统退出。

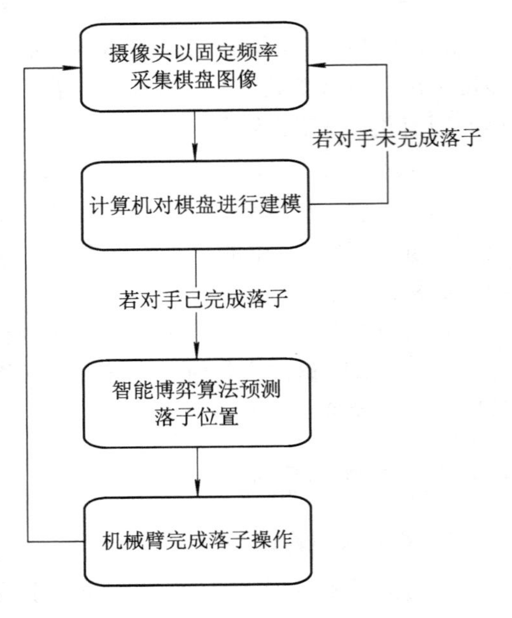

图 7.16　系统整体流程

（4）机械臂获取动作任务并执行动作，完成动作后向系统发送信息，表示动作已执行完毕，系统收到信息后回到步骤(1)。

7.3　实践操作与步骤

7.3.1　实验环境

实验环境如表 7.1 所示。

表 7.1 实验环境

条件	环境
操作系统	Ubuntu16.04
开发语言	Python3.8
深度学习框架	Pytorch>1.7.0
相关库	Torchvision Numpy1.19.5 PyQt5==5.15.2 PyQt5-sip12.8.1 Pywin322.27

7.3.2 实验操作步骤及结果

1. 代码准备

代码准备可执行以下命令：

```
$ git clone https://github.com/zhiyiYo/Alpha-Gobang-Zero
$ cd Alpha-Gobang-Zero
```

2. 创建虚拟环境

创建虚拟环境可执行以下命令：

```
$ conda create -n Alpha_Gobang_Zero python=3.8
$ conda activate Alpha_Gobang_Zero
$ pip install -r requirements.txt
```

3. 调整算法的超参数

对文件 train.py 里变量 train_config 中的超参数进行合理修改与调试，代码如下：

```
8.      train_config = {
9.      'lr': 1e-2,
10.      'c_puct': 3,
11.      'board_len': 9,
12.      'batch_size': 500,
13.      'is_use_gpu': True,
14.      'n_test_games': 10,
15.      'n_mcts_iters': 500,
16.      'n_self_plays': 4000,
```

```
17.     'is_save_game': False,
18.     'n_feature_planes': 6,
19.     'check_frequency': 100,
20.     'start_train_size': 500
21. }
```

4. 算法训练

训练五子棋 AI 的执行代码如下：

```
$ conda activate Alpha_Gobang_Zero
$ python train.py
```

如果严格按照前 3 步进行操作，可看到如图 7.17 所示的输出。

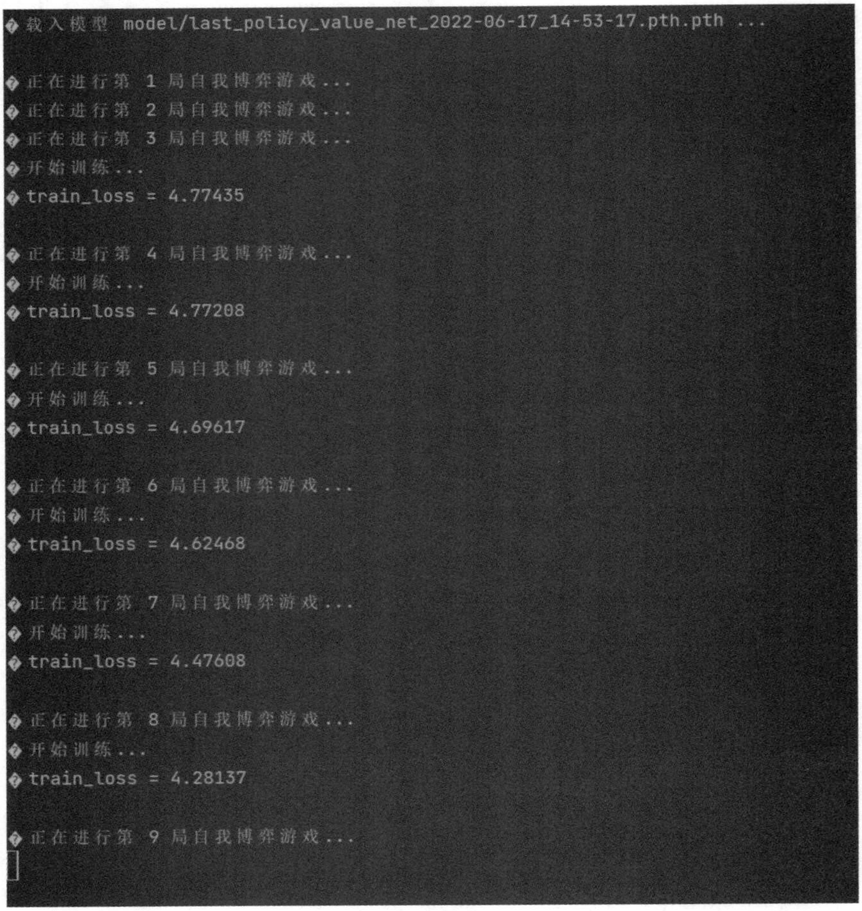

```
� 载入模型 model/last_policy_value_net_2022-06-17_14-53-17.pth.pth ...

� 正在进行第 1 局自我博弈游戏...
� 正在进行第 2 局自我博弈游戏...
� 正在进行第 3 局自我博弈游戏...
� 开始训练...
� train_loss = 4.77435

� 正在进行第 4 局自我博弈游戏...
� 开始训练...
� train_loss = 4.77208

� 正在进行第 5 局自我博弈游戏...
� 开始训练...
� train_loss = 4.69617

� 正在进行第 6 局自我博弈游戏...
� 开始训练...
� train_loss = 4.62468

� 正在进行第 7 局自我博弈游戏...
� 开始训练...
� train_loss = 4.47608

� 正在进行第 8 局自我博弈游戏...
� 开始训练...
� train_loss = 4.28137

� 正在进行第 9 局自我博弈游戏...
```

图 7.17　五子棋 AI 训练输出

损失函数(loss)的降低在一定程度上代表着AI在不断进行学习，如果损失函数不能正常降低，应检查配置文件并且进行参数调整。

5. 测试

(1) 若要对算法进行学习了解，并在虚拟环境中享受与AI的对决，则可直接执行以下命令：

```
$ conda activate Alpha_Gobang_Zero
$ python game.py
```

等待如图7.18所示的UI界面出现后，点击需要落子的位置即可开始对弈。

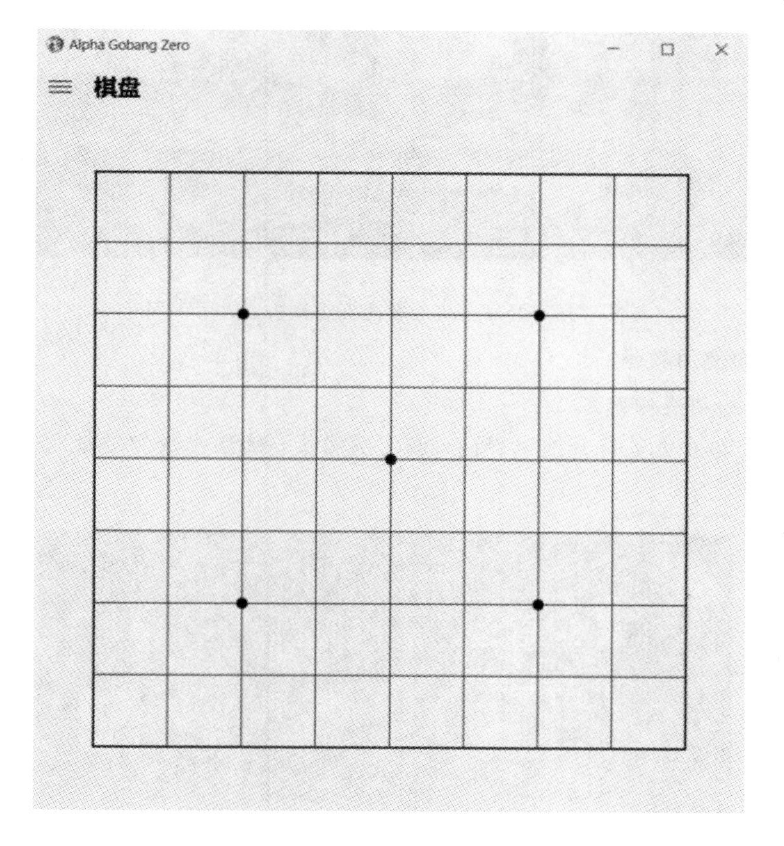

图7.18 UI界面

(2) 若想拥有一台属于自己的完整的智能五子棋机器人(如图7.19所示)，则需要与硬件配合开发。

图 7.19　开发完成的智能五子棋机器人示例图

6. 机器人的使用教程

(1) 打开电脑和机械臂。

(2) 如图 7.20 所示，打开搜索界面，调出摄像头，确认棋盘完整地出现在摄像头的拍摄区域。

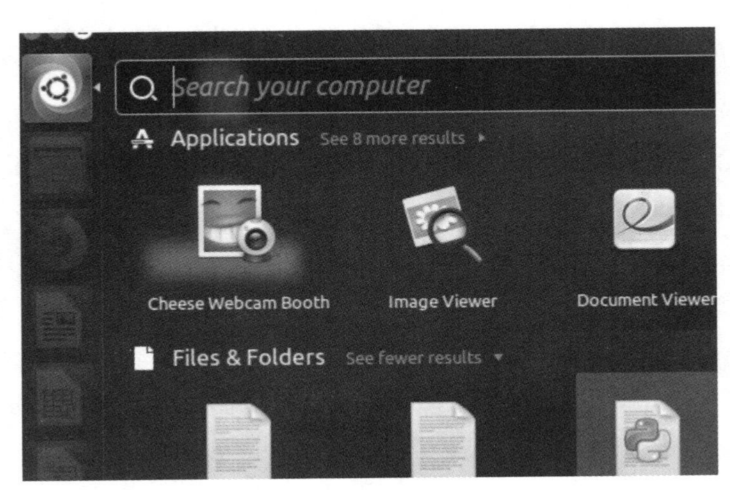

图 7.20　调出摄像头

(3) 打开主机终端，使用 cd 进入本项目文件夹 Dobot。

(4) 运行命令 python main.py，点击【start】按钮。注意保持棋盘初始状态无落子，将弹出的确认棋盘状态界面关闭。

(5) 初始化运行成功后，出现如图 7.21 所示界面。

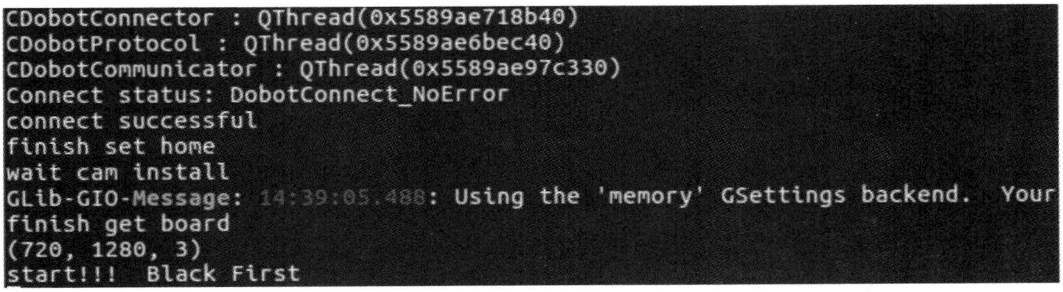

```
CDobotConnector : QThread(0x5589ae718b40)
CDobotProtocol : QThread(0x5589ae6bec40)
CDobotCommunicator : QThread(0x5589ae97c330)
Connect status: DobotConnect_NoError
connect successful
finish set home
wait cam install
GLib-GIO-Message: 14:39:05.488: Using the 'memory' GSettings backend.  Your
finish get board
(720, 1280, 3)
start!!!  Black First
```

图 7.21 初始化运行成功示意图

(6) 遵从先黑后白的顺序，机械臂执白棋，即可与 AI 进行酣畅淋漓的对弈。

7.4 总结与展望

人机对弈问题自围棋、国际象棋等棋类游戏诞生之际就已存在。在如今棋类游戏种类繁多的情况下，人机对弈一直是国内外研究的重点。本章在前人研究的基础上，进一步将理论与具体硬件相结合。基于 Dobot 机械臂出色的二次开发能力和深度学习的知识，本章简要阐述了五子棋机器人的算法、控制设计和操作。在五子棋算法策略中，常用到的极大、极小值搜索算法只是一种较为简单的搜索算法。该算法是考虑双方对弈若干步之后，从可能的步法中选出一步相对较好的步法来走，即在有限的搜索深度范围内进行求解。而基于 UCT 的蒙特卡罗树搜索(MCTS)算法虽然也是在有限范围内求最优解，但其会对每一个节点计算得分，再将得分反向更新到父节点，这样效率更高，且可靠性更强。本章基于 MCTS 和深度强化学习的算法，使深度强化学习与 MCTS 进行实时的自我对弈训练，在较短的时间内就能获得一个具有更强棋力的模型。该模型不仅不会如 MCTS 一样容易陷入局部最优解，且耗时更短、效率更高。

在图像处理方面，首先使用 Canny 边缘检测算法对棋盘中的线条进行提取，接着使用基于 Hough 变换的检测算法对棋面上的棋子进行检测并对棋盘进行建模。在机械臂控制方面，基于 Dobot 机械臂成功地搭建了五子棋人机对弈机器人。近年来，出现了多个将蒙特卡罗树搜索和自博弈深度强化学习相结合的算法。2020 年，DeepMind 推出的 MuZero 将 AlphaZero 算法推广到了更广泛的适用范围。MuZero 甚至不需要先验规则信息，并且在

MCTS 的搜索过程中完全基于 hiddenstate。它在雅达利的各种游戏中取得了重大突破。然而，强化学习算法需要大量的环境交互才能获得足够的训练数据。在现实世界中，巨大的交互次数是难以保证的，特别是在需要与人类进行交互的环境中，提供学习策略所需次数的能力更是远远不足。此外，许多现实场景很难用模拟器模拟。因此，2021 年清华大学提出了 EfficientZero，借用对比学习来训练环境状态预测模型。该算法不预测每一步的回报，而是预测回报区间。作为首个在 Atari400K 数据下超过人类平均水平的算法，EfficientZero 仅使用了 DQN 所需数据量的 1/500，即可达到与 DQN 同等的水平。

深度学习的兴起对人工智能机器人的发展是至关重要的，诸多优秀的前沿算法为五子棋智能机器人的改进开辟了空间。自博弈深度强化学习让智能算法无须人类经验指导而从零基础开始学习博弈游戏成为可能。算法的升级也将时刻影响到人工智能在硬件平台上的形态。当下，机器人仅仅是软件智能的载体，可以预见在更遥远的将来，智能机器人将会摆脱有监督学习的框架，以无监督学习为主，并且更加自主更有创造性地完成学习的任务。而机器人也将会走进人们的生产生活，帮助人们实现更加智能化的社会。

第8章 象棋机器人

在人工智能机器人领域，国际象棋机器人、围棋机器人、五子棋机器人均在不断完善与更新，相关产品已投入市场。中国象棋是具有悠久历史的中华国粹，因其简单的规则、雅俗共赏的对弈乐趣、庞大的用户基础引起了人机对弈的游戏算法设计浪潮。

一个可以进行人机博弈的象棋机器人不仅可以陪伴老人与孩子，而且能够规避计算机的诸多缺点：比如电子显示屏损伤孩子的视力，老人不熟悉电脑操作，电脑辐射具有副作用等。象棋机器人如图 8.1 所示，它可以通过识别棋盘、估值预测从而控制执行。它与用户之间有良好的互动性，从而增强玩家的游戏沉浸式体验。本章将从象棋机器人的相关技术发展现状、技术原理、实践操作三个部分来介绍象棋机器人的相关应用及其效果。

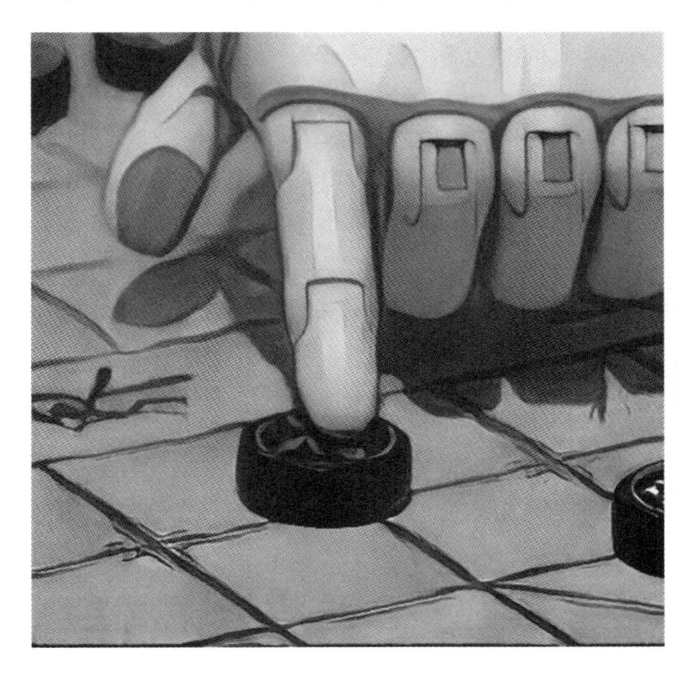

图 8.1　象棋机器人

8.1 主要应用背景介绍

机器人技术是如今人工智能研究中十分活跃且被广泛应用的领域，是一门集合了机械、计算机、人工智能、传感器、控制等基础学科技术的综合高新技术。机器人技术在工业、航空航天、医疗、社会生活等领域，其以往的作用是全部投入工业生产并创造产品价值，而如今娱乐服务型机器人开始出现并更新迭代进入人们的日常生活，这些现象无不体现着社会的发展和科技的进步。

棋类游戏机器人是娱乐服务型机器人的一个主要分支，也一直是人工智能所要攻克的领域之一。1947 年图灵(A. L. Turing)发表了“Computing Machinery and Intelligence”并编写了一个国际象棋的程序，这本书被称为人工智能的开山之作。但是由于计算机在当时十分稀缺，这个国际象棋程序没有机会在计算机上运行。“计算机之父”冯·诺依曼提出了博弈论以及双人对弈的最小最大算法(Minimax)。信息理论的创始人香农(C. E. Shannon)于 1950 年发表了理论研究论文“Programming a Computer for Playing Chess”，提出以函数来评价当前棋局局势的优劣并将思维推理结果进行量化，首开理论研究机器下棋的先河。约翰·麦卡锡(J. McCarthy)提出了著名的 α-β 剪枝技术，对有效控制博弈树的规模提供了依据。随后，卡内基梅隆大学的纽厄尔(A. Newell)、司马贺(H. Simon)等很快在实战中实现了这一技术。

1996 年一场非比寻常的国际象棋比赛在美国费城拉开帷幕，计算机“深蓝”和棋王加里·卡斯帕罗夫均报名参加，世界为之瞩目。1997 年 5 月 11 日，加里·卡斯帕罗夫以 2.5：3.5(1 胜 2 负 3 平)输给 IBM 的计算机程序“深蓝”，如图 8.2 所示。“深蓝”计算机是一台带有

图 8.2　棋王加里·卡斯帕罗夫对战“深蓝”

31 个并行处理器的超级计算机，它由国际商用机器公司(IBM)技术人员历经 6 年时间研制成功。该计算机有着高速计算的优势，3 分钟内可以检索 500 亿步棋；而其弱点是不能像人一样总结经验，随机应变能力还是赶不上以国际象棋为职业的世界棋王卡斯帕罗夫。但即便如此，计算机程序还是赢了棋王卡斯帕罗夫两局。IBM 公司称这次“深蓝”的成功是对弈机器人的里程碑。

“深蓝”能战胜国际象棋大师，主要是基于以下两点：第一是丰富的国际象棋知识，尤其是对这些知识的深入理解；第二是巨大的算力。虽然剪枝算法以及软件对残局的搜索在客观上降低了搜索空间，但整体上依然属于暴力穷举。这种设计思路在 20 年后由 Google 研发的人工智能围棋机器人 AlphaGo 中也仍然存在。

2022 年 8 月 9 日，全球领先的人工智能软件公司商汤科技在北京召开新品发布会，重磅推出其首个家庭消费级人工智能产品——“元萝卜 SenseRobot” AI 下棋机器人，如图 8.3 所示。元萝卜是一款融合了传统象棋文化和人工智能技术，既拥有人类象棋大师级别棋力，也具备机械臂来实现下棋动作和人类互动的机器人，能够以沉浸式的交互体验，激发青少年对象棋的关注和热爱。元萝卜包含 AI 学棋、残局挑战、26 关棋力闯关、巅峰对决等多种模式，还获得了中国象棋协会权威认证，可以为零基础青少年介绍和讲解象棋文化、规则，并进行官方象棋考级评测。元萝卜在帮助青少年锻炼思维的同时，还能加深其对中国传统文化的认知和理解，不断提升综合素养，让孩子玩有所得、学有所成。

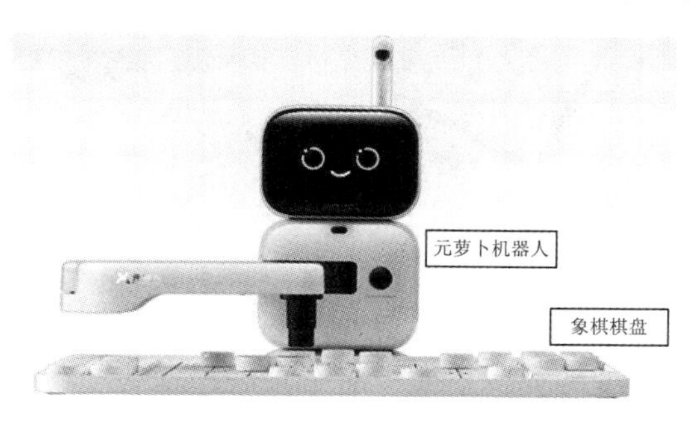

图 8.3 “元萝卜 SenseRobot” AI 下棋机器人

元萝卜可以模拟老师一对一上课的模样，一边进行语音讲解，一边进行下棋实操，还兼顾视频演示，可以在减少孩子用眼负担的同时，保留线下互动的趣味性，关键是其萌萌的宇航员模样比真的老师更能吸引孩子坐下来学。元萝卜是一台在家庭书桌上就能摆放的实体机器人，可以帮助更多的青少年增进对中国传统文化的认知和理解，开发智力，培养逻辑思维能力和提高综合素养。本章实现的象棋机器人可完成元萝卜的基础下棋功能。

8.2 技术原理

中国象棋是从两军对阵中抽象出来的一种博弈游戏，下棋的双方无时不在调动自己的一切智能进行演绎、推算。在人工智能领域始终将棋类的机器博弈作为最具挑战性的研究方向之一。如图 8.4 所示，象棋机器人本身是一个复杂的智能系统，其涉及的关键技术包括象棋机器人的软硬件控制、象棋棋盘和棋子的识别及机器人的自主博弈等，这些关键技术的研究是研发象棋机器人的根本，因此具有十分重要的研发价值。本章研究的中国象棋机器人旨在实现中国象棋的人机对弈，要实现这一功能需完成以下几个方面的研究：

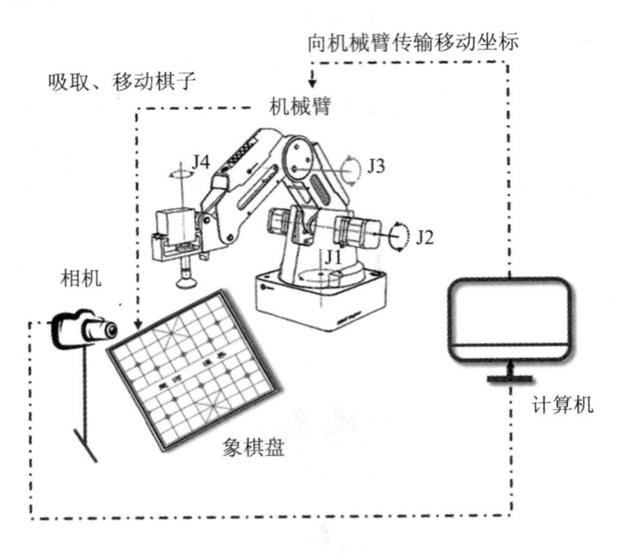

图 8.4　象棋机器人系统示意图

(1) 机械臂控制模块。根据象棋机器人的工作空间要求，确定象棋机器人各轴的运动参数，当人类选手完成落子后，相机将棋盘的图像送入计算机由计算机进行处理并作出下棋决策，再将下一步的动作以及落子坐标传给机械臂。机械臂通过气泵控制吸盘，完成棋子的抓取、移动和放置操作。

(2) 中国象棋棋盘、棋子图像识别算法。中国象棋棋盘共 90 个角点，对弈过程中棋子分布在其中的若干个角点上，棋盘棋子图像识别算法的目的是要确定每个角点上是否落有象棋棋子，如果某角点上落有棋子，则判断该角点上棋子的颜色及类型，定位红黑双方各棋子的位置，并充分考虑实际应用场景中图像受光照、位置等外部因素的影响，进一步提高图像识别的准确性。

(3) 中国象棋人机博弈算法。在棋盘棋子图像识别算法识别出棋盘信息后，通过一定的数据结构将棋盘信息表示出来，然后结合各个棋子的走棋规则，一一罗列出棋盘局面上所有可能的走法，并将所有走法执行之后产生的棋盘局面构成一棵博弈树，之后运用相应的搜索算法(本章象棋机器人实践环节采用的是蒙特卡罗算法)对博弈树进行搜索，配合估值算法得出象棋机器人应进行的最佳走法。中国象棋机器人下棋流程如图8.5所示。

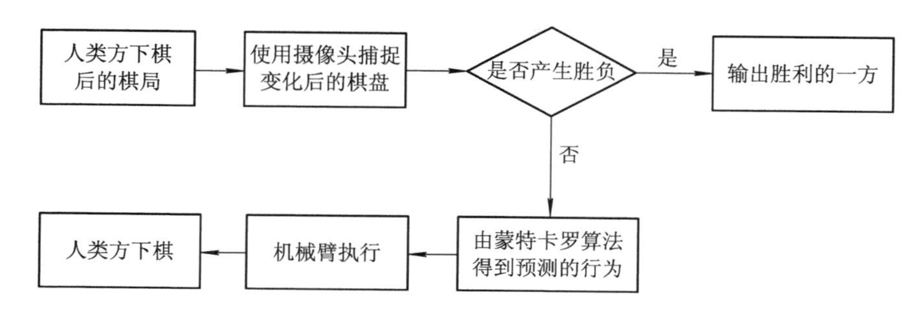

图8.5 中国象棋机器人下棋流程示意图

由于中国象棋机器人系统的硬件组成(高性能计算机、RGB摄像头、机械臂)与第7章五子棋机器人的硬件组成相同，故本章不再对其机械臂做讲解，以下将详细介绍棋盘检测算法及中国象棋人机博弈算法。

8.2.1 棋盘检测算法

棋盘棋子识别是象棋机器人稳定工作的前提，象棋机器人只有“看”准了，才能“下”好。中国象棋棋盘由九条竖线段及十条横线段，以及这些线段相交构成的一共90个角点组成。中国象棋棋子分为红黑两方，红方棋子包括“帅”“士”“相”“车”“马”“炮”“兵”这七种身份的棋子，黑方棋子包括“将”“士”“象”“车”“马”“炮”“卒”这七种身份的棋子。对棋盘棋子进行识别，目的是确定棋盘所有角点的状态，即角点区域是否存在棋子，对存在棋子的角点继续识别出棋子的具体身份以及棋子位于角点区域中的具体位置。在对棋盘棋子进行识别后，便可以确定象棋棋盘矩阵，为象棋机器人下棋算法部分所用。

棋盘识别流程如下：

(1) 首先检测出棋盘的4个角点坐标，随后对以棋盘角点为中心的子区域进行角点状态检测，通过一系列处理完成棋子在角点邻域中的定位。

(2) 分割出每个角点的象棋文字，提取象棋文字特征，将提取出的特征输入训练好的深度学习网络中进行棋子的分类。

1. 棋盘棋子图像获取

通过工业高清摄像头获取棋盘图像。摄像头安装于支架上，其USB连接到个人电脑，摄像头的镜头垂直安装以对准棋盘平面。采集的图像像素尺寸为1280×960，摄像头获取的棋面图像如图 8.6 所示。

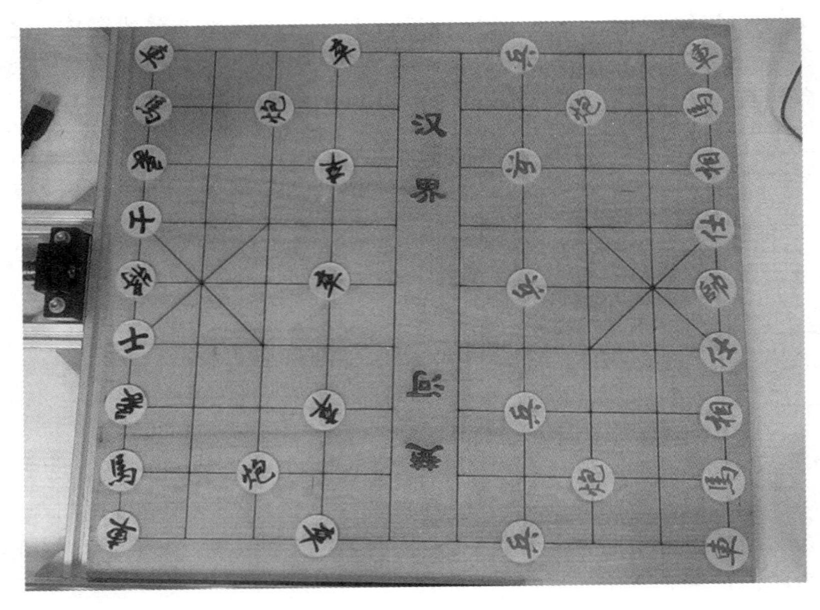

图 8.6　棋面图像

2. 基于棋盘背景图像的角点粗定位

采集到的棋盘背景图像如图 8.7(a)所示，在图像中可以看出，棋盘上的线条边缘与棋盘背景之间的亮度变化十分明显。因此，通过以下流程可完成棋盘角点粗定位(如图 8.8 所示)。

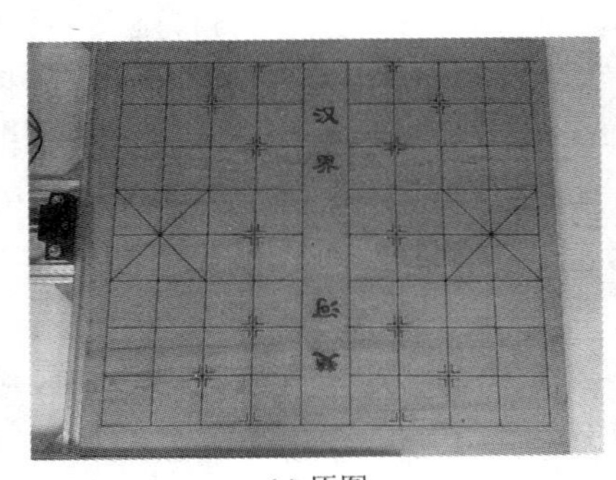

(a) 原图

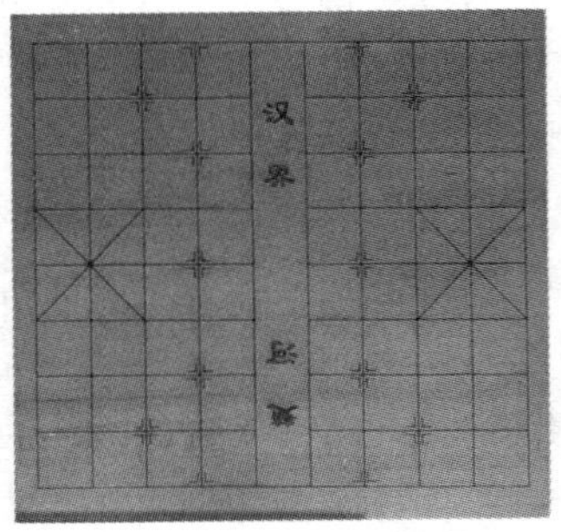

(b) 仿射变换后的图像

图 8.7　棋盘背景图

(1) 使用仿射变换矫正拍摄的图像：由于拍摄到的图像不一定将棋盘放置于正中央，因此需要通过仿射变换得到更理想的图像。仿射变换(affine transformation)其实是另外两种简单变换的叠加：一种是线性变换，一种是平移变换。仿射变换包括缩放(scale)、平移

(transform)、旋转(rotate)、反射(reflection，对图像照镜子)、错切(shear mapping，类似于图像的倒影)。例如原来的直线经过仿射变换后还是直线，原来的平行线经过仿射变换后还是平行线。图 8.7(b)所示即为棋盘仿射变换后的图像。

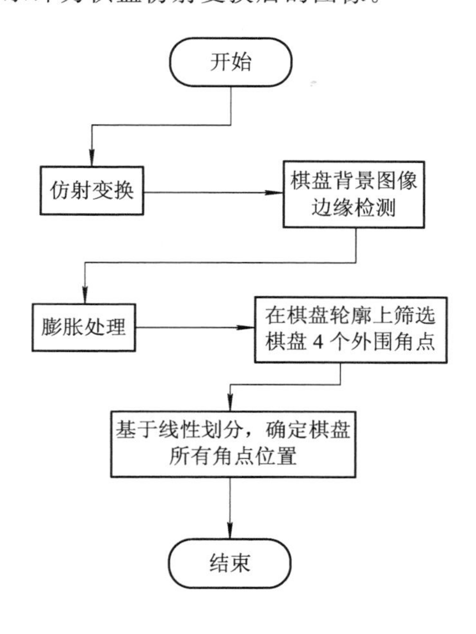

图 8.8　棋盘角点粗定位流程图

(2) 利用边缘检测算法可以得到边缘轮廓图像:边缘是图像的基本特征，指图像中灰度呈屋顶变化或阶梯变化的像素集合，其直观的表现便是灰度值的不连续。由于棋盘上线条与背景之间的灰度差距十分明显，因此需要对棋盘图像进行边缘检测，提取出棋盘线条边缘。常见的边缘检测算子有 Canny 算子、Sobel 算子、Prewitt 算子和 LOG 算子等。Canny 边缘检测算子是 John F. Canny 于 1986 年开发出来的多级边缘检测算法，其在边缘检测上具有高准确性、高定位性与最小响应的特点。本文在分析棋盘边缘检测的目的及面临的问题后，采用 Canny 算子对棋盘边缘进行检测。

(3) 为解决步骤(2)中得到的边缘轮廓不连续的问题，对边缘轮廓图像进行膨胀处理：由于 Canny 算子基于双阈值的特点，检测的边缘会出现边缘间断的现象，这会影响棋盘边缘轮廓提取的准确性，因此选择对边缘检测后的图像进行形态学处理。膨胀是数学形态学图像处理的一种操作，用于求局部最大值。从数学的角度，膨胀是将图像与核进行卷积操作，即对于图像的每一个像素，将核与图像进行卷积，计算核覆盖区域像素点的最大值，并将其赋给图像中的像素点。对边缘检测后的图像进行膨胀处理后，可以使断开的轮廓连续。这一操作如图 8.9 所示，膨胀会扩大图像的高亮区域。

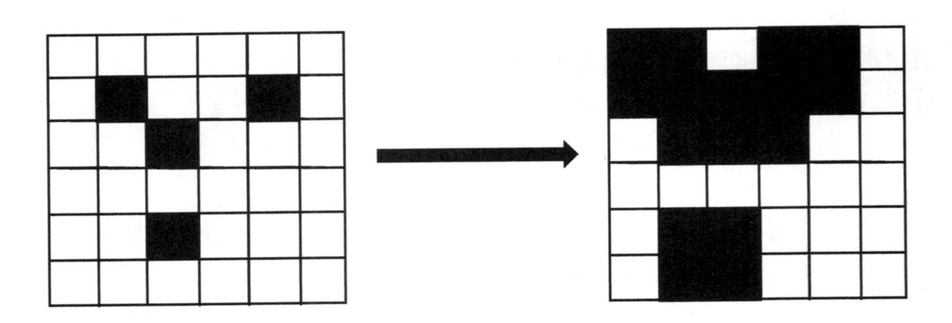

图 8.9 膨胀操作

(4) 对由步骤(3)中处理得到的图像进行轮廓提取，面积最大的轮廓即为棋盘的外缘轮廓。在提取出棋盘外缘轮廓后，根据距离最短原则遍历轮廓点，此即为棋盘的左上、左下、右上与右下 4 个角点位置，如图 8.10 所示。

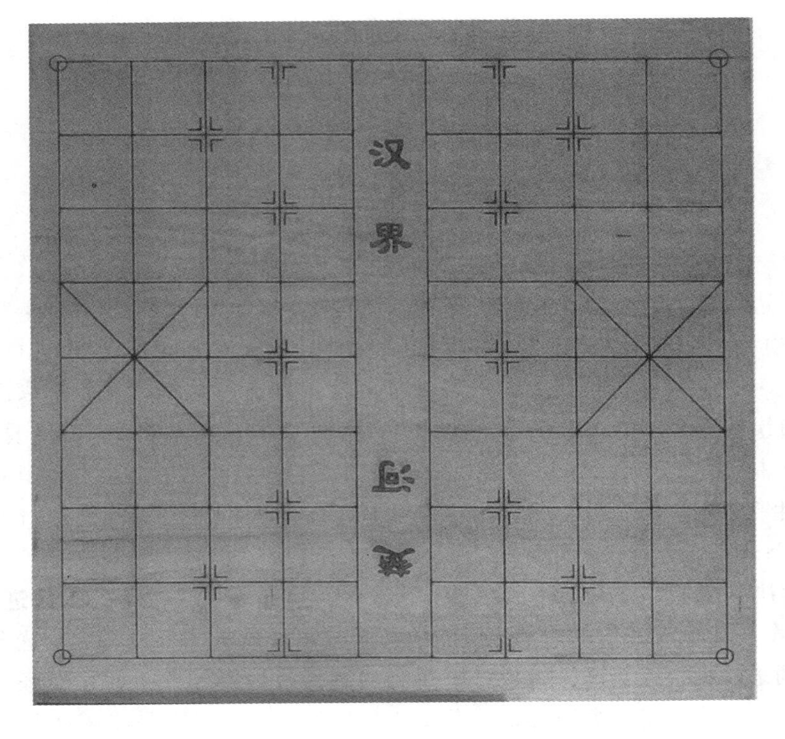

图 8.10 左上、左下、右上与右下 4 个角点位置

由于棋盘由 9 列竖线 10 行横线交叉构成，共有 90 个角点，并且这些线之间的距离都是相等的。为了确定棋盘的边界，首先根据 4 个角点距离最近的原则，筛选出距离图像矩

阵中棋盘最外围的4个角点，再按线性划分的原则计算棋盘所有90个角点的像素坐标，如图8.11所示。经过以上步骤，即可完成棋盘角点的粗定位。

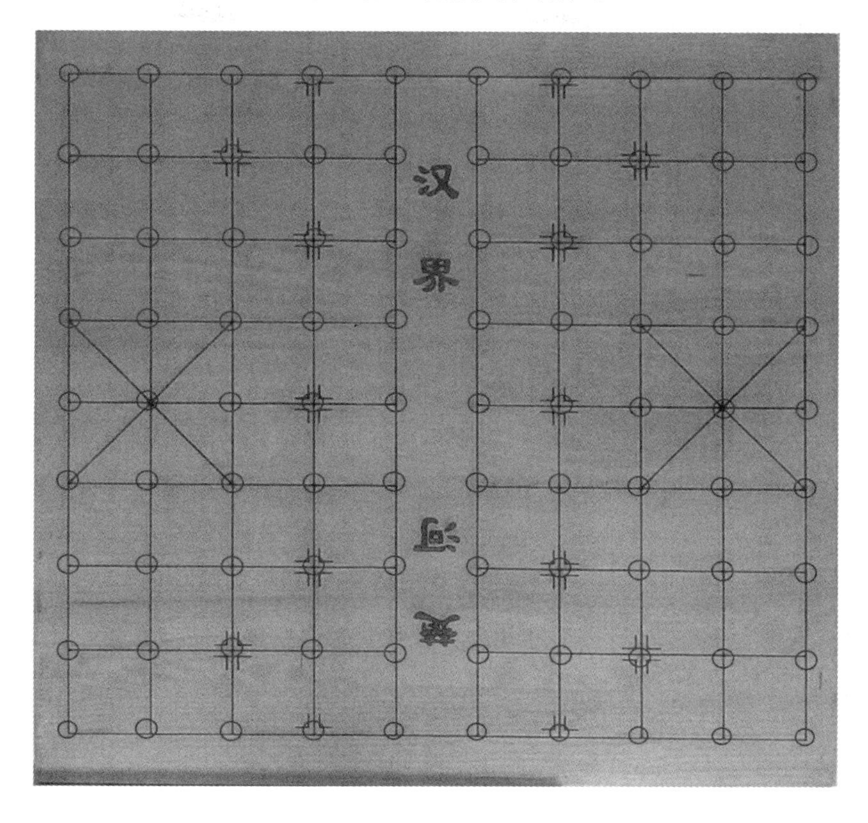

图8.11 棋盘角点粗定位结果

3. 棋盘逐角点图像分割

已知90个角点的像素坐标后，即可通过NumPy矩阵的切片功能来完成对图片的裁剪。裁剪后的图像构成的数据集将在8.3.1节中详细介绍。

4. 棋盘角点图像识别

在得到每个角点上的图像后，我们可以将这些分割后的图像输入训练好的深度学习网络中进行分类，接下来将详细介绍识别所使用的深度学习网络ShuffleNet_v2。

识别棋子需要对象棋棋子的颜色与其上文字进行分类，我们使用自己采集并标注的数据集进行训练。为了在保证训练结果准确性的同时保证网络的轻量化，本项目使用ShuffleNet_v2对训练集进行训练。ShuffleNet_v2采用了3种创新结构：逐点分组卷积、深度可分离卷积和信息通道洗牌。这使得网络能在不显著增加计算量的情况下增加信息通道数量。

(1) 逐点分组卷积(pointwise group convolution)。

分组卷积就是将原始的特征图分成几组后再分别对每一组进行卷积，这样做可以有效减少网络的容量，使网络更加轻量，图 8.12 所示为普通卷积过程的部分流程，图 8.13 所示为普通卷积与分组卷积的过程对比。

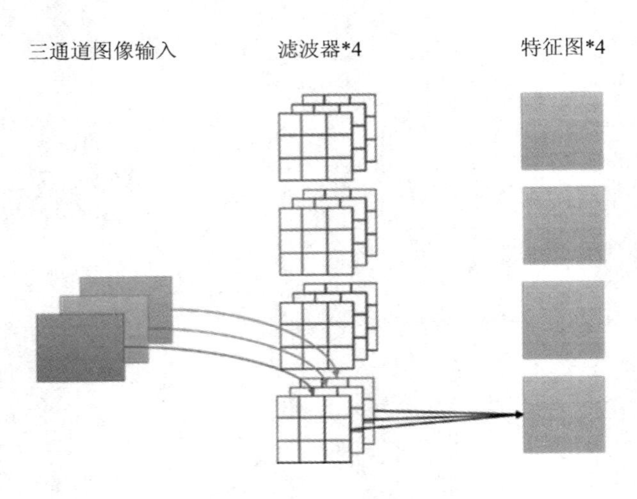

图 8.12　普通卷积过程的部分流程图

下面将结合图 8.13 来计算普通卷积和分组卷积各自所消耗的参数量和计算量。

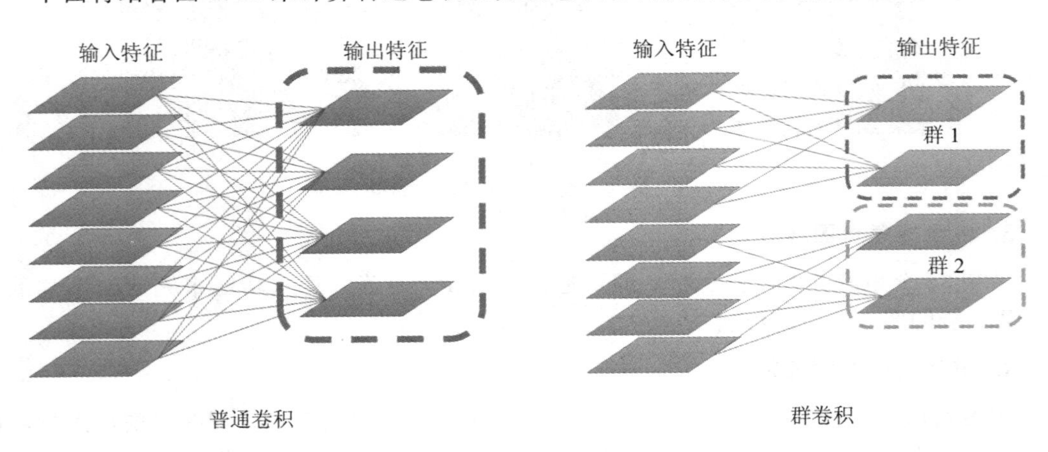

图 8.13　普通卷积与分组卷积过程对比

图 8.13 中输入的特征图通道数为 8，输出的特征图通道数为 4，设卷积核大小为 $K\times K$，特征图的高为 H，特征图的宽为 W，则普通卷积的参数量为 $K\times K\times 8\times 4$，计算量为 $K\times K\times 8\times H\times W\times 4$，分组卷积的参数量为 $K\times K\times (8/2)\times (4/2)\times 2$，计算量为

$K \times K \times (8/2) \times H \times W \times (4/2) \times 2$。

通过对比我们可以发现，分组卷积的参数量和计算量都比普通卷积要小，同时普通卷积的计算量和参数量都刚好是分组卷积的组数倍，这是一个一般性的结论。逐点卷积部分流程如图 8.14 所示，图中使用了 1×1 的卷积核进行特征提取。顾名思义，逐点分组卷积就是将分组卷积与逐点卷积相结合，即表示卷积核大小为 1×1 的分组卷积。

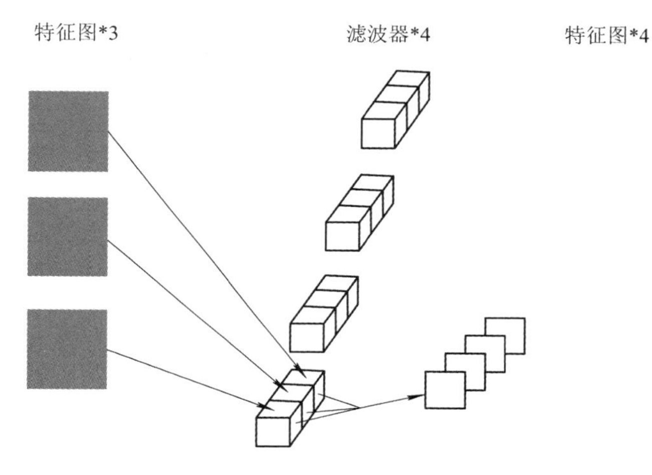

图 8.14　逐点卷积部分流程图

（2）深度可分离卷积(depthwise separable convolution)。

深度卷积部分流程如图 8.15 所示，即一个卷积核负责一个通道，一个通道只被一个卷积核卷积，这个过程产生的特征图通道数和输入的通道数完全一样。

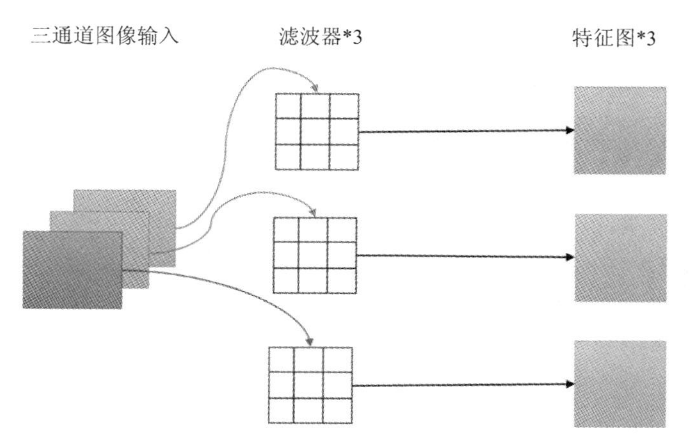

图 8.15　深度卷积部分流程图

深度可分离卷积就是将深度卷积与逐点卷积相结合，如图 8.16 所示。

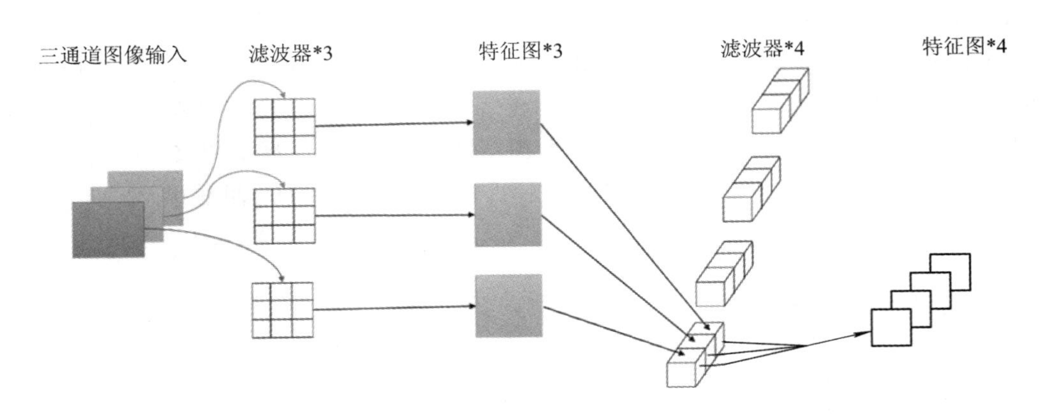

图 8.16　深度可分离卷积整体流程图

(3) 信息通道洗牌(channel shuffle)。

信息通道(信道)洗牌的核心设计理念是对不同的信息通道进行洗牌来解决分组卷积不能进行组与组之间信息交流带来的弊端，实现不同通道组之间的信息通信并提高准确性。

如图 8.17(a)所示，普通分组卷积都是针对该组内信息通道的信息进行卷积操作，如果只进行简单串联，那么这样始终是对同一个组内的信息进行处理，我们可以发现组与组之间没有信息交流，这样效果不好。为了解决这个问题，研究者提出了信息通道洗牌这个概念。假设我们使用三个组，如图 8.17(b)、图 8.17(c)所示，首先还是进行分组卷积得到特征矩阵；然后对特征矩阵原始的组进行更细粒度的划分，分别得到三个小组，将每个组中的第一个小组放到一起，将每个组中的第二个小组放到一起，将每个组中的第三个小组放到一起就能形成新的特征矩阵，这时再进行分组卷积，就使得组与组之间的信息得到充分交流了。

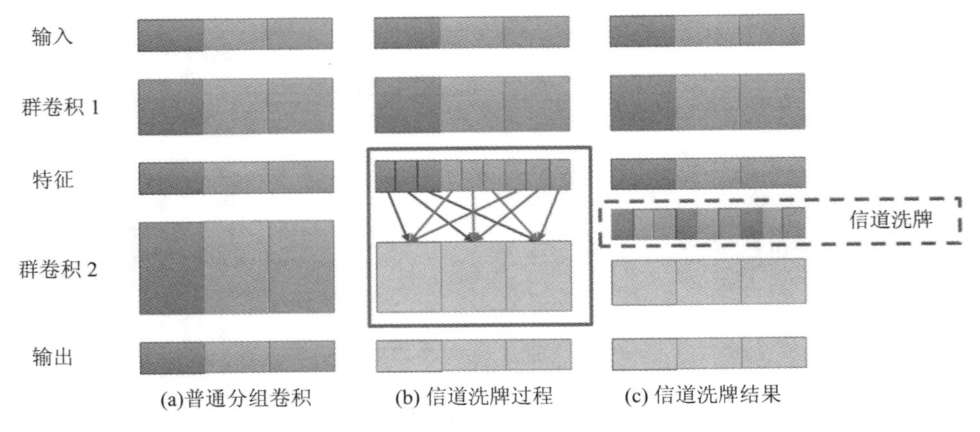

图 8.17　深度可分离卷积与普通分组卷积对比

ShuffleNet_v2 网络基础单元如图 8.18 所示，ShuffleNet_v2 总体网络结构如图 8.19 所示，其中 A 表示图 8.18 的 A 图单元，B 表示图 8.18 的 B 图单元。

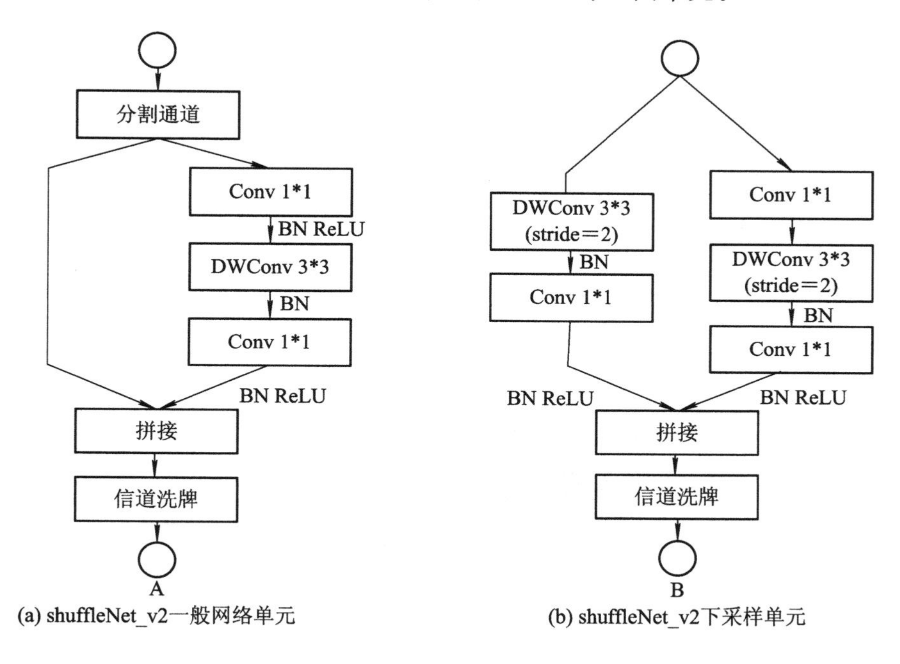

图 8.18　ShuffleNet_v2 网络基础单元

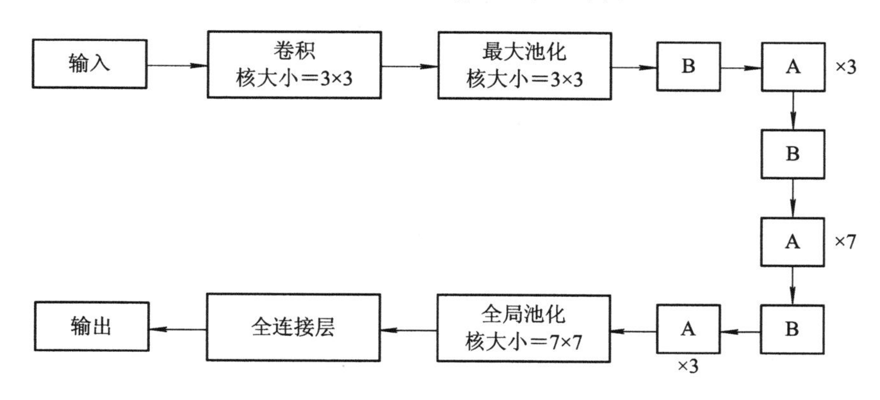

图 8.19　ShuffleNet_v2 总体网络结构图

8.2.2　中国象棋人机博弈算法

中国象棋人机博弈算法与五子棋博弈算法一致，均为蒙特卡罗搜索树算法，故此处不再详细介绍。

8.3　实践操作与步骤

8.3.1　数据集介绍

1. 定制象棋

训练象棋时，由于需要机器臂吸取象棋进行移动，象棋棋子必须轻盈且表面尽量避免凹凸不平的情况。本项目定制了直径为 3.5 cm、薄 0.2 cm 且文字印在材料内部的亚克力象棋，如图 8.20 展示，图中为象棋的正面与向上倾斜 45°的照片展示。

图 8.20　棋子多角度展示示例图

2. 自制数据集

为了提高识别的正确性，我们需要制作专属的象棋数据集，实际采集方法为在象棋板上随机放置棋子并用摄像头拍摄保存于本地。为了使结果具有更好的鲁棒性，我们分别在不同的光照条件下对象棋棋盘进行拍摄，重复这一操作，直到得到充分的数据集为止。随后进行人工标注标签，将所有象棋图片分为 15 类——7 类红色棋子、7 类黑色棋子和空白格，每一类有 80 张图片。样本示例如图 8.21 所示。

图 8.21 象棋数据集示例图

3. 数据集目录

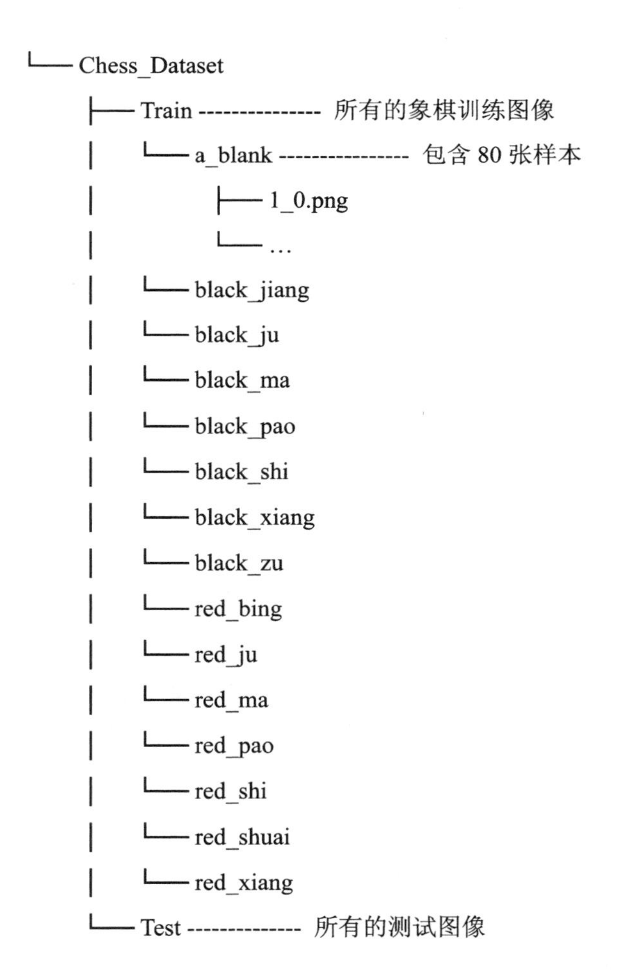

```
└── Chess_Dataset
    ├── Train --------------- 所有的象棋训练图像
    │   └── a_blank ---------------- 包含 80 张样本
    │         ├── 1_0.png
    │         └── …
    │   └── black_jiang
    │   └── black_ju
    │   └── black_ma
    │   └── black_pao
    │   └── black_shi
    │   └── black_xiang
    │   └── black_zu
    │   └── red_bing
    │   └── red_ju
    │   └── red_ma
    │   └── red_pao
    │   └── red_shi
    │   └── red_shuai
    │   └── red_xiang
    └── Test -------------- 所有的测试图像
```

8.3.2 实验环境

实验环境如表 8.1 所示。

表 8.1 实验环境

条　件	环　境
操作系统	Win10
开发语言	Python2.7
相关库	Numpy==1.16.6 Tkinter

8.3.3 实验操作步骤及结果

1. 代码准备

```
$ git clone https://github.com/15114842111/ChinaChess_dobot
$ cd ChinaChess
```

2. 创建虚拟环境

```
$ conda create -n China_chess python=2.7
$ conda activate China_chess
```

3. 训练

接下来训练象棋 AI，其步骤按照以下代码执行：

```
$ conda activate China_chess
$ python ChessGame.py -m 1 -a AI_MCTS
```

图 8.22 所示为象棋 AI 下棋开始界面，图 8.23 所示为象棋 AI 下棋运行界面，图 8.24 所示为象棋 AI 下棋运行输出。

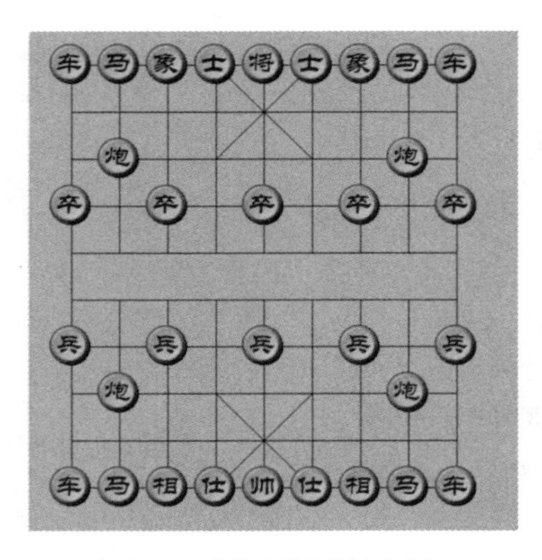

图 8.22　象棋 AI 下棋开始界面

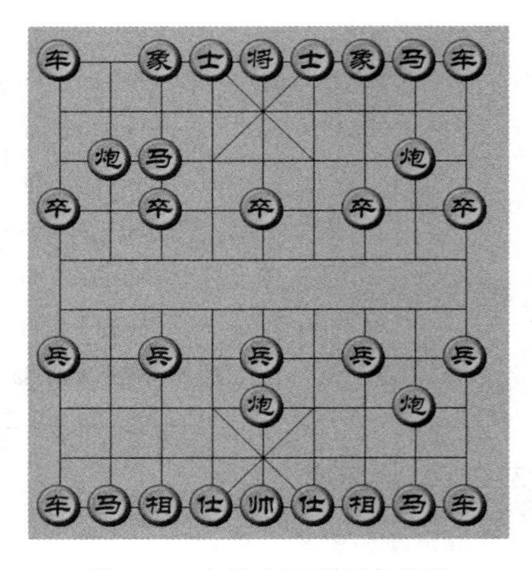

图 8.23　象棋 AI 下棋运行界面

```
human
[step:from_x=7,from_y=7,to_x=4,to_y=7,score=0]
2436
Computer
[step:from_x=7,from_y=0,to_x=6,to_y=2,score=0.0]
move to 2 2
```

图 8.24　象棋 AI 下棋运行输出

8.4　总结与展望

近几年，人们对机器设备的智能化要求越来越高，工业机器人体积大、成本高，不符合象棋机器人作为娱乐机器人的定位。我们将飞速发展的人工智能技术、计算机视觉技术、机械臂操控技术与中国象棋结合在一起，使人机对弈不局限在电脑屏幕，增添了多样性、可玩性与沉浸体验，使人们的生活更加丰富多彩，有助于培养青少年对象棋以及人工智能算法的兴趣。机器博弈的理论成果不仅可以用在各种棋类游戏上，还可用于国防军事安全、网络攻防博弈、金融市场竞争等领域。

本章的中国象棋机器人系统在笛卡尔坐标运动系统的基础上，通过摄像头采集图像进行图像识别，得到棋盘上棋子的变化，使用计算机进行棋局检测并通过象棋算法给出决策信息，最后由机械臂执行下棋任务。目前系统已实现搜索深度为 6 步的象棋功能，从而可以控制不同难度等级的对弈机器人模式。本系统可以在中国象棋的决策系统、图像识别和视觉技术中进行相应的算法验证。此外，感兴趣的读者还可以增加语音控制功能，加入相应的语音控制算法，实现语音控制对弈象棋扩大象棋机器人的受众范围。

将机械臂、计算机语言与象棋进行结合，这是传统文化和机器时代的碰撞，是人类思维和计算机智慧的融合，我们可以期待，中国象棋人机博弈技术不日将会取得更加辉煌的成就，让全世界更多的人看到中国象棋独特的魅力。

第9章 智能眼控移动机器人

传统的人机交互主要依靠手、口、体来协助完成，而一部分人群却无法通过上述交互方式完成起居、出行与交流等。比如，对于渐冻症患者以及高位截瘫人群，如果他们能够利用智能设备通过人眼交互得到协助，将会给他们的日常生活带来极大的便利。

随着现代科技的高速发展，各种智能医疗设备层出不穷。比如英国著名物理学家和宇宙学家史蒂芬·霍金先生就在青年时被查出患有渐冻症，此后 Intel 和 IBM 等公司为他量身定制了一款眼控轮椅，但这款轮椅并不支持售卖，无法满足该类群体需求。因此，本章将介绍一款智能眼控移动机器人，可实现通过眼球移动触发相应的移动功能，真正做到将现代科技融入大众日常生活。

本章首先对眼控交互技术、眼动追踪技术、现有产品以及主要应用等方面进行系统回顾。然后，介绍针对渐冻人的智能生活辅助系统的实现原理和软硬件部分构成。该系统硬件部分由微型计算机、电机自动控制系统、摄像头与轮椅自制框架等构成，软件部分由眼控交互界面、眼球识别网络、RITNet 以及方向网络等构成。在实践部分，对系统搭载环境以及实现步骤进行详细描述。最后对智能眼控移动机器人的未来发展进行总结和展望。

9.1 主要应用背景

随着电子设备的普及，人机交互的效率得到了不断提高，同时人与计算机的交互方式也发生了深刻改变，这对人机交互的效率和交互方式提出了新的要求。基于鼠标和键盘输入的传统交互方式已逐渐不能满足用户对人机交互高效化、智能化、人性化等方面愈来愈高的要求。因此，基于触觉、视觉、语音等元素的新兴交互方式开始大量涌现，并逐渐取代基于鼠标和键盘输入的传统交互方式。比如，在残障人士辅助机器人领域，视线追踪输入、语音输入等已取代传统鼠标、键盘输入，为残障人士打开了人机交互的大门。目前在很多领域已经形成的传统交互方式是一种完全基于某一元素等的单通道交互方式以及以传统鼠标、键盘输入为主、其他元素输入为辅的多通道交互方式并存的人机交互方式。这表明，自然高效的新兴交互方式是未来人机交互的主流。

眼控交互方式的关键技术核心是眼动追踪技术。眼动追踪即通过测量瞳孔的相对运动位置或者估计视线方向，来实现对眼球运动的追踪。眼动追踪技术的历史可以追溯到20世纪初，该技术分为接触式方法和非接触式方法两种。早期的眼动追踪技术主要依靠入侵式的直接接触法。这类方法通过直接观察或者将眼球附上带有线圈的装置(类似隐形眼镜)等方式对眼球运动进行追踪。比如埃德蒙·休伊(Edmund Huey)使用带有人工瞳孔的接触镜制造出了最早的眼动仪。但是这种方式的误差很大，调试难度高同时会造成眼部不适。之后，研究者们对非接触式方法进行了研究。非接触式方法主要通过放置在眼睛周围的电极测量电位或者借助光学信息辅助进行。苏黎世联邦理工学院研究的一种电流记录法眼动跟踪设备能够通过不同的电极片分别记录垂直眼动和水平眼动。但基于电位测量的方式往往对环境要求高且调试复杂，所以仍不适用于日常生活中。因此，借助光学信息辅助的方法受到了研究者们的广泛青睐。

基于光学信息的眼动追踪技术主要通过多个红外线和普通光学等多种传感器单独或结合来实现对瞳孔运动的测量。红外线传感器的方法是根据瞳孔、虹膜、角膜等不同眼部结构反射的图像来测量眼球运动，如图9.1所示。普通光学传感器主要利用光学传感器捕捉眼球运动过程，通过算法自动分析处理视频或者图像。随着人工智能、计算机视觉等技术的发展，基于光学信息的眼动追踪技术得到了快速发展，并且推出了一系列商用产品。这些产品分为穿戴式和非穿戴式两种，可应用于增强现实(AR)、汽车驾驶、广告投放、医疗健康以及游戏等领域。

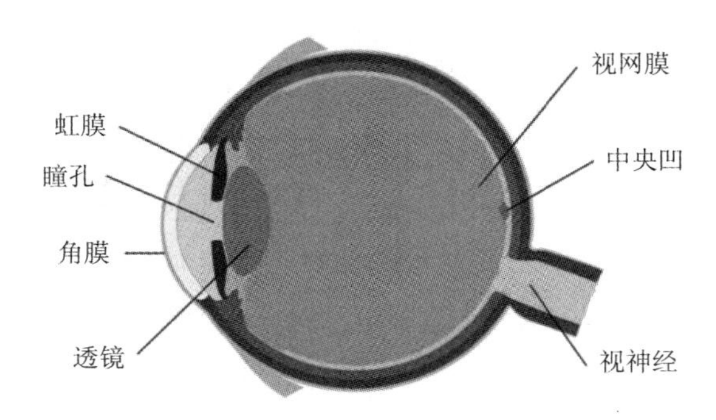

图9.1　眼球结构示意图

(1) 穿戴式眼动追踪产品主要以头盔和眼镜等方式呈现，如谷歌推出的Google Project Glass系列，Tobii公司推出的Tobii Pro Glasses 3，以及帮助用户书写和绘图的EyeWriter等产品。

(2) 非穿戴式眼动追踪产品主要通过外置光学传感器集成而成，如Tobii公司推出的Tobii Eye Tracke、Tobii Pro Fusion等，EyeLink公司推出的EyeLink Portable Duo等产品。

在智能眼控移动机器人领域，Duchowski于2007年首次推出了使用眼动控制电动轮椅的系统。该系统安装了带摄像头的头戴式显示器，显示器用于获取用户的眼部信息并将视频流发送到计算机，经过计算机处理后对用户视线进行估计以找出用户注视环境的位置，然后启动电动轮椅移动到所需位置。2011 年，Al-Haddad 等提出使用眼电图(EOG)信号控制轮椅。2016 年 Eid Mohamad A. 等提出利用眼动追踪眼镜控制轮椅导航的系统，获得了很大的成功。国内对智能眼控移动机器人的研究起步较晚，西安电子科技大学焦李成教授团队于 2017 年开发了一套眼控轮椅系统。该轮椅采用无接触样的传感器，结合了人工智能与物联网等技术，定制了影音播放、智能家居等功能，取得了优异的效果。

9.2 算法原理

为了更有助于读者实践，我们对智能眼控移动机器人进行了简化处理。本章所描述的智能眼控移动机器人系统是一套针对渐冻人的智能生活辅助系统。其中硬件由摄像头、微型计算机、显示器、电机控制系统与轮椅框架构成，可以实现眼球控制轮椅行走等实用功能，系统总体实现流程如图 9.2 所示。

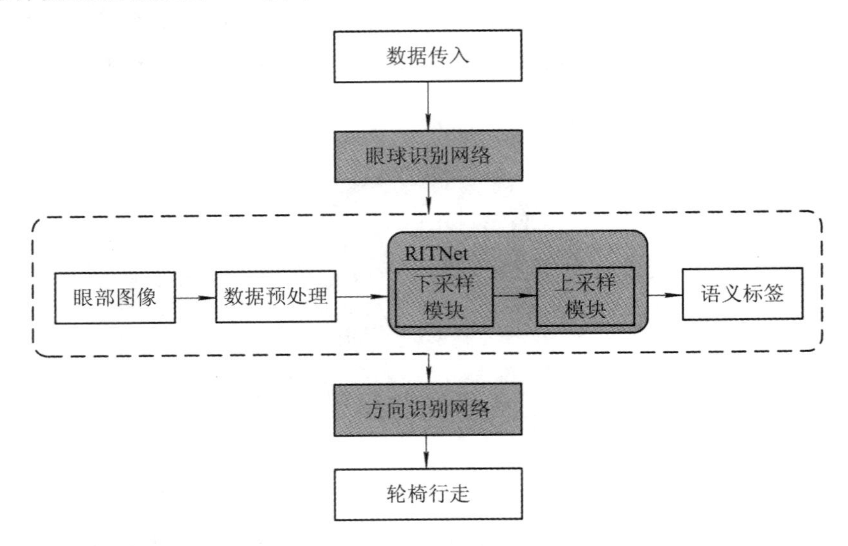

图 9.2　智能眼控移动机器人系统总体实现流程图

首先，屏幕下的摄像头传入用户面部数据，通过眼球识别网络对眼球进行识别。然后，通过眼球分割网络得到眼部的语义特征图，再将其输入至方向识别网络；方向识别网络对特征图进行分类，得到“向上”“向下”“向左”“向右”和“中心”五种类型之一的类别。最后，计算机将类别信息传输给轮椅电机，有效控制轮椅前进、后退、左转、右转和停止等动作。

9.2.1 系统硬件组成

1. 计算机

计算机在智能眼控移动机器人中起着重要作用。它负责处理信息，并根据用户的输入来控制轮椅的运动。智能眼控移动机器人系统可以使用外界信息采集摄像头(如 RGB 摄像头)和眼球动作捕捉摄像头来捕捉用户的眼球动作，利用计算机进行处理，从而控制轮椅的运动。

2. 电池

在智能眼控移动机器人中，电池的作用是为轮椅提供电力。轮椅上的各种电子设备，如计算机、摄像头和显示器等，都需要电力来运行。如果没有电池，轮椅就无法正常工作。电池的容量决定了轮椅的续航能力，也就是说，电池的容量越大，轮椅的续航能力就越强。

3. 显示器

在智能眼控移动机器人中，显示器的作用是显示信息，是轮椅操作和交互的重要组成部分。它可以用来显示轮椅的运行状态、电池电量、当前位置等信息，还可以用来显示轮椅的用户界面。例如，用户可以通过显示器选择轮椅的运动模式，或者输入目的地等信息。

4. RGB 摄像头

在智能眼控移动机器人中，外界信息采集 RGB 摄像头的作用是捕捉周围环境信息。RGB 摄像头是一种颜色摄像头，可以捕捉周围环境的彩色图像。智能轮椅可以使用 RGB 摄像头来识别障碍物、跟踪用户的眼球动作等，从而控制轮椅的运动。此外，RGB 摄像头还可以用来提高轮椅的安全性，避免发生意外。

5. 眼球动作捕捉 RGB 摄像头

在智能眼控移动机器人中，眼球动作捕捉 RGB 摄像头的作用是捕捉用户的眼球动作。通过捕捉用户的眼球动作，轮椅可以根据用户的意图移动。例如，用户可以通过眨眼来控制轮椅的前进和后退，或者通过转动眼球来控制轮椅的转向。这样，用户就可以通过自然的眼球动作来控制轮椅，使操作更加方便和自然。

6. 单片机

智能眼控移动机器人通过捕捉用户的眼球动作来使计算机产生移动/停止指令，并发送给单片机。单片机用于接收计算机输出的移动/停止指令，经过相应处理产生移动/停止信号输出到轮椅，以此来控制轮椅的移动或停止。

7. 数/模转换模块

计算机发送给单片机的移动/停止指令为数字信号，单片机是一种典型的数字系统，只能对输入的数字信号进行处理，其输出信号也是数字的，而轮椅所需的控制信号为模拟信号，因此需要使用数/模转换模块将单片机产生的数字信号转换为模拟信号，完成数字量到模拟量的转换。

9.2.2 系统硬件工作原理

智能眼控移动机器人功能的正常使用离不开各类硬件的协调工作，其工作原理如图9.3所示。

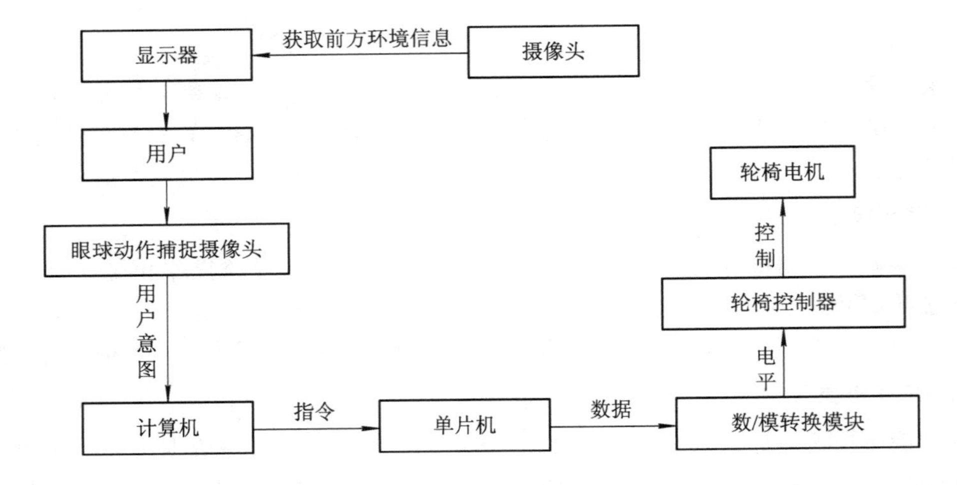

图 9.3 智能眼控移动机器人硬件工作原理

首先，RGB摄像头采集用户前方环境信息，并在显示器中为用户显示。在RGB摄像头捕捉到用户的眼部动作后，计算机通过相应的算法来判断用户的移动意图，并产生相应的指令，通过串口通信的方式发送给单片机(串口通信是硬件的通信方式之一，是采用串行通信协议(serial communication)在一条信号线上将数据逐比特地进行传输的通信模式)，并向单片机写入相应的程序。实际应用中可自定义计算机与单片机的通信指令规则，如发送'r'为右转，发送's'为停止。单片机控制通信原理如表9.1所示。

表 9.1 单片机控制通信原理

	前进	后退	左转	右转	停止
计算机指令	'g'	'b'	'l'	'r'	's'
控制器A线	2.5 V	2.5 V	0.5 V	5 V	2.5 V
控制器B线	2.5 V	5 V	2.5 V	2.5 V	2.5 V

单片机接收到移动/停止指令后，按照轮椅移动规则，向数/模转换模块写入相应的数据，使其产生可以使轮椅移动的电平。智能眼控移动机器人采用的数/模转换芯片为PCF8591，该芯片是一种单片集成、单独供电、低功耗、8-bit CMOS数据获取器件，具有四个模拟输入、一个模拟输出和一个串行总线接口。由于智能眼控移动机器人控制器有A、B两个电平传输线，因此需要使用两个数/模转换模块来完成对轮椅的控制。智能眼控移动机器人的控制器受到相应电平的作用，通过轮椅内部的控制电路驱动轮椅电机转动，从而使轮椅做出相应的动作。

9.2.3 眼球识别网络

对于摄像头捕捉到的图像，我们首先将其输入至眼球识别网络中以得到眼部的具体图像。在这里，我们先将图像转化为灰度图，再使用基于Haar特征的级联分类器对眼睛进行识别。基于Haar特征的级联分类器相对于YOLO、Faster R-CNN等深度网络检测算法拥有很高的运算速度，同时网络较小不需要昂贵的计算成本。该方法现已集成至OpenCV库中，在实现的过程中直接调用即可。

Haar特征是基于灰度图像的弱特征。如图9.4所示，Haar特征包含边缘特征、线性特征、中心特征和对角线特征四种。对于图像的某个区域，通过减去Haar特征模板白色与黑色区域的像素之和，可计算得到该部分的Haar特征。通常对于一幅图像而言，其Haar特征的子窗口可对人脸图像遍历扫描，并逐渐放大窗口，继续遍历搜索；每当窗口移动到一个新的位置，即计算当前窗口的Haar特征，并可通过伪代码1进行计算。

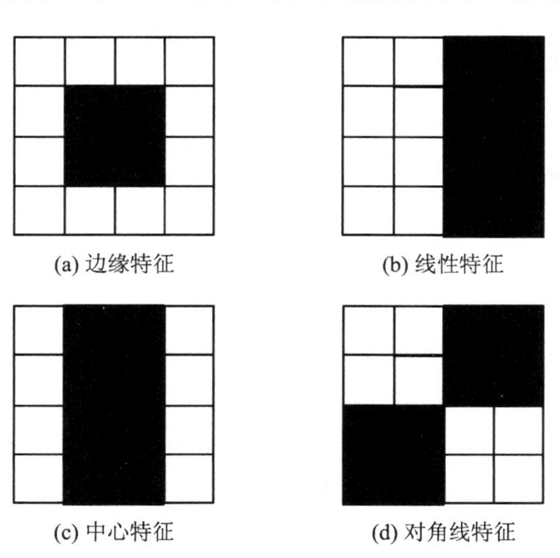

图9.4 四种Haar特征图示

伪代码1

输入：待检测图像大小为 $H\times W$，Haar 特征大小为 $h\times w$

初始化特征个数计数 count=0

对于$(A, B)=\left(1, 2, \cdots, \dfrac{H}{h}\right)\times\left(1, 2, \cdots, \dfrac{W}{w}\right)$：

　　将矩形特征放大至 $Ah\times Bw$

　　平移矩形特征遍历图像的每个像素点并计算每个位置的特征值

输出：特征个数 count 以及对应的特征 F_{count}

级联分类器利用大量的训练集训练好的简单分类器，将图片的所有特征 F_{count} 输入至级联分类器中，可预测出眼球区域并对其进行提取。在这个过程中，较大窗口提取的特征往往决定图像中是否存在人脸，较小窗口提取的特征往往决定眼睛区域/非眼睛区域。

9.2.4　眼球分割网络

在深度学习技术中，用户眼球定位的主要问题是眼部图像语义分割，简单来讲就是在眼睛图片中，将图像中的每一个像素关联到具体的瞳孔、虹膜、巩膜及其他的类别标签上。如图 9.5 所示，左边为人的眼睛图片作为输入，最终的目标是输出得到右边的语义分割图。

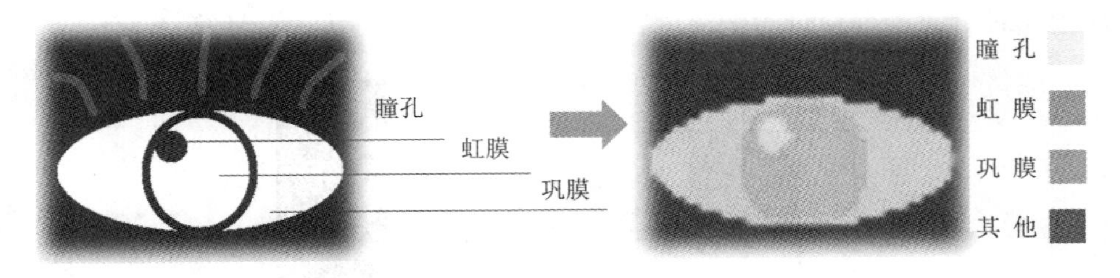

图 9.5　眼部图像语义分割示意图

1. 数据预处理

为了调节数据集中眼部图像反射特性的变化(如虹膜色素沉着、眼妆、肤色或眼睑/睫毛)的影响，我们在将眼部图像数据输入网络之前先进行预处理。

通过预处理可以减少训练数据、验证数据和测试数据的平均图像亮度分布的差异，同时也增加了某些眼部图像特征的可分性。具体的处理方法是：首先，对所有输入的眼部图像应用 γ 校正；然后设置颜色对比度阈值为 1.5，在 8×8 的网格大小下进行自适应直方图均衡化。

图 9.6 所示是眼部图像预处理前后的效果。可以看出，在图 9.6(c)中，虹膜和瞳孔更容易区分。

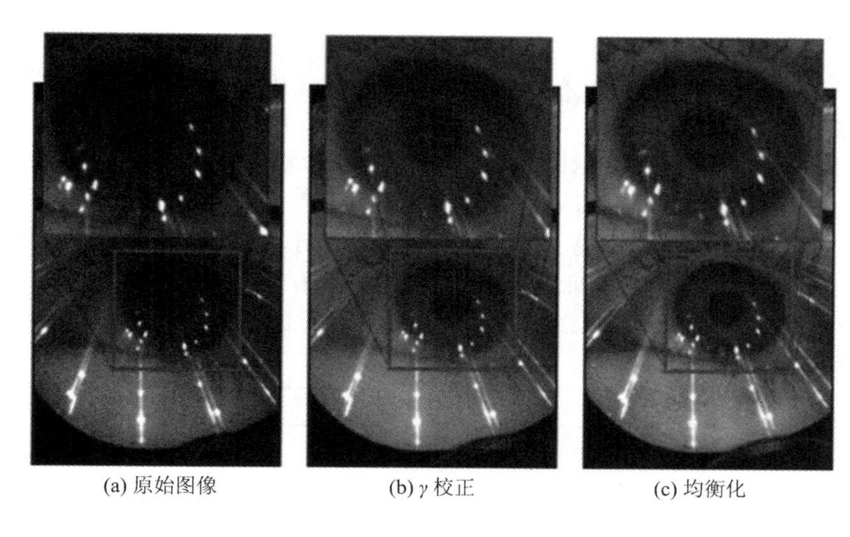
(a) 原始图像　(b) γ 校正　(c) 均衡化

图 9.6　眼部图像预处理前后效果示意图

与此同时，为了增强模型对图像属性变化的鲁棒性，对训练数据采取了以下几种增强的方法，并且在每次训练迭代过程中，选取每种增强方法的概率都是 0.2，让每幅图像都至少会随机经过下述数据增强方法的其中一种。

（1）将图像进行垂直对称。

（2）利用一个固定的核大小为 7×7 的高斯模糊进行处理，其中标准偏差 $2\leqslant\sigma\leqslant7$。

（3）将眼部图像在两个坐标轴上进行 0～20 像素的平移。

（4）使用围绕随机中心绘制的 2～9 条细线来破坏图像（$120<x<280$，$192<y<448$）。

（5）使用星芒图案对图像进行损坏（见图 9.7），从而减少红外光源在眼部图像上反射造成的分割误差。

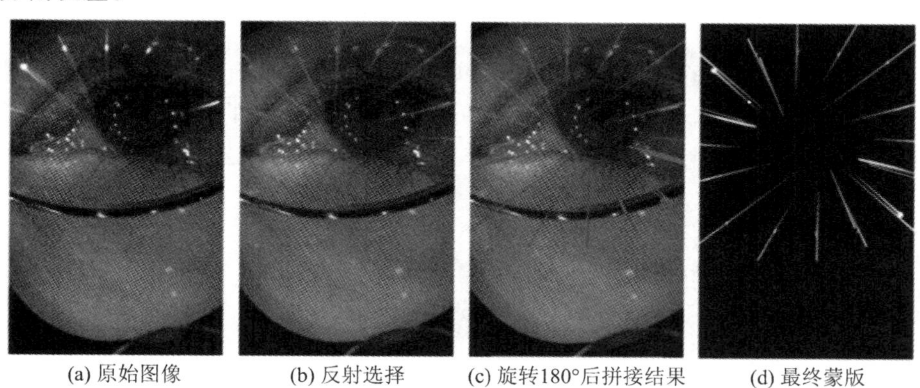
(a) 原始图像　(b) 反射选择　(c) 旋转180°后拼接结果　(d) 最终蒙版

图 9.7　从训练图像生成星芒蒙版图像

2. RITNet

将眼部图像经过预处理后输入到训练好的 RITNet 中就可以得到语义分割的结果。RITNet 的整体架构如图 9.8 所示，它主要由 5 个下采样块和 4 个上采样块组成，它们分别对输入进行下采样和上采样。在 RITNet 结构图中，m 为输入图像通道数量，由于输入的是眼部灰度图像，因此 $m=1$；c 为输出标签的类别数量，因为眼部图像分割主要是对眼部图像进行语义分割，得到瞳孔、虹膜、巩膜及其他四个类别，所以 $c=4$；p 为模型参数个数。虚线表示从相应的上采样块到下采样块的跳过连接，所有块的输出通道数均为 32。

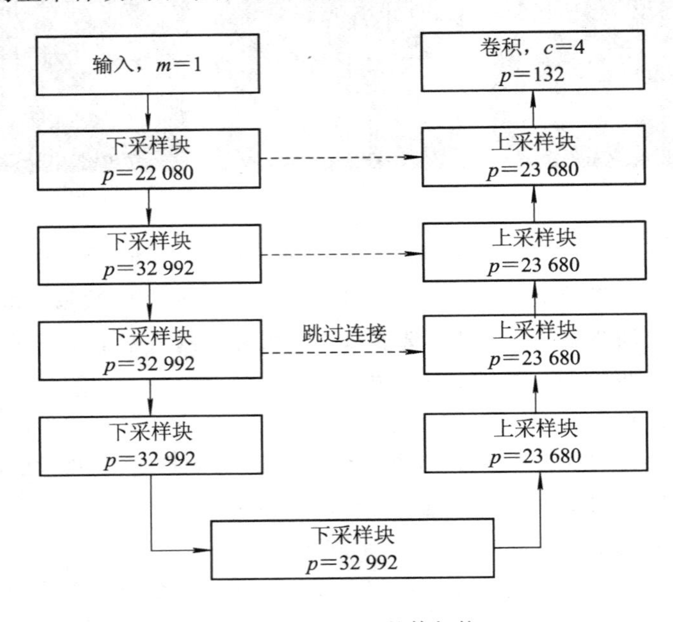

图 9.8 RITNet 整体架构

(1) 下采样模块。

每个下采样模块由 5 个下采样块构成。单个下采样块都具有 5 个卷积层的结构，其具体连接方式如图 9.9 所示。该结构受 DenseNet 的启发，在网络的卷积层之间增加了残差连接的操作。

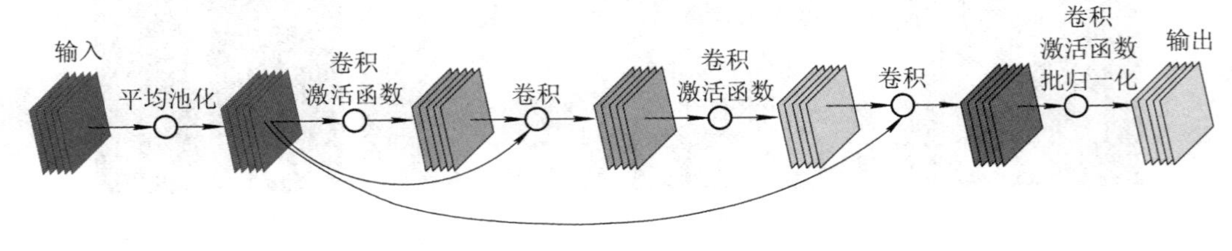

图 9.9 下采样块结构

除了第一个下采样块，其余 4 个下采样块的第一步操作均是平均池化。每进行一次平均池化，输入数据的大小都缩减为原来的 1/2。最后一个下采样块也称为瓶颈层，它将输入信息缩减为输入分辨率的 1/16。

最后下采样块结构的输出使用批标准化(batch normalization, BN)进行处理。批标准化是通过一定的规范化手段，把每层神经网络任意神经元输入值的分布强行拉回到均值为 0 方差为 1 的标准正态分布，也就是把越来越偏的分布强制拉回比较标准的分布，使得激活输入值落在非线性函数对输入比较敏感的区域，这样输入的小变化会导致损失函数较大的变化，可以避免梯度消失问题产生，而梯度变大意味着学习收敛速度快，能大大加快训练速度。

(2) 上采样模块。

上采样模块由四个上采样块组成。上采样块与下采样块结构类似。每个上采样块由四个卷积层组成，其结构如图 9.10 所示。

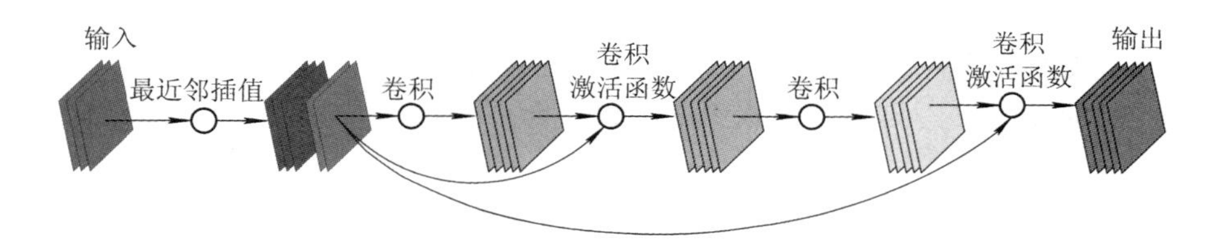

图 9.10　上采样块结构

在每个上采样块的所有卷积之前都有一个最近邻插值的操作，每进行一次最近邻插值操作，输入数据的大小就扩张为原来的 2 倍。因此，经过上述下采样后得到的数据在经过 4 个上采样块之后，就又恢复到了最先输入网络图像的大小。

从上采样块结构图中可以看到，上采样块的输入也融入了对应下采样块的信息，这是为模型提供不同空间粒度表示的一种有效策略。

(3) 损失函数。

损失函数用来估量模型的预测值与真实值的不一致程度。对于数据中各个类分布比较平衡的程序，一般默认选择标准交叉熵损失，这也是语义分割任务中最常用的一种损失函数，具体的计算方法如下：

$$L = -\sum_{c=1}^{M} \boldsymbol{y}_c \log(p_c) \tag{9.1}$$

式中：M 表示类别数；$\boldsymbol{y}_c$ 是一个 one-hot 向量，元素只有 0 和 1 两种取值，如果该类别和样本的类别相同就取 1，否则取 0；p_c 表示预测样本属于 c 的概率。

在实际应用中，用上述损失函数分别检查每个像素，将类预测与我们编码的目标 one-hot 向量进行比较。交叉熵的损失函数是评估每个像素矢量的类预测，然后对所有像素求平均值，可以认为图像中的所有像素是平等的学习。这里我们的目标是将眼部图像中的像素分为四种语义类别：背景、虹膜、巩膜或瞳孔。其中瞳孔区域的像素点比较少，数据类的分布并不平衡，因此需要重新选择损失函数。下面介绍一些其他的损失函数及其特性。

① 广义骰子损失(Generalized Dice Loss，GDL)。广义骰子损失中的骰子得分系数衡量的是真实语义标签与预测标签之间重叠的大小，在数据中类别不均衡的情况下，使用类频率的平方倒数来对骰子得分进行加权，其与标准交叉熵结合作为损失函数的效果会更好。

② 边界损失(Boundary Aware Loss，BAL)。语义边界依据类标签分隔区域，可以根据当前像素点到两个最近的像素语义类的距离对每个像素点处的损失进行加权，从而在损失函数中引入边缘意识。

③ 表面损失(Surface Loss，SL)。表面损失基于图像轮廓空间中的距离，保留小的、不常见的、具有高语义值的部分。边界损失试图最大化边界附近的正确像素概率，而广义骰子损失为不平衡条件提供稳定的梯度；与前两者相反，表面损失根据每个类到地面真实边界的距离来度量每个像素的损失，它可以有效地恢复基于区域的损失所忽略的小区域。

最终所用的总的损失函数 L 由损失的加权组合得到：

$$L = L_{\mathrm{CEL}}(\lambda_l + \lambda_2 L_{\mathrm{BAL}}) + \lambda_3 L_{\mathrm{GDL}} + \lambda_4 L_{\mathrm{SL}} \tag{9.2}$$

式中：$\lambda_1=1$，$\lambda_2=20$，$\lambda_3=1-a$，$\lambda_4=a$，其中 a 在训练代数小于 125 时为 0.5，当前代数为 125，之后则取 0 值。

(4) 效果展示。

训练好网络后，可以得到如图 9.11 所示的眼部图像语义分割结果。

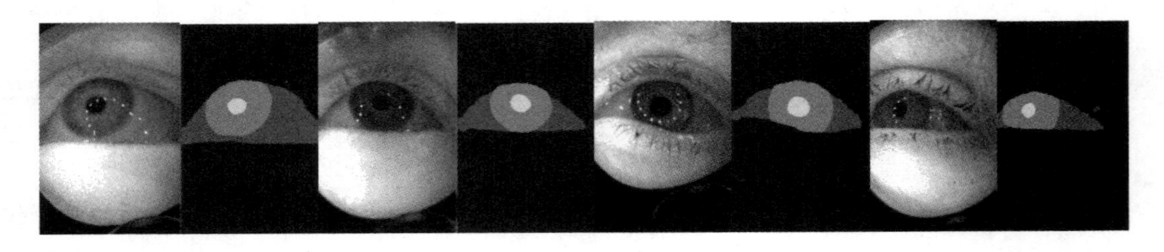

图 9.11　眼部图像语义分割结果

9.2.5　用户眼球方向识别

对于得到的用户眼部图像语义分割结果，我们再将其输入至用户眼球方向识别网络。该网络由简单的多层感知机(multilayer perceptron，MLP)组成。多层感知机具有网络简单、参数量少、识别率高且分类速度快的优点，很适合部署在系统中。MLP 网络如图 9.12 所示，多层感知机的层与层之间是全连接的，即上一层的任何一个神经元与下一层的所有神经元都有连接。

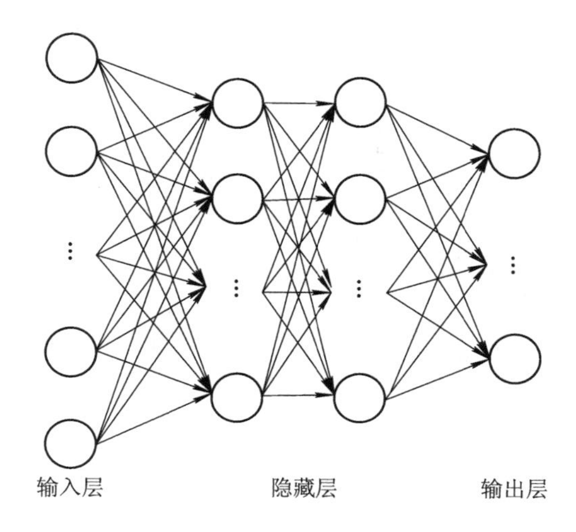

图 9.12 MLP 网络示意图

对经过多层感知机得到的特征图再次利用 softmax 函数进行分类，得到“向上”“向下”“向左”“向右”和“中心”五种类型之一的类别。至此，整个系统软件部分便完成了对于用户眼球位置的识别。

9.2.6 轮椅控制原理

除了上述的软件实现部分，对于整个系统而言，眼控交互界面也尤为重要。根据用户、摄像头以及电脑屏幕之间的位置，我们将界面划分为 5 个区域。这五个区域对应眼睛的注视方向，分别为“向上”“向下”“向左”“向右”和“中心”。

在眼控的过程中，我们每 0.1 s 抓取一次用户的脸部数据，通过分析与计算得到眼睛的注视方向，进而界面的对应区域会变亮，从而完成轮椅移动过程。眼球控制驾驶时的界面如图 9.13 所示。

用户触发了某项操作后，计算机发送相应的电平给轮椅的控制电路，从而驱动电机做出相应的动作。

界面具体操作方式如下：

(1) 当用户需要前进时，注视屏幕上方；

(2) 当用户需要左转时，注视屏幕左方；

(3) 当用户需要右转时，注视屏幕右方；

(4) 当用户需要轮椅停止时，注视屏幕中间。

图 9.13　眼球控制驾驶时的界面

9.3　实践操作与步骤

9.3.1　实验环境

实验环境如表 9.2 所示。

表 9.2　实 验 环 境

条　　件	环　　境
操作系统	Ubuntu16.04
开发语言	Python3.8
深度学习框架	Pytorch>1.7.0
相关库	Torchvision Numpy==1.19.5 PyQt5==5.15.2 PyQt5-sip==12.8.1 Pywin32==227

9.3.2 实验操作步骤及结果

对于智能眼控机器人的软件部分，我们采取以下步骤进行操作：

（1）代码准备：

```
$ git clone https://github.com/ Jiaxzhao/WeelChair
$ cd WeelChair_AI
```

（2）创建虚拟环境：

```
$ conda create -n WeelChair_AI python=3.8
$ conda activate WeelChair_AI
$ pip install -r requirements.txt
```

（3）使用私有采集的眼球数据训练智能眼控机器人的软件部分。

得到训练好的智能眼控机器人的软件部分后，将其与硬件部分相结合，采用如下操作，即可得到智能眼控机器人的示例：

（1）拼接好硬件，如图 9.14 所示，打开电脑和轮椅。

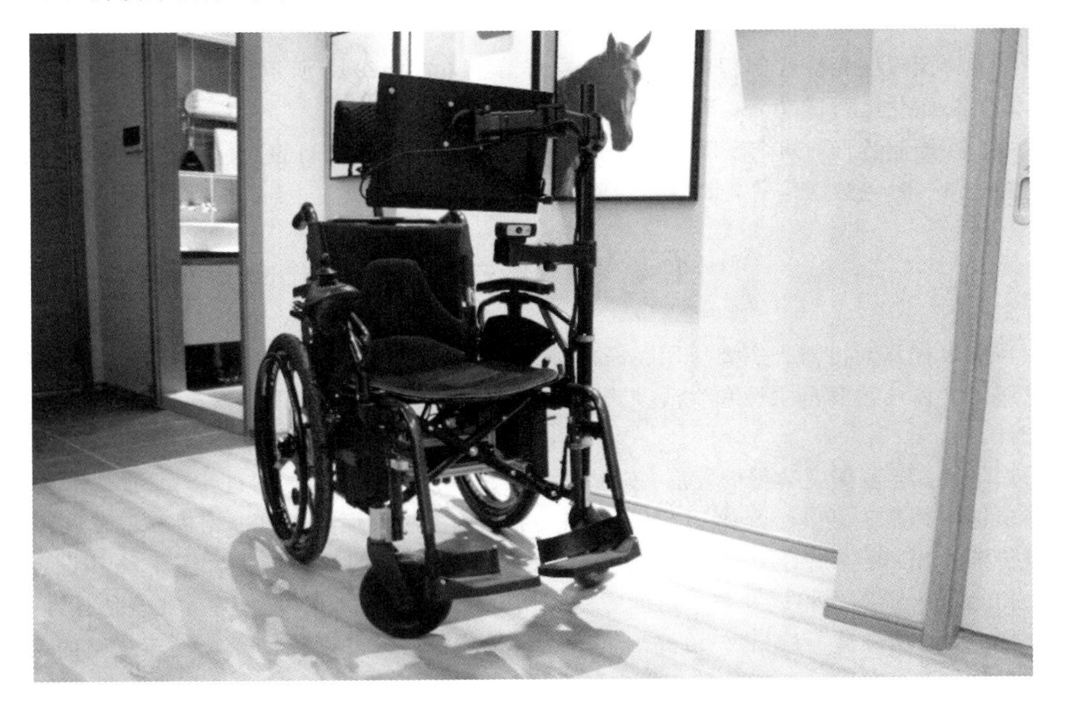

图 9.14 智能眼控机器人外观示意图

图 9.15 智能眼控机器人软件系统预设界面示意图

(2) 将预设的轮椅控制程序直接显示在屏幕上，如图 9.15 所示。

(3) 初始化运行成功后，出现如图 9.13 所示界面。

(4) 在控制界面，四个半圆形为控制区域，当代表眼球控制的灰色圆形进入该区域并停留超过 3 s 时将激活信号，即可进行前、后、左、右移动。

9.4 总结与展望

目前眼控移动机器人主要应用在医疗健康领域。眼控移动机器人可以协助相关残疾及罕见病等群体改善其自主性和生活方式，其关键技术为眼睛注视跟踪算法以及眼控交互界面设计。

近年来，随着深度学习的发展，眼睛注视跟踪算法取得了很大的进步。例如，J. Liu 等人提出了一种基于虹膜特征的 3D 凝视估计方法，该方法仅仅使用单个相机和单个光源。相较于传统的 3D 凝视估计方法，该方法具有更强的环境适应性，更适合用于移动设备中。Rakshit Kothari 等人将弱监督学习的方法应用至 3D 凝视估计中，以提高视线估计性能和泛化性。在商用领域，Tobii 公司提出了多款眼动产品，可以代替鼠标实现与电脑的交互，并实现打字等功能，为人们的生活带来了极大的便利。

眼控交互界面也随着眼睛注视跟踪算法和移动设备的更新而不断改进，被广泛应用至智能家居、疲劳检测以及医疗健康领域。例如，Klaib 等人结合 Tobii 眼动跟踪设备、Amazon 的 Alexa 智能语音系统以及 Azure 云计算技术，实现了智能家居功能，通过眼球追踪可以协助交互以控制家用电器。Fang 等人提出了一种用于驾驶员注意力预测的语义上下文诱导注意力融合网络，用来帮助驾驶员避免驾驶事故和构建具有人类驾驶经验的智能驾驶系统。此外，也有许多将眼球追踪用于孤独症谱系障碍的研究，取得了很好的效果。

总体来看，眼动交互的研究拓宽了人机交流的信息带宽，用户只需要通过眼睛就可以完成与设备的交互，同时也极大地提高了人机交互的效率。随着生活方式的变化，眼控交互在人们的生活中应用得越来越普遍，并发挥其独特的优势。

第10章 导盲机器人

中国约有1200万盲人，也拥有全球长度最长、分布最广的盲道。如图10.1所示，在常人眼中，盲人出门的频率不高，盲道被占用是自然而然的事情，与此同时，使得盲道被严重占用，使得盲人不敢出门，导致盲道使用率低。我国第一批导盲犬的交付时间是在2006年，第一只训练合格的导盲犬“毛毛”正式上岗。目前，我国导盲犬的培训时间约为一年半，每只成本约为15～20万元，对一般盲人来说这是一笔相当大的开销。因此，研发一款适用于我国盲人的导盲机器人是十分必要和可行的。

图10.1　盲道占用现象

本章将从发展背景、技术原理、系统组成、实践操作等四个方面对导盲机器人进行介绍。首先介绍导盲机器人的研究背景和国内外的使用现状。接着介绍导盲机器人的技术原理、硬件组成、数据集下载，以及具体操作步骤，方便读者快速了解其中的技术脉络。最后，总结目前机器人实现所用到的硬件和方法，同时介绍一些前沿的技术内容，这些前沿的技术方法将陆续部署到导盲机器人中。

10.1　主要应用背景

随着电子技术的发展，各种智能硬件也开始惠及盲人，给其生活带来了一些改变。然而，这仍然不能很好地帮助他们自如地行走。于是，提高硬件的智能性，将会给盲人的生活处境带来更多的变化。

对于无法看见世界的盲人来说，图像无疑是十分缺失的信息。在这个人工智能发展极其迅猛的时代，如火如荼的深度学习图像处理技术则是辅助盲人的一大利器。因此，本章主要针对一款以盲杖为载体的智能导盲系统展开介绍。该系统的设计主要依托现有的深度学习技术，提出"虚拟盲道"这一概念；融合物体识别、FCN 图像分割、盲道检测、超声波避障等技术，实现盲道虚拟化的功能。深度学习系统将会生成最利于盲人行走的"虚拟盲道"，当盲人走在"虚拟盲道"上时，将会得到持续的声音或振动反馈，可大大提高盲人的出行安全性。

国内外有不少学者致力于从事导盲辅助方面的研究工作，其中导盲机器人的研究最为显著。导盲机器人大致可分为以下几类。

1. 手杖型辅具

如图 10.2 所示，视觉障碍者使用的最普遍的辅助工具就是白色手杖，正因为手杖的设计简单，使用方便，一直被普通盲人所使用，但简单的手杖难以满足盲人在复杂环境下的需求。

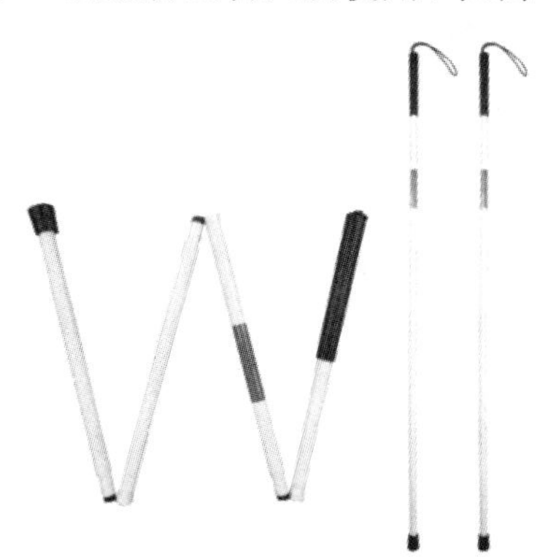

图 10.2　普通手杖

2. 穿戴型辅具

美国大学机器人实验室 Shoval 设计的腰带式导盲避障机器 NavBelt(如图 10.3 所示)拥有引领和全景功能模式。在引领功能模式下，使用者穿戴上导盲机器人后，导盲机器人可以带领使用者在不发生碰撞的情况下绕过障碍物。在全景功能模式下，导盲机器人以超声波传感器的形式描绘出区域内的全景地图，告知使用者所在区域内障碍物的大小、远近等信息，让视障者自行判断周围的环境情况。

图 10.3 NavBelt 实物图与三视图

3. 跟随型辅具

我国研制的导盲机器人主要由传感器、相机、激光雷达系统等组成。其中，传感器用于感测导盲机器人中牵引绳上的力度；相机用于勘测使用者的距离；激光雷达系统则用来定位导盲机器人的位置，从而更好地保护使用者的安全。

10.2 技术原理

通过上节关于导盲机器人的相关背景介绍，我们已经对其相关基础知识有了一定的了解和认识。本节将介绍导盲机器人所涉及的深度学习算法。其中，基于 YOLO 的物体检测和识别模型用于检测和识别生活中常见的物体，提醒用户注意前方物体；基于 FCN 语义分割模型利用手工标注的盲道区域图片进行训练，用于分割盲道并提醒盲道的方位；基于 Show and Tell 的场景描述模型作为盲人的重要辅具，可使盲人通过盲杖实时获取当前场景的文字描述。上述模型在多个方向上的实时反馈极大地提高了盲人出行的安全性。基于检测、分割、场景描述等模型的导盲机器人原理如图 10.4 所示。

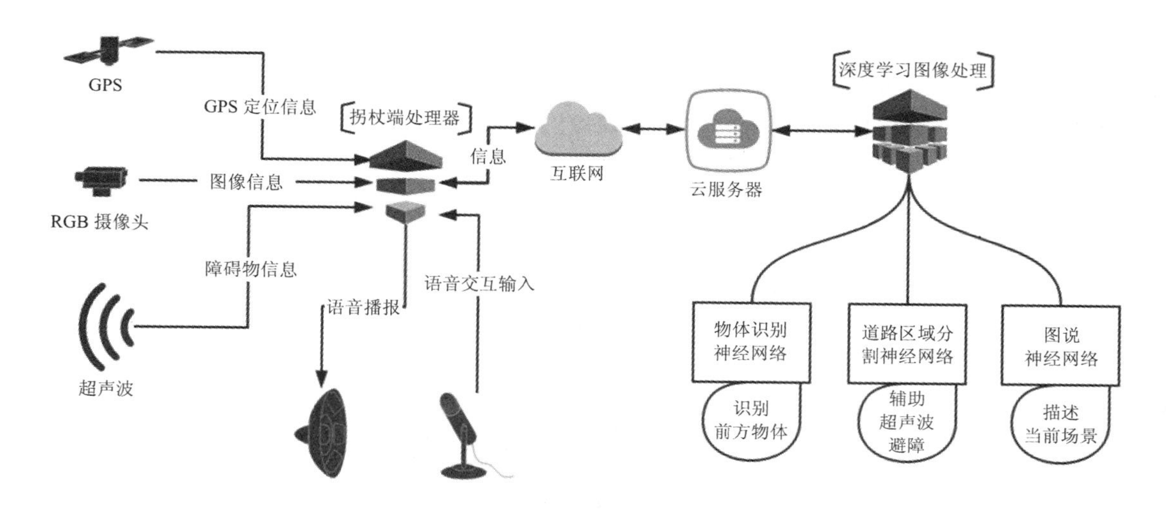

图 10.4　基于检测、分割、场景描述等模型的导盲机器人原理图

10.2.1　系统硬件组成

1. 云服务器

云服务器主要负责运行深度学习网络、处理图像信息，并且可以通过互联网与本地导盲机器人相连，从导盲机器人处获得图像、GPS 等信息。

2. 导盲处理器

树莓派处理器负责运行本地的避障策略，结合云端的图像处理结果，得到合适的引导策略。同时，处理器负责接收从 RGB 摄像头、GPS 定位设备得到的信息，并将其发送到云端。本节选用了树莓派 3b+作为本地端的处理器，如图 10.5 所示。

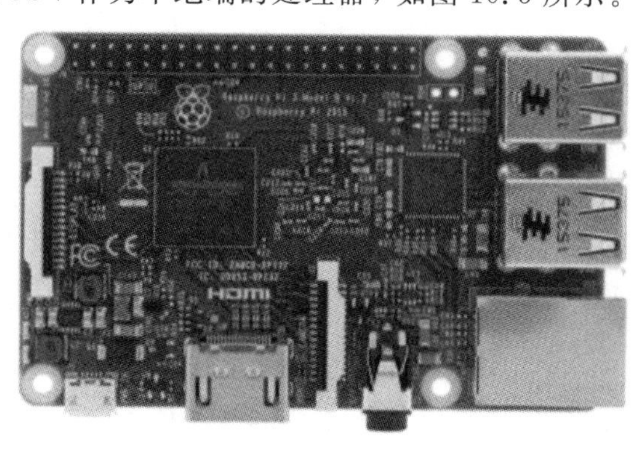

图 10.5　树莓派 3b+示意图

3. 图像采集设备

图像采集设备为 RGB 摄像头，如图 10.6 所示，其负责采集前方的图像信息，是导盲机器人系统的核心信息来源，同时也为云端识别物体、描述场景等功能提供数据来源。为保证系统的稳定性，本文选用树莓派官方推出的摄像头 Camera Module(使用树莓派板上的 CSI 接口)，它能够拍摄 500 万像素的图片和录制 1080 p 的视频。该摄像头拍照色彩真实，与树莓派接口牢固，同时功耗低，免 USB 驱动。

图 10.6　RGB 摄像头示意图

4. 定位模块

利用 GPS 定位设备能获得当前的位置信息，从而实现定位功能。从产品的便携性考虑，本文采用如图 10.7 所示的 NEO-6M ublox 卫星定位模块，该模块具有高灵敏度、低功耗、小型化、定位覆盖面广等特点。

图 10.7　NEO-6M ublox 卫星定位模块结构

5. 测距模块

测距模块选用超声波传感器，负责探测盲人前方 3 m、70°水平范围内的任何障碍物。根据返回得到的信息，测距模块能够实现对前方障碍物的检测、避障以及对盲人的引导。本文选用如图 10.8 所示的 JSN-SR04T 一体化超声波测距模块。该模块可提供 20～600 cm 的非接触式距离感测功能，测距精度可达 2 mm。

图 10.8　JSN-SR04T 一体化超声波测距模块

10.2.2　系统工作原理

导盲机器人以盲杖的形式进行制作，如图 10.9 所示。其构思如下:用户在出门前只需握持盲杖，由于盲杖上带有振动反馈，因此用户佩戴耳机即可得到声音反馈。当用户走到路上单击功能按钮时，即可启动“虚拟盲道”功能。本系统将判断场景中是否存在盲道，如果盲道完整可供正常使用，则告诉用户盲道在前方何处，并引导其走上盲道；当盲道残缺或存在断裂时，本系统将启用多传感器收集前方道路信息，最终规划出一条可供用户安全行走的“虚拟盲道”。双击功能按钮时，可调用场景描述功能，该功能不仅可以告诉用户当前场景中的物体，还可将各个物体以语句形式描述出来，使用户得到更直观的信息反馈。长按功能按钮(导盲机器人上只有一个功能按钮)将进入语音指令模式，在该模式下，用户可以通过语音指令调用本系统包括场景描述、定位等的所有功能。

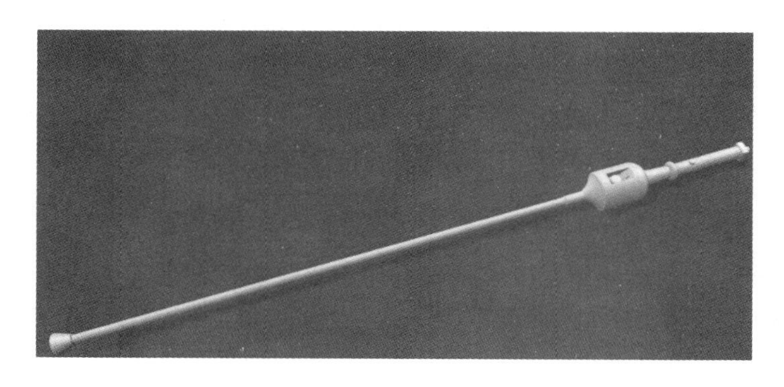

图 10.9　盲杖形式导盲机器人建模图样

10.2.3　YOLO 检测识别网络

1. 检测识别网络模型原理

物体检测和识别是“导盲”的重要一环，我们将通过深度学习技术完成神经网络的构建，实现物体检测和识别的功能。基于“物体检测识别”的神经网络，用户可及时获取人行道上行人、自行车、障碍物等的方位信息并提前躲避。

物体检测识别领域中比较流行的算法主要分为两类，一类是两阶段的 R-CNN 系列算法(R-CNN，Fast R-CNN，Faster R-CNN)，需要先使用启发式搜索或者 CNN 网络产生目标的候选区域，再在候选区域上做分类和回归任务。另一类是单阶段的 YOLO、SSD 类算法，可直接使用一个 CNN 网络预测不同目标的类别与位置，同时 YOLO 后续的改进版本较 SSD 在实时情况下有着更高的精度。

分类器的种类繁多，本文选择 Faster-Yolo 框架，通过分析各分类器的性能以及机器人本身的硬件情况，从而实现对目标的实时处理。

2. YOLO 检测网络模型原理

整体上看，YOLO 算法采用一个单独的 CNN 模型实现端到端的目标检测，整个检测系统如图 10.10 所示，其操作步骤如下：首先将输入图片的尺寸缩放到 448×448，然后将其送入卷积神经网络，最后处理网络预测结果，得到检测的目标。

图 10.10　YOLO 检测系统

具体来说，首先将输入的图像划分为 $S\times S$ 个网格，每个网格负责检测那些中心落在该网格内部的物体，每个网格需要同时预测 Pr(网络参数)的位置和置信度。这个置信度同时包含边界框中待检测目标的概率和该边界框的精准度，置信度 Conf 的具体计算公式为

$$\text{Conf} = \Pr(\text{object}) \times \text{IOU}\left(\frac{\text{true}}{\text{pred}}\right) \tag{10.1}$$

即边界框中包含待检测目标的概率(Pr(object))乘上该边界框和真实位置的并交比(IOU)。当该边界框是背景时(不包含目标)，Pr(object)＝0；而当该边界框包含目标时，Pr(object)＝1。同时每个边界框需要预测(x，y，w，h)和置信度共 5 个值，其中(x，y)、(w，h)并不是每个边界框的起始坐标和窗口宽度，x，y 是相对于其对应网格的偏移量，w，h 是该边界框窗口对应于整幅图像的长宽比例。同时每个网格还要预测类别信息，假设数据集共有 C 个类，则对于 $S\times S$ 个网格，每个网格不仅要预测 B 个边界框，还要预测 C 个类。输出就是大小为 $S\times S\times(5\times B+C)$ 的向量。这里假设网络大小 $S\times S$ 为 7×7，具体如图 10.11 所示。

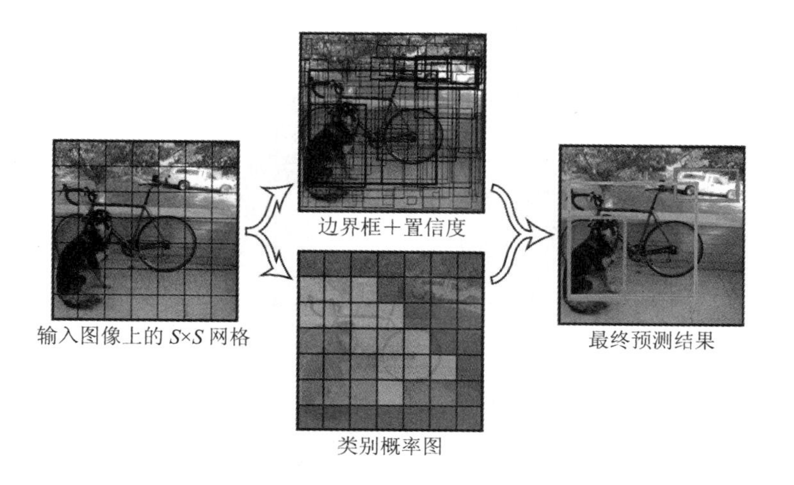

图 10.11　YOLO 目标识别过程

在预测时，每个网格预测的类别信息和边界框预测的置信度信息相乘，就得到每个边界框的类别指定的置信度分数(Thr)，具体计算公式为

$$\text{Thr} = \Pr(\text{class}_i \mid \text{object}) * \Pr(\text{object}) * \text{IOU}\left(\frac{\text{true}}{\text{pred}}\right) = \Pr(\text{class}_i) * \text{IOU}\left(\frac{\text{true}}{\text{pred}}\right) \tag{10.2}$$

式中：第二个等号右边第一项是每个网格预测的类别信息，第二项是每个边界框预测的置信度。这个乘积既代表了边界框属于某一类的概率，也包含该边界框精确度的信息。后续对保留的边界框进行非极大值抑制即可得到最终的检测结果。类别信息与置信度信息如图 10.12 所示，需要注意的是，类别信息是针对每个网格的，置信度信息是针对每个候选框的。

每个网格预测边界框和置信度P(Object)

图 10.12　类别信息与置信度信息

另外一方面，因为已经把原图划分为 7×7=49 个网格，而每个网格可以对应一种分类的概率 Pr(Car|Object)，这样就把每个网格的预测窗口与其分类对应了起来，如图 10.13 所示。

最后使用非极大值抑制算法求出每个网格的多个候选框中置信度最高的候选框，将其作为最终的预测结果，如图 10.14 所示。

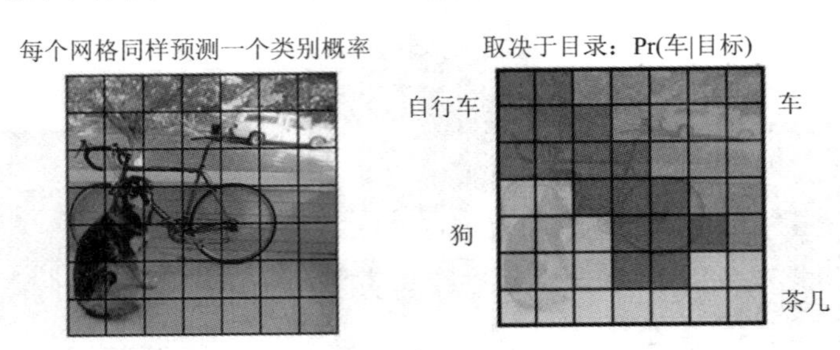

图 10.13　网格预测窗口对应的类别信息

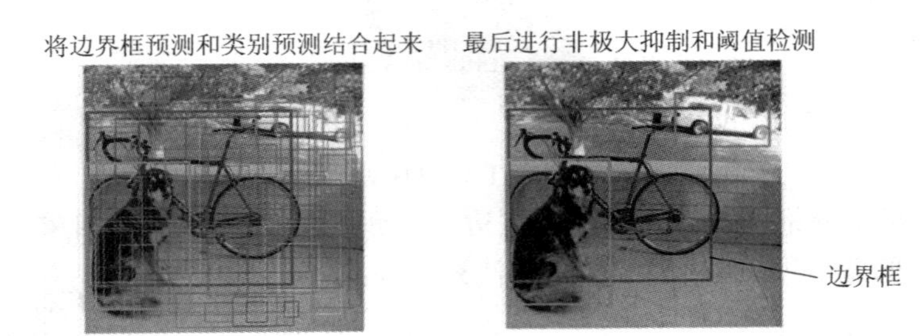

图 10.14　非极大值抑制算法处理结果

3. 网络结构介绍

YOLO 的网络结构参考了 GoogleNet 模型，其包含 24 个卷积层和 2 个全连接层，如图 10.15 所示，该网络采用 Leaky ReLU 激活函数，但最后一层使用线性激活函数，最后使用全连接层得到预测值。

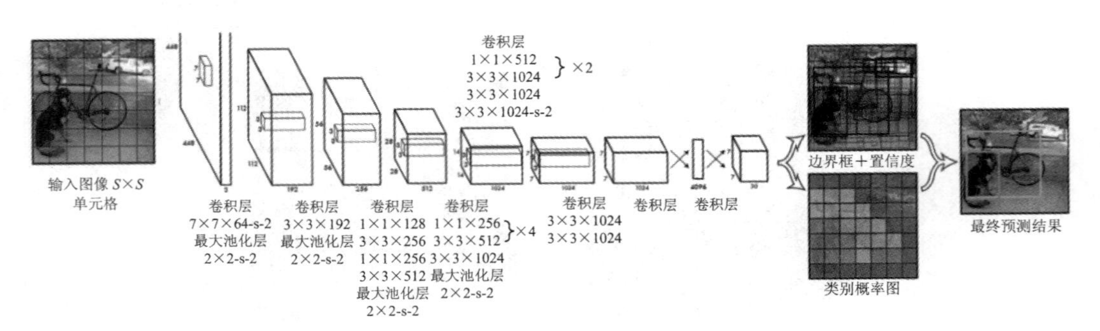

图 10.15　YOLO 网络结构图

YOLOv1 在物体定位方面不够准确，并且召回率(recall)较低。YOLOv2 提出了几种改进策略来提升 YOLO 模型的定位准确度和召回率，从而提高 mAP(平均精度)，因此后续内容我们选择 YOLOv2 来进行实践操作。

10.2.4 SegNet 图像分割网络原理

1. 语义分割网络模型原理

全卷积神经网络(FCN)能够对图像进行分割。通过对样本进行训练，全卷积网络能够识别盲道，输出盲道的分割结果，从而得到盲道具体方位。

FCN 是将传统卷积神经网络中的全连接层转化成卷积层，解决了像素块限制感知域大小的问题，不再只是提取局部的部分特征。如果将 FCN 应用于图像分割，判断出每个像素所属的类别，就可以从摄像头拍到的图片中标注出盲道的位置。结合 CNN 的特性，FCN 可以利用其多层结构自动学习特征，学习到多个层次的特征：较浅的卷积层感知域较小，FCN 可以学习到一些局部区域的特征；较深的卷积层具有较大的感知域，FCN 能够学习到抽象的特征。

FCN 在分割道路图像时，需要理解模型外观(道路、建筑物)、形状(汽车、行人)和空间关系(机动车道和人行横道)。该网络由卷积编码器与解码器构成，包含卷积层、批归一化层、激活层、池化层、上采样层以及分类层等。

直接运用上采样的方法将小图变大到原图大小，得到的图像显然是非常粗糙的，这样只能得到各个类别像素的大致分布，其边界、细节分割效果很差。FCN 后续用了一种巧妙的结构——跳层结构(skip-layer)来提升预测图像边界、细节的效果，即先稍微进行上采样操作使图像扩大一点，再将扩大后的图像与拥有较高分辨率的浅层图像叠加以获取其细节信息。按照不同层次跳层结构的使用，FCN 后续设计了 FCN-32s、FCN-16s、FCN-8s 三个版本，分别对应反卷积的步长，如图 10.16 所示。

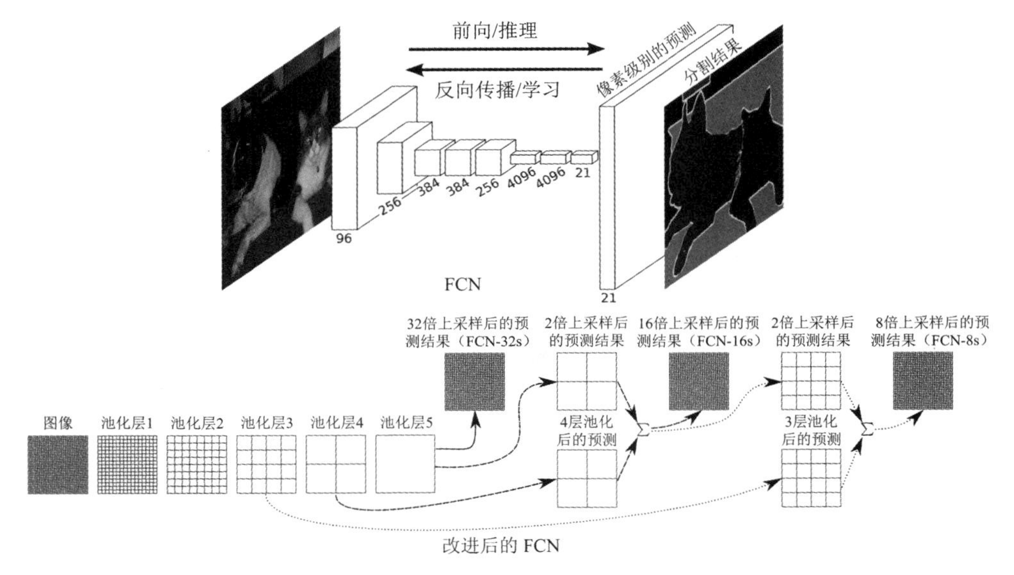

图 10.16 FCN 全卷积神经网络结构及其改进

2. SegNet 语义分割网络模型原理

SegNet(A Deep Convolutional Encoder-Decoder Architecture for Image Segmentation)是一种用于图像分割的深度卷积编码器/解码器架构，也称为语义像素分割。该网络由一个编码器网络、一个相应的解码器网络，以及一个像素分类层组成，首先对输入图像进行低维编码，然后在解码器中利用方向不变性恢复图像。SegNet 的创新之处在于解码器对较低分辨率的特征图进行上采样的方法。SegNet 的网络结构如图 10.17 所示。

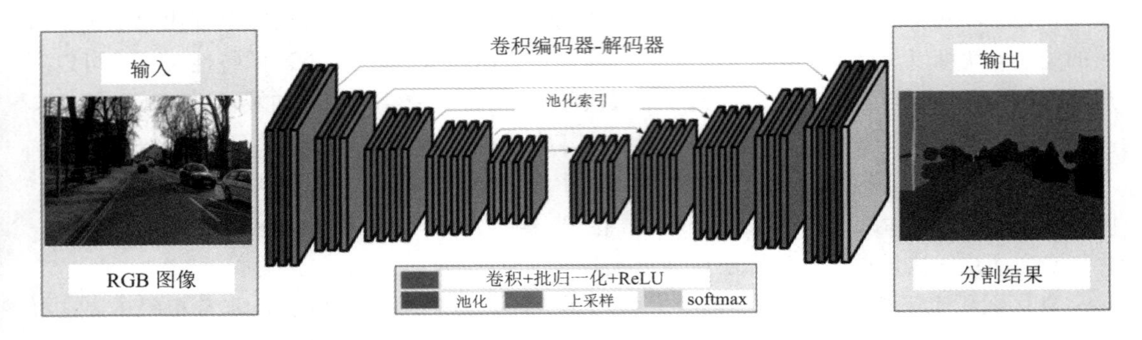

图 10.17　SegNet 网络结构

在图 10.17 中，中间部分的左边通过卷积提取特征，并通过池化操作增大感受野，同时缩小图片，尺度特征被一步步缩小，该过程称为编码过程；右边是反卷积与上采样操作，通过反卷积使得图像分类后的特征得以重现，通过上采样操作使图像还原到原始尺寸，该过程称为解码器。每个编码器层都对应一个解码器层，最终解码器的输出被送入 softmax 分类器并独立地为每个像素产生类概率。编码器/解码器体系结构如图 10.18 所示。

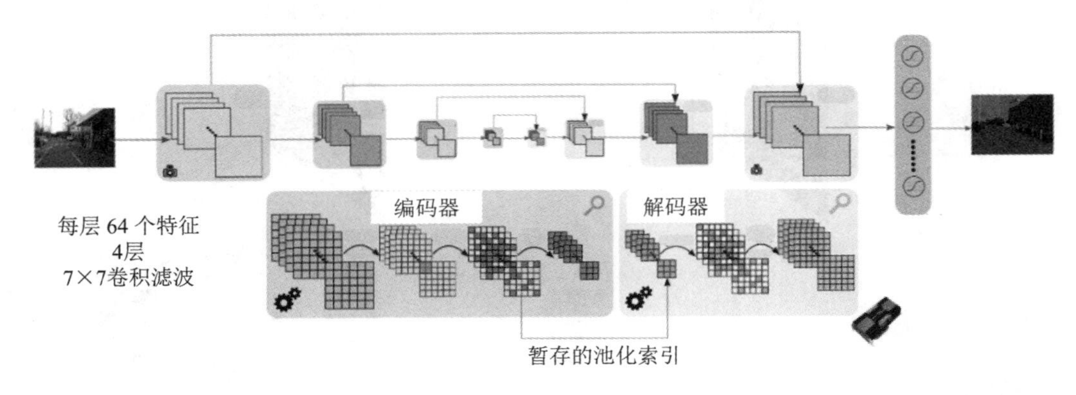

图 10.18　编码器/解码器体系结构

3. 编码器/解码器网络结构介绍

编码器的网络结构与 VGG16 网络中的前 13 层卷积层拓扑结构相同，并且移除了 VGG16 的全连接层(FC)，在最深的编码器输出端保留了分辨率更高的特征图。与其他结构相比，编码器网络结构显著地减少了 SegNet 编码器网络中的参数数据量，使得该网络比其他结构更小、更容易训练。图 10.19 所示为 VGG 的网络结构，其中 D 列即为 VGG16 的网络结构。

卷积网络参数配置					
A	A-LRN	B	C	D	E
11 weight layers	11 weight layers	13 weight layers	16 weight layers	16 weight layers	19 weight layers
输入（224×224大小 RGB图像）					
conv3-64	conv3-64 **LRN**	conv3-64 **conv3-64**	conv3-64 conv3-64	conv3-64 conv3-64	conv3-64 conv3-64
最大池化					
conv3-128	conv3-128	conv3-128 **conv3-128**	conv3-128 conv3-128	conv3-128 conv3-128	conv3-128 conv3-128
最大池化					
conv3-256 conv3-256	conv3-256 conv3-256	conv3-256 conv3-256	conv3-256 conv3-256 **conv1-256**	conv3-256 conv3-256 **conv3-256**	conv3-256 conv3-256 conv3-256 **conv3-256**
最大池化					
conv3-512 conv3-512	conv3-512 conv3-512	conv3-512 conv3-512	conv3-512 conv3-512 **conv1-512**	conv3-512 conv3-512 **conv3-512**	conv3-512 conv3-512 conv3-512 **conv3-512**
最大池化					
conv3-512 conv3-512	conv3-512 conv3-512	conv3-512 conv3-512	conv3-512 conv3-512 **conv1-512**	conv3-512 conv3-512 **conv3-512**	conv3-512 conv3-512 conv3-512 **conv3-512**
最大池化					
全连接-4096					
全连接-4096					
全连接-1000					
softmax					

图 10.19　VGG 网络结构

编码器网络中的每个编码器执行与卷积核的卷积(convolution)，以产生一组特征映射，然后进行批量标准化(batch normalisation)，应用单元非线性激活函数(ReLU)。随后，使用 2×2 大小、2 步幅的窗口(非重叠窗口)执行最大池化。该过程使用的卷积为 same 卷积，即卷积后不改变图像尺寸大小。

解码器网络的作用是将编码器产生的低分辨率特征映射转换成更高分辨率的特征，以便进行逐像素的分类。如图 10.20 所示，池化操作(全局平均池化)之后，每个池化窗口会丢失 3 个权重，这些权重是无法复原的，但是 SegNet 中的池化操作比普通池化操作多了一个索引功能，也就是每次进行池化操作时，都会保存通过 max 选出的权值在 2×2 池化窗口中的相对位置。

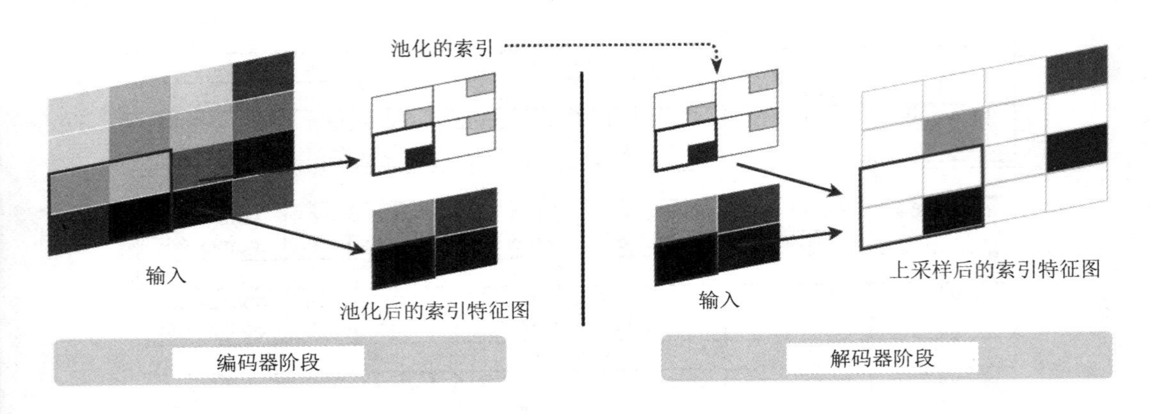

图 10.20　池化索引在编码器和解码器间的传递

在特征解码过程中，使用保存的相对位置(最大池化索引)对其输入特征图进行上采样。从右边的上采样层中可以得知，2×2 大小的输入变为 4×4 大小的输出，但是除了被记住位置的池化索引，其他位置的权值均为 0。因此，SegNet 随后使用反卷积来填充缺失的内容。所以在图 10.17 中跟随上采样层后面的也是卷积层。

上述上采样过程同样使用尺度不变卷积，不过卷积的作用是为上采样后变大的图像丰富信息，使得在池化过程中丢失的信息可以通过学习在解码器中得到。如图 10.21 所示。

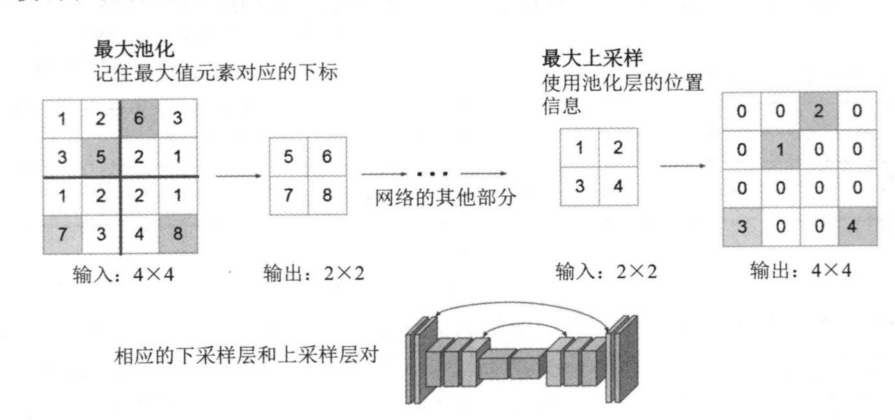

图 10.21　使用池化索引进行上采样

对于图中的5来说，5在左上角的2×2滤波器中的位置为(1，1)(下标从0开始)，7的下标为(1，0)。在最大平均池化过程中，1直接恢复到5的位置，其他位置同上。同时，从网络框架图中可以看到池化层与上采样层通过池化索引相连，实际上是池化后的索引输出到对应的上采样层(因为网络是对称的，所以第1次的池化对应最后1次的上采样，以此类推)。

将单目摄像头采集到的彩色RGB图像输入到SegNet编码器/解码器网络，在编码器的过程中先进行图像尺寸大小不变的卷积来提取特征，得到图像矩阵，接着进行批归一化处理以提高学习速度。最终训练完成的网络可生成当前图像的分割信息并提取出期望结果。

在实验中发现，虽然SegNet盲道分割检测精度较高，但在运算速率要求上，其对硬件的运算性能要求严格。因为此技术应用于指引盲人行走，所以其算法对实时性要求较高。由于盲杖所挂载的树莓派的运算能力有限，并且指引算法需结合方向识别，因此经过探讨，我们采用低延迟的在线盲道检测方法，即将SegNet模型挂载在云端服务器，导盲机器人的摄像头只负责采集以及发送图像数据。云端服务器将图像的道路分割完毕后，将结果再次发回树莓派，进行后续的方向识别等操作。

10.2.5 Show and Tell 场景描述网络原理

基于注意力的图像描述生成器如图10.22所示。

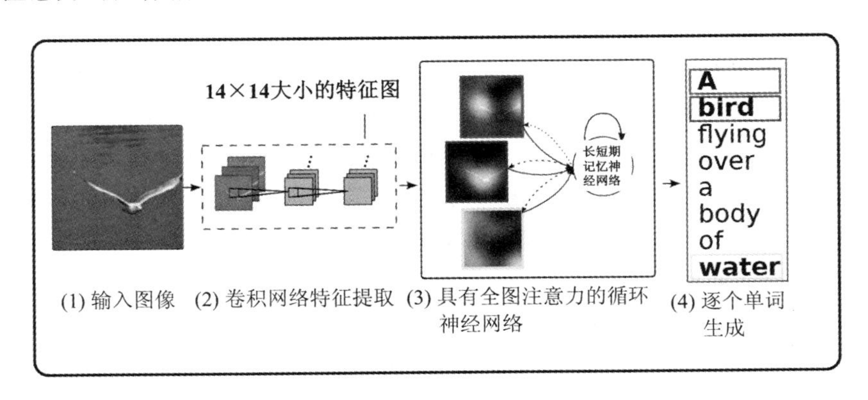

图10.22 基于注意力的图像描述生成器

Show and Tell模型中一个简单的图像描述生成的基础框架如图10.23所示，即用卷积神经网络作为特征提取器将图像转换为特征向量，之后用一个循环神经网络作为解码器(生成器)生成对图像的描述。

该模型采用了编码器/解码器神经网络架构。其算法流程简略介绍如下：首先该模型将一幅图像“编码”成固定长度的向量表征，其次将这一表征“解码”为自然语言描述。

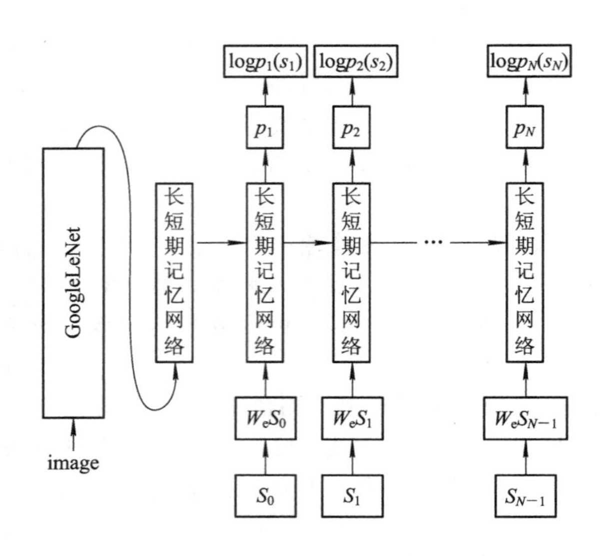

图 10.23　Show and Tell 模型中简单的图像描述生成框架

另外，场景描述中的单词用一个嵌入式模型表征。经过训练，词汇表中的每个单词都与固定长度的向量表征相关联，由此得到语言表征。

10.3　悬空物体避障策略原理及实现

对于盲人日常出行来说，盲道上的自行车、电动车、安全桶等位于地面上的物体通常可以依靠其手中的盲杖感受到并避开；而一旦有形如门框、斜拉电线等位于其上半身的障碍物出现在盲人前方时，由于手杖使用的局限性，他们就很难绕开此类障碍物。为此，我们利用超声波模块，对处于盲区的障碍物进行检测。超声波模块位于导盲机器人的正前方，在其横向 70°的扇形区域内可有效检测到诸如钢笔、螺丝刀般细长的物体，具有极高的灵敏度。通过超声波模块的嵌入，可有效保护盲人避开位于其上半身的盲区。

超声波时序如图 10.24 所示，该超声波模块为收发一体式结构，可向前循环发出 8 个 40 kHz 脉冲，一旦检测到有回波信号则输出回响信号，并返回从输出到接收信号时持续的高电平时间，由此即可算出与前方障碍物的距离。

为提前预知障碍物并适时作出提示，我们将超声波模块所探测的扇形区域划分为两个同心异径的 70°圆，其半径分别为 $R=4$ m，$r=50$ cm。当与障碍物的距离 x 为 $r<x<R$ 范围内时，盲杖将提高探测频率并记录障碍物的大致方位；当 $x\leqslant r$ 时，盲杖会立刻以语音和振动相结合的形式将障碍物的信息反馈给用户并提示其小心和躲避。具体测距模块实物如图 10.25 所示。

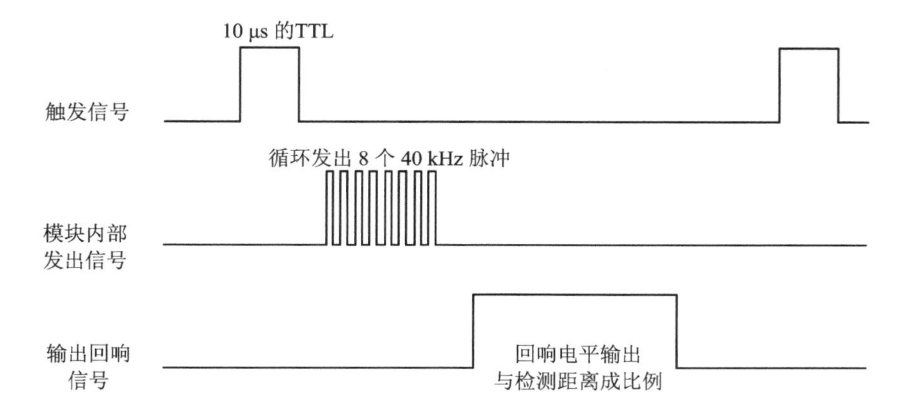

图 10.24　超声波时序图

图 10.25　测距模块实物图

10.4　物体检测与识别实践操作

10.4.1　实验环境

1. 实验环境

本次实践操作所采用的实验环境如表 10.1 所示。

表 10.1　实 验 环 境

条　件	环　境
操作系统	Ubuntu16.04
开发语言	Python3.6
深度学习框架	Pytorch 1.7.0
相关库	OpenCV Torchvision DarkNet

2. 数据集简介

实验中我们采集了自行车、汽车、行人、狗等10类盲道上的常见障碍物的数据进行训练，使该神经网络能够更好地对障碍物进行检测。图10.26所示为我们的队员采集盲道上的自行车数据。下面对图像中的这10类常见障碍物手动使用边框标记，并加上类标。考虑到图像大小的不同，我们首先对图像进行归一化操作。

图 10.26　队员在采集盲道图像

如图 10.27 所示，Pascal VOC 2012 数据集提供了针对视觉任务中监督学习相关的标签数据，它有 20 个类别，主要有人、常见动物、交通车辆、室内家具用品 4 个大类别。该数据主要提供了图像分类、物体检测识别、图像分割三类任务服务。物体检测识别即在测试图像上预测 20 个分类对象的有无与位置信息。此外每幅图像有一个与之对应同名的 XML 文件，XML 文件前面的部分主要声明图像数据来源、大小等元信息。

图 10.27　Pascal VOC 2012 数据集图像

3. 数据集目录

数据集目录如下：

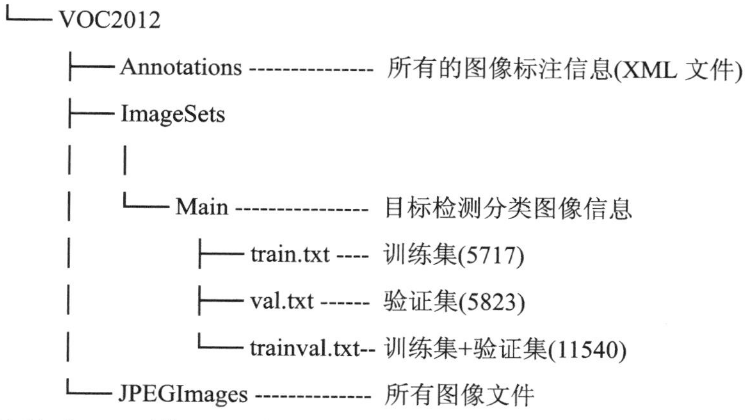

```
VOCdevkit
    └── VOC2012
          ├── Annotations --------------- 所有的图像标注信息(XML 文件)
          ├── ImageSets
          |     |
          |     └── Main ---------------- 目标检测分类图像信息
          |             ├── train.txt ---- 训练集(5717)
          |             ├── val.txt ------ 验证集(5823)
          |             └── trainval.txt-- 训练集+验证集(11540)
          └── JPEGImages -------------- 所有图像文件
```

数据集下载地址：http://host.robots.ox.ac.uk/pascal/VOC/voc2012/index.html#devkit。

10.4.2　实验代码

代码下载地址如下：

```
$ git clone https://github.com/pjreddie/darknet
```

$ cd darknet

$ make

代码文件目录结构如下：

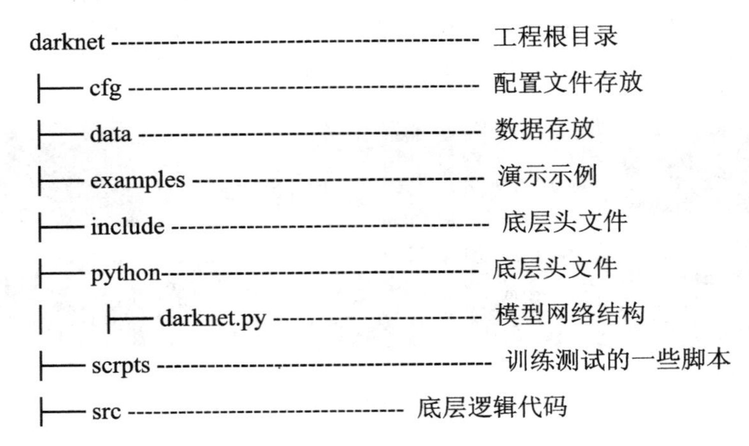

10.4.3 实验操作步骤及结果

1. 数据处理及模型选择

修改./cfg/voc.data 文件，代码如下：

```
classes=20
//修改为训练数据的.txt 目录
train=/home/pjreddie/data/voc/train.txt
//修改为验证数据的.txt 目录
valid=/home/pjreddie/data/voc/2007_test.txt
names=data/voc.names
//修改为模型备份目录
backup=/home/pjreddie/backup/
```

2. 训练模型

训练模型的代码如下：

```
$ ./darknet detector train ./cfg/voc.data ./cfg/yolo-voc.cfg
nohup: ignoring input
2  layer     filters    size           input                output
3    0 conv     32    3 x 3 / 1    416 x 416 x 3 ->    416 x 416 x 32
4    1 max            2 x 2 / 2    416 x 416 x 32 ->   208 x 208 x 32
5    2 conv     64    3 x 3 / 1    208 x 208 x 32 ->   208 x 208 x 64
6    3 max            2 x 2 / 2    208 x 208 x 64 ->   104 x 104 x 128
   |......
31 28 conv   1024     3 x 3 / 1     13 x 13 x 3072 -> 13 x 13 x 1024
32    29 conv    125  1 x 1 / 1     13 x 13 x 1024 -> 13 x  13 x 125
```

```
33    30 detection
34 yolo-voc
35 Learning Rate: 0.0001, Momentum: 0.9, Decay: 0.0005
36 Loaded: 1.850000 seconds
37 Region Avg IOU: 0.358097, Class: 0.065954, Obj: 0.474037, No Obj: 0.508373, Avg Recall: 0.200000, count: 15
38 Region Avg IOU: 0.360629, Class: 0.065775, Obj: 0.466963, No Obj: 0.508891, Avg Recall: 0.178571, count: 28
39 Region Avg IOU: 0.328480, Class: 0.048047, Obj: 0.471501, No Obj: 0.509045, Avg Recall: 0.217391, count: 23
40 Region Avg IOU: 0.387740, Class: 0.060535, Obj: 0.495033, No Obj: 0.509017, Avg Recall: 0.333333, count: 12
41 Region Avg IOU: 0.284584, Class: 0.046532, Obj: 0.471151, No Obj: 0.508602, Avg Recall: 0.090909, count: 22
42 Region Avg IOU: 0.335542, Class: 0.049446, Obj: 0.520727, No Obj: 0.508899, Avg Recall: 0.150000, count: 20
43 Region Avg IOU: 0.366046, Class: 0.055863, Obj: 0.502995, No Obj: 0.509692, Avg Recall: 0.250000, count: 32
44 Region Avg IOU: 0.411998, Class: 0.050235, Obj: 0.497955, No Obj: 0.506873, Avg Recall: 0.375000, count: 16
45 1: 18.557627, 18.557627 avg, 0.000100 rate, 15.430000 seconds, 64 images
46 Loaded: 0.000000 seconds
47 Region Avg IOU: 0.394109, Class: 0.048967, Obj: 0.449230, No Obj: 0.454679, Avg Recall: 0.333333, count: 1548 Region Avg IOU:
0.430337, Class: 0.044501, Obj: 0.475584, No Obj: 0.454697, Avg Recall: 0.250000, count: 16
49 Region Avg IOU: 0.318591, Class: 0.069988, Obj: 0.490419, No Obj: 0.454365, Avg Recall: 0.133333, count: 15
50 Region Avg IOU: 0.335521, Class: 0.060138, Obj: 0.408140, No Obj: 0.454221, Avg Recall: 0.277778, count: 18
51 Region Avg IOU: 0.360168, Class: 0.055241, Obj: 0.456031, No Obj: 0.455356, Avg Recall: 0.307692, count: 13
52 Region Avg IOU: 0.343406, Class: 0.056148, Obj: 0.439433, No Obj: 0.454594, Avg Recall: 0.187500, count: 16
53 Region Avg IOU: 0.349903, Class: 0.047826, Obj: 0.392414, No Obj: 0.454783, Avg Recall: 0.235294, count: 17
54 Region Avg IOU: 0.319748, Class: 0.059287, Obj: 0.456736, No Obj: 0.453497, Avg Recall: 0.217391, count: 23
55 2: 15.246732, 18.226538 avg, 0.000100 rate, 9.710000 seconds, 128 images
56 Loaded: 0.000000 seconds
```

3. 测试模型

经过上述步骤，cfg/子目录中有了 YOLO 的配置文件，可在此处下载预训练的权重文件(237 MB)，或者指定训练好的权重文件，代码如下：

```
$ wget https://pjreddie.com/media/files/yolov3.weights
```

然后运行检测器，代码如下：

```
$ ./darknet detect cfg/yolov3.cfg yolov3.weights data/dog.jpg
```

输出一些日志：

```
    layer      filters     size            input              output
      0 conv     32  3 x 3 / 1   416 x 416 x   3   ->   416 x 416 x  32  0.299 BFLOPs
      1 conv     64  3 x 3 / 2   416 x 416 x  32   ->   208 x 208 x  64  1.595 BFLOPs
      .......
    105 conv    255  1 x 1 / 1    52 x  52 x 256   ->    52 x  52 x 255  0.353 BFLOPs
    106 detection
truth_thresh: Using default '1.000000'
Loading weights from yolov3.weights...Done!
data/dog.jpg: Predicted in 0.029329 seconds.
dog: 99%
truck: 93%
bicycle: 99%
```

通过更改不同的配置文件、权重以及对不同的阈值参数进行测试，这时会弹出检测后的图像，如图 10.28 所示。

图 10.28　测试结果图像

10.5　FCN 盲道分割实践操作

10.5.1　实验环境

1. 实验环境

本次实践操作所采用的实验环境如表 10.2 所示。

表 10.2　实 验 环 境

条　　件	环　　境
操作系统	Ubuntu16.04
开发语言	Python3.6
深度学习框架	Pytorch1.7.0
相关库	Anaconda 3 Pytorch 1.0 Tensorboard TensorboardX

2. 数据集介绍

本次实践操作所采用的数据集为自制的盲道分割数据集，共 346 张图片，其中 290 张用作训练集，28 张用作验证集，28 张用作测试集。其中部分标准如图 10.29 所示。

图 10.29　盲道分割数据集部分标准

3. 数据集目录

数据集目录如下：

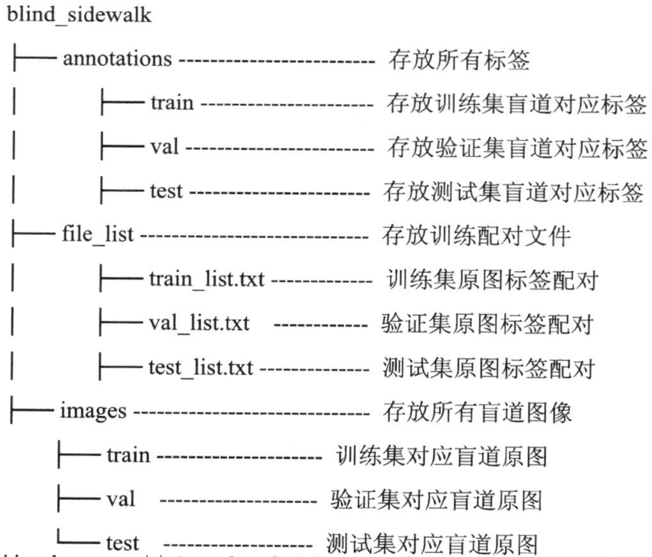

```
blind_sidewalk
├── annotations ------------------------ 存放所有标签
│        ├── train --------------------- 存放训练集盲道对应标签
│        ├── val ----------------------- 存放验证集盲道对应标签
│        ├── test ---------------------- 存放测试集盲道对应标签
├── file_list -------------------------- 存放训练配对文件
│        ├── train_list.txt ------------ 训练集原图标签配对
│        ├── val_list.txt   ------------ 验证集原图标签配对
│        ├── test_list.txt ------------- 测试集原图标签配对
├── images ----------------------------- 存放所有盲道图像
    ├── train -------------------- 训练集对应盲道原图
    ├── val   ------------------- 验证集对应盲道原图
    └── test  ------------------ 测试集对应盲道原图
```

数据集下载地址：https：//aistudio. baidu. com/aistudio/datasetdetail/15501。

10.5.2　实验代码

实验代码下载地址如下：

https：//github. com/fuweifu－vtoo/Semantic－segmentation. git。

代码文件目录结构如下：

```
Semantic-segmentation ---------------------------- 工程根目录
├── asset ---------------------------------------- 测试结果
├── data_loader ---------------------------------- 数据接口
│    ├── dataset.py ------------------------------ 数据接口脚本
├── model ---------------------------------------- 模型结构
│    ├── seg_net.py ------------------------------ 存放 segnet 网络结构
│    ├── u_net.py -------------------------------- 存放 unet 网络结构
├── utils ---------------------------------------- 存在工具类
│    ├── DataArgument.py ------------------------- 数据增强类
├── train_Seg.py --------------------------------- 调用 segnet 进行网络训练
├── train_U.py ----------------------------------- 调用 unet 进行网络训练
├── predict.py ----------------------------------- 对模型进行 inference 预测
```

10.5.3 实验操作步骤及结果

1. 数据预处理

(1) 如图 10.30 所示，数据集在如下链接中进行下载：blind_sidewalk. zip。

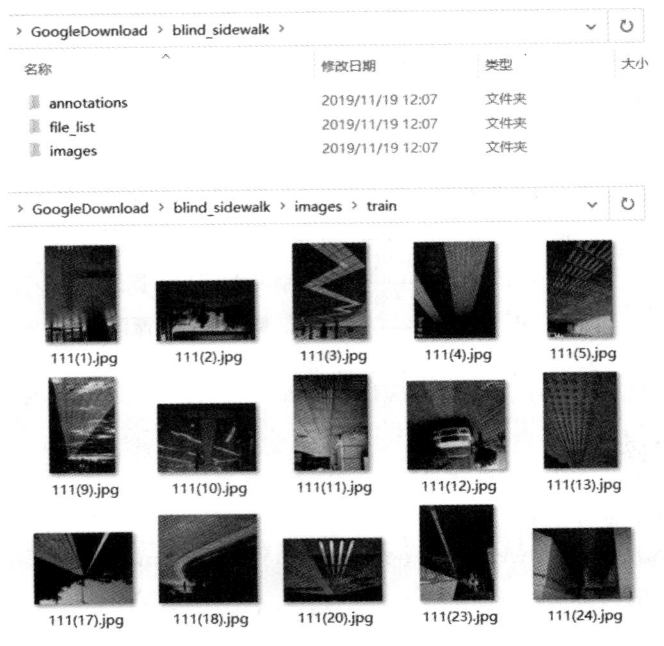

图 10.30 数据集示意图

（2）修改 DataArgument. py 中的 src_data_path，label_data_path，根据算力调整图像的大小，并调整输出图像的路径(这里图像统一裁剪为 512×512 进行训练)，代码如下：

```
img_w = 512
img_h = 512
src_data_path = './data/blind-sidewalk/images/train/'
label_data_path = './data/blind-sidewalk/annotations/train/'
```

2. 训练模型

将 train_Seg. py 文件中的 data_path 更改为当前数据集所在路径，代码如下：

```
$ python train_Seg.py
```

此步骤通过更改 train_Seg. py 文件中的 data_path 参数，使其与我们的数据集相匹配，从而进行训练。

3. 测试模型

测试模型代码如下：

```
$ python predict.py
```

通过更改 predict. py 文件中的 model、model_path 以及对 test_img_path 参数进行测试，这时会弹出一个窗口，从而查看对应的分割图像，其结果如图 10. 31 所示。

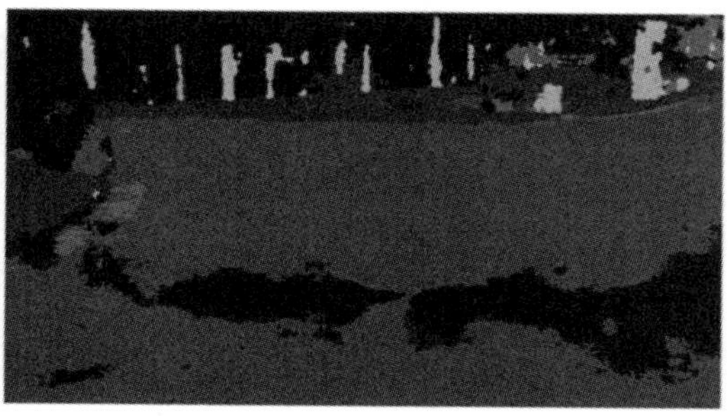

图 10. 31　图像分割结果

10.6　总结与展望

本章综合了多种深度学习算法，例如物体检测识别、导盲检测与导引、场景描述等，并将算法部署在导盲机器人上，解决盲人现有的出行问题。同时，导盲机器人能够让盲人在步行道路上安全顺畅地出行，并且可以获知周围情况，包括动态场景、静态物体等。

对于物体检测识别，在 YOLO 模型提出一年后，其研究者提出了 YOLO 的改进版 YOLO v2 和 YOLO9000；之后又提出了 YOLO v3；随后其他研究者又将 YOLO 模型更新到 YOLO v4 和 YOLO v5 版本；2021 年旷视科技又发表了改进的 YOLO X 算法。对于语义分割，后续也开始逐渐涌现出 Deeplab 系列、HRNet 系列等较新的改进算法。不断迭代更新的网络结构提供了新的精度和速度，为进一步的视觉部署提供了新的解决方案；不断优化迭代的这些算法模型也在推动着导盲机器人的不断改进与完善，随着这些算法模型的不断优化和迭代，导盲机器人能够更好地识别周围环境，更快地做出反应，更准确地为盲人提供帮助。它们将成为盲人生活中不可或缺的伙伴，为其提供安全便捷、舒适的生活体验。

第11章 自动驾驶智能汽车

近年来，随着电子信息领域新技术的发展，物联网、云计算、大数据和移动互联等，正在改变着传统行业。而在汽车行业中，智能汽车、车路协同、出行智能化、便捷服务和车联网等技术正在引起巨大变革。智能汽车将传统汽车技术、汽车电子技术、新一代信息技术和智能交通技术融合在一起，成为现代交通运输发展的主要动力之一。

智能交通是中国交通运输领域发展的前沿方向之一，智能汽车的发展带动了智能交通产业的形成。物联网、云计算、大数据等技术正在推动交通运输产业的革命，中国政府对智能汽车的关注度不断提升。“十二五”期间，国家“863 计划”部署了对智能车路协同的关键技术的研发，并取得了初步成果。其中，基于车路交互技术的车路合作系统已经在实际道路上进行了应用试验。智能汽车和相关技术的快速发展是未来交通运输领域的重要趋势，将会给人们带来更加便捷、高效和智能的交通体验。

本章从自动驾驶行业的发展趋势、技术发展现状、相关技术原理，介绍自动驾驶智能汽车，并以百度 Apollo D-kit Lite 为实验平台，展示自动驾驶技术的实际应用效果，本章结构框架如图 11.1 所示。

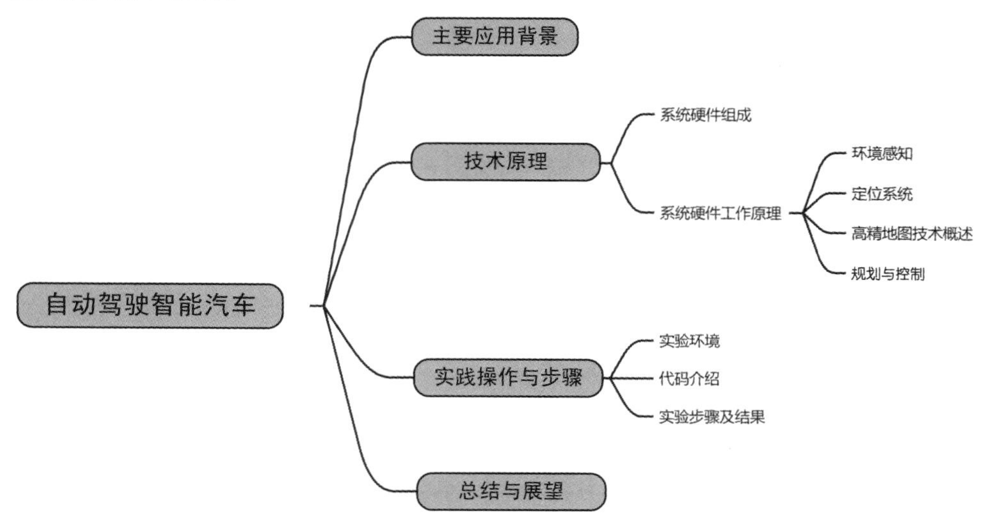

图 11.1　自动架驶智能汽车结构框架图

11.1　主要应用背景

自动驾驶技术是当今汽车行业的一个热点话题。然而，自动驾驶技术的发展并非一蹴而就，需要经历漫长的研发过程。实际上，自动驾驶技术的概念最早可以追溯到 1969 年，但直到 21 世纪初才开始得到初步实现。

2013 年，美国国家公路交通安全管理局率先发布了自动驾驶汽车的分级标准，将汽车的自动化分为特定功能自动化、部分自动化、有条件自动化、完全自动化四个级别。其中，特定功能自动化是指车辆在特定情况下具备自主驾驶的能力，如自动泊车、自动刹车等。部分自动化是指车辆可以自主完成某些任务，如跟车行驶等。有条件自动化是指车辆可以在特定条件下实现全程自主驾驶，但需要人类驾驶员时刻备驾。完全自动化则是指车辆可以在任何条件下自主驾驶，无须人类干预。

此后，美国汽车工程师协会在 NHTSA 的自动驾驶汽车分级标准的基础上于 2014 年发布了 SAE J3016 标准，如表 11.1 所示。在 SAE J3016 标准下，自动驾驶汽车根据自动驾驶系统的功能和使用区域将自动驾驶汽车分为 6 个层级，每个层级对应不同的自动驾驶模式。在完全人类驾驶模式下，驾驶员需要完成所有的感知、操纵和监控工作，包括方向盘、油门踏板和制动踏板等。在辅助驾驶模式下，汽车具有一个或多个特殊自动控制功能，但是驾驶员仍需要完成感知接管和监控干预。在部分自动驾驶模式下，汽车能控制转向和加速减速，但驾驶员需随时准备接管。在有条件的自动驾驶模式下，汽车可以作出如超车等决策，但驾驶员还需保持警觉以应对系统无法处理的情况。在高度自动驾驶模式下，大部分情况下无须人工干预，但通常限于地理围栏内，如城市区域。在完全自动驾驶模式下，完全无须人工干预，没有地理限制，目前仍在测试阶段。

表 11.1　自动驾驶汽车分级标准

SAE 分级	NHTSA 分级	SAE 命名	功　能			区　域	
			驾驶主体	感知接管	监控干预	道路条件	环境条件
Level 0	Level 0	完全人类驾驶	人	人	人	任何	任何
Level 1	Level 1	辅助驾驶	人 | 机器	人	人	限定	限定
Level 2	Level 2	部分自动驾驶	机器	人	人	限定	限定
Level 3	Level 3	有条件的自动驾驶	机器	机器	人	限定	限定
Level 4	Level 4	高度自动驾驶	机器	机器	机器	限定	限定
Level 5		完全自动驾驶	机器	机器	机器	任何	任何

与 NHTSA 标准相比，SAE J3016 标准对自动驾驶的分级说明更为详细，且在世界范围内的应用更广。此外，美国政府也将 SAE J3016 制定的自动驾驶分级标准作为自动驾驶联邦指导方针中的公认标准。

自动驾驶技术的发展与标准制定密不可分。标准化将在全球范围内推动自动驾驶技术的发展与应用。不仅如此，标准化还将促进不同国家、不同企业间的技术交流与合作，从而加速自动驾驶技术的推广和应用。

随着技术的不断进步，自动驾驶技术的发展前景十分广阔。未来，自动驾驶技术将引领汽车行业的革新，带来更加安全、智能、高效的出行方式。此外，自动驾驶技术也将推动智能交通系统的发展，提升整个交通运输行业的效率。同时，标准化将继续在自动驾驶技术的发展中扮演重要的角色。

目前，市面上使用的自动驾驶汽车大都在第 2 级即部分自动化阶段。尽管国外很多公司都声称已在实验阶段达到第 3 级，而自动驾驶汽车需达到第 4 级才能被广泛应用。

为了弥补国内在自动驾驶分级定义标准方面的缺失，中国汽车工程学会制定了中国第一版自动驾驶分级定义标准。该标准将汽车的自动化等级分为驾驶辅助(Level 1)、部分自动化(Level 2)、有条件自动化(Level 3)、高度自动化(Level 4)及完全自动化(Level 5)5级，并对每一级别适用的工况进行了详细说明。与国外制定的自动驾驶分级标准不同之处在于，中国汽车工程学会还对汽车的网联化进行了分级，包括单车网联、车到车网联、车到路网联、路侧网联和云端网联 5 个等级，并对每个等级的特点和适用情况进行了详细说明，同时强调了网联技术在自动驾驶领域的应用。这些标准的制定有助于明确自动驾驶技术的等级和应用场景，可为汽车制造商和相关产业提供规范和指导，同时也为中国自动驾驶技术的发展提供了基础。

目前，国内外许多主机厂已经开始研究智能网联汽车。国内主机厂的研究从第 0 级开始，而国外主机厂已经能够实现第 1 级和第 2 级的智能网联汽车。从第 1 级到第 2 级的过渡需要解决控制策略的选取和不同传感器信息的融合控制等问题。互联网公司在控制策略和高精度地图等方面具有较大的优势，通过与传统主机厂的合作，基本上可以达到 Level 4 的自动化等级标准。然而，各主机厂在智能网联汽车的研究中仍有很长的路要走，需要解决诸如安全性、法律法规、技术标准和用户接受度等问题。

工业和信息化部在上海开展了智能网联汽车试点示范，并在浙江、北京、河北、重庆、吉林、湖北等地推进自动驾驶测试工作。北京出台了智能汽车与智慧交通应用示范 5 年行动计划，计划在 2020 年底完成北京开发区范围内所有主干道路智慧路网改造，并分阶段部署了 1000 辆全自动驾驶汽车的应用示范。在此背景下，百度宣布其研发的基于 Apollo 平台的 4 级自动驾驶巴士“阿波龙”已量产，并将在北京首先投入使用。这些试点和示范项目都是为了推动自动驾驶技术在实际应用中的发展，同时也为相关企业提供了测试和验证的机会。随着自动驾驶技术的不断成熟和政策环境的不断优化，这些试点和示范项目有望为自动驾驶技术在全国范围内的应用和推广提供借鉴和指导。

11.2 技术原理

11.2.1 系统硬件组成

自动驾驶系统是一个复杂的软硬件结合的综合系统，主要分为环境感知、决策规划及控制执行三大技术模块。环境感知模块主要通过摄像头、雷达等高精度传感器为自动驾驶提供环境信息；决策规划模块依据感知系统环境数据，在平台中根据适当的模型进行路径规划等决策；控制执行模块以自适应控制和协同控制方式驱动车辆执行相应的命令动作。

1. 环境感知模块

环境感知与识别能力是自动驾驶车辆行驶安全、自主性和可靠性的基础。环境感知系统的准确性和鲁棒性对车辆的自主驾驶水平起着至关重要的作用，尤其是在复杂的行驶环境下。为了实现环境感知，自动驾驶车辆配备了各种主动和被动传感器，用于获取周围环境的信息。这些传感器收集的数据需要进行处理、融合和理解，以实现无人车辆对行驶环境中障碍物、车道线、红绿灯等的检测。传感器数据处理和融合是环境感知系统的核心部分，旨在将来自多种传感器的数据融合起来，生成准确的环境地图和物体识别信息。这些信息可用于自主导航和路径规划，从而为车辆的自主驾驶提供依据。

2. 决策规划模块

决策规划包括无人车路由寻径、行为决策和动作规划等几个部分。自动驾驶系统需要在行驶过程中规划最优的路径和速度，并基于环境感知数据进行实时决策，确定如何驾驶和响应各种情况。动作规划负责将决策生成的轨迹和速度转化为对车辆控制器的控制命令，从而实现自动驾驶系统的自主导航和驾驶控制。

3. 控制执行模块

在系统架构中，控制执行模块位于最下层，它负责将动作规划模块输出的轨迹点转换为控制车辆油门、刹车和方向盘的信号，并与车辆底层控制接口 CAN BUS 对接。此外，控制执行模块还需要对车辆自身控制和与外界物理环境的交互进行建模。

自动驾驶系统整体技术架构如图 11.2 所示，主要包括 6 个模块：环境感知系统、定位导航系统、路径规划系统、运动控制系统、辅助驾驶系统和中央处理单元。这些模块通过数据传输总线相互连接，共同构成了自动驾驶的完整功能链路。

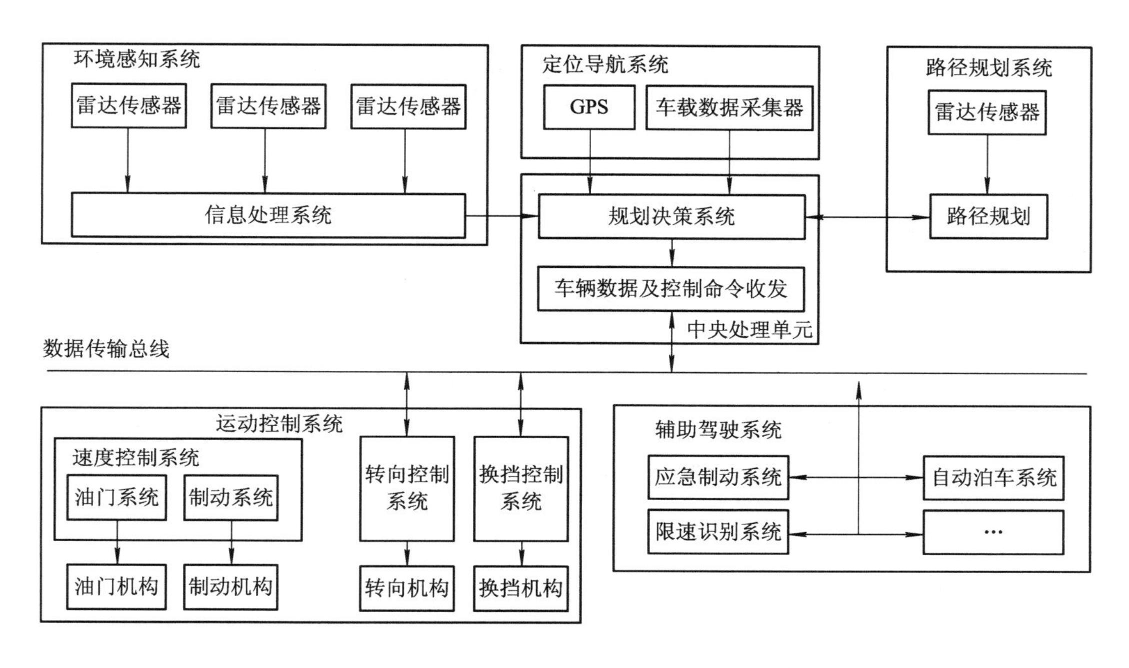

图 11.2 自动驾驶系统整体技术架构

环境感知和定位导航系统是自动驾驶的核心，负责收集周围信息以及用于车辆精确定位和环境理解。它们使用多种传感器(如雷达、GPS 和车载数据采集器)获取车辆状态、路面条件、交通标志和障碍物等信息，进而能够对环境有全面的认知。

运动控制系统、路径规划系统和中央处理单元是系统的“大脑”，它们负责预测、判断和规划，以选择最佳路径达成目标。辅助驾驶系统则提供必要的支持，如自动泊车、车道保持等功能，确保安全性和驾驶舒适性。所有这些模块的协同工作不断优化系统性能，实现更安全可靠的自动驾驶体验。

11.2.2 系统硬件工作原理

1. 环境感知

感知、决策、控制是自动驾驶的 3 个环节，感知环节采集周围环境的基本信息，这些信息是自动驾驶的基础。自动驾驶汽车通过传感器来感知环境，所用到的传感器主要包括摄像头、毫米波雷达和激光雷达。表 11.2 列出了现有的多种传感器在远距离测量能力、传感器分辨率、对天气的依赖性等诸多无人驾驶关键特性上的性能表现。不同的传感器各有优劣，很难在使用单一传感器的情况下实现对无人驾驶功能性与安全性的全面覆盖，因此在感知系统中采用多传感器融合技术是必要的。

表 11.2 环境感知系统传感器优缺点

	摄像头	毫米波雷达	激光雷达
远距离测量能力	优	优	优
传感器分辨率	优	优	较好
对天气的依赖性	严重	较轻	严重
硬件成本	低	低	高

(1) 摄像头。

车载摄像头是高级驾驶辅助系统(ADAS)的主要视觉传感器，它采用图像处理技术和计算机视觉算法来实现车辆周围环境的感知和识别。其工作原理包括采集图像、模式识别、估算目标物体与本车的相对距离和相对速度等。车载摄像头在自动驾驶技术中具有重要的作用，应用范围广泛。在 ADAS 中，车载摄像头主要用于前方障碍物检测、车道线识别、行人识别、交通标志识别等。相对于其他传感器，车载摄像头具有成本低、信息丰富和最接近人类视觉的语义信息等优点。同时，车载摄像头的技术也已经非常成熟，市场上有大量成熟的产品供应。此外，车载摄像头可以提供高分辨率、高色彩还原度、高亮度和对比度等特点的图像，有利于辅助系统的运作和提高安全性。

但是，车载摄像头的缺点也不可忽视。首先，车载摄像头很容易受光照和环境影响，很难在能见度较低的情况下工作。此外，它缺乏深度信息和三维立体空间感，这意味着难以实现对目标物体的精确识别和跟踪。这些缺点限制了车载摄像头在自动驾驶技术中的应用范围。

为了克服这些局限，目前许多厂商已经开始研究车载摄像头与其他传感器的结合，实现信息的融合。同时，新型车载摄像头的技术也在不断升级，例如，采用高动态范围(HDR)技术和多目标跟踪技术等，以提高其在复杂场景下的表现。总之，车载摄像头作为自动驾驶技术中的重要组成部分，需要根据具体应用场景来合理搭配其他传感器。

在无人车上使用的摄像头主要有单目、双目(立体)和环视摄像头 3 种类型。单目摄像头主要用于探测车辆前方环境，可以识别道路、车辆、行人等，但其技术难点在于模型用到的机器学习算法的智能程度或者模式识别的精度。双目摄像头通过对两幅图像视差的计算进行距离测量，而不依赖检测算法，同时也不依赖障碍物类型。但在处理规则性物体时容易出现错误。环视摄像头一般至少包含 4 个摄像头，分别安装在汽车的前后左右侧，实现 360°环境感知。环视摄像头的难点在于畸变还原与图像之间的对接，需要采用复杂的计算方法。

总体而言，摄像头的技术成熟、成本低、信息丰富，包含最接近人类视觉的语义信息，但其缺点是受光照和环境影响大，很难在能见度较低的情况下工作，也缺乏深度信息和三维立体空间感。因此，在无人车感知系统中，摄像头可以作为一个重要的视觉传感器，但需要与其他传感器进行数据融合，以提高整体的感知能力。

(2) 激光雷达。

激光雷达(LiDAR)是一种利用激光束探测目标的位置、速度等特征量的雷达系统。它的工作原理是向目标发射探测信号，接收目标反射回来的信号进行比较，从而获得目标的有关信息。利用激光雷达可以对障碍物、移动物体等目标进行探测、跟踪和识别。它具有测量精度高、数据量大、稳定性好等优点，是自动驾驶领域中常用的感知设备之一。图 11.3 所示为激光雷达的工作示意图，它可以通过对目标物不断地扫描，得到目标物上所有目标点的数据，使用这些数据进行图像处理，可以得到非常精确的三维立体图像，从而为车辆的自主导航和路径规划提供依据。

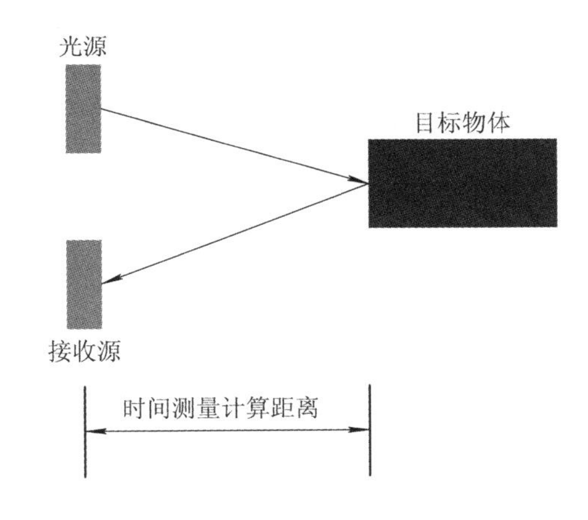

图 11.3　激光雷达工作示意图

相比于微波雷达，激光雷达具有高分辨率和精度、抗有源干扰能力强、信息量丰富的优点，因此被广泛应用于自动驾驶领域。但是激光雷达的技术难度较大，需要高精度的扫描器和距离传感器等设备来获取被测目标的表面形态。

然而，激光雷达在雨雪、雾霾天气条件下精度会下降，难以分辨交通标志的内容和红绿灯颜色，易受其他车辆的激光雷达等光线影响以及大气环流的干扰，这也是激光雷达在无人驾驶领域中的局限性。此外，目前激光雷达成本较高，因此在实际应用中，激光雷达通常与其他传感器(如摄像头、雷达等)一起使用，以达到更加精准的环境感知和决策规划。

尽管激光雷达存在着一些局限性和成本高昂的问题，但是其高分辨率和精度等优点仍然使其成为自动驾驶领域中的重要技术之一。随着技术的进步和成本的下降，激光雷达将更加普及，并在未来的无人驾驶系统中发挥越来越重要的作用。

(3) 毫米波雷达。

毫米波雷达工作在毫米波波段，是一种适合自动驾驶汽车领域的感知传感器。毫米波雷达通过发射无线电信号并接收反射信号来测定与物体间的距离，从而快速准确地获取汽车周围的物理环境信息。与激光雷达相比，毫米波雷达具有更好的适应性，可以在不同的天气条件下使用，还可以穿透障碍物，获取被遮挡的信息。同时，毫米波雷达也具有微波雷达和光电雷达的优点，是一种较为理想的汽车感知传感器。

车载毫米波雷达可以对车辆周围的环境进行实时监测，为驾驶员提供丰富的环境信息，如距离、速度、方向等，它可以告知或警告驾驶员，或及时对汽车做出主动干预，从而保证驾驶过程中的安全性和舒适性，降低事故发生的概率。此外，毫米波雷达还可以进行车道检测、障碍物检测和行人检测等任务，为无人驾驶汽车提供更为全面的感知能力，以确保车辆的安全行驶。

虽然毫米波雷达具有很多优点，但是在使用过程中也存在一些缺点。例如，其精度受天气影响，在恶劣天气下，它的使用会受到限制。此外，毫米波雷达的成本相对较高，增加了自动驾驶汽车的制造成本。但是，随着技术的发展和成本的下降，毫米波雷达将会成为自动驾驶汽车中不可或缺的感知传感器之一，为汽车行业的发展注入新的动力。

2. 定位系统

车辆定位是让无人驾驶汽车获取自身确切位置的技术，在自动驾驶技术中定位担负着相当重要的职责。车辆自身定位信息获取的方式多样，涉及多种传感器类型与相关技术，下面主要介绍卫星定位、差分定位、惯性导航定位等定位技术。

(1) 卫星定位技术。

GNSS(全球导航卫星系统)是为全球范围内的各类载体提供位置、速度和时间信息的卫星导航定位系统。GNSS 主要包括 GPS、GLONASS、Galileo、BeiDou 等多个系统，它们都以人造地球卫星为导航台，通过发射卫星信号，被载体设备接收并处理信号，从而实现定位导航。GNSS 技术应用广泛，特别是在自动驾驶领域，定位信息对自动驾驶车辆的精准驾驶、行驶路径的规划和交通安全等方面都具有重要的意义。

GNSS 定位可解决观测瞬间卫星的空间位置和测量站点卫星之间的距离两个方面的问题。接收到 GNSS 卫星信号后，自动驾驶车辆可以通过解算卫星信号到达时间、卫星位置以及自身接收机的位置，来计算车辆的位置和速度信息，从而提供给决策规划系统使用。

在 GNSS 系统的基础上，还有星基增强系统和地基增强系统。星基增强系统通过在地球轨道上增加卫星数量、提高信号发射功率、使用可变增益天线等方式来提高定位精度和鲁棒性。地基增强系统则通过在地面上建立基站网络，获取和处理卫星信号，再向接收设备发送增强信号，提供高精度的定位服务。这些增强系统可以有效提高 GNSS 系统的可靠性和精度，使得自动驾驶车辆能够更准确地感知周围环境，提高行驶安全性。

(2) 差分定位技术。

差分定位技术是指通过利用已知位置的基准站或流动站，将公共误差估算出来，并通过相关的补偿算法完成精确定位，消除公共误差，从而提高定位精度的技术。差分定位的基本原理是在一定地域范围内设置一台或多台接收机，将一台已知精密坐标的接收机作为差分基准站，基准站连续接收差分定位信号，并与基准站已知的位置、距离数据进行比较，从而计算出差分校正量。差分定位主要分为位置差分、伪距差分和载波相位差分，根据差分校正的目标参量的不同而定。通过使用差分定位，可以大幅度提高 GPS 测量的精度和可靠性，进而为自动驾驶汽车提供更加精准和可靠的定位信息。差分定位技术在许多领域都有广泛的应用，如航空、航海、测绘和农业等。

（3）惯性导航定位技术。

惯性导航系统(INS)是一种自主式导航系统，使用陀螺仪和加速度计作为敏感器件，并以陀螺仪的输出为基础建立导航坐标系。惯性导航的基本工作原理(其惯性传导单元见图 11.4)是通过测量载体在惯性参考系中的加速度，将它对时间进行积分，且把它变换到导航坐标系中，就能够得到在导航坐标系中的速度、偏航角和位置等信息。惯性导航系统可以单独工作，也可以与其他导航系统结合使用，以提高精度和可靠性。加速度计测量运动体的加速度大小和方向，通过积分获得速度，再积分可得到位移；陀螺仪测量运动体在各个轴向的旋转角速率，可给出航向和姿态角；磁力仪测量磁场强度和方向，定位运动体的方向，同时可以用于校准陀螺仪的漂移。惯性导航系统是一种高精度、高可靠性的导航系统，适用于高精度定位和导航的场景。然而，由于误差会随着时间不断积累，惯性导航系统的定位精度会随着时间的推移而降低，因此需要不断地进行校正和修正。总体而言，惯性导航系统在航空、航天、海洋、军事等领域有着广泛的应用。惯性导航系统三维轨迹递推的公式推演如下，利用它可以获取系统位置。

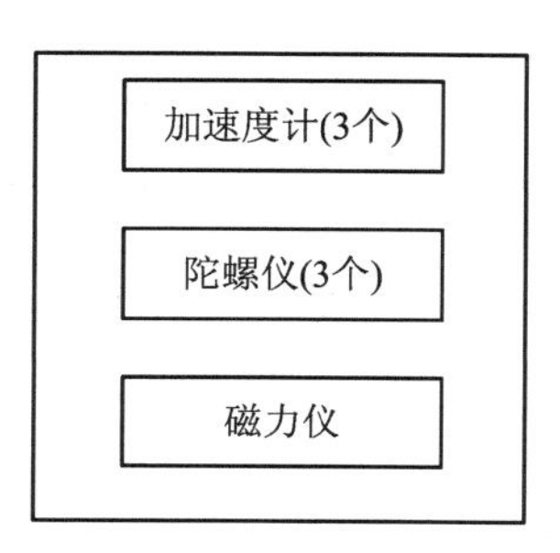

图 11.4　惯性传导单元

① 一维航迹递推。

对于一维航迹递推，考虑在如图 11.5(在一个固定的方向上)所示的移动的场景。要在这种情况下进行航迹递推，只需要将一个加速度计安装在物体上，并使加速度计的敏感轴方向与汽车运动方向一致，即可得到物体的速度和位移。

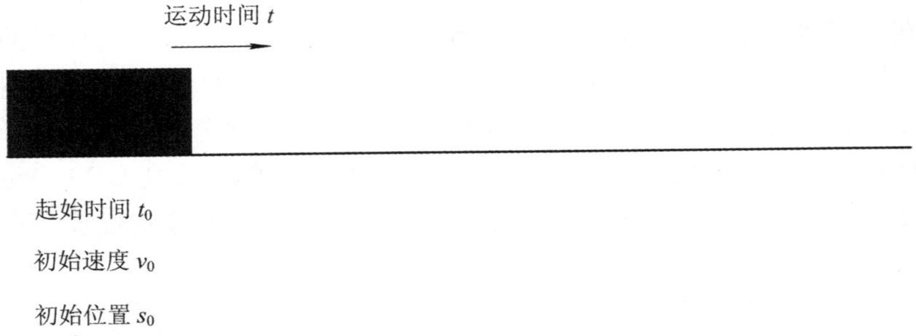

运动时间 t

起始时间 t_0

初始速度 v_0

初始位置 s_0

图 11.5　物体直线运动示意图

已知物体的初始位置 s_0，初始速度 v_0，通过对加速度 a 进行积分即可得到汽车在 t 时刻的速度 v_t，即

$$v_t = \int a\mathrm{d}t = at + v_0 \tag{11.1}$$

对速度v_t进行积分得到汽车在 t 时刻的位移s_t，即

$$s_t = \int v_t\mathrm{d}t = \int (at + v_0)\mathrm{d}t = \frac{1}{2}at^2 + v_0 t + s_0 \tag{11.2}$$

② 二维航迹递推。

在二维航迹递推中，将汽车看作在二维平面(x, y)上的运动，需要已知汽车的起始点(x_0, y_0)和起始航向角 A_0。通过实时检测汽车在 x、y 两个方向上的行驶距离和航向角的变化，即可实时推算汽车的二维位置。

图 11.6 是将曲线运动近似为直线运动的捷联式惯性导航二维航迹递推示意图，其中黑色圆点表示汽车位置，θ 表示汽车与北向间的夹角，长方形表示加速度计与陀螺仪，陀螺仪敏感轴垂直于纸面向外。在进行类似一维航迹递推中的积分运算前，需要将惯性测量单

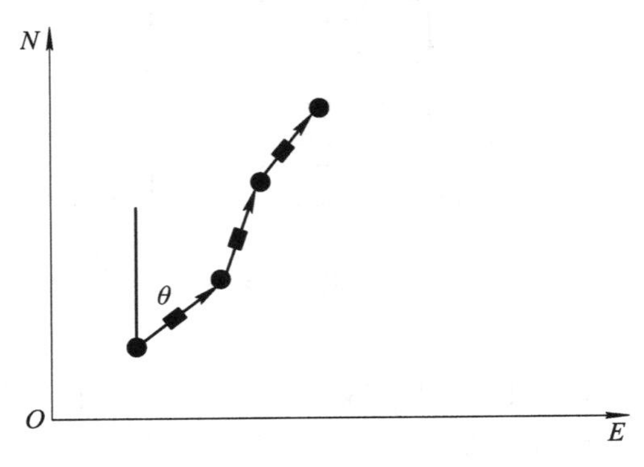

图 11.6　捷联式惯性导航二维航迹递推示意图

元的输出转换到导航坐标系中。汽车转弯将使陀螺仪产生一个相对于导航坐标系方向角变化的角速度 ω，结合起始航向角 A_0，对陀螺仪测量得到的角速度进行积分可以得到航向角 A_t，即

$$A_t = \int \omega \mathrm{d}t + A_0 \tag{11.3}$$

汽车速度变化将产生 IMU(惯性测量单元)坐标系下的加速度 a_t，但是其推算需要用到在导航坐标系中的加速度 a_N，使用航向角 A_t 可以将惯性测量单元的测量信息转换到导航坐标系中。

IMU 坐标轴 x、y 与导航坐标轴 E、N 存在夹角 θ，因此加速度 a_E 和加速度 a_N 即为

$$a_E = a_y \sin\theta + a_x \cos\theta \tag{11.4}$$

$$a_N = a_y \cos\theta - a_x \sin\theta \tag{11.5}$$

其矩阵形式为

$$\begin{pmatrix} a_E \\ a_N \end{pmatrix} = \begin{pmatrix} \cos\theta & \sin\theta \\ -\sin\theta & \cos\theta \end{pmatrix} \begin{pmatrix} a_x \\ a_y \end{pmatrix} \tag{11.6}$$

其中，$\begin{pmatrix} \cos\theta & \sin\theta \\ -\sin\theta & \cos\theta \end{pmatrix}$为坐标转换的二维旋转矩阵。

得到导航坐标系中的加速度，即可对其积分得到速度，即

$$\begin{cases} v_E = \int (a_y \sin\theta + a_x \cos\theta) \mathrm{d}t \\ v_N = \int (a_y \cos\theta - a_x \sin\theta) \mathrm{d}t \end{cases} \tag{11.7}$$

再进行积分，得到导航坐标系中的位移，即

$$\begin{cases} x_E = \iint (a_y \sin\theta + a_x \cos\theta) \mathrm{d}t\mathrm{d}t \\ x_N = \iint (a_y \cos\theta - a_x \sin\theta) \mathrm{d}t\mathrm{d}t \end{cases} \tag{11.8}$$

其矩阵形式为

$$\begin{pmatrix} x_E \\ x_N \end{pmatrix} = \iint \begin{pmatrix} \cos\theta & \sin\theta \\ -\sin\theta & \cos\theta \end{pmatrix} \begin{pmatrix} a_x \\ a_y \end{pmatrix} \mathrm{d}t\mathrm{d}t \tag{11.9}$$

③ 三维航迹递推。

三维航迹递推需要 3 个陀螺仪来测量载体相对于惯性空间的旋转角速率，需要 3 个加速度计来测量载体相对于惯性空间受到的比力(加速度测量的非重力加速度)。陀螺仪与加速度计信息流向如图 11.7 所示，载体的合加速度是重力加速度和其他外力产生的加速度的合成。载体的运动状态可以通过合加速度和姿态角来描述。合加速度是重力加速度和其他外力产生的加速度的合成。陀螺仪可以测量载体绕 X、Y、Z 轴的角速度，通过对角速度的

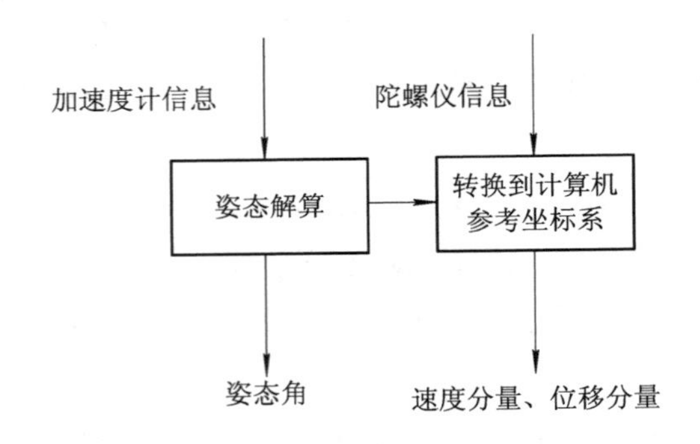

图 11.7　陀螺仪与加速度计信息流向

积分可以得到3个姿态角。加速度计可以测量载体在 X、Y、Z 轴方向的加速度，但测量值会包含重力加速度，因此需要通过三维旋转矩阵将加速度计测量值投影到导航坐标系中，以消除重力加速度的影响。这样就可以得到不包含重力加速度的加速度测量值，从而确定载体在空间中的运动状态。下面给出基础三维旋转矩阵，其中 γ、α、β 分别对应3个姿态角的翻滚角、俯仰角、航向角，下列公式分别表示绕 x、y、z 轴旋转 γ、α、β 的旋转矩阵。

$$\boldsymbol{R}_x(\gamma)=\begin{pmatrix}1 & 0 & 0\\ 0 & \cos\gamma & \sin\gamma\\ 0 & -\sin\gamma & \cos\gamma\end{pmatrix} \tag{11.10}$$

$$\boldsymbol{R}_y(\alpha)=\begin{pmatrix}\cos\alpha & 0 & -\sin\alpha\\ 0 & 1 & 0\\ \sin\alpha & 0 & \cos\alpha\end{pmatrix} \tag{11.11}$$

$$\boldsymbol{R}_z(\beta)=\begin{pmatrix}\cos\beta & \sin\beta & 0\\ -\sin\beta & \cos\beta & 0\\ 0 & 0 & 1\end{pmatrix} \tag{11.12}$$

对于上述3个基础旋转矩阵，其旋转次序不可忽略，旋转次序也称顺规，顺规可以自由组合。γ、α、β 在不同的顺规中有不同的复合旋转矩阵。例如，先绕 x 轴旋转 γ，或者先绕 y 轴旋转 β，最后会得出不同的复合旋转矩阵。一般情况下不同顺规完成的旋转效果相同，但当 y 轴旋转90°时，会导致 x 轴和 z 轴重合而失去 x 轴的自由度，即万向节死锁(gimbal lock)。下面举例说明复合旋转矩阵的计算，zyx 顺规下的复合旋转矩阵为

$$\begin{aligned}\boldsymbol{R}(\gamma,\alpha,\beta)&=\boldsymbol{R}_x(\gamma)\boldsymbol{R}_y(\alpha)\boldsymbol{R}_z(\beta)\\ &=\begin{pmatrix}\cos\alpha\cos\beta & \cos\alpha\sin\beta & -\sin\alpha\\ -\cos\gamma\sin\beta+\sin\gamma\sin\alpha\cos\beta & \cos\gamma\sin\beta+\sin\gamma\sin\alpha\sin\beta & \sin\gamma\cos\alpha\\ \sin\gamma\sin\beta+\cos\gamma\sin\alpha\cos\beta & -\sin\gamma\sin\beta+\cos\gamma\sin\alpha\sin\beta & \cos\gamma\cos\alpha\end{pmatrix}\end{aligned} \tag{11.13}$$

结合初始航向角，对这 3 个加速度做一次积分可得到三维的速度信息，做两次积分运算可得到三维的位移信息。

3. 高精度地图技术概述

高精度地图是为自动驾驶汽车设计的一种特殊地图，可以帮助自动驾驶系统克服一些性能限制，同时拓展传感器的检测范围。高精度地图的数据来源包括激光雷达扫描、高分辨率卫星图像、摄像头拍摄等多种技术手段，是自动驾驶领域中重要的技术之一。

高精度地图与普通导航地图在精度、用户对象、更新要求和数据维度等方面存在差异。高精度地图的精度高达厘米级，主要面向自动驾驶系统，需要周级或天级更新以保证实时性和安全性；数据维度更广，包括道路、交通标志牌和信号灯等详细信息。而普通导航地图面向人类驾驶员，精度一般为米级，更新周期一般在月度或季度级别，数据维度相对简单，只包括道路等级、几何形状等。高精度地图的多维数据为自动驾驶车辆提供了更准确的定位、路径规划和行驶决策等功能，为实现自动驾驶提供了重要的支持。

高精度地图作为自动驾驶的稀缺资源和必备构件，能够满足自动驾驶汽车在行驶过程中地图精确计算匹配、实时路径规划导航、辅助环境感知、驾驶决策辅助和智能汽车控制的需要，并在辅助环境感知、辅助定位、辅助路径规划、辅助决策控制等方面发挥着至关重要的作用。

（1）辅助环境感知。

高精度地图是一种针对自动驾驶汽车的特殊地图，其优点主要体现在以下几个方面。首先，高精度地图可以对传感器无法探测的部分进行补充，提供对实时状况的监测和外部信息反馈，从而提高自动驾驶车辆的感知能力。其次，高精度地图能够提高车辆对周围环境的鉴别能力，通过地图上的详细信息，自动驾驶车辆可以更加准确地理解周围环境。

此外，相比其他传感器，高精度地图不会过滤车辆、行人等活动障碍物，可以帮助自动驾驶车辆发现周围物体，提高行驶的安全性。同时，高精度地图在检测静态物体方面也有优势，包括范围广、不受干扰，可以检测所有静态及半静态物体，不占用过多处理能力等特点，这些特点使高精度地图成为自动驾驶车辆感知环境的重要辅助手段。

（2）辅助定位。

由于存在各种定位误差，因此地图上的移动汽车并不能与周围环境始终保持正确的位置关系。在汽车行驶过程中，利用地图匹配可精确定位汽车在车道上的具体位置，从而提高汽车定位的精度。相较于更多地依赖 GNSS 提供定位信息的普通导航地图，高精度地图更多地依靠其准确且丰富的先验信息，通过结合高维度的数据与高效率的匹配算法，能够实现更高精度的匹配与定位。

（3）辅助路径规划。

普通导航地图仅能给出道路级的路径规划，而高精度地图的路径规划导航能力则提高到了车道级，可以保证汽车尽可能地靠近车道中心行驶。

(4) 辅助决策控制。

高精度地图是对物理环境道路信息的精准还原，可为汽车加减速、并道和转弯等驾驶决策控制提供关键道路信息。另外，高精度地图能给汽车提供超视距的信息，并与其他传感器形成互补，辅助系统对汽车进行控制。

高精度地图为汽车提供了精准的预判信息，在提升汽车安全性的同时，有效降低了车载传感器和控制系统的成本。

4. 规划与控制

自动驾驶汽车作为一个复杂的软硬件结合系统，需要车载硬件、传感器集成、感知、预测以及规划控制等多个模块的协同配合工作。感知预测和规划控制的紧密配合非常重要。这里的规划与控制在广义上可以划分成自动驾驶汽车路径规划(包括路由寻径、行为决策、动作规划)和运动控制，如图 11.8 所示。

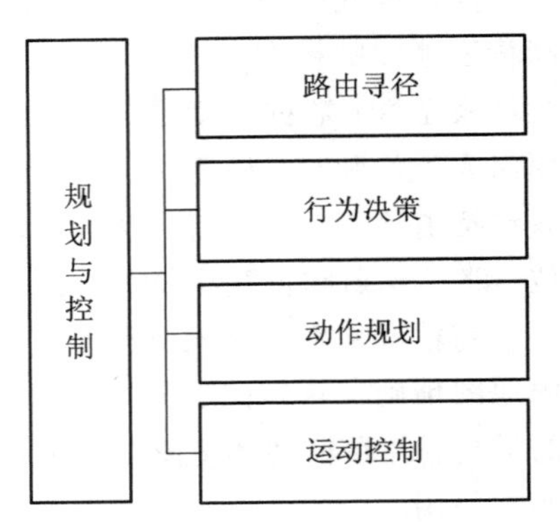

图 11.8　规划与控制的组成

(1) 路径规划。

路由寻径、行为决策和动作规划这三个环节合称为路径规划，它们基于上层的感知预测结果来工作。从功能角度来看，路径规划可以进一步细分为全局路径规划和局部路径规划两个部分。全局路径规划负责确定从起点到终点的整体路线，而局部路径规划则聚焦于即时的避障和调整，以应对复杂的路况或突发情况。

① 路由寻径。

全局路径规划是自动驾驶汽车软件系统中的一个模块，主要用于指导车辆按照何种路线行驶。它基于已知的电子地图和起点终点信息，采用路径搜索算法计算出一条最优的全局期望路径。这条路径可以提前离线计算，也可以在行驶中实时重新规划。全局路径规划的主要作用在于为车辆提供一条指引方向，避免其在探索环境时盲目行驶。路由寻径模块是全局路径规划模块的一部分，主要解决从起点到终点的最佳行驶路线规划问题。

② 行为决策。

行为决策模块集成了路由寻径、感知预测和地图信息，基于这些数据以及车辆当前状态和周边环境，制定自动驾驶汽车的行驶策略。这包括确定在道路上的行驶行为以及如何与其他车辆和行人安全互动。行为决策层面汇集了所有重要的车辆周边信息，不仅包括自动驾驶汽车本身的当前位置、速度、朝向以及所处车道，还收集了自动驾驶汽车一定距离以内所有重要的感知相关的障碍物信息。行为决策层需要解决的问题，就是在知晓这些信息的基础上，如何决定自动驾驶汽车的行驶策略。

③ 动作规划。

局部路径规划模块是动作规划模块的一部分，也是自动驾驶汽车系统中的一个重要模块，其以车辆所在局部坐标系为准，将全局期望路径转化为局部期望路径，为自动驾驶汽车提供导向信息。局部期望路径要求路径上的每一点都可以表示车辆状态的信息，且必须满足位置、切向方向和曲率的连续变化。基于一定的环境地图，局部路径规划模块需要寻找一条满足车辆运动学约束和舒适性指标的无碰撞路径，并确保生成的局部路径具备对全局路径的跟踪能力与避障能力。局部路径规划还包括路径生成和路径选择两个阶段，路径生成完成对全局路径的跟踪，路径选择完成障碍分析，以确保自动驾驶汽车的安全性和可靠性。

行为决策和动作规划需要紧密协调配合，以确保它们的输出逻辑一致。全局路径规划的作用在于产生一条全局路径指引车辆的前进方向，避免车辆盲目地探索环境，而行为决策和动作规划需要在路由寻径的基础上进一步优化车辆的行驶路线和行驶行为。因此，各个模块之间需要高效地协同工作，才能实现自动驾驶汽车安全、稳定和高效地行驶。

（2）运动控制。

运动控制是自动驾驶汽车研究领域的核心问题之一，涉及根据周围环境和车体状态信息做出决策并向控制系统发出指令的过程。运动控制包括横向控制、纵向控制和横纵向协同控制三个部分。其中，横向控制主要研究自动驾驶汽车的路径跟踪能力，保证行驶安全、平稳和乘坐舒适；纵向控制主要研究自动驾驶汽车的速度跟踪能力，控制车速巡航或保持与前方车辆一定的距离。横向或纵向控制单独不能满足自动驾驶汽车需求，需要横纵向协同控制来应对复杂场景。运动控制的目标是实现自动驾驶汽车的平稳行驶、精准控制和安全运行，为实现自动驾驶汽车的商业化应用提供坚实的技术支持。

① 横向控制。

自动驾驶汽车模型和环境的不确定性与测量不精确性增加了运动控制的难度。横向控制是其中一个重要的控制模块，主要用于控制车辆的航向，通过改变方向盘扭矩或角度来实现，如图 11.9 所示。为了解决横向控制问题，可以建立道路-汽车动力学控制模型，采用最优预瞄驾驶员原理和侧向加速度最优跟踪 PD 控制器来设计汽车的横向控制系统。此外，构建预瞄距离自动选择的最优控制器，以汽车纵向速度和道路曲率为输入，预瞄距离为输出，可以实现横向运动的自适应预瞄最优控制。这些方法可以有效解决横向控制的问题，提高自动驾驶汽车的运动控制能力。

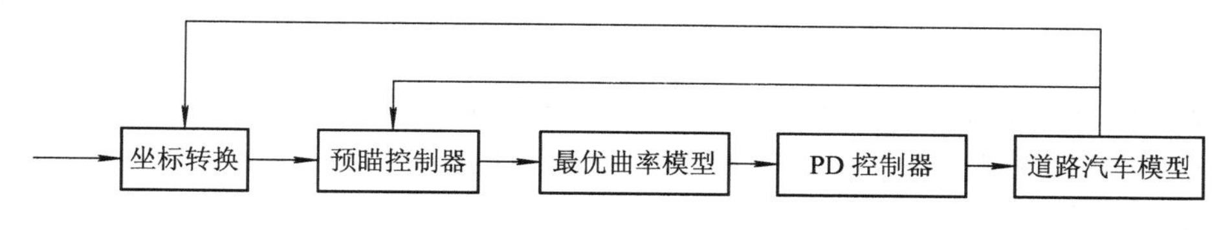

图 11.9　横向控制流程图

② 纵向控制。

纵向控制是自动驾驶汽车中非常重要的一部分，主要用于控制车速。自动驾驶汽车纵向控制的控制原理是基于油门踏板与制动踏板的控制与协调切换。控制油门和制动可以实现自动驾驶汽车的加速和减速，从而实现对纵向期望速度的跟踪与控制。纵向控制是自动驾驶研究领域的核心难题之一，其目的是让自动驾驶汽车能够安全、平稳地行驶，以满足人们对于出行的需求。为了实现纵向控制，需要在自动驾驶汽车中集成多个传感器、算法和控制器，来对周围环境和车体状态信息进行感知和处理，并根据结果做出合理的决策并向控制系统发出指令。

③ 横纵向协同控制。

横向和纵向控制都是自动驾驶汽车运动控制的重要组成部分，但独立的控制无法满足实际需求。因此，需要将横向和纵向控制协同起来实现更高效、更安全的自动驾驶系统。横纵向协同控制架构包括决策层、控制层和模型层，如图 11.10 所示。决策层利用环境感知和路径规划信息，计算出合适的速度和转向角度。控制层利用车辆传感器数据和决策层的控制指令实现对车辆的横向和纵向控制。模型层提供运动模型和环境模型等基础模型支持，保证控制系统的正确性和可靠性。

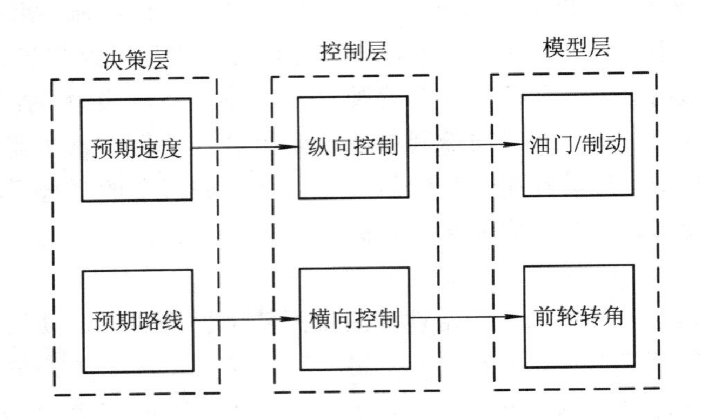

图 11.10　横纵向协同控制架构图

各层的具体作用如下：

在决策层中，系统根据外界环境和车辆状态信息规划预期路线和选择预期速度，然后传递给控制层。控制层根据决策层输入的预期路径和预期速度，输出理论的前轮转角、油门和制动信号，以保证车辆沿着期望轨迹行驶。模型层建立整车横纵向数学模型，纵向速度作为横向控制器和纵向控制器的输入，而前轮转角和车速又与横向控制器和纵向控制器有关。这样，综合控制系统就可以将横向控制和纵向控制有机结合起来，优化控制参数，实现横纵向耦合运动控制，提高自动驾驶汽车的行驶性能。

11.3 实践操作与步骤

11.3.1 实验环境

Apollo Lite s 车辆整体架构如图 11.11 所示，Apollo Lite s 车辆参数如表 11.3 所示，实验环境如表 11.4 所示。

图 11.11 Apollo Lite s 车辆整体架构图

表 11.3 Apollo Lite s 车辆参数

车辆名称	Lite s 车辆
尺寸	1740(*L*)×860(*W*)×1490(*H*) mm
电池	60 V/32 Ah
最小离地间隙	115 mm
轴距	960 mm
整车质量	240 kg
灯光辅助	前照灯、转向灯、制动灯
线控规范	Apollo 线控规范
驱动系统	单驱动电机(车规级 MCU)，后置后驱
制动系统	液压制动(车规级 EHB)
转向系统	前轮阿克曼
悬架系统	整体桥式非独立悬架

表 11.4 实验环境

操作系统	Ubuntu 18.04
显卡驱动	NVIDIA 驱动程序版本 455.32.00 及以上
Docker 版本	Docker-CE 19.03 及以上版本
Apollo 版本	Apollo5.5
处理器	8 核处理器
内存	大于或等于 16 GB 内存

1. 工控机硬件安装流程

(1) 安装电源模块，连接相关线缆，完成 BIOS 相关的设置。

(2) 配置 IPC 加电组件。

(3) 将电源线接入 IPC 配置的电源连接器(接线板)。

(4) 连接 8108 的电源线。8108 的电源线是 4 根，2 正 2 负，正极的 2 根电源线贴有 V+的白色标签。将接有正极的 2 根电源线的端子插入 V+接口，将接有负极的两根电源线的端子插入 GND 接口。

2. 软件安装流程

(1) 安装 Ubuntu 18.04.5+。

(2) 安装完成后更新相关软件(须保证网络连接)：

```
$ sudo apt-get update
$ sudo apt-get upgrade
```

(3) 安装 NVIDIA GPU 驱动：

```
$ sudo apt-get update
$ sudo apt-add-repository multiverse
$ sudo apt-get update
$ sudo apt-get install nvidia-driver-455
```

输入 nvidia-smi 检验 NVIDIA GPU 驱动是否正常运行。

(4) 安装 Docker Engine。

(5) 更新 apt 包索引并安装软件包以允许 apt 通过 HTTPS 使用存储库：

```
$ sudo apt-get update
$ sudo apt-get install \
    ca-certificates \
    curl \
```

```
gnupg \
lsb-release
```

（6）添加 Docker 的官方 GPG 密钥：

```
$ sudo mkdir -p /etc/apt/keyrings
$ curl -fsSL https://download.docker.com/linux/ubuntu/gpg | sudo gpg --dearmor -o /etc/apt/keyrings/docker.gpg
```

（7）使用以下命令设置存储库：

```
$ echo \
"deb [arch=$(dpkg --print-architecture) signed-by=/etc/apt/keyrings/docker.gpg] https://download.docker.com/linux/ubuntu \
$(lsb_release -cs) stable" | sudo tee /etc/apt/sources.list.d/docker.list > /dev/null
```

（8）安装 Docker 引擎：

```
$ sudo apt-get update
$ sudo apt-get install docker-ce docker-ce-cli containerd.io docker-compose-plugin
$ apt-cache madison docker-ce
$ sudo apt-get install docker-ce=<VERSION_STRING> docker-ce-cli=<VERSION_STRING> containerd.io docker-compose-plugin
```

通过运行 hello-world 映像来验证 Docker 引擎是否已正确安装：

```
$ sudo docker run hello-world
```

（9）安装 NIVDIA Container Toolkit：

```
distribution=$(. /etc/os-release; echo $ID$VERSION_ID)
curl -s -L https://nvidia.github.io/nvidia-docker/gpgkey | sudo apt-key add -
curl -s -L https://nvidia.github.io/nvidia-docker/$distribution/nvidia-docker.list | sudo tee /etc/apt/sources.list.d/nvidia-docker.list
sudo apt-get -y update
sudo apt-get install -y nvidia-docker2
```

安装完成后，重启 Docker 以使改动生效：

```
sudo systemctl restart docker
```

（10）安装 Apollo。

在 https://apollo.auto/developer_cn.html 下载安装包。

解压安装包：

```
tar -xvf apollo_v6.0_edu_amd64.tar.gz
```

在解压的目录执行：

```
./apollo.sh
```

脚本执行成功后，将显示以下信息，进入 Apollo 的运行容器：

```
[user@in-runtime-docker:/apollo]$
```

在终端输入以下命令：

bash scripts/bootstrap. sh

在浏览器中输入以下地址：

http：//localhost：8888

此时可以访问 DreamView，其界面如图 11.12 所示。

图 11.12　DreamView 界面图

（11）导航设备配置（需要提前购买 RTK（实时动态载波相位差分技术）账号）。

在终端输入以下命令来查看设备的端口号：

ls -l /sys/class/tty/ttyACM0

记下形如 1-9：1.0 的一串数字，在系统/etc/udev/rules. d/目录下执行 sudo touch 99-kernel-rename-imu. rules 命令，新建一个文件 99-kernel-rename-imu. rules，执行 sudo vim 99-kernel-rename-imu. rules 命令添加文件内容：

ACTION= ="add"，SUBSYSTEM = ="tty"，MODE = ="0777"，KERNELS = ="1 − 9：1. 0"，SYMLINK += "imu"

退出保存文件，之后重启系统。

重启系统后执行 cd /dev 命令，用 ls -l imu 命令查看设备，要确保 imu 存在。

本书使用的是 Ubuntu18. 04 LTS，可使用 sudo apt install cutecom 来安装此软件，在终端使用 sudo cutecom 命令打开该软件，在软件中打开名为 ttyS0 的设备。

(12) 杆臂配置。

在 cutecom 软件中输入杆臂配置：

$ cmd，set，leverarm，gnss，x_offset，y_offset，z_offset * ff

这里的杆臂值 x_offset，y_offset，z_offset 就是车辆集成环节中测量所得的杆臂值，杆臂值应以实际情况为准。

(13) GNSS 配置。

天线车头车尾前后安装：

$ cmd，set，headoffset，0 * ff

(14) 导航模式配置：

$ cmd，set，navmode，FineAlign，off * ff

$ cmd，set，navmode，coarsealign，off * ff

$ cmd，set，navmode，dynamicalign，on * ff

$ cmd，set，navmode，gnss，double * ff

$ cmd，set，navmode，carmode，on * ff

$ cmd，set，navmode，zupt，on * ff

$ cmd，set，navmode，firmwareindex，0 * ff

(15) USB 接口输出设置：

$ cmd，output，usb0，rawimub，0.010 * ff

$ cmd，output，usb0，inspvab，0.010 * ff

$ cmd，through，usb0，bestposb，1.000 * ff

$ cmd，through，usb0，rangeb，1.000 * ff

$ cmd，through，usb0，gpsephemb，1.000 * ff

$ cmd，through，usb0，gloephemerisb，1.000 * ff

$ cmd，through，usb0，bdsephemerisb，1.000 * ff

$ cmd，through，usb0，headingb，1.000 * ff

(16) 网口配置：

$ cmd，set，localip，192，168，0，123 * ff

$ cmd，set，localmask，255，255，255，0 * ff

$ cmd，set，localgate，192，168，0，1 * ff

$ cmd，set，netipport，111，112，113，114，8000 * ff

$ cmd，set，netuser，username：password * ff

$ cmd，set，mountpoint，XMJL * ff

假设使用的无线路由器的 IP 地址为 192.168.0.1，那么我们将 M2 主机的 IP 地址设置为 192.168.0.123，子网掩码为 255.255.255.0，网关为 192.168.0.1。netipport 设置的是 RTK 基站的 IP 地址和端口号，此处以千寻为例，IP 地址为 203.107.45.154，端口号为 8002；netuser 设置的是 RTK 基站的用户名和密码，此处用户名为 qianxun1234，密码为

abc123；在实际配置中，应以自己实际购买的基站账号的用户名和密码为准。mountpoint 是 RTK 基站的挂载点，这里选用的是 RTCM32_GGB。

在 M2 的网络模块配置完成后，在 IPC 主机中是可以 ping(packet internet groper)通 IMU 的 ip 地址的；否则，IMU 无法正常联网，在后续的 GNSS 信号检查中会一直显示 SINGLE 而不是我们期望的 NARROW_INT。

若输出的内容有 $cmd，set，ntrip，disable，disable*ff 相关的字样，则将以下命令输入 IMU：

```
$cmd，set，ntrip，enable，enable*ff
$cmd，save，config*ff
```

PPS 授时接口输出：

```
ppscontrol enable positive 1.0 10000
log com3 gprmc ontime 1 0.25
```

将所有配置逐条发送给设备，得到设备返回的 $cmd，config，ok*ff 字段，说明配置成功，配置成功后要进行配置保存，发送 $cmd，save，config*ff 指令；

也可以将以上的相关配置命令保存在/apollo/docs/specs/D－kit/sample/imu.conf 文件中，然后在 cutecom 中点击右边的 Send file 按钮，在弹出的对话框中选择 imu.conf 文件后将文件中保存的配置命令全部发送给设备。

(17) GNSS 配置。

将文档 modules/calibration/data/dev_kit/gnss_conf/gnss_conf.pb.txt 中 proj4_text："+proj=utm +zone=49 +ellps=WGS84 +towgs84=0，0，0，0，0，0，0 +units=m +no_defs"这一行中的 zone=49 中的 49 换成自己所在城市的 utmzone 数值。比如，这里的数值 49 代表的是西安。

utmzone 数值计算方法如下：

$$\text{带数}=\frac{\text{经度整数位}}{6}\text{的整数部分}+31$$

例如：广州市的经度范围为 112.95～113.98，带数$=\frac{113}{6}+31=49$，选 49N，即 WGS 1984 UTM ZONE 49N

(18) Localization.conf 文件配置。

对 modules/calibration/data/dev_kit/localization_conf/localization.conf 文件进行配置。配置文件会对之后的传感器标定、虚拟车道线制作等功能产生影响，文件参数说明如表 11.5 所示。

表 11.5　Localization.conf 文件参数说明

参　　数	说　　明
lidar_height_default	参数值修改为 lidar 中心到地面的距离(单位：m)
local_utm_zone_id	用户所在地区的 utm_zone
imu_to_ant_offset_x	x 轴方向杆臂值(单位：m)
imu_to_ant_offset_y	y 轴方向杆臂值(单位：m)
imu_to_ant_offset_z	z 轴方向杆臂值(单位：m)
enable--lidar_localization=true	修改为--enable_lidar_localization=false

(19) 检查定位模块能否正常启动。

① 编译项目，启动 Dreamview。

进入 docker 环境，用 gpu 编译项目，启动 DreamView：

```
cd /apollo
bash docker/scripts/dev_start.sh
bash docker/scripts/dev_into.sh
bash apollo.sh build_opt
bash scripts/bootstrap.sh
```

② 启动定位模块。

在浏览器中打开 http://localhost:8888，选择模式为 Dev Kit Debug，选择车型为 Dev Kit，在 Module Controller 标签页启动 GPS、Localization 模块，见图 11.13。

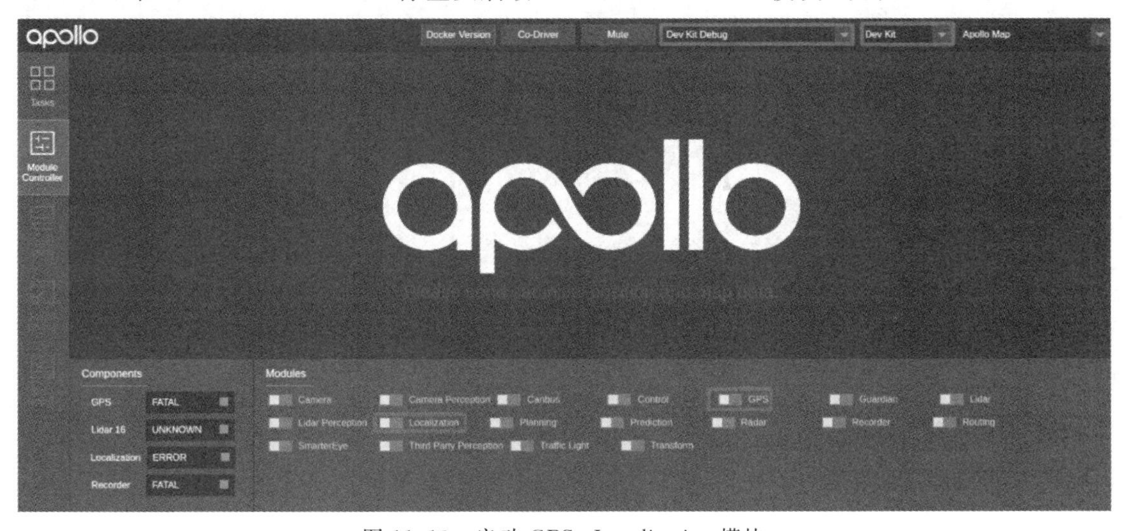

图 11.13　启动 GPS、Localization 模块

③ 检查 GPS 信号。

打开新的终端，并使用 bash docker/scripts/dev_into. sh 命令进入 docker 环境，在新终端中输入 cyber_monitor 命令，进入 /apollo/sensor/gnss/best_pose 条目，查看 sol_type 字段是否为 NARROW_INT。若为 NARROW_INT，则表示 GPS 信号良好；若不为 NARROW_INT，则将车辆移动一下，直到出现 NARROW_INT 为止。进入/apollo/sensor/gnss/imu 条目，确认 IMU 有数据刷新，即表明 GPS 模块配置成功。

④ 检查定位信号。

使用 cyber_monotor 查看定位信号，进入/apollo/localization/pose 条目，等待两分钟，直到有数据刷新，即表明定位模块配置成功，pose 信息流如图 11.14 所示。

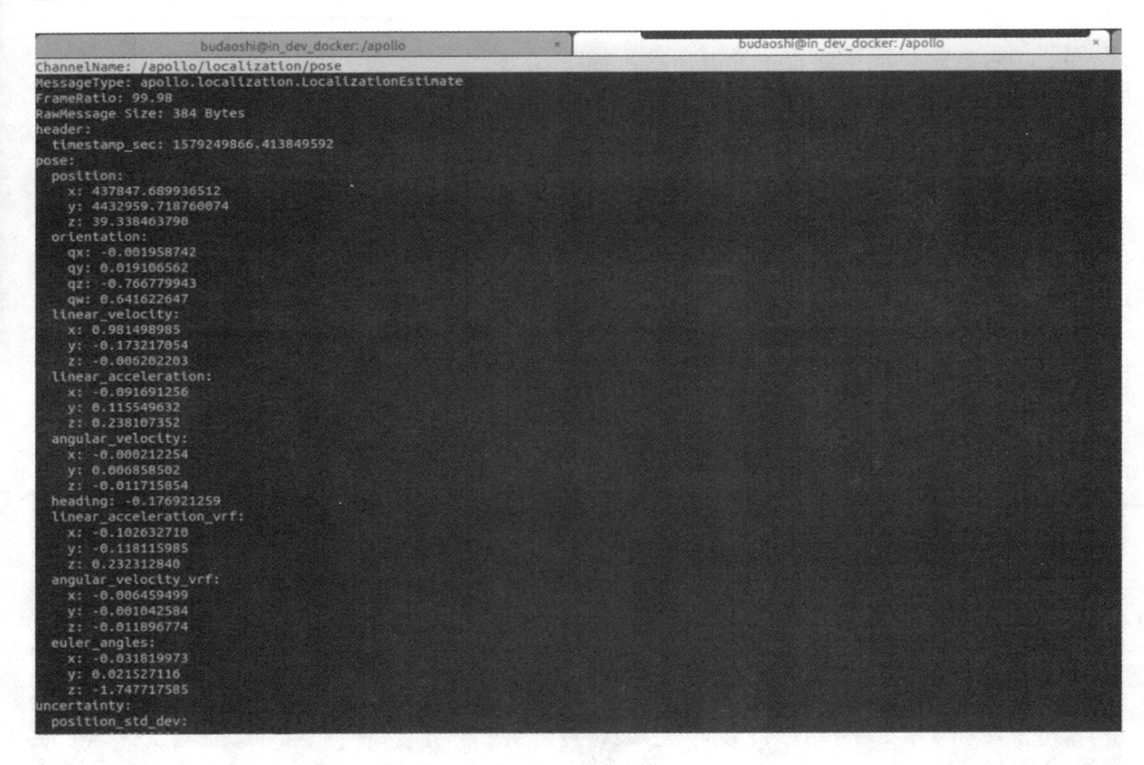

图 11.14　pose 信息流

11.3.2　实验代码

Apollo 代码结构如表 11.6 所示。

表 11.6　Apollo 代码结构

模　　块	介　　绍	输　　入	输　　出
Apollo/modules/control	基于规划和当前的汽车状态，使用不同的控制算法来生成舒适的驾驶体验	规划轨迹，车辆状态，定位，Dreamview 自动模式更改请求	底盘的控制指令（转向，节流，刹车）
Apollo/modules/canbus	CAN 总线接受并执行控制命令，并收集底盘状态作为给控制模块的反馈	控制命令	底盘状态、底盘细节状态
Apollo/modules/dreamview	Dreamview 或 Apollo 的 HMI 模块提供了一个 Web 应用程序，它可以可视化其他相关自动驾驶模块的输出信息	Localization，Chassis，Planning，Monitor，Perception，Obstacles，Prediction，Routing	在模拟世界中监控消息的基于 Web 的动态 3D 渲染
Apollo/modules/localization	提供定位服务	RTK 方法中： GPS——全球定位系统， IMU——惯性测量单元， 多传感器融合定位方法中： GPS——全球定位系统， IMU——惯性测量单元 激光雷达——光探测与测距传感器	message
Apollo/modules/perception	感知模块通过识别障碍物并融合各个传感器的轨迹来获得最终轨迹	128 通道 LiDAR 数据，16 通道 LiDAR 数据，雷达数据，图像数据，雷达传感器校准的外部参数，前置摄像头校准的外部和内部参数，车辆的速度和角速度	带有航向、速度和分类信息的 3D 障碍物轨迹，红绿灯检测和识别的输出

续表

模　　块	介　　绍	输　　入	输　　出
Apollo/modules/planning	用于路径规划	定位，感知，预测，高精地图，路由，任务管理模块	控制模块可执行的顺滑无碰撞轨迹
Apollo/modules/prediction	预测模块从感知模块接收障碍物，生成不同概率的预测轨迹	障碍物，定位	具有预测轨迹的障碍物
Apollo/modules/routing	路由模块根据请求生成高级导航信息	地图数据，路由请求（开始和结束位置）	路由导航信息

11.3.3　实验操作步骤及结果

1. 校内自动循迹

（1）启动 CAN 卡。

启动工控机后，在桌面上打开命令行终端，操作如下命令：

```
cd ～/SocketCan/
bash start. sh
```

正确操作后，返回如图 11.15 所示界面，证明 CAN 驱动启动成功。

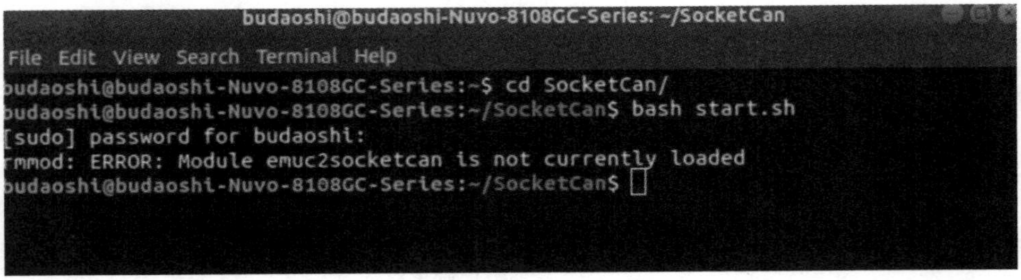

```
budaoshi@budaoshi-Nuvo-8108GC-Series: ~/SocketCan
File Edit View Search Terminal Help
budaoshi@budaoshi-Nuvo-8108GC-Series:~$ cd SocketCan/
budaoshi@budaoshi-Nuvo-8108GC-Series:~/SocketCan$ bash start.sh
[sudo] password for budaoshi:
rmmod: ERROR: Module emuc2socketcan is not currently loaded
budaoshi@budaoshi-Nuvo-8108GC-Series:~/SocketCan$ 
```

图 11.15　启动 CAN 驱动

（2）编译项目，启动 Dreamview。

进入 docker 环境，采用 gpu 编译项目，启动 Dreamview。

```
cd /apollo
bash docker/scripts/dev_start. sh
bash docker/scripts/dev_into. sh
bash apollo. sh build_opt_gpu
bash scripts/bootstrap. sh
```

(3) 启动所需模块。

在浏览器中打开 http://localhost:8888，在--setup mode--内选择模式为 Rtk，在--vehicle--内选择 Dev Kit 车型，如图 11.16 所示。

图 11.16 选择车型

点击 Module Controller 页面标签，进入软件模块启动界面，点击左侧 Module Controlle 启动 Canbus 模块、GPS 模块、Localization 模块，如图 11.17 所示。

图 11.17 启动 Canbus 模块、GPS 模块、Localization 模块

（4）检查各模块数据是否正确。

在 docker 中输入 cyber_monitor 命令，并检测如表 11.7 所示的车辆循迹模块，运行正常则显示如图 11.18 所示的界面。

表 11.7　车辆循迹模块检测

channel_name	检查项目
/apollo/canbus/chassis	确保能正常输出数据
/apollo/canbus/chassis_detail	确保能正常输出数据
/apollo/sensor/gnss/best_pose	确保能正常输出数据、sol_type：选项显示为 NARROW_INT
/apollo/localization/pose	确保能正常输出数据

图 11.18　车辆循迹模块运行正常图

（5）循迹录制流程如下：

① 在空旷场地内，将车辆遥控至循迹起点，记录此时车辆车头方向和所在位置。

② 启动 Rtk_Recorder 录制循迹数据。

在 Dreamview 页面内，在 Module Controller 标签页内点击 Rtk Recorder 按钮，启动循迹录制，录制循迹数据。

使用遥控器遥控车辆前进一段轨迹。到达终点后，车辆停止，在 Dreamview 页面点击 Rtk Recorder 按钮，关闭循迹数据录制。

结束录制循迹轨迹后，录制的循迹数据在 apollo/data/log/garage.csv 中，文件内包含了车辆的轨迹、速度、加速度、曲率、挡位、油门、刹车、转向等信息。

(6) 循迹回放。

① 将车辆移动至之前循迹录制时标记的起点，遥控器取消控制权限。

② 启动 Rtk_Player 进行循迹回放。

启动 control 模块：在 Dreamview 页面的 Module Controller 标签页内点击 Control 按钮，启动 control 模块。

点击 Rtk Player 按钮，启动循迹回放，这时会看到车辆前方出现一条蓝色的轨迹线，这条轨迹线就是之前循迹录制的那条轨迹线。

③ 在 Dreamview 页面的 Task 标签页内点击 Start Auto，这时车辆开始启动，可能开始起步比较快，多注意使用遥控器接管权限。

④ 车辆循迹自动驾驶至终点后，车辆停止，这时使用遥控器首先接管车辆，然后在 Dreamview 页面的 Module Controller 标签页内，再次点击 Rtk Player 按钮关闭循迹回放。

(7) 再次循迹。

如果想再次循迹其他轨迹路径，可以重复步骤(5)～(6)，完成不同轨迹的循迹演示。

2. 校内基于雷达的自动驾驶

(1) 在 Module Controller 标签页启动 Canbus、GPS、Localization、Transform、Lidar 模块。

(2) 检查各模块 channel 是否正确：

channel_name	检查项目
/apollo/localization/pose	确保能正常输出数据
/apollo/sensor/gnss/best_pose	确保能正常输出数据，sol_type 选项显示为 NARROW_INT
/apollo/sensor/lidar16/PointCloud2	确保能正常输出数据，sol_type 选项显示为 NARROW_INT
/apollo/sensor/lidar16/Scan	确保能正常输出数据
/apollo/sensor/lidar16/compensator/PointCloud2	确保能正常输出数据
/tf	确保能正常输出数据
/tf_static	确保能正常输出数据
/apollo/canbus/chassis	确保能正常输出数据
/apollo/canbus/chassis_detail	确保能正常输出数据

(3) 启动 Lidar Perception，查看 /apollo/perception/obstacles 是否正常输出。

(4) 启动 Canbus、Planning、Prediction、Routing、Control 模块。

(5) 在 Routing Editor 标签页内点击 Add Point of Interest 按钮，添加一个 point，然后选择 Send Routing Request 按钮发送添加的 routing 点，运行正常情况下的效果如图 11.19 所示。

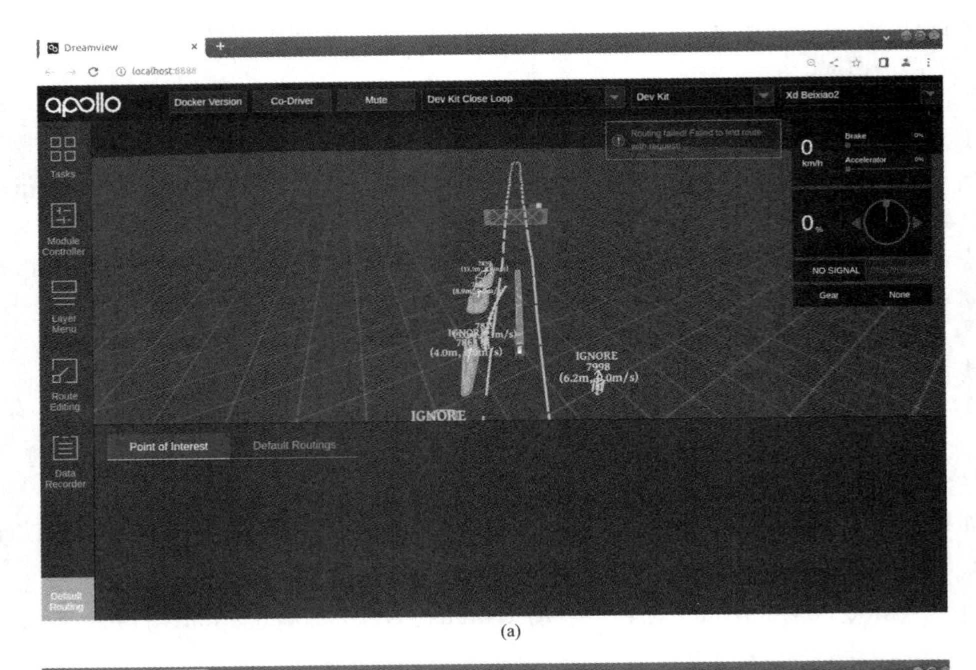

(a)

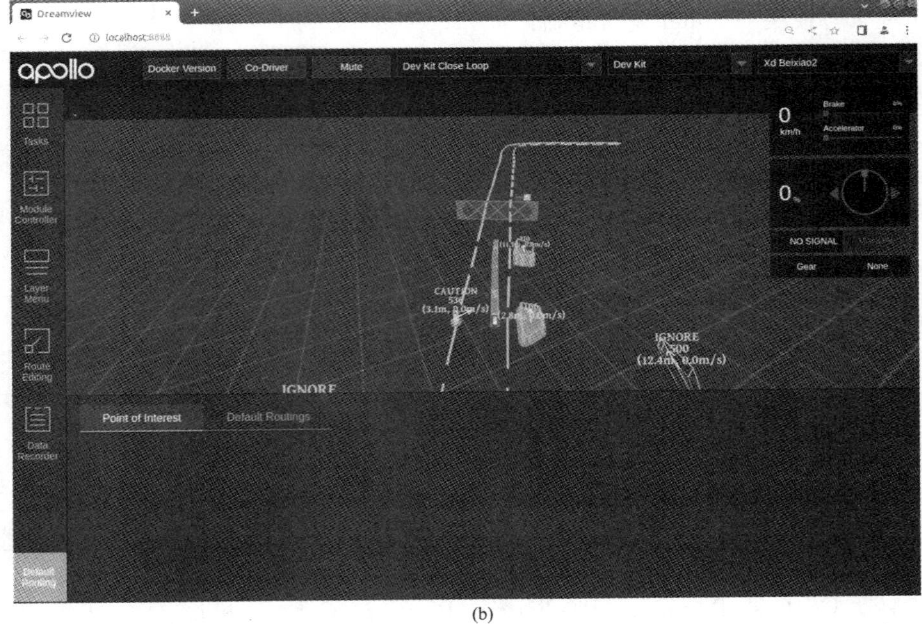

(b)

图 11.19　校内基于雷达的自动驾驶演示图

11.4 总结与展望

随着时代的发展与技术的更迭，以及国家政策的有力支撑，大量的高科技企业全力推动产品落地，自动驾驶技术不再是虚幻的泡沫。

技术上，硬件芯片制造业的崛起为自动驾驶的落地奠定了基础，而软件算法的更新更是帮助自动驾驶技术向前迈出了一大步。政策上，世界各国予以了大力支持。由于历史环境的因素，国外的汽车制造技术一直领先于国内，而自动驾驶技术在国内外都处于一块待耕耘的领域，都处于同一起跑线，因此，这将是国内实现并肩齐驱甚至弯道超车的一个重大的机遇。市场上，以 2018 年为时间节点，自动驾驶在市场上的融资成功从 A 轮走向 B 轮，也就标志着它从一个虚幻好听的故事，走向了产品的落地生产。

定位、高精地图、感知、决策、控制作为自动驾驶技术的重要组成部件，它们的发展深刻地影响着自动驾驶的发挥情况。以 RTK、惯性定位、几何定位为基础的定位策略仍然将作为定位技术的主要发展方向；以摄像头、激光雷达、毫米波雷达为基础的多传感器融合感知策略拥有着互补缺陷、各取所长的优势；以舒适度与安全性而不以最短路径作为唯一评判的决策也开始进入深入的研究阶段。虽然至今高精地图的意义在业界仍然处于争论的阶段，但从目前的落地产品来看，Level 4 等级的自动驾驶汽车仍然对高精地图依赖极大。

2022 年 8 月 8 日交通运输部就《自动驾驶汽车运输安全服务指南(试行)》(征求意见稿)公开征求意见。其中提出，为适应自动驾驶技术发展趋势，鼓励和规范自动驾驶汽车在运输服务领域应用，交通运输部运输服务司在系统梳理总结自动驾驶汽车试点示范运营情况的基础上，对自动驾驶落地过程中自动驾驶车辆的路权、数据安全、车辆保险等关键问题做出了规定。这标志着我国在自动驾驶领域的相关政策得到了进一步完善，也将进一步丰富自动驾驶落地场景并推动自动驾驶的商业化落地并提高社会的接受度。这种从生产领域逐渐向使用和服务相关领域的进一步丰富和完善表明自动驾驶更好地走向生产生活是发展趋势，从主驾配备安全员到方向盘后无人再到真正实现车内无人化正是自动驾驶发展之路。

第12章 智能机器人未来发展趋势

随着工业化的发展，智能机器人在多个行业中发展迅速，它不仅为先进制造业的发展提供了关键支撑，也为人类的生活提供了更多的便利。在当今世界，智能机器人产业逐渐成为衡量一个国家技术创新和高端制造水平的标准，它的发展越来越受到世界各国的关注。

自2010年以来，世界各国纷纷制定了国家级战略部署：2014年韩国制定了《第二次智能机器人发展计划(2013—2018)》；2014年欧盟启动了“欧盟SPARC机器人研发计划”，期望打造机器人的协同，强调机器人之间的协作和发展，以及建议面向医疗、人类生命健康的机器人；2015年日本公布了《机器人新战略》；2016年美国制定了最新版《美国机器人发展路线图：NRI-2.0》；2017年初，美国正式发布了《国家机器人计划2.0》，以替代之前推出的国家机器人计划，强调多机器人之间相互交流和协作，着重研究机器人感知；德国工业4.0更多强调利用信息技术和制造技术的融合，来改变当前的工业生产与服务模式。此外，“中国制造2025”和《新一代人工智能发展规划纲要》都提出要大力推进智能机器人发展，为国民经济和国家重大战略、国家重大工程服务。尽管智能机器人已经出现在了人类生活的方方面面，但仍存在一些关键技术的挑战。因此，如何进一步突破现有机器人的相关技术难点并且将其更好地应用于人类生产生活是值得思考和关注的。

12.1 智能机器人的材料制造以及能源技术

12.1.1 智能机器人材料制造技术

传统的机器人由刚性材料构成，并由电机、液压缸、连杆与齿轮等部件组成，从而实现驱动或传动。一般来说，刚性材料机器人(刚体机器人)有多个通过刚性连杆连接的柔性关节。刚体结构如图12.1(a)所示，每个关节在一个旋转或平移方向上可以移动，为机器人运动提供一个自由度。所有自由度的组合运动扫出尖端位置所能达到的工作空间或点的轨迹。尽管这些传统部件具有动力足、精度高等优点，但由于传统部件缺乏灵活性，同时大量的刚性移动部件极易发生故障，具有冗余的特性，在实现低噪声、高安全系数与亲和性等方面存在挑战。因此，当面对新兴的需求时，传统部件会使机器人在工作的过程中变得生硬和不稳定，限制了它们与环境交互的能力；并且在人机协作的过程中，刚体机器人可能会伤害到人。这些挑战可以通过开发灵活、不易损坏、关节和连接部件更少的机器人来克服。其中，软体机器人领域就受到了研究者们的关注，软体机器人凭借高度灵活的特点，可实现刚性机器人无法完成的任务。

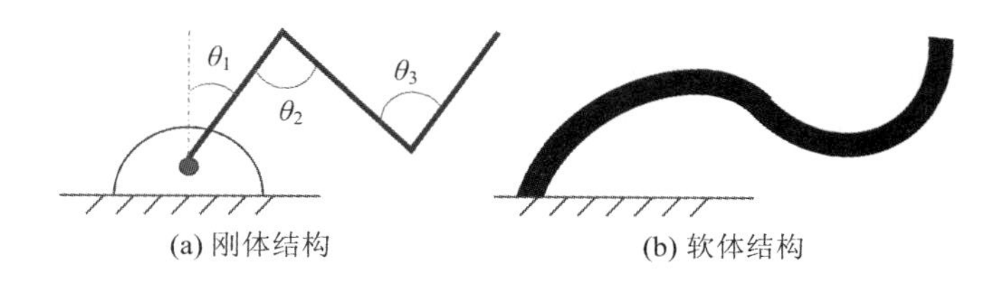

图 12.1　刚体结构和软体结构示意图

"软体机器人"一词原指具有刚性连杆和机械(或被动)柔性关节的机器人，这些关节具有可变刚度或柔性阻抗控制，软体结构如图 12.1(b)所示。软体机器人技术强调从刚性连接机器人到仿生连续体机器人的转变，这种机器人在正常操作中具有内在的顺应性，并表现出较大的张力。Robinson 等人首次定义"软体机器人"是由软性材料制成的具有连续性的机器人，它们经过连续的弹性变形，并通过生成光滑的曲线来产生运动。Cianchetti 等人将软体机器人定义为"可以与环境进行积极互动的软机器人/设备，并可以根据内在或结构进行较大变形"，更侧重于软体机器人与环境相互作用的顺应性以及机器人的可变形性。与刚体机器人的工作方式不同，软体机器人在与人发生接触时，柔性材料可以发生形变，吸收碰撞产生的大部分能量，显著降低了机器人对人造成伤害的可能性，增加了人机交互的亲和能力。这种能力使得机器人拥有改变自身形状和尺寸的能力，从而使得软体机器人可以更好地与实际需求相结合，如攀爬机器人以及医疗机器人等。

由于软体机器人主要由软性材料构成，因此世界各地的学者已经开始探索新材料，包括在外力作用下会产生变形，当把外力去掉，在一定的温度条件下能恢复原来形状的记忆合金(shape memory alloy，SMA)；能够将机械能和电能互相转换的压电陶瓷(piezoelectric transducer，PZT)；能够在电场作用下，改变其形状或大小的电活性聚合物(electroactive polymers，EAP)；以及人造肌肉、纺织物、凝胶类等材料，并且在此基础上不断更新组装方法。许多新材料的设计是从生物中汲取灵感的。比如，在脊椎动物中，人们发现从软组织到骨骼的材料应用范围广泛。这些材料为制造出节能、多功能、适应性强的新一代机器人奠定了基础。然而，大多数使用新材料的软体结构都是"一次性的"，这些结构在大规模使用的过程中存在许多挑战。例如，如何制造便携式能源存储和能源收集装备，如何设计具有可调性能的新材料，以及如何使得机器人具有自我修复能力等。

除了用单一的材料外，与传统利用基本组件——"螺母和螺栓"的组装方法相反，不同新材料特性(如刚性与柔软、导电与电介质等)的集成可以避免复杂的组装过程并具有分布式特点。多功能材料可以提高机器人设计的效率，提供分层结构的传感器和执行器的分布式网络。此外，多相复合材料可用于同时进行流体驱动或传感。最后，双向传感器可以使传感器和执行器充当能量收集或存储的材料。在开发机器人新材料时，更重要的是要考虑生物降解性问题或将其作为循环经济范式的一部分，以确保其生态可持续性。

软体机器人的主要加工方法有3D打印法、激光雕刻法和铸造法等。其中铸造法是传统的加工方法，适用于批量生产且成本相对较低。使用铸造法制作软体机器人复合材料时，首先需要制造模具，再将材料倒入模具中，最后材料冷却后进行脱模，将材料取出。使用传统的成型方法制造软体机器人是一个费力且耗时的过程，其所涉及的大多数制造步骤在很大程度上依赖专家手动处理，这会导致制造易变性，并且受到科学可重复性的限制。而3D打印技术的出现和不断发展，使研究人员能够制造外形复杂的四足机器人，并且在软体机器人内创建材料刚度梯度，以及共同打印固态(柔性、刚性)和液态材料，从而无须组装即可制造液压驱动部件。3D打印法很可能是未来制造软体机器人的主要方法，并且不需要人全程参与，自动化程度高。如今的3D打印技术也可以做到较高的精确度，因此采用3D打印法制造出的软体机器人将具有更好的性能、更强大的功能和更高的可靠性。

12.1.2 智能机器人能源技术

电池储能系统的供电性能、质量和体积大小直接影响着机器人的运行性能和轻量化设计，电源和能源是机器人研究和部署中最具挑战性的领域之一。如图12.2所示，不同机器人的电池设计有着不同的要求。比如，防爆机器人存在工作环境复杂多变、工作条件恶劣、温度高等挑战，对防爆机器人的电池性能和可靠性提出了更高的要求；水下特别是深海工作机器人需要紧凑、稳定、高能量密度的电池来支持机器人在极端环境中工作。随着无人机和自动驾驶汽车的日益普及，尽管铅酸、镍金属氢化物和锂离子等新能源电池技术也在不断成熟，这些技术安全且价格合理，但人们仍在不断研发具有更长的循环寿命、强大的温度耐受性、更高的能量密度和相对较轻的质量的解决方案。

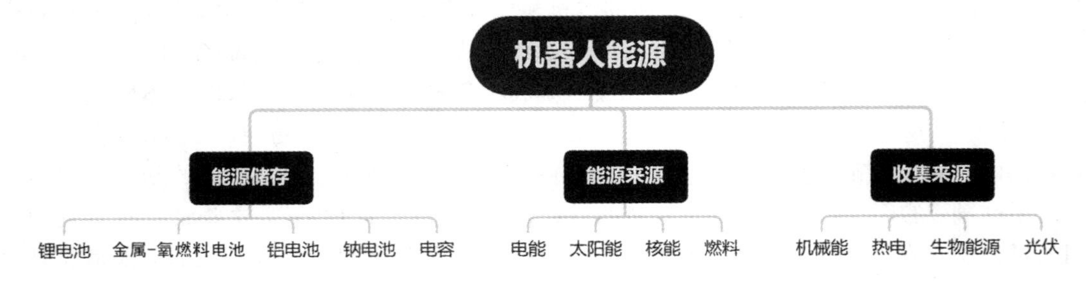

图12.2 机器人能源

目前，大部分学者将目光集中于燃料电池和超级电容器领域中，包括通过导电纳米孔结构和黏合剂设计开发具有智能电极的硅阳极，这大大提高了可循环性。但目前大多数燃料电池和超级电容器难以同时兼具高功率密度与高能量密度:燃料电池能量密度高，但由于液体燃料电氧化与还原反应动力学过程慢，其功率密度较低；而超级电容器功率密度较高，但受限于电极活性材料比容量，其能量密度较低。

在实践中，机器人的运行寿命通常取决于电池的电量、尺寸和质量。除了开发高能效的电子设备和执行器，降低电力利用率外，更应该积极探索让机器人主动从周围环境中提取可再生能量并使用高能量密度存储的解决方案，这些能量以光、热、水流、振动等形式存在于生活环境中，其能量充足、来源广泛。目前，研究者们主要通过两种机械能收集机制对能量进行收集:压电纳米发电机(piezoelectric nanogenerator，PNG)和摩擦纳米发电机(triboelectric nanogenerator，TENG)。压电纳米发电机于2006年由王中林团队提出。压电纳米发电机的原理是利用压电效应所产生的电场来驱动外电路电子的瞬时流动。2012年王中林团队研发成功摩擦纳米发电机，摩擦纳米发电机的原理是利用摩擦起电和静电感应效应的耦合，同时配合薄层式电极的设计，实现电流的有效输出，其结构非常简单且很轻巧。用来产生摩擦并形成电流向外输出的基本元件，都是仅有微米级厚度的薄膜材料，并由此使得整个器件具备了柔软甚至可以透明的特性。纳米发电机采用纳米技术使用纳米材料从环境中收集机械能并转化为电能，具有良好的柔性和机械稳定性，为开发柔体机器人提供了基础。除了用作小型电源外，纳米发电机还可以作为自供电传感器和灵活的执行器，使用的材料从功能性聚合物、织物和纳米材料到传统的金属箔和陶瓷薄膜。纳米发电机最重要的特点是它对低频机械触发的高响应，与通常在高工作频率下工作良好的电磁发电机互补应用。在机器人的工作环境中，低频机械刺激存在较为广泛，可以使用纳米发电机有效地将其转换为电能输出。但截至目前，还没有任何电池能够与生物体中代谢能量的产生相匹敌，因此，如何开发更加高效的能源以及与生物混合的机器人得到了广泛的关注。

12.2　人机交互技术

近年来，随着通信技术的不断发展，参与通信的智能机器人的数量正在呈指数级增长。除了机器人群内部的通信外，机器人和人之间的交互也体现在了生活的方方面面，已广泛应用于公共场所(如酒店、商场、机场、医院)、教育、援助、生产工厂中，使得更高效和成熟的人机协同成为必然的趋势。

人机交互技术是一门融合了计算机科学、设计学、行为科学、人工智能和其他几个学科的科学技术，涉及对人与计算机或智能系统之间联系实践的深入研究。1960年，Licklider提出人机交互技术的主要目标是让计算机具有“公式化”思维，帮助人类解决已经建模好的具体的“公式化”问题；以及使人与计算机能够合作做出决策和控制复杂的情况，而不是僵硬地依赖预定的程序。在后续的研究中，人机交互不只限制在人与计算机的交互中，而是延伸至了各种智能系统中。这意味着在低级层次上，人机交互包括研究新技术的方法和设计，以更好地促进智能系统作为有用的工具；而在更高的层次上，则意味着人机交互需要促进智能系统与人产生更加和谐的关系。

目前智能系统通过使用感知、分析和预测的能力，已经参与到人类的生产生活中，人机交互如图 12.3 所示。比如我们通过手的触摸控制手机，将大脑中的信息传递到智能系统中，然后通过软件系统的处理，将处理结果通过手机显示屏、手机音响等硬件反馈给我们，这就是一个简单的人机交互过程。近年来，自然用户界面阶段的人机交互方式为人们生活的各个方面提供了更多的便利，如智能家居、虚拟现实等相关应用。

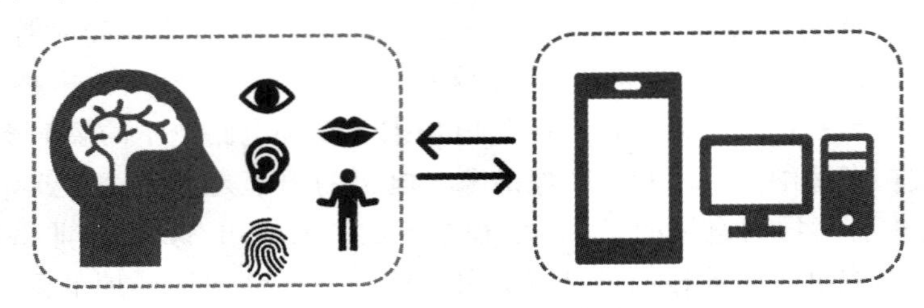

图 12.3　人机交互示意图

人机交互的发展过程经历了手动阶段、交互命令语言阶段（command-line interface：CLI）、图形用户界面（graphical user interface，GUI）阶段、自然用户界面阶段（natural user interface，NUI）。交互命令语言（如图 12.4 所示）阶段通常不支持鼠标滑动，用户通过键盘输入指令，计算机系统接收到指令后执行。

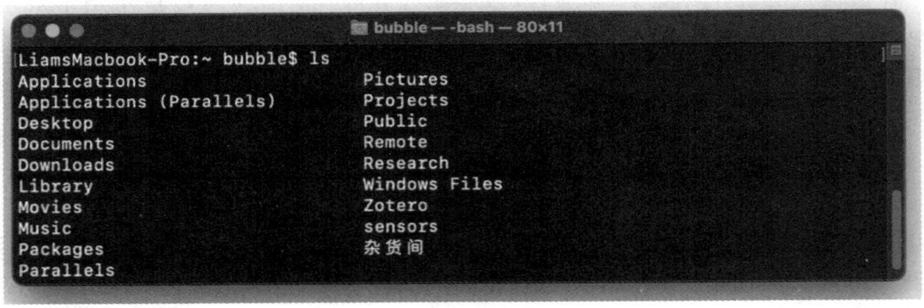

```
bubble — -bash — 80×11
LiamsMacbook-Pro:~ bubble$ ls
Applications                  Pictures
Applications (Parallels)      Projects
Desktop                       Public
Documents                     Remote
Downloads                     Research
Library                       Windows Files
Movies                        Zotero
Music                         sensors
Packages                      杂货间
Parallels
```

图 12.4　交互命令语言

20 世纪 70 年代，施乐公司 Xerox Palo Alto Research Center（PARC）开发了第一个图形用户界面，开启了计算机交互的新纪元。从此之后，操作系统的界面设计经历了众多变迁，如微软研发的 Windows、Linux，苹果研发的 mac OS 和 iOS，以及 Android 的各种操作系统将图形用户界面设计带进新的时代。自然用户界面是指一类无形的用户界面。“自然”一词是相对图形用户界面而言的，图形用户界面要求用户必须先学习软件开发者预先设置好的操作，而人们希望用最简单、最有效的方式来控制计算机完成任务。自然用户界面只需要用户用最自然的方式(如语音、面部表情、手势、脑电波等)和智能系统交流,从而对键盘、鼠标等传统交互硬件进行补充,比如目前的人脸解锁屏幕等应用都是自然用户界面。

人类所发出的每一种信息的来源或者形式都可以称为一种模态。例如,听觉、视觉等,这些每一种都可以称为一种模态。根据模态交互的类型,人机交互大致可以分为以下三种:

(1) 基于视觉信号的人机交互,使用关于人类在与智能系统交互时的各种视觉信息;

(2) 基于音频信号的人机交互,使用人类在交互过程中的语音信息;

(3) 基于辅助传感器获取其他信息的人机交互。

视觉是人类最重要的感觉系统,人类大脑皮层有三分之一的面积都与视觉相关。在人类从外界接收到的信息中,视觉信息占据绝大多数。而计算机视觉领域主要研究的是如何使机器“看”,让计算机系统学习人类,从图像、视频和其他视觉输入中获取有意义的信息,并对信息进行分析从而进行决策处理,前面章节也对这部分做了简单的介绍。目前,基于视觉信号的人机交互在日常生活中主要有以下几个方面的任务:视觉身份识别,面部表情识别,姿势或手势识别等。

视觉身份识别通过计算机与人类的生物特征相结合,从而进行个人身份的鉴定。例如,手机解锁时所使用的人脸识别技术(face recognition, FR),首先手机智能系统通过打开摄像头等硬件设备,利用人脸识别算法定位人脸,将面部与归一化的规范坐标对齐,再对人脸信息通过深度网络等方法进行表征得到特征,最后进行人脸匹配。若匹配成功则认为人脸识别成功,手机智能系统便解锁手机。除了人脸信息外,人体的虹膜、指纹、视网膜、耳廓、步态姿势等生物特征也可用于视觉身份识别技术。除了视觉身份识别外,基于视觉的人机交互研究涉及疲劳驾驶检测、心理疾病检测、跌倒检测与报警、情感预测等方面的应用。

基于音频信号的人机交互研究包括语音识别、说话人识别、基于音频的情感识别等。如第5章所介绍的聊天机器人,智能系统通过“听”人所发出的语音信号,对其进行分析处理后,“讲”出自己的答案。一般来说,语音交互对话系统包括自动语音识别(ASR)、自然语言理解(NLU)、对话管理(DM)、自然语言生成(NLG)和自动语音合成(ASS)等模块。自动语音识别模块的主要功能是将用户语音的连续时间信号转换为一系列离散的单词。自然语言理解模块用于分析语音识别的离散的单位或单词,将离散的单位或单词转化为智能系统能理解的形式。对话管理模块对自然语言处理模块的结果进行分析,从而采用响应策略。自然语言生成模块将系统的响应转换为用户能够理解的自然语言,最后通过自动语音合成模块将这些自然语言反馈给用户。

除了可直观被感知到的信号外,人体中有大量的信号可以被一些特殊的设备检测和处理,进而用于交互,如原始的触摸屏、鼠标等,复杂的眼动仪、压力传感器,心电图(electrocardiogram, ECG)、肌电图(EMG)传感器,以及脑电图(electroencephalography, EEG)设备、可穿戴设备等。智能系统通过这些传感器或者设备,将信息转变为不同形式的可以让计算机理解的指令从而进行进一步处理得到反馈。近年来,基于脑电图设备的脑机接口(brain-computer interface，BCI)设备得到了广泛的关注。如图12.5所示，脑机接口基本的实现步骤可以分为三步：采集信号，信息处理以及反馈。首先采集大脑EEG信号，即放置电极于头皮处来记录脑神经元的离子电流产生的电压波动；然后将收集好的信息输入智能系统中进行处理和解译；最后进行反馈。

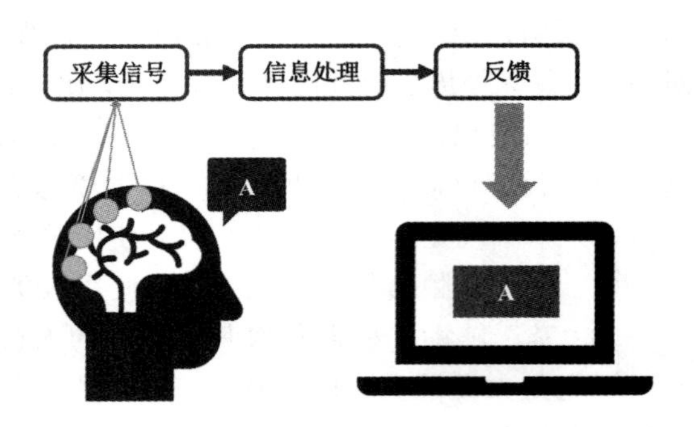

图12.5　脑机接口基本实现步骤

在人机交互中，智能系统对于信息处理的效率以及准确率是一个重要的挑战，如何更好地在现有的基础上优化软件算法，并将其与硬件相结合同时减少反应时间，是一个很值得深入研究的方向。同时，基于传感器以及多通道人机交互方式的主要挑战还有不同传感器对生理信号(或生物信号)的测量数值的精确程度，这对传感器提出了新的要求。此外，随着人工智能、物联网、虚拟现实等技术的快速发展，出现了新型传感器和交互设备，使得多模态交互逐渐迈入人们的生活。多模式智能系统可以提供一个灵活、高效的环境，允许用户通过输入模式(如语音、手写、手势和注视)进行交互，并由系统通过多模态(如视觉和脑电信号结合等方式)组合来接收信息，进行反馈。而多模态交互的发展也带来了多模态融合算法以及多模态输出如何展示的困难。

总体而言，人机交互会一直朝着为了使人机交互更自然、和谐，同时使智能机器人更智能、适应性更强的方向不断发展。

12.3　生物启发智能机器人技术

自然界中的生物通常为人工智能和智能制造提供创造力源泉，生物智能使生物体具有不同的特征，表现出适应极端或不断变化的环境的能力。比如，山羊可以跨越山涧，飞鱼在海面上表现出滑翔能力。一些群体生物具有集体行为，并能合作继续局部交互，作为一个整体与环境产生交互，完成单个个体无法完成的任务，表现出对环境的高度适应性。比如，蚂蚁群体之间通过合作完成觅食，建立复杂的洞穴通道；鸟群在飞行中避免碰撞达到协调。

这些生物的特性使得人类制造了多种机器人，这种基于生物启发的机器人称为仿生机器人，即模仿自然界中生物的形状、运动原理和行为方式等而建立的智能系统，其目标是设计一种可以与其环境和动态情况(如与地面接触)进行交互的机器人。根据生物运动情况，仿生机器人通常分为陆地仿生机器人、水中仿生机器人、空中仿生机器人、混合仿生机器人以及群体智能机器人。陆地仿生机器人通常具有陆地运动和树栖运动(具有攀爬功能)功能；水中和空中仿生机器人通常具有可在液体或气体中移动的能力；混合仿生机器人具备陆地移动仿生机器人和流体移动仿生机器人的共同性质；群体智能机器人具有相互沟通完成共同任务的特性。

12.3.1 陆地仿生机器人

陆地仿生机器人根据移动方式可以分为有肢运动机器人和无肢运动机器人。有肢运动机器人主要由足(腿)式机器人(legged mobile robot)构成，无肢运动机器人主要由轮式蛇形机器人和非轮式蛇形机器人组成。

1. 足(腿)式机器人

足(腿)式机器人仿人或动物的运动系统而建立，早期的探索如《三国志》中记述的诸葛亮基于马的运动发明了"木牛流马"；而在国外，Rygg 就于 1893 年设计了由齿轮和连杆机构组成的机械马，此后足(腿)式机器人取得了很大的发展。足(腿)式机器人在不平整的接触面环境工作时也具有一定的灵活性(如图 12.6 所示)，通过调整机器人的行走姿态，找寻适合的着地点，可以极大地提高机器人的环境适应能力和行动能力。这类足(腿)式机器人在山地、月球环境勘测及物流运输等场景发挥了重要作用。

图 12.6 波士顿双足机器人

单个足(腿)式机器人系统各组成部分之间密切协调，使得机器人可执行多种动作，从而完成特定任务。这种协调包括局部协调和全局协调。局部协调旨在控制一条腿的各个关节，全局协调旨在处理多条腿的多个链。对于足(腿)式机器人而言，这两种协调的基础在于步态规划与步态控制算法。步态规划的目的是生成期望步态，使得肢体按照一定的规则及运动轨迹在时间和空间上呈现出一定的运动状态；步态控制是使机器人找到足部与环境建立接触的适当位置，按照规划的步态进行运动的一种控制方法。步态规划与步态控制的质量会直接影响到足(腿)式机器人的行走稳定性、行走效率等各个方面。

接下来以四足机器人为例介绍四足机器人直行的步态规划。对四足机器人步态规划中的部分参数定义如下：

支撑相位(support phase)：机器人单腿的足端与地面接触时的运动状态。

摆动相位(swing phase)：机器人单腿的足端与地面不接触时的运动状态，即机器人足端在空中摆动时的运动状态。

步态周期 T(cycle time)：四足机器人各腿按照顺序完成一次支撑相位和摆动相位("支撑—提起—摆动—放下")循环所需要的时间。

步距 S(stride length)：在一个步态周期 T 内，机器人单腿足端从支撑相位到下一个支撑相位之间所摆动前进的位移距离，也即为机器人机体重心相对地面的移动距离。

步高 H(Height)：在步态周期 T 内，机器人足端抬起的高度距离初始抬腿位置的最大高度。

占空比 β(duty factor)：在一个步态周期 T 内，四足机器人每条腿处于支撑相位的时间 t_{sp} 与步态周期 T 的比值，即

$$\beta = \frac{t_{sp}}{T} \tag{12.1}$$

通常情况下，机器人的占空比越小，四足机器人的支撑相位时间越短；若机器人的肢体大部分处于摆动相位，则说明机器人的速度很快。根据占空比的不同，可以将四足机器人的运动步态分为不同的表示情况：动步态($0\leqslant\beta\leqslant0.5$)和静步态($0.5<\beta$)两类。动步态情况下最多 2 条腿着地，主要包括对角小跑(trot)步态($\beta=0.5$)、跳跃(bound)步态($\beta=0.5$)、疾驰(gallop)步态($0\leqslant\beta<0.5$)。静步态情况下至少有 3 条腿着地，主要包括步行(walk)步态($\beta=0.75$)。

假设以马为原型，建立机器人模型。该机器人由左前(LF)腿、右前(RF)腿、左后(LH)腿、右后(RH)腿等部件构成。对角小跑(trot)步态相对步行步态有更高的速度，而且其能耗输出比高，能够兼顾机器人的续航问题，是目前四足机器人中最为典型的步态，图 12.7 所示是对角小跑步态的完整过程。

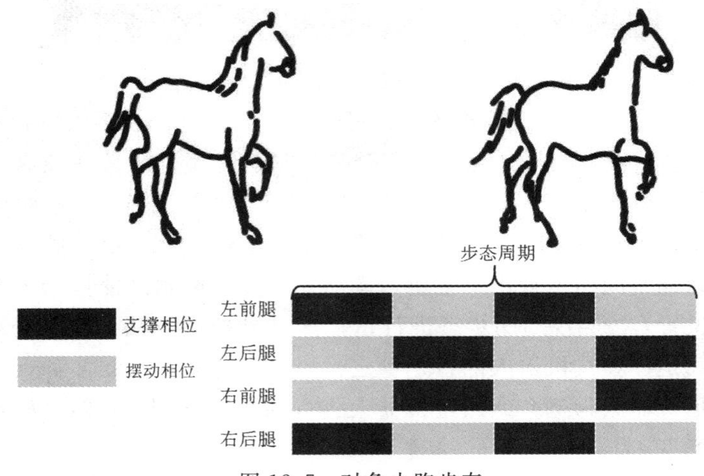

图 12.7　对角小跑步态

除了不同的运动步态外，足端轨迹规划也是步态规划的重要内容之一，需要根据不同的运动约束条件规划机器人的足端运动轨迹，然后利用机器人运动学方程计算出关节角度，从而实现对四足机器人的运动控制。在四足机器人步态规划中，常见的足端轨迹有摆线、椭圆、抛物线及多项式曲线等。

总体而言，大部分足式机器人由 2～8 条“腿”组成，“腿”越多，对机器人的支撑就越强，越能够提高载荷能力和安全性。但随着“腿”的数量、脚的类型以及每条腿的自由度(DOF)的增加，控制的复杂性也会增大，给能源以及机械结构设计带来了挑战。其中双足机器人大多受人类运动启发，能够完成行走、奔跑、跳跃等动作，如中国国防科技大学制造的先行者机器人以及波士顿动力公司制造的 Atlas 机器人(见图 12.6)，小米公司发布的“铁大”机器人，此外也有受青蛙等动物影响而研发的仿生跳跃机器人等；三足机器人较为少见，但由于其具有三角结构，因此稳定性更好，如大阪大学所设计的 Martian；四足以及四足以上的机器人受昆虫或其他动物启发，通常具有更优秀的负载能力，而这些机器人的控制系统和腿部协调系统更加复杂，如波士顿动力公司生产的四足机器人 BigDog，受海星启发设计的五足机器人等。

2. 陆地无肢机器人

自然界中蜗牛、毛毛虫和蛇等动物能够进行无肢运动，由于这些动物与地面的接触面更大，因此具有更强的稳定性，从而能够更有效地在复杂的环境中(如管道、废墟中等)进行移动。因此，受启发于进行无肢运动的动物而设计的无肢机器人可以依靠自身的模块与地面的摩擦力产生运动，对环境具有很高的适应性，被广泛应用至空间站及卫星的舱外维护、外科手术、管道破损检测、军事侦察等任务中。目前，无肢机器人主要通过仿生蛇进行设计，称为智能蛇形机器人，这种机器人分为有轮式蛇形机器人和非轮式蛇形机器人。

蛇形机器人的步态主要仿照蛇的运动步态设计，大致可以归纳为蜿蜒、手风琴式、直线爬行和侧移四种步态，如图 12.8 所示。与有肢机器人不同，由于以蛇形机器人为代表的无肢机器人通常关节较多，自由度大，因此，这类机器人需要根据任务所需的功能进行分段运动规划，以实现该类机器人的分段运动控制。

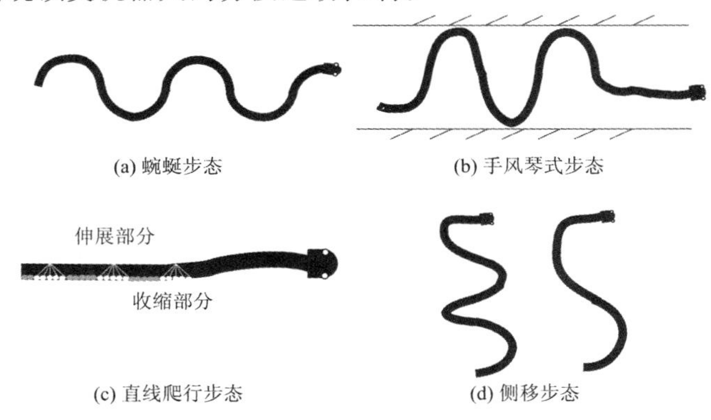

图 12.8　蛇运动步态

Hirose 等人在 1972 年设计出了世界上第一条名为 ACM 的蛇形机器人，并且随后设计出了经典的 ACM Ⅲ蛇形机器人，如图 12.9(a)所示。该机器人由 20 个相同的关节模块串联组成，每个关节底部有两个轮，减小了平面运动过程中的摩擦力。同时，每个关节都有一个驱动舵机和接收控制命令的舵机芯片，使得机器人能够通过每个关节上的舵机驱动进行左右摆动，完成蜿蜒运动步态，但该机器人只能在二维平面运动。因此，Hirose 等人在此基础上研发了 ACM-R3 机器人，如图 12.9(b)所示。ACM-R3 在关节中采用正交连接(前后关节模块之间的旋转轴相互垂直)方式，使其具备三维运动的能力，可以进行翻滚、螺旋等运动，此时，ACM-R3 使用被动轮，如果轮子碰到障碍物，轮子就会转动和滑动，更有益于机器人在狭隘的环境中运动。

(a) ACM Ⅲ 机器人

(b) ACM-R3 机器人

图 12.9　ACM 蛇形机器人

美国卡内基-梅隆大学(CMU)的 Howie Choset 等人主要对蛇形机器人的攀爬功能进行了研究，其中 Uncle Sam 蛇形机器人是他们的经典之作。Uncle Sam 关节之间相互正交连接，具备越障与攀爬功能，实现了爬树运动。Uncle Sam 是非轮式蛇形机器人，相对于轮式蛇形机器人更适合穿越狭窄空间，可以更好地适应复杂环境(比如能在内外管道以及缝隙等窄小的地方攀爬)，适用范围更大。此外，挪威科技大学和挪威科技工业研究院联合研制了 Anna Konda，主要用于执行灭火任务；德国慕尼黑工业大学 Alois Knoll 等人开发了一款非轮式蛇形机器人，用于动态目标跟踪。

国内首个蛇形机器人于 1999 年由上海交通大学 Cui 等人研制，实现了在水平面上进行运动的功能。此后国内越来越多的学者对蛇形机器人进行了研究。国防科技大学设计了可以实现平面运动的有轮式蛇形机器人；沈阳自动化研究研发出巡视者Ⅱ等经典蛇形机器人，巡视者Ⅱ的每个关节自身就是一个万向单元的设计，每个关节具有旋转、偏航、俯仰三个自由度，使得机器人运动调节的关节数更少，同时每个关节外侧也安装了由被动轮构成的体轮；西安科技大学设计了针对煤矿搜寻任务的有轮式蛇形机器人，该机器人带有气体检测传感器，可以检测甲烷、一氧化碳等易燃气体。

12.3.2 水中仿生机器人

水中仿生机器人可以在水中移动，具有一定的感知能力，可辅助或代替人类完成多种任务，在海洋研究、海洋开发、军事等领域具有重要的应用价值。水中仿生机器人根据仿生对象的不同可大致分为两种：一种是类似鱼类、蛇类、水母、乌贼等无足动物，在水中进行摆动运动或喷射推进；另一类便是仿生有足动物，如螃蟹、乌龟、虾、青蛙等，能在水底行走或在水中游行。

陆地仿生机器人主要依靠光学传感器(可见光、红外等摄像头)以及电磁波传感器(雷达)等进行环境的感知；但由于水中光线环境复杂，光学传感器在水中只能实现短距离的传感，因此水中仿生机器人主要利用声学传感器(声呐)和电磁波传感器对环境进行感知，并且近年来也有部分科研人员进行水中仿生传感(晶须等)技术的研究。

1. 水中无足动物仿生机器人

在水中无足动物仿生机器人中，鱼类和蛇类的仿生机器人吸引了大部分学者的目光。鱼类和蛇类主要在水中进行摆动运动。水中生物推进方式如图 12.10 所示，鱼类运动模式可分为两类：身体/尾鳍(body and/or caudal fin，BCF)驱动模式和中央鳍/对鳍(median and/or paired fin，MPF)驱动模式。大部分鱼类采用 BCF 模式进行运动，主要包括鲹科、鳗鲡科、鲔科，通过波动或摆动部分身体和尾鳍的方式，利用涡流产生推力以实现前进运动。BCF 模式的仿生机器人一般游动速度快，能实现快速加速及转向，其理论和样机的研究均已较成熟。

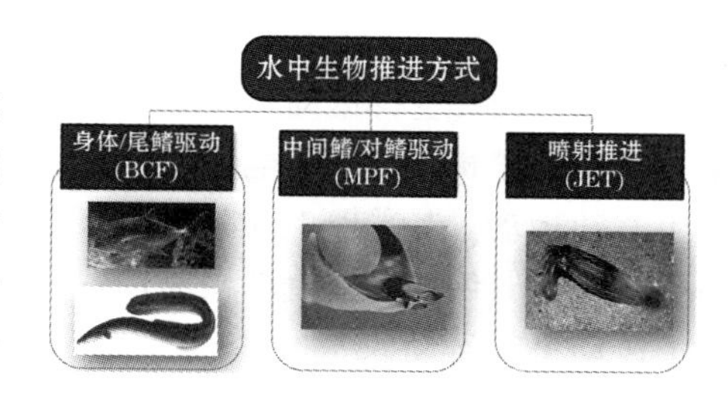

图 12.10　水中生物推进方式

早期的鱼类仿生机器人以 BCF 模式为主。1994 年美国麻省理工学院(MIT)根据金枪鱼成功设计研制出了“Robo Tuna”仿生机器鱼(见图 12.11(a))，开启了仿生机器鱼研究的热潮。美国东北大学的科研人员根据鳗鱼的游动机理，研制出了仿生七鳃鳗。英国埃塞克斯大学在 2009 年研制成功了用于检测原油泄漏和水中氧气含量等作业，并且可以绘制河水 3D 污染图的仿生机器鱼(见图 12.11(b))。北京航天航空大学于 1999 年研制出我国第一条可以自主游动的机械鱼，并在后续研制了可用于水中考古的“SPC-Ⅱ”仿生机器鱼(见图 12.11(c))。中国科学院自动化研究所根据鲹科鱼成功研制出了“游龙”系列仿生机器鱼。近年来，涌现出许多 BCF 模式的仿生机器鱼。

MPF 模式的仿生机器人主要以背鳍、腹鳍、胸鳍和臀鳍作为主要推进部位来产生推力并保持躯体平衡状态，其相对稳定性高，低速性能好，游动效率高，机动性较强，姿态灵活，能适应复杂的环境且能承受较大负载，但其高速性能通常低于 BCF 模式。由于传感器

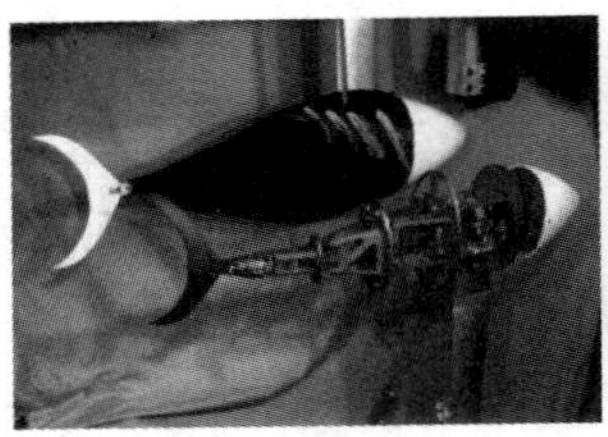
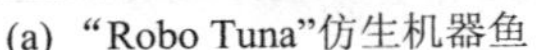

(a) “Robo Tuna”仿生机器鱼

(b) 环境监测仿生机器鱼

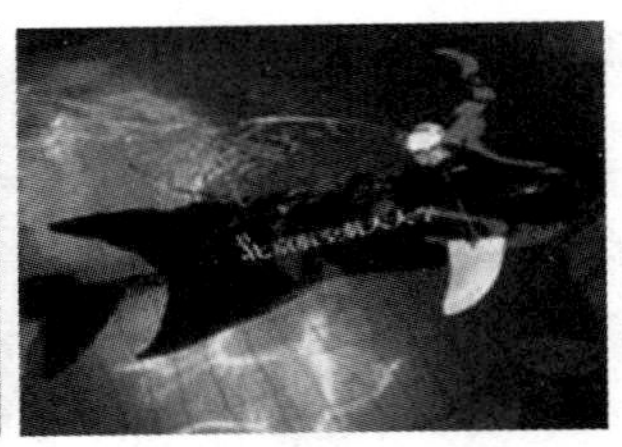

(c) “SPC-Ⅱ”仿生机器鱼

图 12.11　早期鱼类仿生机器人

以及其他驱动的不足，目前 MPF 模式的仿生机器人较少。蝠鲼鱼(魔鬼鱼)是典型的 MPF 模式鱼类，其体型庞大，通过强大有力的胸鳍摆动推进完成各种动作。

美国弗吉尼亚大学 Chen 等人通过对蝠鲼鱼的结构及游动机理的研究，研制出基于离子聚合物金属复合材料驱动器的仿生蝠鲼机器人，其驱动器附着在胸鳍上，从而使得胸鳍产生上下弯曲，进行运动。哈尔滨工业大学 Wang 等人设计了采用形状记忆合金(SMA)驱动的仿生蝠鲼机器人，在电流作用下，SMA 会带动刚性域产生周期性的运动，带动柔性域产生波动运动。南洋理工大学 Zhou 等人研制了仿生蝠鲼机器人 RoMan-Ⅰ，RoMan-Ⅰ每侧胸鳍布置 3 组鳍条，由电机驱动，电机控制各组鳍条按一定的相位差进行周期摆动从而产生波动进行运动。

蛇类水中仿生机器人借助尾部的摆动实现在水中的自由游动，运动较为灵活。与陆地蛇形机器人相比，由于水中环境更复杂，因此水中蛇形机器人的设计更具难度。如挪威科技大学(NTNU)和 SINTEF 研发了 Eelume 蛇形机器人，如图 12.12 所示，Eelume 可用于海底检查、维护和维修。

图 12.12　Eelume 蛇形机器人

除了上述根据水中摆动运动的生物进行仿生的机器人外，水母、乌贼等无足动物在水中进行喷射推进也吸引了学者们的兴趣。以水母为例，水母是腔肠动物的典型例子，它通过改变内腔的体积，利用喷水产生的反作用力来实现水中运动。这种运动方式相对其他水中生物更为简单灵活，通常情况下，排水的次数越多，运动速度越快。

在国外，2010年弗吉利亚理工学院基于形状记忆合金（SMA）研发出了仿生水母机器人(见图12.13(a))，命名为"JetSum"；并于后来仿生水母的形态与游动机制设计了一款名为"Cyro"的水母机器人，应用于水中营救任务。就国内而言，哈尔滨工程大学基于形状记忆合金研发出了仿生水母机器人(见图12.13(b))，并将其命名为"JLM1"；中国科学院以多连杆结构为基础研究出机械仿生水母，可完成喷射前进、转弯以及浮潜等动作。

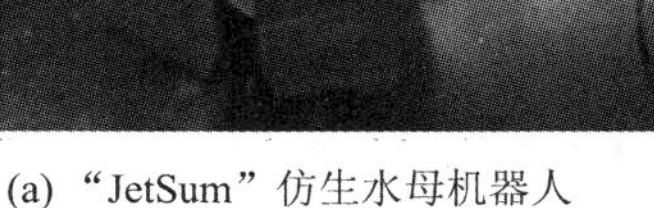

(a) "JetSum"仿生水母机器人

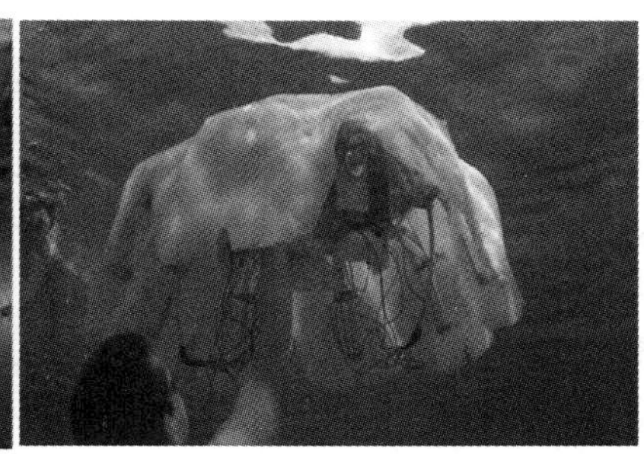

(b) "JLM1"仿生水母机器人

图12.13　仿生水母机器人

2. 水中有肢动物仿生机器人

根据水中运动方式的不同，水中有肢动物仿生机器人主要分为三种：一种为仿生多足爬行动物的水中爬游机器人；另外一种为仿生海龟、企鹅等动物通过拍动翼产生推力从而进行运动的机器人；第三种为仿生青蛙等动物在水中依靠带蹼的后肢通过划动法进行移动的机器人。

水中爬游机器人能够在海底进行灵活爬行运动，在强流环境或者复杂水底地表环境下更有优势。如美国海军研究局与美国东北大学船舶科学中心共同研制了基于8条腿的水中仿生机器龙虾，并且两只前爪可以夹取东西。由于多足仿生机器人已经在上面进行了介绍，因此这里不再赘述。

海龟和企鹅等动物通过四肢协同运动可实现水中运动及姿态转换。如图12.14所示，以海龟为例，将水翼绕x轴旋转，可以改变水翼前缘下沉、上翘姿态的旋转自由度，称为"位态旋转"；将水翼绕y轴旋转，即水翼上下拍动旋转，称为"拍动旋转"；将蹼翼绕z轴旋转，进行前后摆动，称为"摆旋"，水翼上下挥拍可以产生推力和升力。

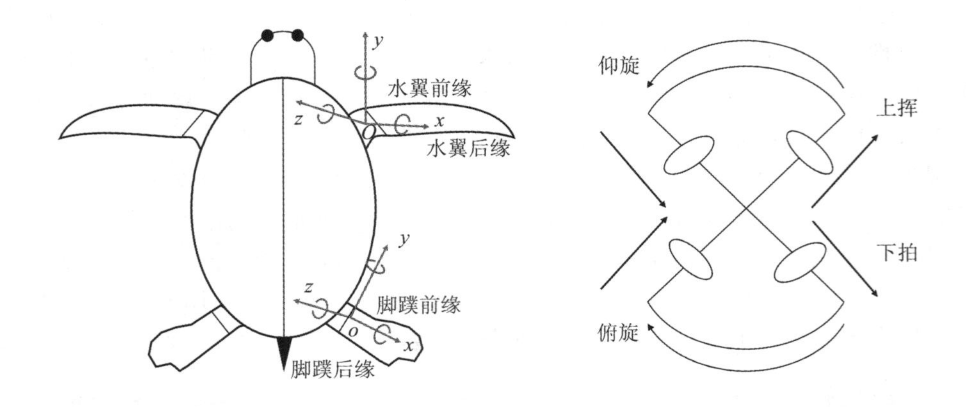

图 12.14　海龟结构及水翼的运动周期示意图

海龟游动过程中水翼的运动周期由四个阶段组成：下拍、上挥、俯旋和仰旋过程。根据海龟的运动情况，美国麻省理工学院研制了一款名为“Finnegan”的水中扑翼机器人，如图12.15(a)所示；日本 Konno 等人研制了一款名为“Turtle2005”的仿生海龟水中机器人，使用滚动和俯仰前鳍进行推进，使用俯仰后鳍进行控制。此外，韩国 Song 等人提出了由形状记忆合金复合结构组成的仿生乌龟鳍状驱动器；我国北京大学 Zhao 等人模仿珍珠鳖划水运动研制了“Turtle-likeRobot”，其采用球型壳体对称设计，运动较为灵活。

(a) “Finnegan”水中扑翼机器人

(b) “Turtle2005”仿生海龟水中机器人

图 12.15　两种水中仿生机器人

青蛙采用划动法推进方式在水中进行运动，其游泳过程分为推进、滑行和恢复三个阶段。在推进的过程中，青蛙后肢腿部和脚踝关节快速蹬出，从而形成推动动作，这时脚蹼将展开为面，以保证尽可能多地增大划水面积。在推进阶段结束时后肢达到完全伸展的状态，保持基本静止直到恢复阶段。在滑动阶段，前肢通常附着在躯干两侧，在直线运动期间保持静止。在恢复阶段，后肢开始收缩，脚蹼收缩成团，以降低收缩恢复过程的流体阻力。青蛙的游泳过程主要存在两种步态：青蛙两后肢的同步（In-phase）运动和异步（Out-of-phase）运动，如图 12.16 所示。

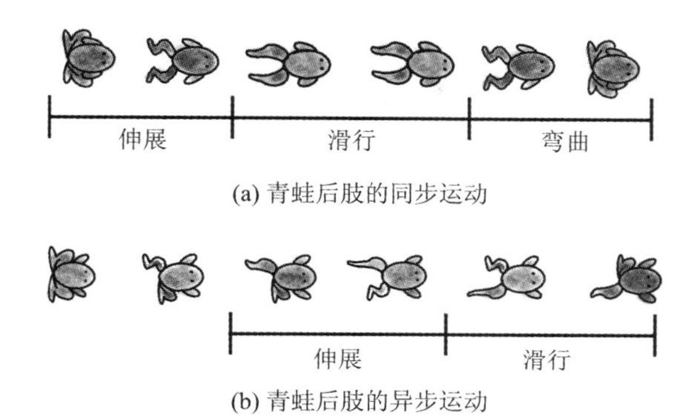

图 12.16 青蛙的游泳过程

受青蛙水中运动方式的启发，新加坡国立大学与我国南京理工大学联合研发了由“人造肌肉”柔性材料以及 3D 打印的刚性材料组合而成的机器人，如图 12.17 所示。韩国 Gul 等人采用多层 3D 打印技术制造了嵌入形状记忆合金的软体青蛙机器人。哈尔滨工业大学 Fan 等人提出了一款水中仿生青蛙机器人，该机器人结合了刚性和柔性材料的特性，通过无线通信技术实现了机器人水中的远程控制和图像数据采集。

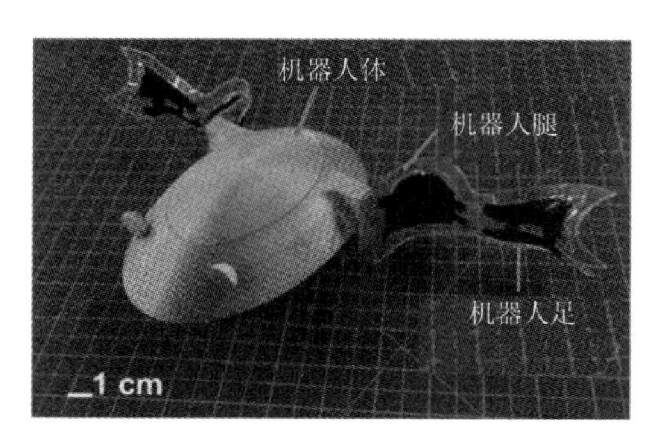

图 12.17 仿生青蛙机器人

12.3.3 空中仿生机器人

除了陆地与水中动物外，自然界也孕育出了善于飞行的鸟类、昆虫类等动物。受到这些飞行动物的启示，人类也建立了空中仿生机器人和群体智能机器人。空中仿生机器人可分为旋翼、固定翼和扑翼飞行器。其中，旋翼通过旋转以提供空气动力升力，通常而言，旋翼可以围绕一个轴线旋转。直升机就是依靠旋翼提供升力、推进力和操纵力。固定翼飞行器根据机翼前进速度和机翼的形状产生升力，如飞机、风筝、滑翔伞等都是固定翼飞行器。扑翼飞行器模仿鸟类和昆虫等飞行动物上下扑动自身翅膀推动空气产生反作用力作为升力而实现升空飞行。

空中仿生机器人主要围绕固定翼和扑翼飞行器进行设计和改进。早期的空中仿生机器人是从模仿飞行生物外形及运动开始的，一个著名的例子就是固定翼飞机，如图 12.18 所示。飞行动物为设计更轻、更节省能源的固定翼飞行器提供了许多帮助。比如，大多数飞行动物都具有流线型的形状，可以极大地减少飞行过程中的空气阻力；鸟群在长途跋涉中会以 V 形排列，并且不断改变各自的位置；海鸟更擅长滑翔，具有较尖锐的翅膀末端和较大的翼展比。这些飞行动物特性都为设计固定翼飞行器提供了提高飞行性能的思路。

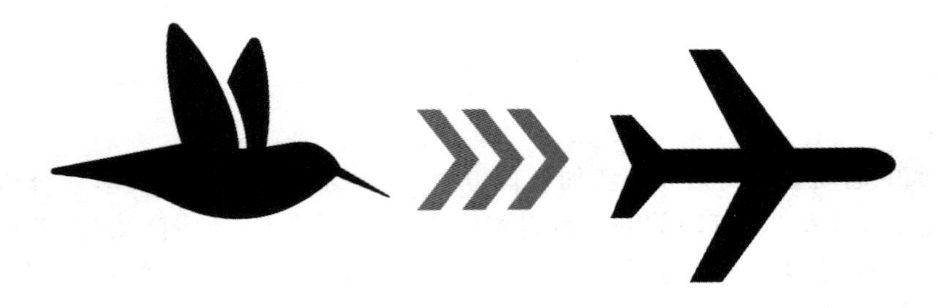

图 12.18　固定翼飞机

扑翼飞行器在飞行过程中受气动升力(L)、气动推力(T)、气动阻力(D)以及自身的重力(G)作用，如图 12.19(a)所示。若升力与扑翼机器人的自身重力相等，则可以在空中保持竖直方向上的平衡状态，即满足升力设计需求，若其翅膀产生的升力大于或小于扑翼机器人的自身重力(G)，则会产生竖直向上或向下的加速度，使扑翼飞行器实现高向飞行或低向飞行。扑翼运动是一种较为复杂的周期运动，其过程可大致分解为“平动合拢”“翼面翻转”“平动打开”“翼面翻转”四个阶段，如图 12.19(b)～图 12.19(d)所示。同时，扑翼机器人的翅膀柔性、扑动频率、翅膀振幅等因素都会对扑翼飞行器的性能产生一定的影响。

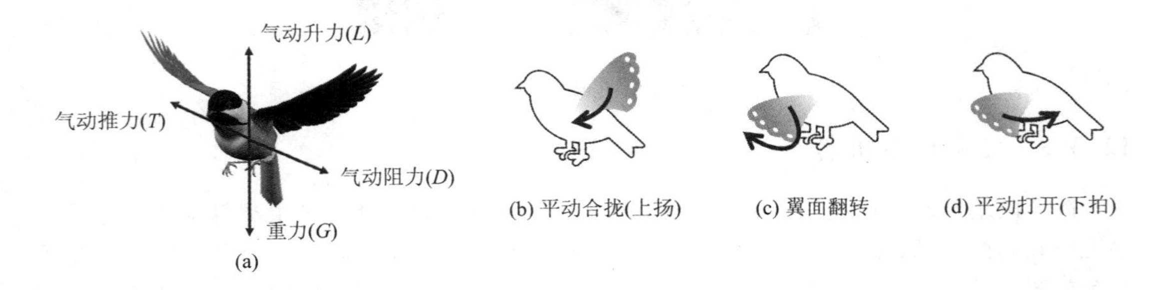

图 12.19　扑翼受力以及运动示意图

相比于固定翼飞行器，扑翼机器人具有易操控、灵活性高、隐蔽性强等优点，并且具有垂直起降的潜力，能更好地在军事领域发挥重要的作用。因此，扑翼飞行器深受广大学者关注。1998 年，美国 Aero Vironment 公司联合加州理工学院和加州洛杉矶大学模仿蝙蝠研制出了微型扑翼机器人“Micro-Bat”，它可以做时长为 42 s 的飞行，是最早的仿飞行动物方式的电动扑翼飞行器，如图 12.20(a)所示。德国 Festo 公司研制了仿海鸥机器人“Smart-Bird”，如图 12.20(b)所示，Smart-Bird 的翅膀关节采用记忆合金连接，能够实现在飞行上扑过程中弯曲翅膀，从而减少空气阻力的作用面积。Aero Vironment 公司研制了可以悬停、垂直起降的蜂鸟机器人“Nano Hummingbird”，如图 12.20(c)所示，可以实现类似蜂鸟的高频率扑动。自此以后，关于研制仿生“蜻蜓”“蚊子”等微小飞行动物飞行器的工作也越来越多。

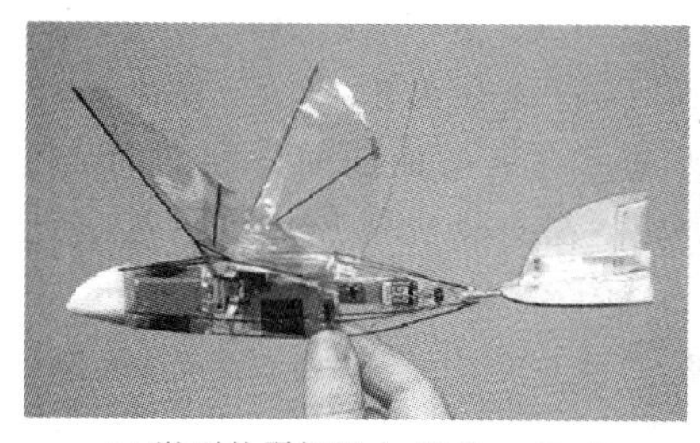

(a) 微型扑翼机器人“Micro-Bat”

(b) 仿海鸥机器人“Smart-Bird”

(c) 蜂鸟机器人“Nano Hummingbird”

图 12.20　国外仿生扑翼机器人示例

国内研究人员也在此方面做出了许多工作。南京航空航天大学于 2002 年首次试飞成功仿鸟扑翼飞行器，并于 2011 年成功研制出基于差动结构的扑翼机器人。西北工业大学也研制了仿生扑翼机器人“ASN-211”，“ASN-211”具有定位导航系统且可以实时反馈侦察环境的图像信息，如图 12.21(a)所示。哈尔滨工业大学也研制了机器人“哈深 18 年大鸟”，如图 12.21(b)所示。电子科技大学也研制了一系列仿生蜂鸟和蜻蜓的机器人。

(a) 仿生扑翼机器人“ASN-211”

(b) 仿生扑翼机器人“哈深18年大鸟”

图 12.21　国内仿生扑翼机器人示例

12.3.4 混合仿生机器人

混合仿生机器人是可以在多个领域(水中、陆地或空中)活动的机器人。相对于单独的陆地、水中或空中机器人,混合仿生机器人的设计更加复杂。由于混合仿生机器人的应用场景更加广泛,因此,大量学者对混合仿生机器人进行了研究。根据机器人适应的环境,现有工作主要围绕两栖仿生机器人展开。

两栖仿生机器人按照所处环境可以分为水陆两栖、陆空两栖以及水空两栖仿生机器人,其中关于水陆两栖机器人的研究最多。受两栖动物启发而构造的两栖机器人能在两种环境中运动,具有极强的环境适应能力,能够完成监测、救援、军事等任务。两栖仿生机器人主要受螃蟹、虾类、蛇类、蝾螈、乌龟、蛙类、企鹅等生物启发而设计。

1995 年 iRobot 公司开发了浅滩排雷机器人 ALuV,如图 12.22(a)所示,ALuV 为六足式蟹状机器人,最早实现了水陆两栖功能。ALuV 机器蟹可以隐藏在海浪下面,在水中行走,迅速通过岸边的浪区;能够模拟螃蟹侧向运动的三脚步态,有三条腿面向行驶方向,三条腿向后。美国东北大学基于虾类研究成果开发了机器龙虾(lobster robot),用于军事任务。哈尔滨工程大学提出了浅滩蟹类机器人,如图 12.22(b)所示,该机器人通过使用六个自由度步行腿在海床上移动,由三个集成的防水数字舵机驱动,可以实现跳跃步态运动。2009 年,北京航空航天大学研制了一种潜水无人机,具有飞鱼和水禽的水上-空中优势,既可以在空中飞行,也可以在水中潜水。美国麻省理工学院利用塘鹅从空中过渡到水中的跳水过程设计了一种仿塘鹅微型机器人,能够快速、有力地从空中过渡到水中,如图 12.22(c)所示,该机器人采用折叠机翼结构,在机翼完全展开时能提供足够的升力。美国纽约大学根据水母设计了一种扑翼无人机,该机器人由四个机翼组成,通过拍打分布在身体周围的四个机翼可以将身体抬起,从而稳定地悬停在空中并且更好地适应水中环境。美国斯坦福大学模仿鸟类爪子的抓握和起飞过程行为,使空中飞行机器人能够栖息在树干上。我国南京理工大学模仿壁虎的接触墙壁以及着陆过程行为研发了一种陆-空仿生机器人 LAWCDR。该机器人能够进行空中飞行、地面移动和墙壁栖息。

(a) ALuV机器蟹

(b) 浅滩蟹类机器人

(c) 仿塘鹅微型机器人

图 12.22 混合仿生机器人示例

无肢两栖机器人通常使用 BCF 推进方式在水中推进运动。瑞士洛桑联邦理工学院开发出的一种蛇型机械人 AmphiBot I 如图 12.23(a)所示，AmphiBot I 可以在水中像海蛇一样爬行，并能在水中横向移动；也可以在水中狭窄空间及浅滩中运动，或对金属进行探测并且进行搜救任务。Hirose 等人也在之前介绍的水中蛇形机器人的基础上，研制出了 ACM-R5 型水陆两用机器人，可以实现三维运动。我国中科院提出了 Perambulator 机器人，该机器人由九个模块构成，可以在陆地和水中以不同的步态运动。瑞士洛桑联邦理工学院根据蝾螈构造了 Pleurobot，如图 12.23(b)所示，Pleurobot 能够模仿四足蝾螈的行走和游泳步态，实现在陆地多模式切换腿行走，其在水中使用 BCF 推进方式进行运动。

(a) 蛇型机器人AmphiBot I

(b) 仿蝾螈机器人Pleurobot

图 12.23　无肢两栖机器人示例

12.3.5　群体智能机器人

群体智能机器人(swarm intelligent robotics)从自然自组织系统(如群居昆虫、鱼群或鸟群)中汲取灵感，由大量单个的机器人组成，多个机器人通过形成与在自然系统中类似的有利结构和行为进而协同解决现实问题。由于单个机器人具有处理、通信和传感能力，因此它们能够相互交互，并对环境做出自主反应。

群体智能机器人相对于单个机器人更适合处理大规模任务，具有并行性、可扩展性、稳定性、经济性。群体机器人主要应用于搜索和救援任务中，可以派送至搜救人员无法安全到达的地方，能探测整个区域的动态变化。此外，群体智能机器人也广泛应用于军事信息搜索以及农业生产等任务中。

陆地群体足式机器人将多个单独足式机器人相结合，更有益于对复杂环境的探测。Morimoto 等人提出用于爬梯任务的群体足式机器人，采用进化机器人学方法来设计机器人控制器内的神经网络。Ozkan 等人设计根据需要自主连接的群四足机器人，并表明其具有更好的运输能力。德国 Festo 公司于 2015 年推出了 BionicANTs 蚂蚁仿生群体机器人，其工作模式类似真正的蚂蚁，可以遵守简单的集群规则，蚂蚁机器人之间能够相互沟通，并且协调它们的行动动作和运动方向，一个小团体一起能够推拉比自己大得多的物体。

由于受到环境限制，水中群体智能机器人技术相对于陆地群体智能机器人技术更加复杂。美国是最早开始探索多个水中机器人技术的国家，于 2000 年首次采用多个水中机器人实现水文采样。上文提到的英国埃塞克斯大学研制的仿生机器鱼也是水中群体智能机器人，在寻找污染区域时使用 WiFi 相互通信。2011 年，CoCoRo 项目建立了水中群体机器人，其功能类似于鱼群，能够交换信息以监测环境，并搜索、维护、探索和收获水中栖息地的资源。2015 年，MORPH 水中群体机器人项目由五个空间分离的移动机器人组成，通过声学信息进行交流，其中，该系统中的每个移动机器人都有不同的作用。近期，哈佛大学的学者们设计了由 16 个独立的水中机器人组成的群体微型自主水中探测器(M-AUE)，如图 12.24 所示，这些机器人通过产生和感知蓝光介导进行隐式通信，并且表明 M-AUE 在珊瑚礁和沿海环境的环境监测和搜索等应用中表现出与鱼群同等的自组织能力。

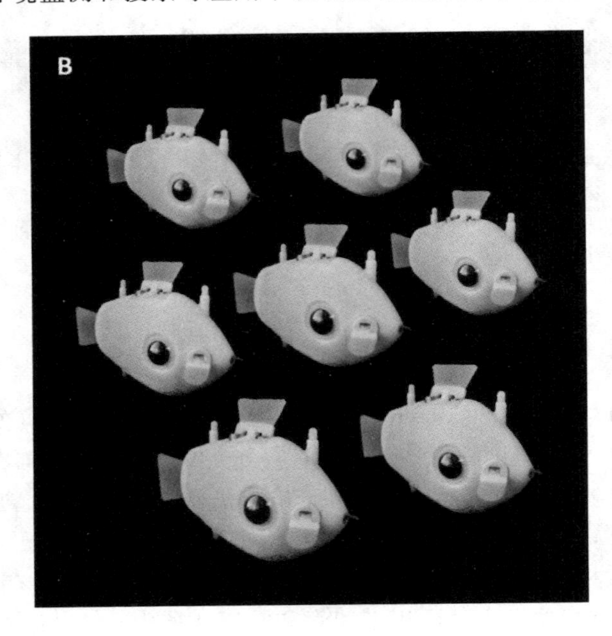

图 12.24　群体微型自主水中探测器 M-AUE

空中群体智能机器人被广泛应用至救援、监测、娱乐、军事等诸多领域。在娱乐方面，空中无人机表演是空中群体智能机器人最成功的应用之一。例如，2017 年中国亿航实现了 1000 架无人机灯光秀；匈牙利 G. Vásárhelyi 等人利用 10 个飞行器一起执行自主户外飞行，每个飞行器从近邻其他飞行器收到的动态信息进行自我导航而不使用中央数据处理或控制，实现了具有自组织的障碍体规避能力；我国浙江大学研发的微型空中群体智能机器人可以实现在高度复杂密集的竹林间穿梭，具有相互配合持续追踪特定目标等功能。

受到大自然启发的仿生机器人作为机器人学的重要研究方向之一，备受学者们的关注。同时伴随着新型材料、感知技术以及控制算法方面的突破，仿生机器人的研究也更加深入，也出现了来自多方面的挑战：

（1）随着应用场景的不断扩展，仿生机器人也进入到了火山、深海、太空等复杂环境中。在这些环境中，如何保障仿生机器人传感器正常工作并开发多种传感器混合的感知算法使其良好感知环境，并且通过仿生手段研究可以进行奔跑、跳跃、游动等不同的运动形式以适应复杂环境的结构及控制算法对于提高仿生机器人的环境适应性具有重要的理论价值。

（2）混合仿生机器人也面临着多样化环境和介质之间的过渡问题，如何更好地利用新材料设计机器人结构以及综合利用动力学、驱动硬件以及控制策略，使其提升两栖运动能力也是很有挑战的研究方向。

（3）群体智能机器人的通信以及协同也面临着很大的挑战。现有的群体机器人大部分基于无线通信，如何更加合理地分配通信资源以及开发协同算法使其能够更加高效地完成任务且更加合理地利用资源是研究者们关注的另一个方向。此外，当群体机器人在水中工作时，如何模拟水中通信的环境对机器人进行测试也是很大的一个挑战。

12.4 智能机器人的安全性与可靠性

随着智能机器人技术的不断发展，智能机器人已经在我们身边随处可见，并且在很多领域中扮演着重要的角色。与传统的机器人相比，现代智能机器人往往具有更加丰富的功能，可以在多种复杂环境下完成对应的任务，更好地协助人类生产生活。由于现代智能机器人的运动灵活性高，并且部分场景下的智能机器人具有刚度高、质量大、运动速度快等特点，因此，机器人的安全性问题日益重要。

12.4.1 机器人安全基本和设计原则

随着科技的不断发展，全球智能机器人市场日渐活跃。目前，世界上不少国家和地区针对智能机器人的具体应用场景建立了不同的安全标准。这些标准是机器人规格和安全操作指南的集合，所有参与机器人制造、销售和使用的人都必须遵守。比如，我国自2020年5月1日起实施的《机器人安全总则》(GB/T 38244—2019)，规定了机器人安全总则，以及机械安全、电气安全、控制系统安全、信息安全及其他安全要求和使用信息，在机械安全、电气安全、控制系统安全、信息安全等方面给出了指导规范，适用于机器人的设计、生产、检测和维修等；2021年8月1日起实施的《服务机器人——机械安全评估与测试方法》(GB/T 39785—2021)规定了服务机器人机械安全有关的术语和定义、测试条件、机械安全评估与测试方法、标识说明和文件要求，该标准适用于各类服务机器人，主要包括个人/家用服务机器人和公共服务机器人，特种机器人可以参照使用该标准。下面将介绍GB/T

38244—2019标准中说明的我国机器人的基本原则以及设计原则，对我们设计和使用机器人做出了一定的规范。

1. 基本原则

(1) 机器人产生的伤害应控制在可接受的范围内。

(2) 应通过本质安全设计措施减小或消除伤害。

(3) 若通过本质安全设计措施消除或充分减小与其相关的伤害不可行，则应使用安全防护和补充保护措施来减小伤害。

(4) 通过本质安全设计措施、安全防护和补充保护措施不能减小的遗留伤害应采取使用信息和培训来减小。

(5) 即使机器人不受控制也不应产生伤害，否则应对其进行隔离或强迫其停止运动。

2. 设计原则

机器人安全性设计原则流程如图12.25所示。其基本要求如下：

(1) 最小风险设计：首先在设计上消除风险，若不能消除已判定的风险，应通过设计方案的选择将其风险降低到可接受的水平。

(2) 采用安全装置：应采用永久性的、自动的或其他安全防护装置，使风险降低到可接受的水平。

(3) 采用告警装置：应采用告警装置来检测或标示危险，并发出告警信号。告警标记或信号应明显，避免人员对信号做出错误反应。

(4) 制定专用规程并进行培训：专用规程为保证机器人的安全操作而制定，包括个人防护装置的使用方法等。对从事机器人安全相关的工作人员，应进行培训和资格认定。

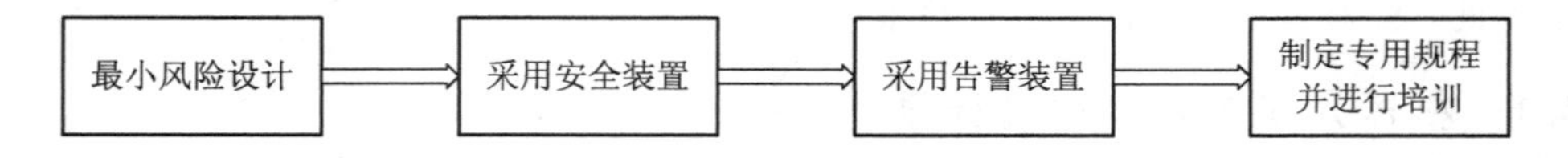

图12.25 机器人安全性设计原则流程

同时，北美地区也建立了《机器人和自动化设备的安全标准》(ANSI/UL 1740)和《工业用机器人和机器系统——安全性要求》(ANSI/RIA R15.06)等标准；欧洲地区也建立了《机器人和机器人装置——工业机器人的安全要求》(EN ISO 10218-1)等标准。这些标准都在不断地完善和修改，以促进不同国家或地区的机器人技术发展。

在国际范围内，也有国际机器人通用标准，旨在建立对全世界机器人安全性进行有效评估的体系。比如，国际标准化组织(ISO)所建立的《机器人和机器人装置·工业机器人安全要求》(ISO 10218-1)规定了工业机器人使用的固有安全设计保护措施的要求和指南，描述了与机器人相关的基本危险，并提供了消除或充分降低与这些危险相关的风险的要求；

《机器人和机器人设备——协作机器人》(ISO/TS 15066：2016)规定了协作式工业机器人系统和工作环境的安全要求；国际电工委员会(IEC)也建立了《机械安全-机器的电气安全》(IEC 61508)等标准，IEC 61508涵盖了完整的安全生命周期，目的是要建立一个可应用于各种工业领域的基本功能安全标准；IEEE机器人与自动化协会工业活动委员会(IAB)也建立了《用于导航的机器人地图数据表示的IEEE标准》，规定了执行导航任务的移动机器人环境的地图数据表示。

12.4.2 智能机器人安全性挑战

随着人工智能技术的不断发展，智能机器人也为传统机器人的标准带来了新的挑战。除了上述标准外，国内外许多学者也对智能机器人的安全性进行了研究，这些研究主要从机器人的结构、控制算法和数据隐私方面进行设计和改进。

目前，传统智能机器人仍是基于刚性结构构造的，并通过弹簧—阻尼等系统保证人机协作过程中的安全性。随着柔性材料的不断开发设计，人机协作安全性也得到了一定的提升，同时也使得智能机器人进一步向着轻量化、小型化方向发展。在控制算法方面，现有的智能控制算法大多基于深度强化学习、深度学习、计算机视觉等领域，同时大多数商用智能机器人控制方法仍处于研究阶段，从实验室验证的现成解决方案到在操作环境中验证的过程可能非常漫长和困难，尤其是复杂环境下智能机器人的研发过程。此外，当智能机器人遇到紧急突发情况时，很难像一般自动系统那样通过人工去采取应急的急停措施并做出快速的响应，因此智能机器人需要对突发情况进行高效精准的判断，为机器人的有效应对提供条件。

目前，已经有越来越多的智能机器人或智能程序充当人类助手的角色，比如自动驾驶汽车、手机语音助手等。这些智能机器人或智能程序会通过摄像头以及其他传感器来采集使用者的各种信息并对其进行处理，比如通过指纹、心跳等生理特征来辨别身份，根据不同人的行为喜好播放音乐、推荐购物产品，通过睡眠时间、锻炼情况等来判断身体是否健康。这些数据如果使用得当，可以提升人类的生活质量，但如果出于商业目的非法使用某些私人信息，并且使信息曝光，就会造成隐私侵犯。因此，如何保证数据隐私安全也是一个十分重要的问题。

12.5 智能机器人法律与道德

伴随着智能机器人技术的快速发展，智能机器人在人类伦理道德世界的角色、价值也成为了人们关注的首要问题。智能机器人的伦理规范问题在行为规则方面尤为重要。

通常情况下，智能机器人需要同样遵守人类社会的各种行为规则。智能机器人在各个领域的广泛应用也使得人们将一些生活中的伦理性问题在系统中规则化。如果在系统的研发设计中未与社会伦理约束相结合，就有可能在决策中遵循与人类不同的逻辑，从而导致严重后果，因此，智能机器人应该将人类所倡导或可接受的伦理理论和道德规范植入智能机器人的执行操作程序中，让智能机器人在与外界环境的交互构建中通过恰当的价值判断发挥道德上的积极主动作用。

世界各国也针对智能机器人技术颁布了一系列法律和规范。我国颁布了《新一代人工智能伦理规范》与《新一代人工智能治理原则》，提出人工智能各项活动应该遵循以下基本伦理规范：① 增进人类福祉；② 促进公平公正；③ 保护隐私安全；④ 确保可控可信；⑤ 强化责任担当；⑥ 提升伦理素养。欧盟委员会发布了《欧盟机器人民事法律规则》，建立了一套机器人的法律规则。韩国制定了专门的《智能机器人促进法》。美国也建立了美国人工智能国家安全委员会，作为美国推动人工智能、机器学习等技术发展以解决美国国家安全与国防需求问题的政策参谋机构。

随着智能机器人的不断发展，围绕智能机器人相关法律法规的讨论也在不断继续扩大，如何更好地制定伦理准则，完善人工智能技术研发规范并且建立适应智能化时代的法律法规体系，以更好地设计、开发和使用智能机器人，使人工智能科技成就更好地服务于人类社会是十分重要的挑战。

参考文献

[1] 卢小平，刘若辰，慕彩红，等．现代制造技术[M]．北京：清华大学出版社，2018.

[2] LAI R，LIN W，WU Y. Review of research on the key technologies，application fields and development trends of intelligent robots[C]. Intelligent Robotics and Applications：11th International Conference，ICIRA 2018，Newcastle，NSW，Australia，August 9-11，2018，Proceedings，Part II 11. Springer International Publishing，2018：449-458.

[3] 陆建峰，王琼．人工智能：智能机器人[M]．北京：电子工业出版社，2020.

[4] 中华人民共和国国务院，国家中长期科学和技术发展规划纲要[EB/OL].（2006-02-09）[2023-01-27]. https：//www. gov. cn/gongbao/content/2006/content_240244. htm.

[5] BOCK T，LINNER T. Robot Oriented Design[M]. Cambridge：Cambridge University Press，2015.

[6] CICOLANI J，CICOLANI J. Beginning Robotics with Raspberry Pi and Arduino [M]. New York：Apress，2018.

[7] YANG S，LUO P. Wider face：a face detection benchmark[C]. Proceedings of the IEEE Conference on Computer Vision and Pattern Recognition. 2016：5525-5533.

[8] SHAW J A. The pid control algorithm：how it works，how to tune it，and how to use it [M]. Missouri：Process Control Solutions，2003.

[9] 明子成，李茗妍．机器人设计与制作入门[M]．北京：化学工业出版社，2020.

[10] 张凯院．矩阵论[M]．西安：西北工业大学出版社，2017.

[11] 吴福朝．机器人数学基础[M]．北京：清华大学出版社，2021.

[12] LYN K．现代机器人学：机构、规划与控制[M]．北京：机械工业出版社，2019.

[13] 吴艳霞，梁楷，刘颖，等．深度学习 FPGA 加速器的进展与趋势[J]．计算机学报，2019，42(11)：2461-2480.

[14] 焦李成，孙其功，杨育婷，等．深度神经网络 FPGA 设计进展、实现与展望[J]．计算机学报，2022，45(3)：441-471.

[15] 周航慈．单片机应用程序设计技术[M]．北京：北京航空航天大学出版社，2011.

[16] 陈俊洪．基于视觉学习的机器人技能学习方法研究[D]．广州：广东工业大学，2020.

[17] 陈小虎，邓惠俊．计算机图像处理技术应用分析[J]．造纸装备及材料，2021，50(11)：84-86.

[18] 许凯迪. 图像处理技术及应用分析[J]. 造纸装备及材料，2020，49(1)：79.
[19] 祁明，祝典，邹武星. 图像处理技术综述[J]. 数字技术与应用，2020，38(2)：57，59.
[20] 黎寒引. 计算机图像处理技术应用分析[J]. 信息记录材料，2021，22(3)：139-140.
[21] 叶一帆. 基于计算机视觉算法的图像处理技术研究[J]. 长江信息通信，2021，34(10)：73-75.
[22] ZENG X，OUYANG W，WANG M，et al. Deep learning of scene-specific classifier for pedestrian detection[C]. Computer Vision-ECCV 2014. Cham：Springer International Publishing，2014：472-487.
[23] HUBEL D H，WIESEL T N. Receptive fields，binocular interaction and functional architecture in the cat's visual cortex[J]. Journal of physiology，1962，160(1)：106-154.
[24] 季长清，高志勇，秦静，等. 基于卷积神经网络的图像分类算法综述[J]. 计算机应用，2022，42(4)：1044-1049.
[25] 赵志宏，杨绍普，马增强. 基于卷积神经网络 LeNet-5 的车牌字符识别研究[J]. 系统仿真学报，2010，22(3)：638-641.
[26] Graham B. Fractional max-pooling[EB/OL]. (2021-08-09)[2023-01-27]. https://arxiv. org/pdf/1412. 6071. pdf.
[27] ZHAI S，WU H，KUMAR A，et al. S3pool：pooling with stochastic spatial sampling[C]. Proceedings of the 2017 IEEE Conference on Computer Vision and Pattern Recognition. Piscataway：IEEE，2017：4970-4978.
[28] LIPTON Z C. A critical review of recurrent neural networks for sequence learning [EB/OL]. (2015) [2019]. https://arxiv. org /abs/1506. 00019v1.
[29] 夏瑜潞. 循环神经网络的发展综述[J]. 电脑知识与技术，2019，15(21)：182-184.
[30] HOCHREITER S，SCHMIDHUBER J. Long short-term memory[J]. Neural computation，1997，9(8)：1735-1780.
[31] CHO K，VAN MERRIENBOER B，GULCEHRE C，et al. Learning phrase representations using RNN encoder-decoder for statistical machine translation[C]. Proceedings of the 2014 Conference on Empirical Methods in Natural Language Processing (EMNLP)，2014.
[32] 刘礼文，俞弦. 循环神经网络(RNN)及应用研究[J]. 科技视界，2019(32)：54-55.
[33] LECUN Y，BOTTOU L，BENGO Y，et al. Gradient-based learning applied to document recognition[J]. Proceedings of the IEEE，1998，86(11)：2278-2324.
[34] 孙华，陈俊风，吴林. 多传感器信息融合技术及其在机器人中的应用[J]. 传感器技

术，2003(9)：1-4.
[35] 王耀南，李树涛. 多传感器信息融合及其应用综述[J]. 控制与决策，2001(5)：518-522.
[36] SUTTON R，BARTO S，ANDREW G. Reinforcement learning：an introduction [M]. Massachusetts：MIT press，2018.
[37] 邹伟. 强化学习[M]. 北京：清华大学出版社，2020.
[38] BELLMAN R. A Markovian decision process[J]. Journal of mathematics and mechanics，1957，6(5)：679-684.
[39] 林学森. 机器学习观止核心原理与实践[M]. 北京：清华大学出版社，2021.
[40] SUTTON R S. Learning to predict by the methods of temporal differences[J]. Machine learning，1988(3)：9-44.
[41] WATKINS C JCH，DAYAN P. Q-learning[J]. Machine learning，1992(8)：279-292.
[42] 陈白帆. 移动机器人[M]. 北京：清华大学出版社，2021.
[43] KAVRAKI L E，SVESTKA P，LATOMBE J C，et al. Probabilistic roadmaps for path planning in high-dimensional configuration spaces[J]. IEEE transactions on robotics and automation，1996，12(4)：566-580.
[44] COORNI A，DORIGO M，MANIEZZO V. Distributed optimization by ant colonies [C]. Actes de la Premiere Conference Europeenne sur la vie Artificielle. Paris，France ：Elsevier Publishing，1991：134-142.
[45] DORIGO M，Optimization，learning and natural algorithms[D]. Italy：Politencnico di Milano System and Information Engineering，1992.
[46] 焦李成. 自然计算，机器学习与图像理解前沿[M]. 西安：西安电子科技大学出版社，2008.
[47] KENNDY J，EBERHART R. Particle swarm optimization [C]. IEEE Neural Networks Conuncil：Proceedings of IEEE International Conference on Neural Networks. Ⅳ. Perth，Western Australia：IEEE，1995：1942- 1948.
[48] WEIZENBAUM J. ELIZA：a computer program for the study of natural language communication between man and machine[J]. Communications of the ACM，1966，9(1)：36-45.
[49] WILENSKY R，CHIN D N，LURIA M，et al. The Berkeley UNIX consultant project[M]. Dordrecht：Springer ，2000.
[50] RITTERRitter A，CHEERY C，DOLAN W B. Data-driven response generation in social media[C]. Proceedings of the 2011 Conference on Empirical Methods in

Natural Language Processing. 2011: 583-593.
[51] SHANG L, LU Z, LI H. Neural responding machine for short-text conversation [EB/OL]. [2020-08-20]. https: // arxiv. org/abs/1503. 02364, 2015.
[52] GRAVES A. Generating sequences with recurrent neural networks [EB/OL]. [2020-08-20]. https: //arxiv. org/abs/1308. 0850.
[53] CHO K, VAN Merriënboer B, GULCEHRE C, et al. Learning phrase representations using RNN encoder-decoder for statistical machine translation[C]. Proceedings of the 2014 Conference on Empirical Methods in Natural Language Processing. 2014: 1724-1734.
[54] SUTSKEVER I, VINYALS O, Le Q V. Sequence to sequence learning with neural networks [C]//Advances in Neural Information Processing Systems. 2014: 3104-3112.
[55] LEE C W, WANG Y S, HSU T Y, et al. Scalable sentiment for sequence-to-sequence chatbot response with performance analysis[C]. 2018 IEEE International Conference on Acoustics, Speech and Signal Processing (ICASSP). IEEE, 2018: 6164-6168.
[56] YIN Z, CHANG K, ZHANG R. Deepprobe: Information directed sequence understanding and chatbot design via recurrent neural networks[C]. Proceedings of the 23rd ACM SIGKDD International Conference on Knowledge Discovery and Data Mining. 2017: 2131-2139.
[57] CHUANG E, PARK J G. Sentence - chain based Seq2seq model for corpus expansion[J]. Etri Journal, 2017, 39(4): 455-466.
[58] YU Z, MOIRANGTHEM D S, Lee M. Continuous timescale long-short term memory neural network for human intent understanding [J]. Frontiers in neurorobotics, 2017(11): 42.
[59] TURING A M. Computing machinery and intelligence[M]. Dordrecht: Springer Netherlands, 2009.
[60] MIKOLOV T, CHEN K, CORRADO G, et al. Efficient estimation of word representations in vector space[J]. arXiv preprint arXiv: 1301. 3781, 2013.
[61] DAS A, KOTTUR S, GUPTA K, et al. Visual dialog[C]. Proceedings of the IEEE conference on computer vision and pattern recognition. 2017: 326-335.
[62] SOPHIA J J, JACOB T P. EDUBOT-A Chatbot For Education in Covid-19 Pandemic and VQAbot Comparison[C]. 2021 Second International Conference on Electronics and Sustainable Communication Systems (ICESC). IEEE, 2021:

1707-1714.
[63] CHEN T Y, CHIU Y C, BI N, et al. Multi-modal chatbot in intelligent manufacturing[J]. IEEE access, 2021(9): 82118-82129.
[64] 李茹杨，彭慧民，李仁刚，等. 强化学习算法与应用综述[J]. 计算机系统应用，2020，29(12): 13-25.
[65] 刘朝阳，穆朝絮，孙长银. 深度强化学习算法与应用研究现状综述[J]. 智能科学与技术学报，2020，2(4): 314-326.
[66] 刘建伟，高峰，罗雄麟. 基于值函数和策略梯度的深度强化学习综述[J]. 计算机学报，2019，42(6): 1406-1438.
[67] 吴晏奇，陈大磊，王宇，等. 智能人机对弈五子棋机器人设计[J]. 电子器件，2019，42(4): 968-972.
[68] 黎圣辉. 综述智能机器人的应用背景与技术原理[J]. 科技传播，2019，11(2): 119-120.
[69] SILVER D, HUNG A, MADDISON C J, et al. Mastering the game of go with deep neural networks and tree search[J]. Nature, 2016, 529(7587): 484-489.
[70] QU M, REN X, ZHANG Y, et al. Weakly-supervised relation extraction by pattern-enhanced embedding learning[C]. Proceedings of the 2018 World Wide Web Conference. 2018: 1257-1266.
[71] 甄先通，黄坚，王亮，等. 自动驾驶汽车环境感知[M]. 北京：清华大学出版社，2020.
[72] 蔡振江，王渝，张娟. 采用 Hough 变换和灰度变化的图像角点检测法[J]. 北京理工大学学报，2005(9): 796-799.
[73] 焦李成，侯彪，唐旭，等. 人工智能、类脑计算与图像解译前沿[M]. 西安：西安电子科技大学出版社，2020.
[74] 欧俊臣. 基于 DOBOT 机械臂的五子棋人机对弈平台的研究[D]. 上海：上海工程技术大学，2020.
[75] 林华. 基于 Self-Play 的五子棋智能博弈机器人[D]. 杭州：浙江大学，2019.
[76] SCHRITTWIESER J, ANTONOGLOU I, HUBERT T, et al. Mastering atari, go, chess and shogi by planning with a learned model[J]. Nature, 2020, 588(7839): 604-609.
[77] YE W, LIU S, KURUTACH T, et al. Mastering atari games with limited data[J]. Advances in neural information processing systems, 2021, 34: 25476-25488.
[78] 谭民，王硕. 机器人技术研究进展[J]. 自动化学报，2013，39(7): 963-972.
[79] 岳金朋，冯速. 中国象棋 Alpha-Beta 搜索算法的研究与改进[J]. 北京师范大学学报

(自然科学版)，2009，45(2)：156-160.
[80] 王亚杰，邱虹坤，吴燕燕，等. 计算机博弈的研究与发展[J]. 智能系统学报，2016，11(6)：788-798.
[81] 宫书畅. 从 AlphaGo 人机围棋大战解读人工智能技术[J]. 电子制作，2017(16)：35-36.
[82] YE Z C，CUI X L，QIU Xi Y，et al. GSnet：combine Ghostnet and Shufflenetv2 to get better performance[P]. Engineering Univ. of PAP (China)，2021.
[83] YE Z，Cui X，Qiu X，et al. GSnet：combine Ghostnet and Shufflenetv2 to get better performance[C]. 2nd International Conference on Computer Vision，Image，and Deep Learning. SPIE，2021：324-328.
[84] LI G，ZHANG M，ZHANG J，ZHANG Q. OGCNet：Overlapped group convolution for deep convolutional neural networks[J]. Knowledge-based systems，2022，253：109571.
[85] WANG A，WANG W，ZHOU H，et al. Network intrusion detection algorithm combined with group convolution network and snapshot ensemble[J]. Symmetry，2021，13(10)：1-15.
[86] SCHWARZ S，JOAO P，et al. An enhanced scheme for reducing the complexity of pointwise convolutions in CNNs for image classification based on interleaved grouped filters without divisibility constraints[J]. Entropy，2022，24(9)：1264.
[87] ZHANG X，ZHENG Y，LIU W，et al. An improved architecture for urban building extraction based on depthwise separable convolution [J]. Journal of intelligent & fuzzy systems，2020，38(5)：5821-5829.
[88] ZHANG K，BELLO I M，SU Y，et al. Multiscale depthwise separable convolution based network for high-resolution image segmentation[J]. International journal of remote sensing，2022，43(18)，6624-6643.
[89] EID M A，GIAKOUMIDIS N，El SADDIK A. A novel eye-gaze-controlled wheelchair system for navigating unknown environments：case study with a person with ALS[J]. IEEE access，2016(4)：558-573.
[90] 西安电子科技大学. 基于眼球控制屏幕的智能轮椅：CN201810293523. 8[P]. 2018-09-14.
[91] VIOLA P，JONES M. Rapid object detection using a boosted cascade of simple features [C]. Proceedings of the 2001 IEEE Computer Society Conference on Computer Vision and Pattern Recognition. CVPR，2001.
[92] CHAUDHARY A K，KOTHARI R，ACHARYA M，et al. Ritnet：Real-time

semantic segmentation of the eye for gaze tracking[C]. 2019 IEEE/CVF International Conference on Computer Vision Workshop (ICCVW). IEEE, 2019: 3698-3702.

[93] 焦李成,刘芳,李玲玲,等. 遥感影像深度学习智能解译与识别[M]. 西安：西安电子科技大学出版社，2019.

[94] 焦李成,孙其功,田小林，等. 人工智能实验简明教程[M]. 北京：清华大学出版社，2021.

[95] LIU J, CHI J, YANG H, et al. In the eye of the beholder: A survey of gaze tracking techniques[J]. Pattern Recognition, 2022: 108944.

[96] LIU J, CHI J, HU W, et al. 3D model-based gaze tracking via iris features with a single camera and a single light source[J]. IEEE transactions on Human-machine systems, 2021, 51(2): 75-86.

[97] KLAIB A F, ALSREHIN N O, MELEM W Y, et al. IoT smart home using eye tracking and voice interfaces for elderly and special needs people[J]. J. Commun., 2019, 14(7): 614-621.

[98] 苟超，卓莹，王康，等. 眼动跟踪研究进展与展望[J]. 自动化学报，2022，48(5)：1173-1192.

[99] FANG J, YAN D, QIAO J, et al. DADA: driver attention prediction in driving accident scenarios[J]. IEEE Transactions on intelligent transportation systems, 2021, 23(6): 4959-4971.

[100] 张亚婷. 眼控系统眼动交互方式研究[D]. 南京：东南大学，2020.

[101] 韩雪峰. 导盲机器人[D]. 哈尔滨：哈尔滨工程大学，2009.

[102] SHOVAL S, BORENSTEIN J, KOREN Y. The navbelt-a computerized travel aid for the blind based on mobile robotics technology[J]. IEEE trans. biomed. Eng., 1998, 45(11): 1376-1386.

[103] GIRSHICK, R. Fast r-cnn[C]. Proceedings of the IEEE International Conference on Computer Vision. 2015: 1440-1448.

[104] REDMON J, DIVVALA S, GIRSHICK R, et al. You only look once: unified, real-time object detection[C]. Proceedings of the IEEE Conference on Computer Vision and Pattern Recognition. 2016: 779-788.

[105] LIU, W, ANGUELOV D, ERHAN D, et al. Ssd: single shot multibox detector[C]. Computer Vision-ECCV 2016: 14th European Conference, Amsterdam, The Netherlands, Proceedings, Part I 14. Springer International Publishing, 2016: 21-37.

[106] LONG J, SHELHAMER E, DARRELL T. Fully convolutional networks for semantic segmentation[C]. Proceedings of the IEEE Conference on Computer Vision and Pattern Recognition, 2015: 3431-3440.

[107] BADRINARAYANAN V, KENDALL A, CIPOLLA R. Segnet: a deep convolutional encoder-decoder architecture for image segmentation[J]. IEEE transactions on pattern analysis and machine intelligence, 2017, 39(12): 2481-2495.

[108] VINYALS O, TOSHEV A, BENGIO S, et al. Show and tell: a neural image caption generator[C]. Proceedings of the IEEE Conference on Computer Vision and Pattern Recognition, 2015: 3156-3164.

[109] EVERINGHAM M, ESLAMI S A, VAN G, et al. The pascal visual object classes challenge: a retrospective[C]. International Journal of Computer Vision, 2015, 111: 98-136.

[110] 焦李成，尚荣华，马文萍，等. 多目标优化免疫算法、理论和应用[M]. 北京：科学出版社，2010.

[111] GE Z, LIU S, WANG F, et al. YOLOX: Exceeding YOLO Series in 2021 [EB/OL]. (2021-08-06)[2022-05-03]. https://arxiv. org/abs/2107. 08430.

[112] CHEN L, PAPANDREOU G, KOKKINOS I. et al. Deeplab: semantic image segmentation with deep convolutional nets, atrous convolution, and fully connected crfs[J]. IEEE transactions on pattern analysis and machine intelligence, 2017, 40(4): 834-848.

[113] WANG J, SUN K, CHENG T, et al. Deep high-resolution representation learning for visual recognition[J]. IEEE transactions on pattern analysis and machine intelligence, 2020, 43(10): 3349-3364.

[114] 李昕光. 汽车概论[M]. 北京：人民交通出版社，2017.

[115] 罗艳托，汤湘华. 全球电动汽车发展现状及未来趋势[J]. 国际石油经济，2018,26(7)：58-64.

[116] 吴忠泽. 智能汽车发展的现状与挑战[J]. 时代汽车，2015(7)：42-45.

[117] 陈慧岩. 无人驾驶汽车概论[M]. 北京：北京理工大学出版社,2014：4-10.

[118] 宫慧琪，牛芳. 自动驾驶关键技术与产业发展态势研究[J]. 信息通信技术与政策，2018(8)：45-50.

[119] 陈晓博. 发展自动驾驶汽车的挑战和前景展望[J]. 综合运输，2016，38(11)：9-13.

[120] 王建，徐国艳，陈竞凯，等. 自动驾驶技术概论.[M]. 北京：清华大学出版

社，2019.

[121] JONATHAN M G. The most detailed maps of the world will be for cars，not humans[EB/OL].（2017-12-03)[2019-05-03]. https：// arstechnica. com/cars/ 2017/03/the-most-detailed-maps-of-theworld-will-be-for-cars-not-humans/.

[122] TAKEUCHI E，YOSHIHARA Y，YOSHIKI N. Blind area traffic prediction using high definition maps and lidar for safe driving assist[C]. 2015 IEEE 18th International Conference on Inteligent Transportation Systems. IEEE，2015：2311-2316.

[123] POGGENHANS F，SALSCHEIDER N O，STILLER C. Precise localization in high-definition road maps for urban regions[C]. 2018 IEEE/RSJ International Conference on Intelligent Robots and Systems (IROS). IEEE，2018：2167-2174.

[124] ZHENG S，WANG J. High definition map-based vehicle localization for highly automated driving ：Geometric analysis[C]. 2017 International Conference on Localization and GNSS (ICL-GNSS). IEEE，2017：1-8.

[125] LIF，BONNIFAIT P，IBANEZ-GUZMANJ，et al. Lane-level map-matching with integrity on high-definition maps[C]. 2017 IEEE Intelligent Vehicles Symposium (Ⅳ). IEEE，2017：1176-1181.

[126] HAN S J，KANGJ J Y，et al. Robust ego-motion estimation and map matching lechnque ior autonomous vehicle localization with high definition digital map [C]. 2018 International Conference on Information and Communication Technology Convergence (ICTC). IEEE，2018：630-635.

[127] GHALLABI F，NASHASHIBI F，EL-HAJ-SHHADE G，et al. LIDAR-Based Lane Marking Detection For Vehicle Positioning in an HD Map[C]. 2018 21st International Confcrence on Intelligent Transportation Systems (ITSC). IEEE，2018：2209-2214.

[128] 韩黎敏. 汽车导航技术未来发展趋势分析[J]. 产业与科技论坛，2016，15(22)：85-86.

[129] 杨锦福. 车载导航系统中数据检索模块的设计与实现[D]. 沈阳：东北大学，2015.

[130] 李加东. 基于 RRT 算法的非完整移动机器人运动规划[D]. 上海：华东理工大学，2014.

[131] 白莉. 汽车导航与互联网地图[J]. 中国汽车界，2012(3)：22.

[132] 李威洲. 基于 RRT 的复杂环境下机器人路径规划[D]. 哈尔滨：哈尔滨工程大学，2012.

[133] 汪永红. 多尺度道路网路径规划关键技术及应用研究[D]. 郑州：解放军信息工程

大学，2011.
[134] 屈展.车载导航系统中路径规划问题的研究[D]. 兰州：兰州理工大学，2009.
[135] 罗钦瀚，李荣宽，邵玮炜，等. 面向战术环境的智能路径规划设计[J]. 指挥信息系统与技术，2018(6)：49-54.
[136] 肖文轩.自主轴孔装配机器人路径规划及力控制研究[D]. 西安：西安理工大学，2018.
[137] 余卓平，李奕姗，熊璐. 无人车运动规划算法综述[J]. 同济大学学报(自然科学版)，2017，45：1150-1159.
[138] 贾李红.基于GPS的双向搜索路径的研究[D]. 淮南：安徽理工大学，2017.
[139] 谭宝成，王培. A～路径规划算法的改进及实现[J]. 西北工业大学学报，2012，32(4)：325-329.
[140] 仇菊香. Google地图服务支持下的公众地理信息服务系统的设计与实现[D]. 赣州：江西理工大学，2010.
[141] 范艳华.基于Web GIS的园区公共设施管理系统的研究[D]. 西安：西安理工大学，2002.
[142] WANG T M，TAO Y，LIU H. Current researches and future development trend of intelligent robot：a review[J]. International journal of automation and computing，2018，15(5)：525-546.
[143] TRIVEDI D，RAHN C D，KIER W M，et al. Soft robotics：biological inspiration，state of the art，and future research[J]. Applied bionics and biomechanics，2008，5(3)：99-117.
[144] LACHI C，MAZZOLAI B，CIANCHETTI M. Soft robotics：technologies and systems pushing the boundaries of robot abilities[J]. Science robotics，2016，1(1)：1-11.
[145] YANG G Z，BELLINGHAM J，Dupont P E，et al. The grand challenges of science robotics[J]. Science robotics，2018，3(14)：1-14.
[146] ROBINSON G，DAVIES J B C. Continuum robots-a state of the art[C]. Proceedings 1999 IEEE International Conference on Robotics and Automation (Cat. No. 99CH36288C). IEEE，1999，4：2849-2854.
[147] CIANCHETTI M，CALISTI M，MARGHERI L，et al. Bioinspired locomotion and grasping in water：the soft eight-arm OCTOPUS robot[J]. Bioinspiration & biomimetics，2015，10(3)：035003.
[148] 尹顺禹，许艺，岑诺，等. 软体智能机器人的系统设计与力学建模[J]. 力学进展，2020，50(1)：202006.

[149] CHENG C, CHENG J, HUANG W. Design and development of a novel SMA actuated multi-DOF soft robot[J]. IEEE access, 2019, 7: 75073-75080.

[150] ZHANG J, SHENG J, O'Neill C T, et al. Robotic artificial muscles: Current progress and future perspectives[J]. IEEE transactions on robotics, 2019, 35(3): 761-781.

[151] LEE Y, SONG W J, SUN J Y. Hydrogel soft robotics[J]. Materials today physics, 2020, 15: 100258.

[152] 王宇. 软体机器人研究现状及应用前景[J]. 中国科技信息, 2022(10): 62-64.

[153] FANG L, ZHENG Q, HOU W, et al. A self-powered vibration sensor based on the coupling of triboelectric nanogenerator and electromagnetic generator[J]. Nano energy, 2022, 97: 107164.

[154] TALAMALI M S, SAHA A, MARSHALL J A R, et al. When less is more: robot swarms adapt better to changes with constrained communication[J]. Science robotics, 2021, 6(56): 1-14.

[155] BONARINI A. Communication in human-robot interaction[J]. Current robotics reports, 2020, 1(4): 279-285.

[156] 孙效华, 张义文, 秦觉晓, 等. 人机智能协同研究综述[J]. 包装工程, 2020, 41(18): 前插1-前插3, 1-11.

[157] REN F, BAO Y. A review on human-computer interaction and intelligent robots[J]. International journal of information technology & decision Making, 2020, 19(1): 5-47.

[158] ŠUMAK B, BRDNIK S, PUSNILK M. Sensors and artificial intelligence methods and algorithms for human-computer intelligent interaction: A systematic mapping study[J]. Sensors, 2021, 22(1): 20.

[159] 赵京, 张自强, 郑强, 等. 机器人安全性研究现状及发展趋势[J]. 北京航空航天大学学报, 2018, 44(7): 1347-1358.

[160] 顾俊, 张宇, 樊东. 群体机器人研究综述[J]. 化工自动化及仪表, 2018, 45(2): 95-99.

[161] DORIGO M, THERAULAZ G, TRIANNI V. Swarm robotics: past, present, and future (point of view)[J]. Proceedings of the IEEE, 2021, 109(7): 1152-1165.

[162] 刘冠军. 闭链变拓扑双模式多足机器人的设计与性能研究[D]. 北京: 北京交通大学, 2021.

[163] 高越. 小型可重组多足机器人设计与研究[D]. 北京: 中国矿业大学, 2020.

[164] RUBIO F, VALERO F, LLOPIS-ALERT C. A review of mobile robots: Concepts, methods, theoretical framework, and applications[J]. International journal of advanced robotic systems, 2019, 16(2): 1-22.

[165] OKI K, ISHIKAW M, LI Y, et al. Tripedal walking robot with fixed coxa driven by radially stretchable legs[C]. 2015 IEEE/RSJ International Conference on Intelligent Robots and Systems (IROS). IEEE, 2015: 5162-5167.

[166] ROY S S, PRATIHAR D K. Multi-body Dynamic Modeling of Multi-legged Robots[M]. Springer Nature, 2020.

[167] 李龙. 两足机器人双支撑阶段的作用机理与步态规划方法研究[D]. 南京：东南大学，2021.

[168] MORIMOTO D, HRAGA M, SHIOZAKI N, et al. Evolving collective step-climbing behavior in multi-legged robotic swarm[J]. Artificial life and robotics, 2022, 27(2): 333-340.

[169] OZKAN Y, GOLDMAN D I. Self-reconfigurable multilegged robot swarms collectively accomplish challenging terradynamic tasks[J]. Science robotics, 2021, 6(56): 1-14.

[170] 刘乃峰. 四足机器人步态规划及其稳定性研究[D]. 北京：北京化工大学，2021.

[171] 范向路. 足式机器人步态规划与柔顺控制研究[D]. 武汉：武汉工程大学，2020.

[172] 阮华平. 仿生四足机器人多步态规划与控制方法研究[D]. 武汉：武汉大学，2020.

[173] 欧阳升. 蛇形机器人的自适应柔性控制研究[D]. 广州：华南理工大学，2020.

[174] 周云虎. 轻型蛇形机器人系统设计及分段运动规划策略研究[D]. 哈尔滨：哈尔滨工业大学，2021.

[175] HIROSE S. Biologically Inspired Robots: Snake-like Locomotors and Manipulators[M]. Oxford: Oxford University Press. 1993.

[176] 廖志鹏. 蛇形机器人的运动学建模与控制系统设计实现[D]. 广州：华南理工大学，2020.

[177] LIPKIN K, BROWN I, PECK A, et al. Differentiable and piecewise differentiable gaits for snake robots[C]. International Conference on Intelligent Robots & Systems. BioMed Central, 2007: 1-9.

[178] LILJEBACK P, STAVDAHL O, BEITNES A. SnakeFighter-development of a water hydraulic fire fighting snake robot[C]. 2006 9th International Conference on Control, Automation, Robotics and Vision. IEEE, 2006: 1-6.

[179] BING Z, CHENG L, HUANG K, et al. CPG-based control of smooth transition for body shape and locomotion speed of a snake-like robot[C]. 2017 IEEE

International Conference on Robotics and Automation (ICRA). IEEE, 2017: 4146-4153.
[180] 李红岩. 煤矿蛇形搜寻机器人路径规划策略研究[D]. 西安: 西安科技大学, 2018: 18-30.
[181] 叶长龙, 马书根, 李斌, 等. 三维蛇形机器人巡视者Ⅱ的开发[J]. 机械工程学报, 2009, 45(5): 128-133.
[182] 崔显世, 颜国正, 陈寅, 等. 一个微小型仿蛇机器人样机的研究[J]. 机器人, 1999, 21(2): 77-81.
[183] LI D, DENG H, PAN Z, et al. Collaborative obstacle avoidance algorithm of multiple bionic snake robots in fluid based on IB-LBM[J]. ISA transactions, 2022, 122: 271-280.
[184] CONG Y, GU C, ZHANG T, et al. Underwater robot sensing technology: a survey[J]. Fundamental research, 2021, 1(3): 337-345.
[185] 吴刚. 仿生蝠鲼机器人的设计及水动力特性研究[D]. 杭州: 浙江大学, 2020.
[186] WEBB P W. Form and function in fish swimming[J]. Scientific american, 1984, 251(1): 72-82.
[187] 李伟严. 仿生机器鱼的运动控制研究及应用[D]. 天津: 天津大学, 2013.
[188] 王津宇. 基于 CFD 软件的仿生鱼模拟关键技术研究[D]. 长沙: 国防科学技术大学, 2017.
[189] WANG Z, WANG Y, LI J, HANG G. A micro biomimetic manta ray robot fish actuated by SMA[C]. International Conference on Robotics and Biomimetics. IEEE, 2009.
[190] CHEN Z, ZHU J, UM T I, et al. Bio-inspired robotic cownose ray propelled by electroactive polymer pectoral fin [C]. ASME International Mechanical Engineering Congress and Exposition (IMECE2011), American Society of Mechanical Engineers, 2012.
[191] ZHOU C, LOW K H. Design and locomotion control of a biomimetic underwater vehicle with fin propulsion[J]. IEEE/ASME transactions on mechatronics, 2012, 17(1): 25-35.
[192] 王举田. 基于 SMA 驱动的仿生水母机器人技术研究[D]. 青岛: 中国海洋大学, 2015.
[193] 储诚中. 基于SMA柔性驱动模块仿生水母机器人系统研究[D]. 合肥: 中国科学技术大学, 2018.
[194] 成巍. 仿生水下机器人仿真与控制技术研究[D]. 哈尔滨: 哈尔滨工程大学, 2004.

[195] LI X, YU J. Design and simulation of a robotic jellyfish based on mechanical structure drive and adjustment[C]. Control Conference, 2015: 5953-5958.
[196] 戴祯，刘卫东，徐景明，等. 基于高阶多项式的爬游机器人足端轨迹规划[J]. 计算机测量与控制，2021，29(11)：159-164.
[197] 张铭钧，刘晓白，郭绍波，等. 仿生推进水翼协同技术[J]. 机器人，2011，33(5)：519-527，569.
[198] 郭绍波. 仿生海龟水下机器人推进技术及实验研究[D]. 哈尔滨：哈尔滨工程大学，2010.
[199] FAN J, WANG S, YU Q, et al. Swimming performance of the frog-inspired soft robot[J]. Soft robotics, 2020, 7(5): 615-626.
[200] 仇裕龙. 青蛙游动机理研究及仿生机器人机构设计[D]. 哈尔滨：哈尔滨工业大学，2014.
[201] TANG Y, QIN L, LI X, et al. A frog-inspired swimming robot based on dielectric elastomer actuators[C]. 2017 IEEE/RSJ International Conference on Intelligent Robots and Systems (IROS). IEEE, 2017: 2403-2408.
[202] BERILINGER F, GAUCI M, NAPAL R. Implicit coordination for 3D underwater collective behaviors in a fish-inspired robot swarm[J]. Science robotics, 2021, 6 (50): eabd8668.
[203] 王国彪，陈殿生，陈科位，等. 仿生机器人研究现状与发展趋势[J]. 机械工程学报，2015(13)：27-44.
[204] 赵国尧，杜强. 扑翼飞行机器人的设计与研究[J]. 科技创新与应用，2022，12(1)：77-80.
[205] 王元鹏. 大型仿生扑翼飞行机器人自主编队飞行队形设计及实现[D]. 哈尔滨：哈尔滨工业大学，2020.
[206] 冯雷. 一种柔性翅翼微型仿鸟扑翼机器人的研究[D]. 哈尔滨：哈尔滨工业大学，2020.
[207] OH J, LEE K, HUGHES T, et al. Flexible Antenna Integrated With an Epitaxial Lift-Off Solar Cell Array for Flapping-Wing Robots[J]. IEEE transactions on antennas & propagation, 2014, 62(8): 4356-4361.
[208] KEENNON M, KLINGEBIEL K, WON H. Development of the Nano Hummingbird: A Tailless Flapping Wing Micro Air Vehicle[C]. Aiaa Aerospace Sciences Meeting Including the New Horizons Forum and Aerospace Exposition. 2013: 129-134.
[209] 吴应东. 仿生扑翼微型飞行器的机翼设计及其气动特性研究[D]. 成都：电子科技

大学，2020.
[210] ÁVSÁRHELYI G，VIRAGH C，SOMORJAI G，et al. Outdoor flocking and formation flight with autonomous aerial robots[C]. 2014 IEEE/RSJ International Conference on Intelligent Robots and Systems. IEEE，2014：3866-3873.
[211] GREINER H，SHETMAN A，WON C，et al. Autonomous legged underwater vehicles for near land warfare[C]. Proceedings of Symposium on Autonomous Underwater Vehicle Technology. IEEE，1996：41-48.
[212] WANG G，CHEN X，YANG S，et al. Subsea crab bounding gait of leg-paddle hybrid driven shoal crablike robot[J]. Mechatronics，2017，48：1-11.
[213] CRESPI A，BAERTSCHER A，GUIGNARD A，et al. AmphiBot I：an amphibious snake-like robot[J]. Robotics and autonomous systems，2005，50(4)：163-175.
[214] YU S，MA S，LI B，et al. An amphibious snake-like robot with terrestrial and aquatic gaits [C]. 2011 IEEE International Conference on Robotics and Automation. IEEE，2011：2960-2961.
[215] KARAKASILIOTIS K，THANDIACKAL R，MELO K，et al. From cineradiography to biorobots：an approach for designing robots to emulate and study animal locomotion[J]. Journal of the royal society interface，2016，13(119)：20151089.
[216] RISTROPH L，STEPHEN C. Stable hovering of a jellyfish-like flying machine [J]. Journal of the royal society interface，2014，92(11)：1-7.
[217] FABIAN A，FENG Y，SWARTZ E，et al. Hybrid aerial underwater vehicle (MITLincolnLab) [EB/OL]. (2018-03-26) [2023-01-28]. https://phoenixfiles.olin.edu/do/23bf82e5-0d2c-471c-a8d2-62a51d619b16.
[218] YANG X. Survey on the novel hybrid aquatic-aerial amphibious aircraft：Aquatic unmanned aerial vehicle (AquaUAV)[J]. Progress in aerospace sciences，2015，74：131-151.
[219] RODERICK W R，CUTKOSKY M R，LENTINK D. Bird-inspired dynamic grasping and perching in arboreal environments [J]. Science robotics，2021，61(6)：1-15.
[220] HUANG C，et al. Land-Air-Wall Cross-Domain Robot Based on Gecko Landing Bionic Behavior：System Design，Modeling，and Experiment[J]. Applied sciences 2022，12(8)：3988.
[221] 谭民，王硕. 机器人技术研究进展[J]. 自动化学报，2013，39(7)：963-972.

[222] 李修全. 人工智能应用中的安全、隐私和伦理挑战及应对思考[J]. 科技导报，2017，35(15)：11-12.
[223] 刘源昕. 智能机器人的道德"嵌入"研究[D]. 南京：东南大学，2018.
[224] 王培. 无人驾驶智能车的导航系统研究[D]. 西安：西安工业大学，2012.
[225] 李彩霞. 车载导航系统中的路径规划算法研究[D]. 广州：华南理工大学，2010.
[226] 胡伏原，万新军，沈鸣飞，等. 深度卷积神经网络图像实例分割方法研究进展[J]. 计算机科学，2022，49(5)：10-24.
[227] 杨世春，曹耀光，陶吉，等. 自动驾驶汽车决策与控制[M]. 北京：清华大学出版社，2020.
[228] 余贵珍，周彬，王阳，等. 自动驾驶系统设计及应用[M]. 北京：清华大学出版社，2019.